짜릿짜릿
전자부품 백과사전
2
Encyclopedia of
Electronic Components
Volume 2

Making
Insight

Encyclopedia of Electronic Components Volume 2

by Charles Platt

짜릿짜릿 전자부품 백과사전 2: 방대하고, 간편하며, 신뢰할 수 있는 전자부품 안내서
초판 1쇄 발행 2024년 2월 13일 지은이 찰스 플랫 옮긴이 배지은, 이하영 펴낸이 한기성 펴낸곳 ㈜도서출판인사이트 편집 신승준
영업마케팅 김진불 제작·관리 이유현 용지 유피에스 인쇄·제본 천광인쇄사 등록번호 제2002-000049호 등록일자 2002년 2월 19
일 주소 서울특별시 마포구 연남로5길 19-5 전화 02-322-5143 팩스 02-3143-5579 이메일 insight@insightbook.co.kr ISBN
978-89-6626-422-3 SET ISBN 978-89-6626-420-9 책값은 뒤표지에 있습니다. 잘못 만들어진 책은 바꾸어 드립니다. 이 책의
정오표는 https://blog.insightbook.co.kr에서 확인하실 수 있습니다.

찰스 플랫 지음 | 배지은·이하영 옮김

짜릿짜릿
전자부품
백과사전
2

인사이트

차례

옮긴이의 글

《짜릿짜릿 전자부품 백과사전》이 복간되어 다시 독자 앞에 선보이게 되어 무척 기쁩니다. 번역할 때 공을 많이 들였고 책이 가진 의미도 좋아서 개인적으로 애착이 많이 가던 책이라 절판 소식이 못내 아쉬웠는데, 이번에 새롭게 단장한 모습으로 출간된다니 역자로서 설레는 마음을 누를 수 없습니다. 새로운 《짜릿짜릿 전자부품 백과사전》은 기존의 소소한 오역을 바로잡고, 새로 정리된 용어를 반영하고 문장을 정리하여 조금 더 현대적인 모습을 갖추었습니다. 이를 위해 애써 주신 인사이트 편집부에 감사 드립니다.

서문에서 저자도 말했듯이, 인터넷에 온갖 정보가 넘치는 이 시대에도 신뢰할 수 있는 정보를 집약적으로 담은 책의 존재 가치는 결코 사라지지 않는 것 같습니다. 특히 동영상 자료의 경우 이해하기 쉽다는 장점은 분명히 있지만, 막상 나에게 꼭 필요한 정보를 찾기는 생각처럼 쉽지 않습니다. 게다가 글자로 휙 읽으면 그만일 내용을 말로 설명하려면 쓸데없이 길어지게 마련이어서 동영상 자료는 오히려 시간이 더 걸리기도 합니다. 어렵게 찾은 자료가 과연 정확한 내용인지는 또 다른 문제입니다. 그에 비해 책은 옆에 두고 언제든 펼쳐볼 수 있고 앞뒤로 뒤적거리며 내게 꼭 필요한 정보를 정확히 찾아 확인할 수 있다는 고유의 장점이 있습니다. 다양한 미디어가 등장해 책을 소홀히 하는 이 시대에도 책만이 해줄 수 있는 역할이 있다는 점에서, 이번 《짜릿짜릿 전자부품 백과사전》의 재출간은 뜻깊은 일임에 틀림없습니다.

각자의 취향이 존중되고 다양성이 늘어나는 오늘날은 특히 메이커 정신이 빛나는 시대입니다. 개인의 만족과 취미로 시작했던 제품들이 주목을 받으며 산업으로 이어지는 사례도 심심치 않게 볼 수 있습니다. 그런 흐름에 발맞추어 3D 프린터나 아두이노 같은 도구도 비약적으로 발전해 이제 개인의 창의성을 가로막는 문턱은 한층 더 낮아졌습니다. 그러나 대단한 것을 만들겠다는 거창한 무언가가 없어도, 그냥 만드는 행위 자체도 즐거운 일입니다. 예전 책 서문에도 썼지만, "무언가를 만든다는 것은 인간의 원초적인 본능을 만족시키는 동시에 사람을 건강하게 만드는 행위"라고 생각합니다.

이제 반짝이는 아이디어로 스스로 필요한 것을 만들고, 그 과정에서 세상을 이롭게 하는, 즐거움과 성취를 추구하는 메이커들 곁에 이 책이 오래오래 든든한 참고서적으로 자리 잡길 진심으로 바랍니다.

이 책은 총 3권으로 구성된《짜릿짜릿 전자부품 백과사전》시리즈의 두 번째 책이다. 이 책의 목표는 자주 사용하는 전자부품의 개요를 제공해 학생, 엔지니어, 강사, 취미로 공학하는 사람들이 참고도서로 쓸 수 있게 하는 데 있다. 데이터시트나 개론서, 인터넷 홈페이지, 제조사 기술 문서 등에 흩어져 있는 정보들은 찾으려고 마음만 먹으면 대부분 쉽게 찾을 수 있다. 하지만《짜릿짜릿 전자부품 백과사전》에서는 다른 곳에서 쉽게 찾을 수 없는 내용을 포함하는 것은 물론, 관련 정보들을 잘 정리하고 검증해 수록했다. 각 장마다 대표적인 활용 방식, 대체 가능한 부품, 비슷한 장치에 관한 교차 참조, 샘플 회로도, 그리고 일반적인 문제점과 오류 목록까지 함께 수록했다.

　본 백과사전을 집필하게 된 더 자세한 이유는 1권 서문에서 설명했다.

각 권의 내용
실질적인 문제를 놓고 고민한 끝에 전자부품 백과사전을 세 권으로 나누기로 했다. 각 권은 다음과 같은 주제를 폭넓게 다룬다.

1권
전력, 전자기 부품, 개별 반도체 소자

전력power 부문에서는 전원, 전원의 분배, 저장, 전력 차단, 변환 등의 내용을 다룬다. 전자기electromagnetism 부품 부문에서는 전력을 선형적으로 처리하는 부품과 회전력을 만들어 내는 부품을 다룬다. 개별 반도체 소자discrete semiconductors에서는 다이오드와 트랜지스터의 주요 유형을 다룬다.

2권
사이리스터(SCR, 다이액, 트라이액), 집적회로, 광원, 인디케이터, 디스플레이, 음원

집적회로integrated circuit는 아날로그와 디지털 부품으로 나뉜다. 광원light source, 인디케이터 indicator, 디스플레이display는 반사형 디스플레이reflective display, 단일 광원, 발광 디스플레이로 나뉜다. 음원sound source은 소리를 생성하는 음원과 재생하는 음원으로 나뉜다.

3권
감지 장치

센서 분야가 대단히 넓어짐에 따라 3권에서 센

서를 단독으로 다뤘다. 감지 장치sensing device 에는 빛, 소리, 열, 동작, 압력, 가스, 습도, 방향, 전기, 거리, 힘, 방사능을 감지하는 장치들이 포함된다.

일차 분류	이차 분류	부품 형태
	전원	배터리
		점퍼
		퓨즈
	연결	푸시 버튼
		스위치
		로터리 스위치
		로터리 인코더
전력		릴레이
		저항
	완화 장치	포텐셔미터
		커패시터
		가변 커패시터
		인덕터
		AC-AC 변압기
	변환	AC-DC 전원 공급기
		DC-DC 컨버터
		DC-AC 인버터
	조정	전압 조정기
	선형 출력	전자석
		솔레노이드
전자기 부품		DC 모터
	회전 출력	AC 모터
		서보 모터
		스텝 모터
	단일 접합	다이오드
		단접합 트랜지스터
개별 반도체 소자	다중 접합	양극성 트랜지스터
		전계 효과 트랜지스터

그림 0-1 1권에서 사용한 주제 중심 구조 분류 및 장 구분

일차 분류	이차 분류	부품 형태
		SCR
개별 반도체 소자	사이리스터	다이액
		트라이액
		무접점 릴레이
		옵토 커플러
	아날로그	비교기
		op 앰프
		디지털 포텐셔미터
		타이머
집적회로		논리 게이트
		플립플롭
		시프트 레지스터
	디지털	카운터
		인코더
		디코더
		멀티플렉서
	반사형	LCD
		백열등
		네온전구
		형광등
	단일 광원	레이저
광원, 인디케이터, 디스플레이		LED 인디케이터
		LED 조명
		LED 디스플레이
	다중 광원 또는 패널	진공 형광 조명
		전기장 발광
	경고음 발생 장치	트랜스듀서
음원		오디오 인디케이터
	재생 장치	헤드폰
		스피커

그림 0-2 2권에서 사용한 주제 중심 구조 분류 및 장 구분

이 책의 구성_____

참고자료 vs. 교재

제목이 말해주듯 이 책은 교재가 아니라 참고서적이다. 다시 말하면 기초 개념에서 출발해 점차 고등 개념으로 발전해 나가는 형식을 따르지 않는다.

독자는 이끌리는 주제 아무 곳이나 펼쳐 원하는 내용을 배운 다음 책을 내려놓으면 된다. 책을 처음부터 끝까지 독파하겠다고 마음먹어도, 이 책에서는 순차적으로 점차 쌓이는 식의 개념을 찾을 수 없을 것이다. 각 장은 다른 장을 가급적 참고하지 않아도, 그 자체로 충분한 설명을 제공하기 때문이다.

내가 집필한 도서인 《짜릿짜릿 전자회로 DIY》(인사이트, 2012), 《짜릿짜릿 전자회로 DIY 플러스》(인사이트, 2016)는 교재로 쓸 수 있게 집필했지만, 다루는 범위는 이 책보다 제한적일 수밖에 없다. 교재는 불가피하게 단계적인 설명과 지시사항을 상당 분량 할애해야 하기 때문이다.

이론과 실제

이 책은 이론보다는 실질적인 내용을 다루는 데 초점을 맞추었다. 아마도 독자들이 가장 알고 싶어하는 내용은 전자부품의 사용법이지 부품의 작동 원리는 아니라고 생각한다. 따라서 이 책에서는 공식의 증명이나 전기 이론에 기반을 둔 정의, 또는 역사적 배경 같은 내용은 다루지 않는다. 단위는 혼란을 피할 필요가 있을 때에 한정해 다루었다.

전자공학 이론에 관한 책은 이미 많이 출간되어 있으니, 이론에 관심 있는 독자라면 그런 책을 찾는 것이 좋겠다.

장

이 책은 장별로 구성되어 있으며 각 장에서는 하나의 부품을 폭넓게 다룬다. 어떤 부품을 독립된 한 장으로 다룰지 아니면 다른 부품을 다루는 장에 포함할지 여부는 다음 두 가지 원칙에 따라 결정했다.

1. (a) 널리 사용되거나 (b) 널리 사용되지는 않지만 독특한 성질을 가지고 있거나 간혹 역사적인 가치를 지닌 부품이라면 독립된 장으로 다룬다. 널리 사용되는 부품의 예로는 양극성 트랜지스터bipolar transistor가 있으며, 널리 사용되지는 않지만 독특한 특성을 지닌 부품으로는 단접합 트랜지스터unijunction transistor가 있다.

2. (a) 널리 사용되지 않거나 (b) 흔히 사용되는 부품과 대단히 비슷한 특성을 지닌 부품이라면 독립된 장으로 다루지 않는다. 예를 들어 가감저항기rheostat는 포텐셔미터potentiometer 장에서 다루며, 실리콘 다이오드silicon diode, 제너 다이오드Zener diode, 게르마늄 다이오드germanium diode는 다이오드 장에서 통합해 설명한다.

이 원칙은 절대적인 것은 아니며 불가피한 경우에는 자의적 판단으로 조정해야 했다. 최종 결정은 내가 그 부품에 관한 내용을 찾는다면 어디를 찾아볼지를 기준으로 했다.

주제 분류 경로

항목은 알파벳 순서로 조직되어 있지 않다. 대신 주제별로 배치되어 있는데, 이는 듀이 십진 분류 법을 사용하는 도서관에서 비소설 부문 책을 배치할 때와 비슷한 방식이다. 이 방법은 자신이 정확히 뭘 찾는지 모를 때, 또는 진행 과제를 수행하는 데 활용할 수 있는 옵션이 뭐가 있는지 아무것도 모를 때 편리하다.

각 분류는 소분류로 나뉘고, 소분류는 다시 부품으로 나뉜다. 이 분류 순서는 [그림 0-2]에서 확인할 수 있다. 그리고 각 장이 시작하는 페이지 맨 윗부분에 해당 부품이 어떻게 분류되었는지 표시했다. 예를 들어 다이액^{diac} 장의 분류 경로는 다음과 같다.

개별 반도체 소자 > 사이리스터 > 다이액

물론 모든 분류 체계에는 예외가 있기 마련이다. 예를 들어 어레이 저항resistor array이 들어 있는 칩이 그렇다. 기술적으로 이 부품은 아날로그 집적회로(IC)에 속하지만, 1권의 저항 섹션에 포함했다. 어레이 저항은 여러 개의 저항을 설치하지 않고도 바로 사용할 수 있기 때문이다.

일부 부품은 기능이 복합적이다. 예를 들어 멀티플렉서multiplexer는 아날로그 신호를 전달할 수 있어 '아날로그'로 분류할 수 있다. 그러나 디지털로도 제어되며, 대부분 다른 디지털 집적회로와 결합해 사용되는 편이다. 따라서 멀티플렉서는 디지털로 분류하는 게 적절하다.

포함되는 내용과 포함되지 않는 내용

또 무엇이 부품이고 무엇이 부품이 아닌지에 관한 문제가 있다. 전선은 부품인가? 본 백과사전의 목적에 맞는 정의에 따르면 아니다. DC-DC 컨버터 DC-DC converter는 어떨까? 현재 컨버터는 부품 공급업체들이 작은 패키지로 판매하기 때문에 1권에서 부품으로 포함했다.

이와 비슷한 수많은 사례에 대해 개별적으로 결정을 내려야 했다. 물론 그 결과에 동의하지 않는 독자도 있겠지만, 모든 불만 사항을 다 만족시킬 수는 없다. 내가 할 수 있는 일은 만일 내가 이 책을 사용한다면 뭐가 최선일지 생각하며 책을 쓰는 것이었다.

일러두기

이 책 전체에 걸쳐 부품 이름과 부품이 속해 있는 분류는 모두 소문자로 표현했으며, 예외적으로 용어가 약어나 상표인 경우에는 대문자로 표시했다. 예를 들면 트림 포트Trimpot는 본스Bourns 사의 상표지만, 트리머trimmer는 그렇지 않다. LED는 약어지만 캡cap(커패시터capacitor의 축약어)은 아니다.

유럽에서는 소수를 포함하는 부품값을 표시할 때 소수점을 사용하지 않는다. 따라서 3.3K와 4.7K는 3K3과 4K7로 나타낸다. 그러나 이 방식이 미국에서 적용되는 일은 많지 않으므로 본 백과사전에서는 사용하지 않는다.

수식의 경우는 컴퓨터 프로그래머들이 흔히 쓰는 기호를 사용하기에 일반인들은 낯설 수 있다. 곱하기 부호로는 *(애스터리스크)를, 나누기 부호로는 /(슬래시)를 사용했다. 여러 쌍의 괄호가 중첩되어 있는 경우, 가장 안쪽 괄호의 연산부터 먼서 처리해야 한다.

$$A = 30 / (7 + (4 * 2))$$

이 식에서는 먼저 4와 2를 곱해서 나온 값인 8에 7
을 더해 15를 만들고, 이 값으로 30을 나눈다. 따
라서 A의 값은 2가 된다.

시각 자료 규칙

[그림 0-3]은 이 책의 회로도에서 사용하는 규칙을
보여 준다. 검은 점은 모호함을 최소화하기 위해
사용할 때 빼고는 항상 연결을 나타낸다. 그림 윗
부분 오른쪽보다는 주로 왼쪽 회로도를 사용한다.
검은 점 없이 교차하는 도체들은 서로 연결되어
있지 않다. 오른쪽 아래와 같은 회로도를 사용하
는 곳도 있지만, 이 책에서는 사용하지 않는다.

모든 회로도는 연한 파란색 박스로 구분했다.
이렇게 하면 스위치, 트랜지스터, LED 같은 부품

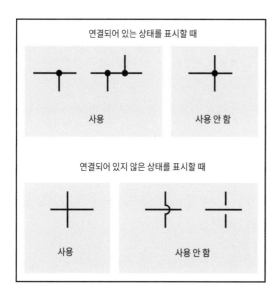

그림 0-3 이 책의 회로도에 사용하는 시각 자료 규칙

이 흰색으로 부각될 수 있어서, 주목도가 높아지
고 부품 경계가 분명해진다. 흰색 영역은 그 밖의
다른 의미는 없다.

사진의 배경

모든 부품 사진에는 눈금 배경이 포함되어 있다.
이때 정사각형 눈금 한 변은 0.1″(2.5mm)이다. 눈
금 자체는 가상이긴 해도 부품 뒤에 실제 그래프
용지를 직접 대어 놓은 것과 같은 비율로 그렸다.
부품 사진이 기울어져 있으면, 눈금도 동일한 각
도로 비스듬히 기울어 비슷하게 보이도록 그렸다.

사진의 배경색은 부품과 대비되거나 시각적으
로 다채로움을 부각할 수 있는 색을 선택했다. 그
외에 다른 의미는 없다.

부품 구입

부품이 언제까지 생산될지 알 수 없기 때문에 본
백과사전에서는 특정 부품 번호를 밝힐 때는 신
중하려고 고심했다. 기능이 한정된 부품을 찾으
려면 공급업체의 홈페이지를 찾아보아야 한다.
다음의 공급업체는 이 책을 준비하면서 자주 확
인한 곳이다.

• 마우저 일렉트로닉스Mouser Electronics
• 자메코 일렉트로닉스Jameco Electronics

오래된 제품이거나 판매가 곧 중단될 부품을 구입
하는 데는 이베이eBay가 도움이 된다.

문제점과 오탈자

이 책에서 발견된 오류는 *http://www.oreilly.com/*

*catalog/errata.csp?isbn=0636920026150*에서 보고와 확인이 가능하다.

찾아낸 오류를 게시하기 전, 다른 사람이 이미 찾아낸 오류일 수도 있으니 이전에 올라온 오류 신고를 먼저 확인해 주기 바란다.

내게는 독자의 의견이 소중하며, 독자가 의견을 보내 주길 진심으로 바란다. 그러나 아마존과 같은 사이트에 직접 의견을 게시하기 전에 한 가지만 생각해 주면 좋겠다. 부디 독자가 지닌 권력을 충분히 인식하고, 이를 공정하게 사용해 주기 바란다. 부정적인 의견은 단 하나라도 여러 긍정적인 의견보다 강력하며 생각보다 더 큰 영향을 미친다. 오라일리O'Reilly의 오탈자 홈페이지에서 적절한 답변을 바로 받지 못했다면, 내 이메일 주소(*make.electronics@gmail.com*)로 직접 연락해도 좋다.

정기적으로 메일을 확인하지 않기에 다소 늦게 확인할 수도 있지만, 받은 메일에는 반드시 답장을 보낸다.

연락처

본 책에 관한 웹사이트가 개설되어 있다. 이 사이트에서는 정오표, 예제, 추가 정보를 담고 있다. 웹사이트의 주소는 아래와 같다.

http://oreil.ly/encyc_electronic_comp_v1

본 책의 기술 관련 문제에 대해 의견을 주거나 문의하려면, 다음 주소로 메일을 보내 주기 바란다.

bookquestions@oreilly.com

우리의 책, 강좌, 컨퍼런스, 새 소식에 관한 더 많은 정보는 홈페이지 *http://www.oreilly.com*에서 찾을 수 있다.

감사의 말

이 책을 쓰면서 여러 자료에서 영감을 얻었다. 부품 제조업체의 데이터시트와 사용 안내서는 인터넷에서 얻을 수 있는 정보 중에서는 가장 믿을 만하다. 또, 부품 판매업체, 대학 교재, 크라우드 소싱을 통해 구축된 자료, 취미 공학자의 홈페이지 등도 참고했다. 다음 도서들도 유용한 정보를 제공해 주었다.

- Robert L. Boylestad, Louis Nashelsky, 《Electronic Devices and Circuit Theory, 9th edition》(Pearson Education, 2006)(국내에 《전자회로 실험》(ITC, 2009)이라는 이름으로 번역 출간됨 - 옮긴이)
- Newton C. Braga, 《CMOS Sourcebook》(Sams Technical Publishing, 2001)
- Stuart A. Hoenig, 《How to Build and Use Electronic Devices Without Frustration, Panic, Mountains of Money, or an Engineering Degree, 2nd edition》(Little, Brown, 1980)
- Delton T. Horn, 《Electronic Components》(Tab Books, 1992)
- Delton T. Horn, 《Electronics Theory, 4th edition》(Tab Books, 1994)
- Paul Horowitz, Winfield Hill, 《The Art of Electronics, 2nd edition》(Cambridge University Press, 1989)(국내에 《전자공학의 기술》(에이

곰출판, 2020)이라는 이름으로 번역 출간됨 - 옮긴이)

- Dogan Ibrahim, 《Using LEDs, LCDs, and GL CDs in Microcontroller Projects》(John Wiley & Sons, 2012)
- A. Anand Kumar, 《Fundamentals of Digital Circuits, 2nd edition》(PHI Learning, 2009)
- Don Lancaster, 《TTL Cookbook. Howard W》 (Sams & Co, 1974)
- Ron Lenk, Carol Lenk, 《Practical Lighting Design with LEDs》(John Wiley & Sons, 2011) (국내에 《LED를 사용한 실용적인 조명 설계》(아진, 2013)이라는 이름으로 번역 출간됨 - 옮긴이)
- Doug Lowe, 《Electronics All-in-One for Dummies》(John Wiley & Sons, 2012)
- Forrest M. Mims III, 《Getting Started in Electronics》(Master Publishing, 2000)
- Forrest M. Mims III, 《Electronic Sensor Circuits & Projects》(Master Publishing, 2007)
- Forrest M. Mims III, 《Timer, Op Amp, & Optelectronic Circuits and Projects》(Master Publishing, 2007)
- Mike Predko, 《123 Robotics Experiments for the Evil Genius》(McGraw-Hill, 2004)
- Paul Scherz, 《Practical Electronics for Inventors, 2nd edition》(McGraw-Hill, 2007)(국내에 《모두를 위한 실용 전자공학》(제이펍, 2018)이라는 이름으로 번역 출간됨 - 옮긴이)
- Tim Williams, 《The Circuit Designer's Companion, 2nd edition》(Newnes, 2005)

또한 다음의 벤더 홈페이지에서 제공하는 정보도 광범위하게 사용하였다.

- 마우저 일렉트로닉스Mouser Electronics
- 자메코 일렉트로닉스Jameco Electronics
- 올 일렉트로닉스All Electronics
- 스파크펀sparkfun
- 일렉트로닉 골드마인Electronic Goldmine
- 에이다프루트Adafruit
- 패럴랙스Parallax, Inc.

이 외에 특별한 도움을 준 이들도 있다. 내 작업에 믿음을 보여 준 출판사에 감사하다. 편집자인 브라이언 제프슨은 이 책의 집필에 큰 도움을 주었으며, 필립 마렉과 스티브 콘클린은 본문의 오류를 검토해 주었다. 케빈 켈리 본인은 몰랐겠지만, 나는 전설로 남아있는 '도구 접근성'에 대한 그의 관심에 큰 영향을 받았다.

마크 프라우엔펠더는 내 안에 잠자고 있던 물건을 만드는 즐거움을 다시 불러일으켜 주었고, 가렛 브랜윈은 전자부품에 관한 흥미를 일깨워 주었다.

마지막으로 수십 년 전부터 알고 지낸 학교 친구들을 언급해야겠다. 공돌이nerd라는 단어가 존재하기도 훨씬 전이었던 그 옛날, 휴 레빈슨, 패트릭 파그, 그래험 로저스, 윌리엄 에드몬슨, 존 위티는 어린 시절 나만의 오디오 장비를 만들겠다고 씨름하던 내게, 꼬마 공돌이가 되어도 괜찮다는 사실을 일깨워 준 고마운 친구들이다.

– 찰스 플랫

1장

SCR

SCR은 실리콘 제어 정류기silicon-controlled rectifier의 약어로, 게이트에 걸린 전압으로 작동하는 사이리스터thyristor를 말한다. 여기서 사이리스터는 최소 4개의 p형과 n형 실리콘 층을 교대로 쌓아 올려 만든 반도체를 뜻한다. 사이리스터는 집적회로(IC)보다 먼저 등장했으며 여러 층으로 이루어진 개별 반도체이기 때문에 이 책에서는 개별 부품으로 다룬다. 사이리스터가 (무접점 릴레이solid-state relay처럼) 하나의 패키지에서 다른 부품과 결합하면 집적회로로 취급한다.

사이리스터의 다른 유형으로는 다이액diac과 트라이액triac이 있으며, 이 책에서는 각각 독립적인 장에서 다룬다.

단, 사이리스터에서 많이 사용하지 않는 게이트 턴오프 사이리스터gate turn-off thyristor(GTO)와 실리콘 제어 스위치silicon-controlled switch(SCS)는 여기서 다루지 않는다.

관련 부품

- 다이액(2장 참조)
- 트라이액(3장 참조)

역할

사이러트론thyratron이 1920년대에 처음 등장했을 당시, 이 부품은 기체가 든 관으로서 스위치와 정류기rectifier의 기능을 했다. 사이러트론의 고체 버전인 사이리스터thyristor는 1956년, 제너럴 일렉트릭General Electric 사에서 출시했다. 두 부품의 이름은 모두 인체에서 에너지 소비율을 조절하는 기관인 갑상선의 영단어 thyroid gland에서 파생되었다. 사이러트론과 이를 바탕으로 개발된 사이리스터는 아주 높은 전류를 제어할 수 있다.

SCR은 사이리스터의 일종이지만 이 두 용어는 흔히 동의어처럼 사용한다. SCR의 의미로 사이리스터를 사용할 정도로 둘 사이의 구별은 엄격하지 않다. 이 책은 SCR, 다이액diac, 트라이액triac을 모두 사이리스터 유형으로 다룬다.

SCR은 반도체 스위치solid-state switch로서, 보통 높은 전압에서 높은 전류를 흘려보낼 수 있다. 양극성 트랜지스터bipolar transistor와 마찬가지로 SCR은 게이트에 걸리는 전압으로 작동한다. 그러나 SCR은 게이트 전압이 0으로 줄어들어도 계속해서 전류를 흘려보낸다는 점에서 양극성 트랜지스터와는 다르다.

작동 원리

SCR은 한 방향으로만 전류를 흘러보내도록 설계되었다. 역전된 전위가 항복 전압breakdown voltage보다 커지면 전류를 억지로 반대 방향으로 흐르게 할 수 있지만, 이렇게 무리하게 다루면 손상될 수 있다.

참고로 다이액과 트라이액은 양방향으로 전류를 흘러보내도록 설계되었다.

SCR에는 아노드, 캐소드, 게이트 3개의 단자가 있다. [그림 1-1]은 동일하게 사용하는 두 가지 회로 기호를 나타낸 것이다. 초기에 사용했던 기호에는 주변에 원이 그려져 있으나 더는 사용하지 않는다. SCR을 프로그래머블 단접합 트랜지스터programmable unijunction transistor(PUT) 기호([그림 1-2])와 혼동하지 않도록 각별히 주의해야 한다.

스위칭 특성

그림 1-1 기능이 동일한 SCR의 회로 기호. 왼쪽 기호를 조금 더 많이 사용한다.

그림 1-2 이 기호는 PUT를 나타낸다. SCR 기호와 혼동하지 않도록 각별히 주의해야 한다.

SCR이 부동 상태이거나 비전도 상태일 때는 아노드와 캐소드 사이의 어느 방향으로도 전류가 흐르지 않는다. 다만 극소량의 전류가 누설leakage될 수 있다. SCR이 게이트에서 양의 전압을 받아 활성화하면 전류는 아노드에서 캐소드로 흐르지만, 캐소드에서 아노드로는 흐르지 못한다. 전류가 래칭 전륫값latching current에 이르면, 트리거 전압trigger voltage이 0으로 떨어진 후에도 전류가 계속 흐른다. 이러한 특성으로 인해 SCR은 회생 장치regenerative device라고도 한다.

게이트 전압이 0으로 유지되는 동안 아노드와 캐소드 사이에 전류가 줄어들기 시작하면, 전류는 유지 전류holding current보다 낮은 수준으로 계속 흐르다가 결국 래칭 전륫값 아래로 떨어진다. 이 시점에서 전류가 차단된다. 따라서 SCR에서 전류를 차단하는 유일한 방법은 전류의 흐름을 줄이거나 방향을 바꾸는 것뿐이다.

전류 흐름이 자체적으로 유지될 때, 이는 전압보다는 전류의 기능이라는 점을 기억해 두자.

트랜지스터와 달리 SCR의 상태는 ON이나 OFF 중 하나만 가능하며, 전류 증폭기current amplifier의 역할은 하지 않는다. 다이오드와 마찬가지로 SCR은 전류를 한 방향으로만 흘러보내도록 설계되었다. 그런 까닭에 SCR의 이름에는 정류기rectifier를 뜻하는 용어가 포함되어 있다. 작동하지 않는 상태에서 아노드와 캐소드 사이의 임피던스는 전력 값이 크더라도 열 방산heat dissipation을 관리할 정도로 충분히 낮다.

SCR은 상대적으로 많은 양의 전류를 통과시키기 때문에, 모터와 저항 가열 소자resistive heating element에 공급하는 전력을 제어할 때 적합하다. SCR

은 또한 스위칭 반응이 빨라 AC 파형에서 각각의 양의 위상을 차단하거나 낮출 수 있어, 공급되는 평균 전력량을 줄일 수 있다. 이 방식을 위상 제어 phase control라 한다.

SCR은 과전압 보호overvoltage protection에도 사용한다.

SCR 패키지는 다양한 전압과 전류에 대한 설계를 반영하고 있다. [그림 1-3]에서는 RMSroot mean square(교류의 실효치 측정값)가 4A인 ON 상태 전류용으로 설계한 SCR을 보여 준다. SCR은 소형 엔진 점화 장치와 크로바 과전압 보호 장치crowbar overvoltage protection에 사용한다. 크로바라는 이름이 붙게 된 이유는 크로바 과전압 보호 장치로 전원 공급기에 단락을 일으켜 직접 접지할 때와 차량 배터리 단자 위로 크로바를 떨어뜨릴 때의 결과가 상당히 비슷하기 때문이다(다행스럽게도 결과가 그 정도로 극적이지는 않다). [그림 1-15]를 참조한다.

[그림 1-4]에서 SCR은 최대 800V의 반복 피크 OFF 전압과 55A의 RMS를 감당할 수 있다. SCR

그림 1-4 정격 피크 반복 OFF 전압이 800V, RMS가 55A 이하인 SCR

그림 1-5 정격 피크 반복 OFF 전압이 50V, RMS가 25A 이하인 스터드 (stud-packaged) SCR

은 AC 정류, 크로바 과전압 보호, 용접, 배터리 충전 등에 사용할 수 있다. [그림 1-5]에 나타난 부품의 정격 전류와 정격 피크 반복 OFF 전압은 각각 25A와 50V이다. 바탕 눈금 한 칸의 크기가 0.1″ (2.5mm)이므로 부품의 크기를 짐작할 수 있다.

내부 구성

SCR의 기능은 다음 페이지 [그림 1-6]의 회로도에서 볼 수 있듯이, NPN, PNP 트랜지스터 쌍과 기능이 유사하다고 보면 된다. 이 회로도를 보면 '게이

그림 1-3 정격 반복 피크 OFF 전압이 400V, RMS가 4A 이하인 SCR

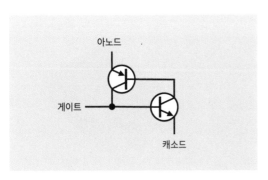

그림 1-6 SCR은 NPN과 PNP가 쌍을 이룬 트랜지스터와 비슷하게 작동한다.

'트' 전선에 전압이 걸리지 않은 상태에서는 아래쪽(NPN) 트랜지스터에 전기가 흐르지 않는다. 따라서 위쪽(PNP) 트랜지스터는 아래쪽 트랜지스터에서 전류를 끌어올 수 없고, 그 결과 마찬가지로 전기가 흐르지 않는다. '게이트'에 전압이 걸리면 아래쪽 트랜지스터는 위쪽 트랜지스터에서 전류를 끌어오면서 상태가 ON으로 전환된다. 두 트랜지스터에는 이제 '게이트'로 연결된 전원을 차단하더라도 계속해서 전류가 흐른다. 이는 두 트랜지스터가 양의 피드백 루프positive feedback loop를 형성했기 때문이다.

[그림 1-7]에서는 앞의 두 트랜지스터를 p형, n

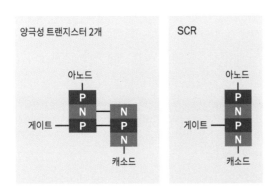

그림 1-7 [그림 1-6]에서 등장한 2개의 트랜지스터는 여기서 p형, n형 실리콘 층으로 쌓아 올린 두 기둥으로 단순하게 표현했다. 오른쪽 SCR에서 이 실리콘 층은 결합된 형태로 나타난다.

형 실리콘 층의 단순 접합 형태(왼쪽 그림)와 SCR에서 이들의 조합(오른쪽 그림) 형태로 보여 준다. 실리콘 세그먼트segment의 실제 구성은 이 그림처럼 단순하거나 선형적이지 않지만, SCR은 PNPN 장치로 정확히 나타낼 수 있다.

　　SCR은 전자기 래칭 릴레이latching relay와 비교할 수 있으나, 동작은 그보다 빠르고 안정적이다.

항복 전압과 브레이크오버 전압

[그림 1-8]의 곡선은 가상 SCR의 작동 상태를 나타낸 것으로, [그림 2-5]의 다이액 곡선, 그리고 [그림 3-10]의 트라이액 곡선과 비교할 수 있다. 아노드와 캐소드 사이에 전압이 걸리지 않아 전류가 흐르지 않는 상태(그래프 중앙의 원점)에서, 캐소드보다 아노드에 상대적으로 큰 음의 전압을 적용했을 때(SCR에 음의 전류를 흘려보내려 할 때), 짙은 파란색으로 표시된 영역처럼 소량의 누설 전류가

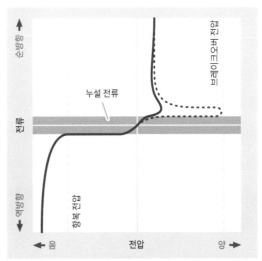

그림 1-8 게이트에 트리거 전압(triggering voltage)이 걸리는 동안, 실선으로 그린 곡선 그래프는 가상의 SCR에서 전압 변화에 따라 아노드와 캐소드 사이에 흐르는 전류를 보여 준다. 점선으로 표시한 곡선은 게이트에 트리거 전압을 가하지 않았음을 보여 준다.

발생한다(이 그래프는 비례에 맞추어 그리지 않았다). 결국 전압의 크기는 음전위가 SCR의 한계를 넘어서 임피던스가 급격히 떨어지는 지점인 항복 전압breakdown voltage에 도달하고, 그 결과 전류 서지가 발생해 SCR에 손상을 일으킨다.

반대로 중앙에서 다시 시작해 보자. 이번에는 캐소드보다 아노드에 상대적으로 큰 양의 전압을 적용하면 두 가지 결과가 발생할 수 있다. 점선으로 나타난 곡선을 보면 게이트에 전압이 걸리지 않았다고(전압이 0이라고) 가정했을 때 소량의 누설 전류가 발생한다. 그러다 아노드에 걸린 전위가 브레이크오버 전압breakover voltage에 도달하면 SCR이 전류를 대량으로 흘려보내는데, 이 전류는 전압이 줄어들어도 유지된다.

실제로 SCR은 게이트의 양 전압에 대응하도록 고안되었다. 이때 SCR의 작동을 [그림 1-8]의 제1사분면에 실선 그래프로 표시했다. SCR은 아노드에서 전압이 브레이크오버 전압에 도달하지 않아도 전류를 흘려보내기 시작한다.

> 제대로 사용한다면 SCR은 항복 전압이나 브레이크오버 전압 수준에 도달하지 않는다.

SCR 개념

[그림 1-9]에서 푸시 버튼 S1을 눌러 SCR의 게이트에 전압을 걸면, SCR의 전도 상태가 자체로 지속된다. 측정기meter로 확인하면, S1 버튼에서 손을 떼더라도 전류가 아노드와 캐소드 사이에서 계속 흐른다는 사실을 알 수 있다. 이 회로에서 사용한 X0403DF SCR은 유지 전류가 5mA인데, 이 값은 회로에서 5VDC, 1K의 저항으로 공급할 수 있는

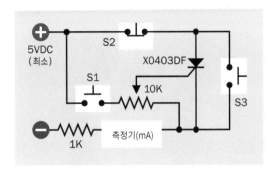

그림 1-9 이 테스트 회로에서 S1은 SCR을 작동하는 반면, S2와 S3은 정지시킨다. 자세한 설명은 본문 참조.

전류다. 필요하다면 저항값은 680Ω으로 줄일 수 있다.

이제 푸시 버튼 S2를 누르면 전류 흐름이 중단된다. S2 버튼에서 손을 떼더라도 전류는 다시 흐르지 않는다. 반면 SCR에서 전류가 흐르는 동안 푸시 버튼 S3을 누르면 전류가 SCR을 우회하며, 버튼에서 손을 떼어도 SCR을 지나던 전류는 다시 흐르지 않는다. 따라서 SCR과 직렬로 연결된 상시 닫힘normally closed 푸시 버튼(전류 차단)이나, SCR과 병렬로 연결된 상시 열림normally open 푸시 버튼(전류 우회)으로 SCR을 정지시킬 수 있다.

다음 페이지 [그림 1-10]은 브레드보드에서 테스트 회로를 구성한 모습이다. 그림에서 빨간색 선과 파란색 선은 최소 5VDC 전압을 공급한다. 빨간색 버튼 2개는 촉각 스위치tactile switch로서, 왼쪽 위는 회로도의 S1, 오른쪽 아래는 회로도의 S3에 해당한다. 직사각형의 커다란 버튼 스위치는 S2로, 상시 닫혀 있으며 버튼을 누르면 열린다. X0403DF SCR은 S2 바로 아래, 약간 오른편에 위치한다. 파란 정사각형은 트리머로 한가운데에 자리 잡고 있다.

그림 1-10 브레드보드에 구성한 SCR 테스트 회로. 두 개의 빨간 버튼은 회로도의 S1과 S3이며, 오른쪽 위에 있는 큰 직사각형 버튼은 S2 스위치를 열 때 사용한다. 자세한 내용은 본문 참조.

AC 전류를 사용하는 부품

SCR에 교류 전류를 사용하면 음 위상negative cycle에서 전류가 멈추고, 양 위상positive cycle에서 SCR이 다시 작동한다. 이는 SCR의 주요 응용 방식 중 하나인 제어 가능 정류기controllable rectifier의 작동 원리를 보여 준다. 제어 가능 정류기는 빠르게 전환되기 때문에, 각 위상에서 통과하는 전류의 양을 제한할 수 있다.

다양한 유형

SCR은 증가하는 전류와 전압을 제어하기 위해 표면 장착surface-mount, 스루홀through-hole, 스터드stud-packaged 유형을 이용한다. 일부 특수 목적용 SCR이 수백 암페어의 전류를 제어할 수 있는데 반해, 고출력 SCR은 전압이 10,000V 이상인 배전 시스템에서 수천 암페어의 전류를 전환하는 데 사용한다. 이러한 SCR은 아주 특수한 유형이어서 본 백과사전에서는 다루지 않는다.

SCR의 평균 전력 소모량은 다음 섹션에서 간략

히 설명한다.

부품값

부품마다 다르기는 하지만, SCR에서는 보통 약 1~2V의 순방향 전압 강하forward voltage drop가 발생한다.

SCR은 AC 파형을 보정할 때 사용하기 때문에, 부품이 흘려보낼 수 있는 전류는 보통 피크 값을 RMS로 표현한다.

많이 사용하는 약어

- V_{DRM}: 최대 반복 순방향 전압repetitive forward voltage. 게이트에 전압이 걸리지 않을 때(즉, SCR이 전도 상태가 아닐 때) 아노드에 걸릴 수 있다.
- V_{RRM}: 최대 반복 역방향 전압repetitive reverse voltage. 게이트에 전압이 걸리지 않을 때(즉, SCR이 전도 상태가 아닐 때) 아노드에 걸릴 수 있다.
- V_{TM}: SCR이 전도 상태일 때 최대 ON 전압. 여기에서 T는 V_{TM}이 온도에 따라 변한다는 사실을 나타낸다.
- V_{GM}: 순방향 최대 게이트 전압forward maximum gate voltage.
- V_{GT}: SCR을 작동하는 데 필요한 최소 게이트 전압.
- V_{GD}: SCR이 작동하지 않는 최대 게이트 전압.
- I_{DRM}: 피크 반복 순방향 저지 전류peak repetitive forward blocking current(최대 누설 전류량).
- I_{RRM}: 피크 반복 역방향 저지 전류peak repetitive reverse blocking current(OFF 상태에서의 누설 전류량).

- I_{GM}: 최대 순방향 게이트 전류.
- $I_{T(RMS)}$: SCR이 전도 상태일 때, 아노드와 캐소드 사이의 최대 RMS 전류. 여기서 T는 $I_{T(RMS)}$가 온도에 따라 변한다는 사실을 나타낸다.
- $I_{T(AV)}$: SCR이 전도 상태일 때, 아노드와 캐소드 사이의 최대 평균 전류. 여기서 T는 $I_{T(AV)}$가 온도에 따라 변한다는 사실을 나타낸다.
- I_{GT}: SCR을 작동하는 데 필요한 최대 게이트 전류.
- I_H: 평균 유지 전류.
- I_L: 최대 래칭 전류.
- T_C: 케이스 온도를 뜻하며, 보통 유효 범위로 나타낸다.
- T_J: 동작 접합 온도operating junction temperature를 뜻하며, 보통 유효 범위로 나타낸다.

표면 장착 SCR

표면 장착 SCR 유형은 아노드와 캐소드 사이에서 허용하는 최대 전류가 보통 1~10A 범위다. 최대 500V의 전압을 허용하는 경우도 있다. OFF 상태에서 누설 전류는 최대 0.5mA에서 최소 5μA 사이다. 게이트 트리거 전압은 0.8~1.0V, 트리거 전류는 0.2~15mA가 보통이다.

스루홀 SCR

스루홀 SCR 유형은 (개별 트랜지스터처럼) TO-92 패키지나 (보통의 1A 전압 조정기voltage regulator처럼) 좀 더 흔한 TO-220 패키지로 생산된다. 부품에 따라 최대 정격 전류는 5~50A, 최대 정격 전압은 50~500V이다. 누설 전류는 표면 장착형 SCR과 비슷하다. 게이트 트리거 전압은 보통 약 1.5V, 트리거 전류는 25~50mA이다.

스터드 SCR

스터드 SCR 유형은 최대 정격 전류가 50~500A이지만, 그보다 더 높은 전류를 견딜 수 있는 부품도 있다. 최대 전압은 50~500V까지 가능하다. 누설 전류는 다른 유형들보다 높은 5~30mA가 보통이다. 게이트 트리거 전압은 보통 1.5~3V, 트리거 전류는 50~200mA이다.

사용법

다르게 응용할 수도 있지만 SCR은 주로 다음 두 형태로 사용한다.

위상 제어

위상 제어phase control는 AC 전력 공급에서 각각의 양의 위상을 차단한다. 모터 속도를 줄이거나 저항성 부하resistive load로 인한 열을 낮출 수 있다.

과전압 보호

과전압 보호overvoltage protection는 DC 전력을 공급하는 회로에서 민감한 부품을 보호하는 데 사용할 수 있다.

SCR은 누설 전류 차단 장치ground-fault circuit interruptor(개별 부품으로는 잘 사용하지 않는다)나 자동차 점화 장치에 흔히 사용한다.

위상 제어

위상 제어란 AC 파형에서 각각의 펄스를 줄여 부하에 전달되는 AC 전력을 손쉽게 제어 또는 제한하는 방법이다. SCR에서 위상 제어는 게이트 전압을 조정함으로써 이루어지는데, SCR은 각 펄스의 양의 위상 앞부분을 차단하고 나머지는 흘러보낸 뒤, 유지 전류 수준보다 낮아지면 전류를 차단한다. 그 후 SCR이 AC 파형의 음의 위상에서 역방향 전류를 차단하지만, 이때 반대 극성을 지닌 SCR을 추가할 수도 있다.

이는 일종의 펄스 폭 변조pulse-width modulation 방식이다. SCR은 유효 내부 저항이 매우 높거나 낮으며 부품에서 열의 형태로 낭비되는 에너지가 크지 않기 때문에 매우 효율적이다.

AC 파형의 전압 변동을 나타낸 그래프에서 하나의 주기는 보통 ①무전압 ②최대 양 전압 ③무전압 ④최소 음전압의 네 단계로 나눌 수 있으며, 모든 값은 공급 전류의 활선 부분과 중성선 부분 사이에서 측정된다

주기는 다시 반복된다. 전압 변동의 네 단계를 위상각phase angle으로 나타내면, 0°, 90°, 180°, 270°가 된다([그림 1-11] 참조).

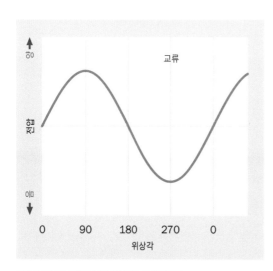

그림 1-11 AC 파형은 보통 위상각으로 측정된다.

그림 1-12 이 그래프에서 AC 전력 공급의 전압 변동(그림에서 수직인 녹색 선)은 해당 각도(보라색 호)의 사인값에 비례한다. 이 각을 위상각이라 한다.

AC 전력 공급에서 전압 변동은 위상각의 사인값에 비례한다. 이 개념을 [그림 1-12]에서 보여 주고 있다. 가상의 점(보라색 점)이 일정한 속도로 반시계 방향으로 원을 그리며 움직일 때, 위나 아래에 있는 그 점부터 X축(가로 중앙선)까지의 수직 거리(녹색 선)는 원의 반지름이 그 점까지 움직인 각도(보라색 각)에 대응하는 AC 전압으로 나타낼 수 있다. 이때, 각각의 위상각은 원점에서 가상의 점을 이은 선분이 시초선과 이루는 각을 측정한 값이다.

SCR을 위상 제어에 사용할 때, 위상각이 0~180° 미만이면 어느 점에서든 전도가 시작될 수 있다. 이는 [그림 1-13]처럼 SCR 게이트에 부착된 RCresistor capacitor 네트워크에 소량의 AC 전원을 우회하게 하면 가능하다. 회로도에서 커패시터는 지연을 일으키는데, 지연 정도는 포텐셔미터에 따라 다를 수 있다. 지연이 발생하면, AC 전원의 신호가 피크에 도달한 후에도 SCR이 작동할 수

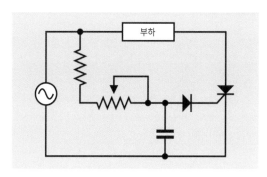

그림 1-13 이 회로도에서 SCR은 부하를 통과해 지나가는 전원을 조정함으로써 위상 제어에 사용된다.

있다. [그림 1-14]에서 AC 전원은 가운데 곡선(녹색), 게이트에서 조금 지연되어 감소된 전압은 그 위의 보라색 곡선으로 표현되어 있다. 게이트 전압이 트리거 전압 수준까지 올라가면, SCR에 전류가 흐르기 때문에 맨 아래 곡선처럼 출력의 일부를 단축an abbreviated output할 수 있다. 이 방식으로 0~180° 미만의 AC 위상각에서 SCR을 작동할 수 있다. SCR이 전류를 허용하기 시작하는 위상각을 전도각conduction angle이라 한다.

만약 반대 극성을 지닌 SCR 2개를 각각 병렬로 놓으면, AC 주기가 상승할 때는 물론 하강할 때도 SCR을 위상 제어에 사용할 수 있다. 이 구성은 주로 출력이 높은 장치에서 사용한다. 트라이액triac은 낮은 전류에서도 이와 동일한 목적으로 사용한다.

SCR을 6개 사용하면, 삼상 전원three-phase power 제어에 사용할 수 있다.

과전압 보호

높은 전류를 견디는 성질로 인해, SCR은 크로바 전압 제한 회로crowbar voltage limiting circuit용으로 적합하다.

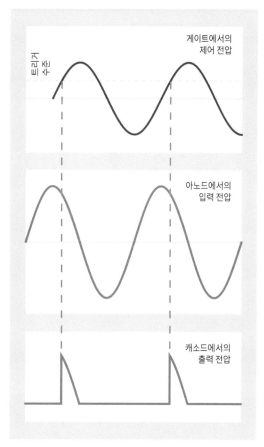

그림 1-14 SCR 아노드에 걸린 AC 전원(가운데)의 전압이 RC 네트워크로 인해 감소해 지연되면 SCR을 작동할 수 있어서(위), 각각의 양의 AC 펄스 중 단축된 일부만이 SCR을 통과한다(아래).

다음 페이지 [그림 1-15]의 SCR에서는 제너 다이오드Zener diode가 안전 수준 이상의 전압을 감지할 때까지 전류가 흐르지 않는다(소량의 누전은 제외). 안전 수준 이상의 전압을 감지하면, 다이오드가 SCR 게이트에 전류를 보낸다. 그러면 임피던스가 즉시 줄고, 그 결과로 발생하는 전류 서지로 인해 퓨즈가 녹아 끊어진다. 과전압 상태의 원인이 해결되면 퓨즈를 교체할 수 있으므로, 회로는 다시 제 기능을 찾는다.

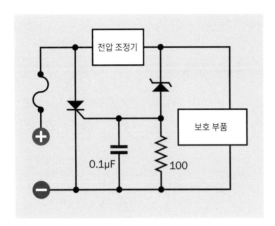

그림 1-15 이 회로도에서 SCR은 민감한 부품에 대한 '크로바 과전압 보호' 기능을 제공하는 데 사용한다.

커패시터를 포함하면, 전력을 공급할 때 스파이크가 짧게 발생하더라도 SCR을 작동하는 일 없이 접지된다. 약 100Ω의 저항이 정상적으로 작동할 때는 SCR 게이트의 전압을 거의 0으로 유지한다. 제너 다이오드가 전류를 흘려보내기 시작할 때, 저항은 제너 다이오드와 함께 분압기voltage divider 역할을 하므로 SCR을 작동할 만큼 충분한 전압이 SCR에 도달할 수 있다.

이 회로는 전원 공급기의 전압이 낮을 때는 적합하지 않다. 애초에 제너 다이오드는 작은 전력 변화로는 작동하지 않는 충분히 높은 정격 전압을 갖춘 제품을 선택하기 때문이다. 다이오드의 실제 트리거 전압은 정격 전압의 최소 ±5%여야 한다는 점을 감안하면, 5V 회로에서 정격 전압이 최소 6V인 다이오드를 선택해야 하며, 실제로는 전압이 6.5V가 되지 않으면 다이오드가 작동하지 않을 수 있다. 따라서 공급 전압이 낮을 때는 제너 다이오드가 부품을 보호하기에 충분하지 않다.

주의 사항

다른 반도체 부품과 마찬가지로 SCR은 과열로 인해 손상될 수 있다. 평상시에 충분한 환기와 방열에 주의를 기울여야 하며, 부품을 브레드보드와 같이 개방된 위치에서 케이스와 같이 밀집된 폐쇄 공간으로 옮길 때는 특히 주의해야 한다.

과열로 인한 예기치 않은 작동

데이터시트에 명시된 트리거 전류와 유지 전류의 값은 권장 온도 범위에서만 유효하다. 열이 축적되면 SCR이 예기치 않게 작동할 수 있다.

전압으로 인한 예기치 않은 작동

아노드에서 순방향 전압이 빠르게 증가하면, 용량 결합capacitive coupling으로 인해 게이트에서 트리거 전압이 유발될 수 있다. 그 결과 SCR은 외부에서 게이트로 전압이 전달되지 않더라도 자체적으로 작동할 수 있다. 이를 dv/dt 트리거dv/dt triggering라고도 한다. 아노드 입력부에 스너버snubber 회로를 추가하면 갑작스러운 전압 변동을 예방할 수 있다.

정격 AC와 DC의 혼동

SCR에서 ON 상태 전룻값은 SCR이 실제로 흘려보내는 각각의 펄스 폭에 대한 평균값이다. 전체 AC 주기에 대해 시간 평균을 낸 값은 아니며, 정격 DC와도 다르다. 부품이 실제로 사용되는 방식에 맞게 정격 전류를 선택하도록 주의해야 한다.

쇠내 선류 내 선노각

SCR을 AC 펄스 각각의 양의 위상을 단축하는 데 사용할 때, 허용 전류 용량current-carrying capacity은 사용률duty cycle의 길이에 크게 영향을 받는다. SCR에서 전도각을 120°로 설정하면 30°로 설정했을 때보다 두 배 높은 평균 ON 상태의 전류를 다룰 수 있다. 제조사의 데이터시트에 이 관계를 설명한 그림이 포함된다. 만약 높은 전도각을 기준으로 SCR을 선택했다가 그 각이 이후에 줄어들면, 과열로 인해 손상이 발생할 수 있으므로 주의한다.

회로 기호 혼동

PUT와 SCR의 회로 기호를 구분하지 못해서 안타까운 실수가 발생하는 경우가 종종 있으므로 주의한다. PUT의 특성은 이 책의 1권에 수록했다.

2장

다이액

다이액diac은 자체적으로 작동하는 사이리스터thyristor다. 다이액이라는 명칭은 AC용 다이오드diode for AC에서 나왔다고 한다. 여기서 사이리스터는 최소 4개의 p형과 n형 실리콘이 층으로 이루어진 반도체로 정의된다. 사이리스터는 집적회로보다 먼저 등장했으며, 개별 다층 반도체이기 때문에 이 책에서는 개별 부품으로 취급한다. 사이리스터가 (무접점 릴레이 solid-state relay처럼) 하나의 패키지에서 다른 부품과 결합하면 집적회로로 취급한다.

사이리스터의 다른 유형으로는 SCRsilicon-controlled rectifier과 트라이액triac이 있으며 이 책에서는 각각 개별 항목으로 다룬다. 많이 사용하지 않는 사이리스터 유형인 게이트 턴오프 사이리스터gate turn-off thyristor(GTO)와 실리콘 제어 스위치silicon-controlled switch(SCS)는 여기서 다루지 않는다.

관련 부품

- SCR(1장 참조)
- 트라이액(3장 참조)

역할

다이액diac은 단자가 2개뿐인 양방향 사이리스터다. 다이액은 충분한 전압이 걸리기까지는 전류를 차단하며, 충분한 전압이 걸리면 임피던스가 급격히 떨어진다. 주로 트라이액triac을 작동할 때 사용하며, AC 전력을 조정해서 백열등incandescent lamp, 저항 발열체resistive heating element, AC 모터에 공급하는 것이 목적이다. 다이액의 단자 2개는 각각 동일한 기능을 하며 서로 교환할 수 있다.

그에 비해 트라이액과 SCR은 단자가 3개인 사이리스터다. 3개의 단자 중 하나는 게이트로서, 부품에 전류를 흐르게 할지 여부를 결정한다. 트라이액과 다이액에서는 전류가 둘 중 어느 방향으로든 흐를 수 있는 반면, SCR에서는 한 방향으로만 전류가 흐른다.

회로 기호 유형

다음 페이지 [그림 2-1]에 표시한 다이액의 회로 기호는 2개의 다이오드가 결합된 모양과 비슷하며, 하나는 다른 하나를 뒤집어 놓은 모양이다. 기능 면에서 다이액은 한 쌍의 제너 다이오드와 유사한데, 포화saturated 상태를 넘어서야 구동되도록

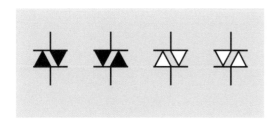

그림 2-1 다이액을 나타내는 여러 회로 기호. 네 가지 모두 기능 면에서 동일하다.

설계되었기 때문이다. 2개의 단자가 기능에서 동일하기 때문에 둘을 구별하기 위해 별도의 이름을 사용할 필요가 없다. 2개의 단자는 보통 둘 중 하나가 아노드 기능을 한다는 점에서 A1과 A2로 표시하거나 메인 단자main terminal의 약어인 MT를 사용해 MT1과 MT2로 나타낸다.

다이액의 회로 기호는 왼쪽에서 오른쪽으로 반전된 모양이며, 두 검은 삼각형은 흰색 삼각형으로도 표시할 수 있다. 이들 회로는 기능 측면에서 모두 동일하다. 기호 주변에 원이 그려진 형태도 있으나, 현재는 거의 사용하지 않는다.

적절한 전압이 걸려 있을 때(보통 30V 미만) 다이액은 부동 상태를 유지하며, 어느 한쪽 방향

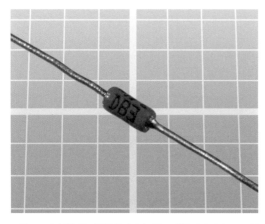

그림 2-2 다이액은 큰 전류를 통과시키도록 고안한 것이 아니므로 보통 작게 만든다. 바탕의 눈금 한 칸의 크기는 0.1″(2.5mm)다.

의 전류를 차단하지만 보통은 극소량의 누설 전류leakage가 발생한다. 전압이 브레이크오버 전압 breakover voltage으로 알려진 역치 수준을 넘어서면 전류가 흐르며, 이 상태에서 다이액은 전류가 유지 수준holding level 아래로 떨어지기 전까지 계속 전류를 흘려보낸다.

[그림 2-2]는 다이액의 샘플이다.

작동 원리

[그림 2-3]은 전도가 일어날 때 다이액이 어떻게 작동하는지 보여 주는 회로다.

푸시 버튼을 누르고 있으면, AC 전원의 양극에서 나오는 전류가 다이오드를 통과해 흘러가고 470K의 저항이 커패시터에 걸린다. 다이액에는 아직 전류가 흐르지 않는 상태이기 때문에 커패시터가 축적한 전위는 측정기인 전압계로 관찰할 수 있다. 약 30초 후, 커패시터의 전하는 32V에 도달한다. 이 값은 회로에서 사용한 다이액의 브레이크오버 전압이기 때문에, 다이액에 전류가 흐르기 시작한다. 그 결과, 커패시터 양극에서 방전된 전류는 다이액과 1K의 직렬 저항을 통과해 접지된다.

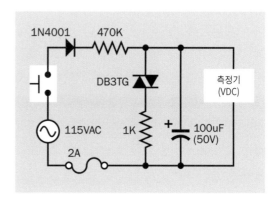

그림 2-3 다이액의 작동을 보여 주는 테스트 회로. 자세한 내용은 본문 참조.

이때 (누르고 있던) 푸시 버튼이 떨어지면, 측정기에는 커패시터가 다이액의 유지 전류보다 낮은 전위로 전하를 방출하는 것으로 나타난다. 커패시터는 여기서 방전을 멈춘다. 다이액에 전류가 더 이상 흐르지 않기 때문이다.

푸시 버튼을 계속 누르고 있을 때 측정기를 보면, 커패시터가 다이액을 통해 충전과 방전을 반복하면서 회로가 완화 발진기relaxation oscillator처럼 작동한다는 것을 알 수 있다. 1K의 직렬 저항은 과도 전류로부터 다이액을 보호하기 위해 사용했다. 0.25W의 표준 저항을 사용하면, 전류가 간헐적으로 다이액을 통과하기 때문에 지나치게 과열되는 일이 없다.

> 이 회로에서는 115VAC의 전원을 사용하기 때문에 기본적인 주의를 기울여야 한다. 퓨즈는 생략할 수 없고 커패시터의 정격 전압은 최소 50V여야 하며, 회로가 전원에 연결되어 있는 동안에는 손으로 건드려서는 안 된다. 이 크기의 전압을 사용해 브레드보드에 회로를 구성하려면 주의와 경험이 필요하다. 전선이 쉽게 헐거워질 수 있으며, 부품에 전류가 흐르는 동안 실수로 건드릴 수 있기 때문이다.

[그림 2-4]에서는 브레드보드에서 테스트 회로를 구성한다. 그림 위의 빨간색 선과 파란색 선은 퓨즈가 달린 115VAC 전원과 연결되어 있다. 공급 전류는 다이오드를 지나 직사각형의 검은 덮개로 덮힌 푸시 버튼 스위치로 흘러들어간다. 470K 저항은 스위치의 다른 극과 100μF 전해 커패시터electrolytic capacitor의 양극에 연결하고, 다이액(파란색 작은 부품)에도 연결한다. 1K 저항은 다이액의 다른 극을 커패시터의 음극과 다시 연결하며 접지된다. 그림에서 왼쪽 바깥으로 빠져나가는 노란색

그림 2-4 브레드보드에 구성한 다이액 테스트 회로의 모습. 자세한 내용은 본문 참조

과 파란색 선은 전압계와 연결되어 있으나 여기서는 표시하지 않는다.

다이액의 작동은 [그림 2-5]에도 나타나는데, 트라이액과 SCR의 작동을 보여 주는 [그림 3-10], [그림 1-8]의 곡선과 비교해 볼 수 있다.

스위칭 AC

다이액은 스위치 기능을 할 수 없는데, 트라이액

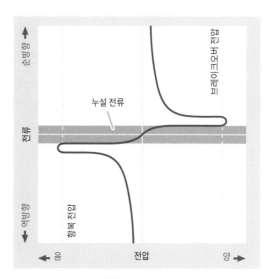

그림 2-5 이 그래프는 다이액에 걸리는 전압이 변할 때, 다이액을 통과해 지나가는 전류를 보여 준다.

이나 SCR, 양극성 트랜지스터에 있는 세 번째 단자가 없기 때문이다. 그러나 트라이액 게이트를 구동하는 데에는 적합하다. 다이액의 작동은 반대 전압에 대해 대칭인 반면, 트라이액은 그렇지 않기 때문이다. 다이액에 걸리는 RC 회로에서 AC 전압을 포텐셔미터로 조정하면, 다이액은 각각의 양 또는 음의 펄스 중 일부를 흘려보내고, RC 회로의 커패시터 값과 포텐셔미터 설정으로 인해 정해진 짧은 시간 동안 펄스를 지연한다. 이를 위상 제어phase control라 하는데, 다이액이 전류를 흘려보낼 때의 위상각phase angle을 제어하기 때문이다.

다이액으로 트라이액을 구동하는 회로는 [그림 3-13]을 참조한다. 위상 제어를 나타내는 그래프는 [그림 1-14]와 [그림 3-11]을 참조한다. AC 파형의 위상에 관해서는 '위상 제어' 섹션을 참조한다.

다양한 유형

다이액 유형에는 스루홀과 표면 장착형이 있다. 큰 전류를 견디도록 설계되지 않았기 때문에 열흡수제는 사용하지 않는다.

사이닥sidac은 다이액과 매우 유사하게 작동한다. 사이닥이라는 이름은 교류용 실리콘 다이오드silicon diode for alternating current에서 따왔다. 사이닥과 일반 다이액의 가장 큰 차이는 사이닥이 120~240VAC의 더 높은 브레이크오버 전압에 도달하도록 설계되었다는 점이다.

부품값

트라이액을 작동할 목적으로 다이액을 사용할 때, 100mA 이상의 전류를 통과시킬 가능성은 낮다. 다이액의 브레이크오버 전압은 보통 30~40V이지

만, 최대 70V까지 올라가도록 설계된 제품도 있다. 다이액이 전류를 흘려보낼 때 ON 상태의 임피던스를 사용하면 전압을 크게 줄일 수 있는데, 최소 출력 전압은 보통 5V이다.

다이액이 반응할 때의 상승 시간rise time은 매우 짧지만(약 1μs), 고주파에서 작동할 가능성은 낮다. 다이액은 보통 50~60Hz AC로 트라이액을 작동할 때 사용한다. 이러한 까닭에 반복 피크 ON 전류repetitive peak on-state current가 120Hz를 넘지 않도록 명시하는 것이 보통이다.

데이터시트의 약어에는 보통 다음 내용이 포함된다.

- V_{BO}: 브레이크오버 전압(래칭 전압latching voltage으로 나타내기도 한다. 다이액에서는 두 값이 서로 동일하다).
- $V_{BO1} - V_{BO2}$: 브레이크오버 전압 대칭breakover voltage symmetry. 하이픈은 마이너스 기호로 사용하였으며, 각 방향 간 브레이크오버 전압 차의 최댓값을 의미한다.
- V_O: 최소 출력 전압.
- I_{TRM}: 반복 피크 ON 전류.
- I_{BO}: 브레이크오버 전류. 보통 필요한 최대 전류를 뜻하며, 20μA 미만이다.
- I_R: 최대 누설 전류. 보통 20μA 미만이다.
- T_J: 동작 접합 온도. 보통 유효 범위로 나타낸다.

주의 사항

다른 반도체 소자와 마찬가지로 다이액은 열에 민감하다. 평상시에 충분한 환기와 방열에 주의를

기울어야 하며, 부품을 브레드보드와 같이 개방된 위치에서 케이스처럼 밀집되기 쉬운 폐쇄 공간으로 옮길 때는 특히 주의해야 한다.

과열로 인한 예기치 않은 작동

데이터시트에 명시된 브레이크오버 전류는 권장 온도 범위에서만 유효하다. 열이 축적되면 다이액이 예기치 않게 작동할 수 있다.

저온 효과

다이액이 낮은 온도에서 작동하려면 브레이크오버 전압이 높아야 하지만, 전류 변화는 정상 작동 범위의 ±2%를 넘지 않을 가능성이 높다. 온도 변화는 다이액보다 트라이액에 더 큰 영향을 미친다.

제조 시 허용 오차

다이액의 브레이크오버 전압은 조절할 수 없고 설계상 동일한 부품이라도 값에서 크게 차이가 날 수 있는데, 다이액이 정밀 부품으로 사용되는 제품이 아니기 때문이다. 또한 브레이크오버 전압이 어느 방향에서든 동일해야 하지만, ±2%의 오차는 허용 가능하다(일부 부품에서는 1%).

3장

트라이액

트라이액triac은 게이트에 걸린 전압으로 작동하는 사이리스터thyristor의 일종이다. 이름은 AC용 트라이오드triode for AC에서 파생된 듯하다.

여기서 사이리스터는 최소 4개의 p형과 n형 실리콘이 층으로 이루어진 반도체로 정의된다. 사이리스터는 집적회로보다 앞서 등장했으며, 개별 다층 반도체이기 때문에 이 책에서는 개별 부품으로 취급한다. 사이리스터가 (무접점 릴레이solid-state relay처럼) 하나의 패키지에서 다른 부품과 결합하면 집적회로로 취급한다.

사이리스터의 다른 유형으로는 SCRsilicon-controlled rectifier과 다이액diac이 있으며 이 책에서는 각각 개별 항목으로 다룬다. 많이 사용하지 않는 사이리스터 유형인 게이트 턴오프 사이리스터gate turn-off thyristor(GTO)와 실리콘 제어 스위치silicon-controlled switch(SCS)는 여기서 다루지 않는다.

관련 부품

- SCR(1장 참조)
- 다이액(2장 참조)

역할

트라이액triac은 백열등incandescent lamp의 AC 조광기dimmer로 흔히 사용한다. AC 모터의 속도나 저항 가열 소자의 출력을 제어할 때도 사용한다. p형 및 n형 실리콘의 세그먼트 5개와 단자 3개로 구성된 일종의 사이리스터thyristor이며, 세 단자 중 하나는 게이트에 부착되어 있어서 나머지 2개 단자 사이에서 전류의 방향을 전환할 수 있다. 트라이액은 원래 상표 이름이었으며, AC용 트라이오드에서 파생되었다고 알려져 있다. 트라이오드는

1950년대 사이리스터가 처음 등장했을 때 흔히 사용하던 진공관 유형이었다.

그에 비해 다이액diac은 단자가 2개뿐인 사이리스터로, 브레이크오버 전압breakover voltage에 도달하면 한쪽 방향으로 전류를 흘러보낼 수 있다. 다이액이라는 이름은 AC용 다이오드에서 온 듯하다. 보통 트라이액과 결합해서 사용한다.

SCR은 단자가 3개이고, 그중 1개가 게이트라는 점에서 트라이액과 비슷한 사이리스터다. 그러나 SCR은 전류를 한 방향으로만 흘러보낼 수 있다.

회로 기호 유형

트라이액의 회로 기호는 [그림 3-1]처럼 다이오드 2개가 결합되어 있는 모습이며, 그중 하나는 다른 하나를 뒤집어 놓은 모양이다. 트라이액이 실제로 2개의 다이오드로 이루어지지는 않지만, 기능 면에서 유사하며 둘 중 어느 방향으로든 전류를 흘려보낼 수 있다.

구부러진 선은 게이트를 나타낸다. 다른 2개 단자의 이름은 표준화되어 있지 않아서 A1과 A2(1번 아노드와 2번 아노드) 또는 T1과 T2(1번 단자와 2번 단자), MT1과 MT2(1번 메인 단자Main Terminal와 2번 메인 단자) 등으로 표시한다. 이름을 무엇으로 선택하더라도 기능에서 차이는 없다. 이 책에서는 A1과 A2를 사용한다.

A1 단자(또는 T1, MT1)는 A2 단자(또는 T2, MT2)보다 항상 게이트 가까이에 위치한다. 트라이액이 전류를 둘 중 어느 한 방향으로 흘려보낼 수 있더라도 대칭으로 작동하지 않기 때문에 이 구별은 중요하다.

전압은 단자 A1(또는 T1, MT1)에 비례해서 나타낸다.

회로 기호는 서로 뒤집힌 모양이거나 회전한 모양으로 볼 수 있다. 두 검은 삼각형은 흰색 삼각형으로 표시할 수 있으며, 게이트를 나타내는 구부러진 선의 위치가 달라질 수 있다. 그러나 A1 단자가 항상 A2 단자보다 게이트에 가까이 위치한다.

[그림 3-2]는 트라이액을 나타내는 16가지 회로 기호 중 12가지 형태를 정리한 것이다. 이들은 기능에서 모두 동일하다. 가끔 원이 그려진 유형도 있으나 지금은 거의 사용하지 않는다.

[그림 3-3], [그림 3-4], [그림 3-5]는 여러 특징을 지닌 트라이액을 보여 준다.

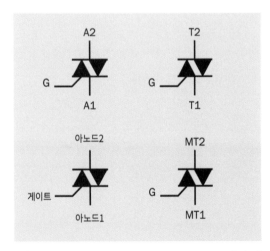

그림 3-1 트라이액의 회로 기호. 네 가지 방법으로 단자를 표시한다. 단자 이름의 표시 방법이 다르더라도 기능에서 차이는 없다.

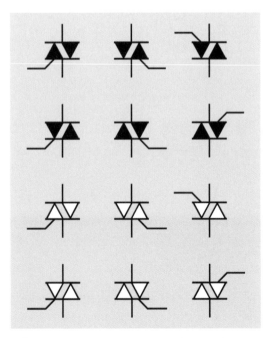

그림 3-2 트라이액의 회로 기호. 어느 것을 사용해도 무방하다.

그림 3-3 BTA208X-1000B 트라이액은 8A의 연속 ON 전류 RMS(root mean square)를 흘려보낼 수 있으며, 최대 1,000V의 피크 OFF 전압을 견딘다. 이 제품은 스너버(snubber)가 없는 트라이액이다.

그림 3-4 BTB04-600SL 트라이액은 4A의 연속 ON 전류 RMS를 흘려보낼 수 있으며, 최대 600V의 피크 OFF 전압을 견딘다.

그림 3-5 MAC97A6 트라이액은 0.8A의 연속 ON 전류 RMS를 흘려보낼 수 있으며, 최대 400V의 피크 OFF 전압을 견딘다.

작동 원리

게이트에 전압이 걸려 있지 않으면, 트라이액은 부동 상태를 유지하며 A1과 A2 사이에서 두 방향 모두 전류를 차단하지만, 보통 극소량의 누설 전류leakage가 발생한다. 게이트의 전하가 A1 단자에 비해 충분할 정도의 양, 또는 음의 값이 되면 전류가 A1에서 A2, 또는 A2에서 A1으로 흐를 수 있다. 이 때문에 트라이액은 AC 제어에 적합하다.

사분면

게이트에 전압이 걸려 있는 동안 네 가지 작동 모드가 가능하다. 각각에서 기준은 A1이다(중성점 접짓값neutral ground value에 걸려 있다고 생각할 수 있다). 트라이액은 AC를 흘려보내므로, 접지 수준보다 높거나 낮은 전압이 발생한다. 네 가지 작동 모드는 흔히 4개의 사분면quadrant으로 표현하며 주로 [그림 3-6]과 같이 배열한다.

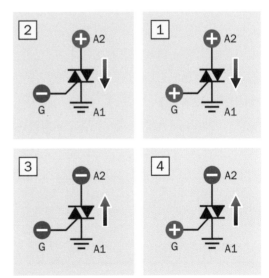

그림 3-6 트라이액 작동의 '사분면'. 양과 음의 기호는 해당 단자를 A1과 비교했을 때 양인지 음인지를 나타낸다. 접지 기호는 전위가 양과 음의 중간에 위치함을 나타낸다. 자세한 내용은 본문 참조.

일부 참고 자료(특히 교과서)에서는 전류를 나타낼 때 화살표를 사용해 전자가 음에서 양으로 이동하는 것으로 나타낸다. 흔히 전류가 어느 방향으로 흐르는지 명확히 밝히지 않기 때문에 다이어그램을 해석할 때는 주의해야 한다. 이 책에서는 전류가 항상 양에서 음으로 흐른다.

제1사분면(오른쪽 위)

A2가 A1보다 양이고 게이트는 A1보다 양이다. 관습 전류conventional current는 A2에서 A1(양에서 음)으로 흐른다(SCR의 작동 방식과 매우 비슷하다).

제2사분면(왼쪽 위)

A2가 A1보다 양이고 게이트는 A1보다 음이다. 마찬가지로 관습 전류는 A2에서 A1(양에서 음)으로 흐른다.

제3사분면(왼쪽 아래)

A2는 A1보다 음이고 게이트는 A1보다 음이다. 관습 전류는 A1에서 A2로 거꾸로 흐른다.

제4사분면(오른쪽 아래)

A2는 A1보다 음이지만 게이트는 A1보다 양이다. 관습 전류는 A1에서 A2로 거꾸로 흐른다

> [그림 3-6]에서 2개의 양의 기호 또는 2개의 음의 기호는 두 위치에 동일한 전압이 걸린다는 것을 뜻하지 않음에 주의한다. 이 기호들은 전위차가 A1과 유의미하게 다르다는 점을 나타낸다.

여기서 게이트 전류는 점점 증가한다고 가정한다. 전류가 트라이액의 게이트 문턱 전룻값gate thresh-old current에 다다르면 A1과 A2 사이에 전류가 흐른다. A1과 A2 사이의 전류가 래칭 전류latching current보다 커지면 게이트 전류가 완전히 사라지더라도 전류는 계속 흐른다.

게이트에 걸린 전압이 0일 때 트라이액을 통과해 흐르는 자체 지속 전류self-sustaining current가 점점 줄어들다가 유지 전류holding current 밑으로 떨어지면 단자 사이에 흐르던 전류가 그와 동시에 차단된다. 이는 SCR의 작동과 비슷하다. 트라이액은 이제 원래 상태로 돌아가 게이트로 다시 작동할 때까지 전류를 차단한다.

트라이액은 50Hz AC 또는 60Hz AC 같은 빠른 변화에 충분히 민감하게 반응한다.

문턱, 래칭, 유지 전류

[그림 3-7]은 게이트의 문턱 전류, 래칭 전류, 유지 전류 사이의 관계를 보여 준다. 위 그림에서 게이

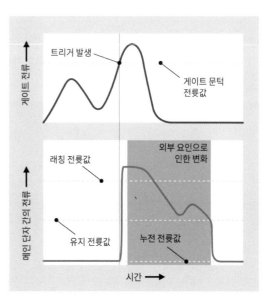

그림 3-7 트라이액의 게이트 전류와 메인 단자 간 전류의 관계. 자세한 내용은 본문 참조.

트 전류는 문턱 전룻값을 넘어설 때까지 오르내리는 것을 알 수 있다. 아래 그림에 나타난 것처럼 이로 인해 단자 간에 전류가 흐른다. 이보다 앞서서 극소량의 누설 전류가 발생한 것을 알 수 있다(그림은 실제 크기에 비례해 나타내지 않았다).

이 가상 시나리오에서 트라이액은 외부 부품 간에 전류를 흘려보내기 시작한다. 이때 전류의 크기는 래칭 전룻값을 초과한다. 그 결과 게이트 전류가 0으로 줄어들고 트라이액은 전도 상태를 유지한다. 그러나 외부 요인으로 인해 단자 사이의 전류가 유지 전룻값 아래로 떨어지면, 트라이액은 즉시 전류를 차단하므로 전류는 다시 누설 전류 수준으로 줄어든다.

양극성 트랜지스터bipolar transistor와는 달리 트라이액은 ON이나 OFF 둘 중 하나의 상태만 가지며, 전류 증폭기current amplifier의 기능은 없다. 작동하는 순간 A1과 A2 사이의 임피던스는 충분히 낮아, 상대적으로 높은 전력 수준에서도 발산되는 열을 관리할 수 있다.

트라이액 테스트

[그림 3-8]은 트라이액의 전도 방식을 보여 주는 회로다. 회로를 단순하게 구성하기 위해 트라이액을 DC로 구동했다. 그러나 실제로 트라이액은 거의 대부분 AC로 구동된다.

주의할 점은 이 회로에 최소 +12VDC와 -12VDC의 전원을 공급해야 한다는 점이다(더 높은 값을 사용할 수도 있다). 접지 기호는 중간 전압인 0VDC를 나타내며, MAC97A6 같은 트라이액의 A1 단자로 전달된다. 듀얼 전압dual voltage 전원을 공급할 수 없다면, 트라이액의 게이트에는 P2 포텐셔미

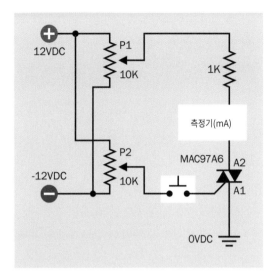

그림 3-8 A1 단자를 기준으로 게이트와 A2 단자에 걸리는 양 또는 음의 전위가 달라질 때, 트라이액의 작동을 보여 주기 위한 테스트 회로.

터는 생략하고 +12VDC를 직접 연결할 수 있겠지만, 이 경우 P1 포텐셔미터를 전환해 트라이액의 두 가지 작동 모드만 시험해 볼 수 있다.

각각의 포텐셔미터는 공급되는 전원의 양극과 음극 사이에서 분압기 역할을 한다. P1은 A1보다 상대적으로 양 또는 음의 전압을 A2에 공급한다. P2는 A1보다 상대적으로 양 또는 음의 전압을 게이트에 공급한다.

두 포텐셔미터가 각각 최곳값일 때 테스트를 시작한다면, P1과 P2는 모두 A1에 비해 상대적으로 양의 전위를 가지므로 트라이액은 작업 모드의 제1사분면에 위치한다. 푸시 버튼을 누르면 1K 저항으로 인해 제한된 전류가 흐르기 시작하고, 측정기에 나타난 값은 0mA에서 약 12mA로 변한다. 푸시 버튼을 열어도 트라이액은 계속 전류를 흘려보내는데, 12mA가 트라이액의 래칭 전룻값보다 크기 때문이다. P1이 범위의 중간값으로 천천히 움직이면 전류가 줄기 시작해서 유지 전룻값보다

아래로 떨어지면 차단된다. 이제는 P1이 범위의 상단으로 되돌아가더라도 전류는 푸시 버튼을 눌러 트라이액을 작동하지 않는 한 다시 흐르지 않는다.

P1이 최고치, P2가 최저치일 때 테스트를 실시하면, 트라이액은 제2사분면에서 작동한다. P1이 최저치, P2도 최저치이면 트라이액은 제3사분면에서 작동한다. P1이 최저치, P2가 최고치이면 제4사분면에서 작동한다. 기능은 네 가지 경우 모두 동일하다. 푸시 버튼을 누르면 전류가 흐르기 시작하고, P1이 범위의 중간값으로 이동하면 전류는 줄어든다.

어느 경우라도 푸시 버튼을 반복적으로 누르면, P2는 천천히 범위의 중간값에 가까워진다. 이렇게 하면 경험을 통해 트라이액 게이트의 문턱 전류값을 확인할 수 있다. 측정기를 포텐셔미터의 와이퍼와 트라이액 게이트 사이에 위치시키면 전류를 mA 단위로 측정할 수 있다.

[그림 3-9]는 브레드보드에 구성한 테스트 회로다. 왼쪽의 빨간색 선과 파란색 선은 오른쪽 위에

있는 검은색 접지선에 각각 +12VDC와 -12VDC 전원을 공급한다. 노란색 선과 초록색 선은 mA 단위로 전류를 측정하도록 설정된 측정기와 연결한다. 빨간색 버튼은 촉각 스위치이며, MAC97A6 트라이액은 그 왼쪽 윗부분에 위치한다. 파란색 정사각형은 10K 트리머로, 각각 범위의 양 끝값으로 설정되어 있어 촉각 스위치를 누르면 전류가 흐르는 것을 측정기에서 확인할 수 있다.

브레이크오버 전압

A2에 훨씬 큰 전압이 걸리면, 게이트에 트리거 전압이 걸리지 않더라도 강제로 트라이액에 전류를 흐르게 할 수 있다. 트라이액을 원래 이런 식으로 사용하도록 설계한 것은 아니지만, A1과 A2의 전위차가 트라이액의 브레이크오버 전압breakover voltage에 도달하면 이런 상황이 발생한다. 이는

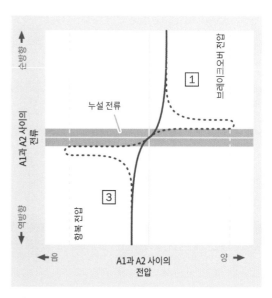

그림 3-10 실선으로 표시된 곡선은 가상의 트라이액에서 게이트에 트리거 전압이 걸려 있는 동안 전압 변화에 따른 A1과 A2 사이의 전류 변화를 나타낸다. 점선 곡선은 트리거 전압이 게이트에 걸리지 않았을 때를 가정한 것이다. 노란 사각형 안의 숫자는 트라이액 작동 사분면이다.

그림 3-9 브레드보드에 구성한 트라이액 테스트 회로

[그림 3-10]에서 잘 보여 주며, [그림 1-8]의 SCR, [그림 2-5]의 다이액의 작동과 서로 비교해 볼 수 있다. 항복 전압breakdown voltage은 다이오드에 강제로 전류를 흐르게 하는 데 필요한 최소 역방향 전압이라고 정의하며, 브레이크오버 전압은 이러한 효과를 갖는 최소 순방향 전압을 뜻한다. 트라이액은 양방향으로 전류를 흘러보내도록 설계되었기 때문에 각 방향에 대한 브레이크오버 전압값이 존재한다고 생각할 수 있다.

[그림 3-10]에서 노란색 정사각형의 숫자들은 [그림 3-6]에서 언급한 사분면이다. 실선으로 나타난 곡선은 트리거 전압이 게이트에 걸리고, A1에 비해 양 또는 음의 전하가 A2에 걸렸을 때의 전류를 보여 준다. 게이트가 작동하지 않고 A1과 A2 사이의 전압이 점점 증가한다면, 점선으로 나타난 곡선은 전압이 브레이크오버 전압에 다다랐을 때의 출력을 보여 준다. 이때는 손상이 생기지 않더라도 트라이액에 대한 제어가 불가능하다.

> 정상 사용 시 A1과 A2 사이의 전압은 브레이크오버 전압에 도달해서는 안 된다.

스위칭 AC

트라이액에서 '스위칭' AC란 전류의 개별 펄스를 차단해 일부만 부하를 통과해 흐르도록 하는 것을 말한다. 이 현상은 보통 트라이액이 제1사분면과 제3사분면에서 작동할 때 일어난다. 제3사분면에서 A1과 A2 사이 흐름의 극성은 제1사분면의 극성과 반대이고, 게이트 전압 또한 방향이 반대다. 이로 인해 상대적으로 단순한 회로로도 트라이액을 통과하는 각 반주기half-cycle의 지속 시간을 제

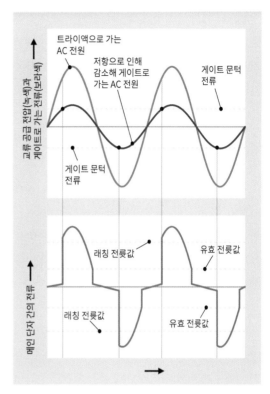

그림 3-11 AC 전류 전원을 약화시키기 위해 트라이액은 개별 AC 펄스의 일부를 차단한다.

어할 수 있다. 이 회로 이론은 [그림 3-11]에 나타나 있다.

[그림 3-11]의 위 그래프는 트라이액으로 가는 교류 전압을 녹색으로 보여 준다. 보라색 곡선은 가변 저항으로 인해 줄어든 트라이액의 게이트 전류를 나타낸다(그래프는 이론상의 모습일 뿐이며, 실제 교류 전원 공급 전압과 변동 게이트 전류는 이 그래프에서 보듯이 높이가 일정하게 변하지 않는다).

[그림 3-11]은 게이트에서 음과 양의 문턱 전룻값이 함께 나타나 있다는 점만 빼면 [그림 3-7]과 비슷하다. 양이나 음전압 모두 게이트를 작동할 수 있다는 점을 기억해야 한다.

[그림 3-11]에서 처음에는 트라이액에 전류가 흐르지 않는다. 아래쪽 그림에서 보듯이 시간이 지나면서 게이트 전류가 문턱 전룻값에 도달하고 이로 인해 트라이액이 작동하면서 단자 사이에 전류가 흐른다.

여기서 전류는 래칭 전룻값을 초과하므로 게이트 전류가 문턱 전룻값 아래로 줄어들더라도 계속해서 흐른다. 마침내 단자 사이의 전류는 트라이액이 전류를 더 이상 흘러보내지 않는 시점에서 유지 전룻값 아래로 떨어진다. 전력 공급이 음으로 전환하면서 다음 작동이 시작하기 전까지 그 상태를 유지한다.

이런 단순한 시스템으로 개별 AC 펄스의 일부를 차단하는데, 펄스 길이는 게이트를 통과해 지나갈 수 있는 전류의 양에 따라 달라진다. 차단 과정이 빠르게 일어나기 때문에 감소한 전체 전압이 트라이액을 지나가는 것만 알 수 있다(빛의 밝기, 저항 소자로 인해 발산되는 열, 모터의 속도 등에서 확인 가능).

안타깝게도 여기서 한 가지 문제가 있는데, 트라이액이 대칭으로 작동하지 않는다는 점이다. 트라이액 게이트에서 양의 전류에 대한 문턱값은 음의 전류에 대한 문턱값과 방향이 반대이며 크기가 다르다. [그림 3-11]의 위쪽 그래프는 중앙의 수평축을 기준으로 양과 음의 문턱 전룻값의 수직 오프셋vertical offsets을 동일하게 표현하는 오류를 저지른다.

실제 결과는 트라이액을 지나는 AC의 음의 펄스가 양의 펄스보다 짧다. 이 비대칭성으로 인해 생성된 고조파harmonics와 잡음이 전원 공급 배선으로 돌아가면, 다른 전자기기에 간섭을 일으킬

트라이액의 전류 용량	전기가 흐르기 위해 필요한 게이트 전류의 비 (제1사분면 대비)		
	제2사분면	제3사분면	제4사분면
4A	1.6	2.5	2.7
10A	1.5	1.4	3.1

그림 3-12 트라이액의 내부 구조가 비대칭이기 때문에, 각각의 작동 사분면에서 서로 다른 트리거 전류가 필요하다. 이 표는 리틀퓨즈 (Littlefuse) 사의 기술 문서에서 가져온 것으로, 제1사분면에 대한 제2, 제3, 제4사분면의 최소 트리거 전류 비.

수 있다. 2개의 트라이액을 작동할 때, 각 사분면에서 게이트 반응의 실제 차이는 [그림 3-12]에 나타난 것과 같다.

[그림 1-14]에 있는 SCR의 위상 제어 그래프를 참조한다. 일반적인 AC 파형에서 위상에 관한 논의는 '위상 제어'를 참조한다.

다이액을 사용해서 트라이액 작동하기

비대칭 작동 문제는 대칭으로 작동하는 다른 부품이 생성하는 전압 펄스로 트라이액을 작동하면 해결할 수 있다. 이 용도로 대부분 사이리스터의 일종인 다이액을 사용한다. SCR이나 트라이액과 달리 다이액에는 게이트가 없다. 처음부터 전압을 브레이크오버 전압 이상으로 높일 수 있도록 설계되었는데, 이때 다이액은 래치 상태가 되고 다이액을 지나는 전류가 유지 전룻값 아래로 떨어질 때까지 계속 흐른다. 다이액에 관한 자세한 정보는 2장을 참조한다.

[그림 3-13]에서 다이액은 트라이액 오른편에 위치하며, 고정 저항, 포텐셔미터, 커패시터로 이루어진 단순한 RC 네트워크로 구동된다(실제로 사용할 때는 RC 네트워크가 이보다 좀 더 복잡할 수 있다). 커패시터는 AC의 각 반주기 동안 충전

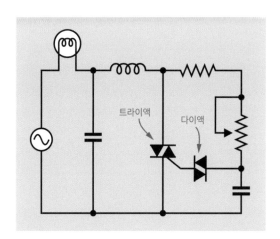

트라이액   다이액

그림 3-13 트라이액 게이트에 펄스를 공급하는 다이액을 포함하여, 트라이액의 일반적인 작동을 보여 주는 최소 회로도. 포텐셔미터가 커패시터로 인해 생긴 지연을 조정한다.

에 잠깐의 시간을 소비한다. 이때 이 지연 길이는 포텐셔미터가 조정하며, 다이액에 걸리는 전압이 브레이크오버 전압값에 다다를 때 개별 AC 반주기의 어느 지점에 위치할지 결정한다. 지연이 AC의 위상에 영향을 미치기 때문에 이러한 조정을 위상 제어phase control라고 한다.

전압이 브레이크오버 전압값을 넘어서면서 다이액은 트라이액 게이트로 전류를 흘려보내 트라이액을 작동한다. 다이액의 유지 전류값은 래칭 전류값보다 작아서 커패시터가 전하를 방출하고 전압이 줄어들 동안에도 계속 전류를 흘려보낸다. 전류가 유지 전류값 아래로 떨어지면, 다이액은 다음 주기를 기다리며 전류 공급을 차단한다. 한편 트라이액은 전류를 계속 흘려보내다가 AC 전압이 유지 전압값 아래로 떨어지면 차단한다. 이시점에서 트라이액은 다시 작동하기까지 전류가 흐르지 않는다.

이렇게 조각난 파형은 여전히 고조파를 생성하는데, [그림 3-13] 회로 왼편에 있는 코일과 커패시

터로 억제된다.

트라이액을 구동할 수 있는 기타 부품

흔하지는 않지만 다이액 외에도 트라이액을 구동하는 부품이 있다.

단순한 ON/OFF 제어에는 페어차일드 반도체 Fairchild Semiconductor 사의 MOC3162 같은 특수한 옵토 커플러optocoupler를 사용할 수 있다. 이 옵토 커플러는 AC 전압이 0을 통과할 때만 트라이액에 전환 신호switching signal를 보낸다. 제로 크로싱 회로zero cross circuit는 간섭을 훨씬 적게 일으키기 때문에 바람직하다. 옵토 커플러를 사용하면 트라이액을 다른 부품과 절연하는 데 도움이 된다(제로 크로싱 회로).

H11L1 같은 옵토 커플러를 사용해 위상 제어를 할 수 있다. 이때 옵토 커플러는, 전압 제어를 위해 제너 다이오드를 통과시킨 후 정류는 하지만 평탄화하지 않은 ACunsmoothed AC로 구동된다. 옵토 커플러의 출력은 논리 호환되며, 일회식one-shot mode으로 설정된 555 타이머555 timer의 입력으로 연결할 수 있다. 타이머에서 생성된 개별 펄스는 MOC3023 같은 또 다른 옵토 커플러를 통과하며, 이때 트라이액 게이트를 작동하기 위해 내부 LED를 사용한다.

하지만 마이크로컨트롤러에서 프로그램된 출력을 받아 옵토 커플러를 통과시킨 다음, 트라이액 게이트를 제어하게 할 수도 있다. '마이크로컨트롤러'와 '트라이액'으로 인터넷 검색을 해보면 다른 방법에 관한 정보도 알 수 있다.

전하 충전

AC를 전환하는 동안 트라이액의 A1과 A2 사이에 있는 내부 전하는 역방향 전압이 걸리기 전에 사라져야 하며, 그러기 위해서는 시간이 필요하다. 그렇지 않으면 전하 충전charge storage이 발생해 부품에 전류가 계속 흐를 수 있다. 이런 이유로 트라이액의 주파수는 일반 가정용 60Hz AC 전원처럼 상대적으로 낮은 값으로 제한된다.

트라이액이 모터를 제어할 때 유도성 부하 inductive load와 관련해 전압과 전류 사이에 생기는 위상 지연phase lag은 트라이액에서 필요로 하는 양전압, 음전압 주기 사이의 전환 시간에 간섭을 일으킬 수 있다. 데이터시트에서 정류 dv/dtcommutating dv/dt라는 용어는 연속 ON 상태로 고정하지 않고 견딜 수 있는 반대 극성 전압의 증가율로 정의된다.

[그림 3-14]의 짙은 파란색 직사각형처럼 RC 스너버 네트워크snubber network는 트라이액에 걸리는 전압의 상승 시간을 제어하기 위해서 보통 A1, A2와 병렬로 연결한다. 여기서는 트라이액 바로 왼편에 저항과 커패시터 형태로 추가되었다. 최고 저항과 최저 커패시턴스capacitance는 트라이액이 문제 없이 작동하도록 선택해야 한다. 보통 저항은 47~100Ω, 커패시터는 0.01~0.1μF의 범위를 가진다.

다양한 유형

트라이액 유형에는 스루홀과 표면 장착형이 있다.

트라이액이라고 불리는 부품 중에 실제로는 반대 극성의 SCR 2개를 사용한 부품도 있다. 예를 들어 리틀퓨즈 사의 알터니스터Alternistor 제품이 그렇다. SCR은 일반적인 트라이액보다 빠른 전압 상승 시간을 견디며, 대형 모터 같은 유도성 부하를 구동하는 데 더 적합하다.

무(無)스너버 트라이액snubberless triac은 이름에서 알 수 있듯이 스너버 회로 없이 유도성 부하를 구동하도록 설계되었다. 이러한 예로는 ST마이크로일렉트로닉스STMicroelectronics 사의 BTA24가 있다. 이 제품의 데이터시트에는 제한 사항이 포함되는데, 일반적인 트라이액보다 더 엄격할 수 있다.

부품값

표면 장착 트라이액의 정격 전류는 대체로 2~25A 정도의 전환 AC 전류(RMS)이며, 정격 전류가 더 큰 제품은 최대 $10mm^2$의 크기로도 출시된다. 게이트의 트리거 전압은 0.7~1.5V 정도가 필요하다. 스루홀 패키지에서는 1~2.5V의 게이트 트리거 전압이 보통이며, 조금 더 높은 전류(최대 40A)도 가능하다.

앞서 말한 것처럼 대다수 트라이액은 흔히 사용되는 60Hz처럼 상대적으로 낮은 주파수 전환에

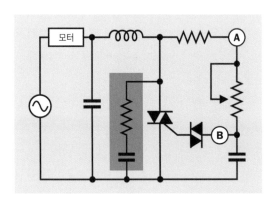

그림 3-14 트라이액이 모터 같은 유도성 부하를 구동하는 동안, 연속 ON 상태에 고정되는 것을 방지하기 위해 스너버 회로를 추가할 수 있다 (여기서는 트라이액 바로 왼편의 짙은 파란색 사각형 안에 저항과 커패시터 형태로 표현되었다).

국한해 사용한다.

데이터시트 약어에는 보통 다음과 같은 내용이 포함된다.

- V_{DRM} 또는 V_{RRM}: 피크 반복 역방향 OFF 전압. OFF 상태에서 손상을 일으키거나 전류를 흘러보내지 않으면서 견딜 수 있는 최대 역방향 전압.
- V_{TM}: A1과 A2 사이의 최대 전압 차. 짧은 펄스 폭과 낮은 사용률을 사용해 측정된다.
- V_{GT}: 게이트의 트리거 전류를 생성하는 데 필요한 게이트 트리거 전압.
- I_{DRM}: 피크 반복 차단 전류(즉, 최대 누설 전류)
- I_{GM}: 최대 게이트 전류.
- I_{GT}: 최소 게이트 트리거 전류.
- I_H: 유지 전류
- I_L: 래칭 전류
- $I_{T(RMS)}$: ON 상태의 RMS 전류. 연속으로 부품을 통과하는 최대 전룻값.
- I_{TSM}: 최대 비반복 서지 전류. 보통 60Hz의 고정 펄스 폭으로 명시된다.
- T_C: 케이스 온도. 보통 유효 범위로 나타낸다.
- T_J: 동작 접합 온도. 보통 유효 범위로 나타낸다.

주의 사항

트라이액은 다른 반도체 소자와 마찬가지로 열에 민감하다. 평상시에 충분한 환기와 방열에 주의를 기울여야 하며, 부품을 브레드보드와 같이 개방된 위치에서 케이스 등과 같이 밀집되기 쉬운 폐쇄 공간으로 이동할 때는 특히 주의해야 한다.

과열로 인한 예기치 않은 작동

데이터시트에 명시된 트리거 전룻값은 권장 온도 범위 내에서만 유효하다. 열이 축적되면 예기치 않게 작동할 수 있다.

저온 효과

트라이액이 낮은 온도에서 작동하기 위해서는 아주 높은 게이트 전류가 필요하다. 접합 온도가 25℃일 때 필요한 전류는 100℃에서 필요한 전류의 두 배가 될 가능성이 높다. 트라이액은 충분한 전류를 공급하지 않으면 작동하지 않는다.

잘못된 유형의 부하

백열등을 형광등fluorescent light이나 LED 조명 장치로 교체할 때, 기존의 트라이액은 더 이상 조광기dimmer 역할을 하지 않을 수 있다. 형광등에는 인덕턴스inductance가 있고 용량성 부하capacitive load도 가해질 수 있기 때문에, 둘 중 하나가 트라이액의 정상 작동을 방해한다.

전력 감소에 따른 LED의 빛 출력은 백열전구의 빛 출력과 매우 다르다. 따라서 LED는 출력 특성에 적합한 펄스 폭 변조를 사용해 조도를 낮춰야 한다. 트라이액은 일반적으로 여기에 적합하지 않다.

잘못 인식된 단자

트라이액은 게이트에서 양 전압이나 음전압을 사용해 AC 전류를 전환하도록 설계되었기 때문에 대칭 장치로 생각하기 쉽다. 그러나 사실 트라이액의 작동은 비대칭이기 때문에 반대로 설치하면 오작동을 일으키거나 아예 작동하지 않을 수 있다.

스위치 OFF 오류

앞서 말했듯이('전하 충전' 36쪽 참조) 트라이액을 사용할 때, 하나의 반주기 끝과 다음 반주기 시작 사이에 충분한 시간이 없으면, 전하 충전charge storage 문제가 발생하기 쉽다. 저항성 부하와 함께 작동하는 부품을 유도성 부하를 구동하는 데 사용하면 기능이 정지될 수 있다.

4장

무접점 릴레이

무접점 릴레이solid-state relay의 약어는 SSR이지만, 이 약어를 사용하는 일은 드물다. 무접점 릴레이는 옵토 커플러optocoupler로 취급하기도 하지만, 본 백과사전에서는 두 부품을 각각 별도의 장에서 다룬다. 옵토 커플러는 비교적 단순한 장치로, 하나의 패키지 안에 광원(보통 LED) 1개와 광센서 1개가 내장되어 있다. 옵토 커플러는 절연isolation에 주로 사용하며, 높은 전류의 스위칭에 사용하는 일은 많지 않다. 무접점 릴레이는 전자식 릴레이electromagnetic relay 대신 사용할 수 있고, 대부분 패키지 내에 추가 부품이 들어간다. 최소 1A의 전류를 스위칭한다.

5V(또는 그 이하)의 논리 신호를 스위칭하는 부품 중에는 무접점 릴레이처럼 작동하더라도 스위치switch라고 불리는 것도 있다. 이 유형의 부품은 무접점 릴레이와 기능이 매우 비슷하기 때문에 이 장에 포함해서 설명한다.

관련 부품

- (전자식) 릴레이(1권 참조)
- 옵토 커플러(5장 참조)

역할

무접점 릴레이solid-state relay(SSR)는 전자식 릴레이(1권 참조)의 기능을 모방한 반도체 패키지다. 무접점 릴레이는 입력 단자 사이에 흐르는 작은 전류와 전압에 반응해 출력 단자 사이에 있는 전원을 켜거나 끄는 역할을 하며, 제품에 따라서는 AC나 DC를 스위칭하거나 AC나 DC로 제어될 수 있다. 무접점 릴레이는 SPSTsingle pole single throw 스위치로도 사용할 수 있는데, 상시 열림normally open, 상시 닫힘normally closed 두 유형이 있다. 무접점 릴레이를 SPDTsingle pole double throw 스위치로

사용하는 경우는 상대적으로 흔하지 않으며, 실제로 스위치 내부에 1개 이상의 무접점 릴레이를 포함하고 있다.

무접점 릴레이의 회로 기호는 표준화되어 있지 않지만, 다음 페이지 [그림 4-1]과 같은 몇 가지 대안이 있다. 각 기호에 대한 설명은 다음을 참조한다.

위

금속 산화막 반도체 전계 효과 트랜지스터metal-oxide semiconductor field-effect-transistor(MOSFET)를 사용해서 DC 전류를 스위칭하는 무접점 릴레이를 나타

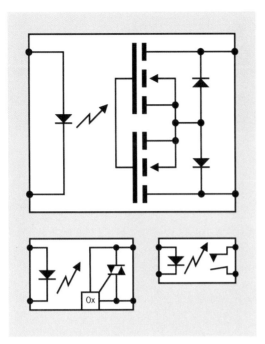

그림 4-1 무접점 릴레이는 표준화된 회로 기호가 없다. 자세한 내용은 본문 참조.

낸 것으로, 흔하게 사용되지는 않는다. 이 장치의 기호는 출력 쪽 다이오드를 생략하는 경우가 많으며, MOSFET 기호를 단순화해 나타낼 수도 있다.

왼쪽 아래

AC를 켜고 끄기 위해 내부 트라이액triac을 사용하는 무접점 릴레이. 상자의 0x 표시를 보면, 이 기호가 제로 크로싱 릴레이zero-crossing relay임을 알 수 있다. 제로 크로싱 릴레이에서는 교류 전압이 음에서 양, 또는 양에서 음으로 변하면서 0V를 지날 때 스위칭이 일어난다.

오른쪽 아래

일반적인 무접점 릴레이. 상시 열림 릴레이 기호지만, AC용인지 DC용인지는 알 수 없다.

장점

- 신뢰도가 높고 수명이 길다.
- 물리적인 접촉이 없다. 물리적인 접촉이 있으면 아크 방전arcing과 침식erosion에 취약하거나 (극한 조건에서) 접촉면이 서로 결합하기 쉽다.
- 반응이 매우 빠르다. 보통 켤 때 1μs, 끌 때 0.5μs의 시간이 걸린다.
- 입력부의 전력 소비가 5VDC에서 5mA로 매우 낮다. 무접점 릴레이는 대부분 논리 칩logic chip으로 바로 구동할 수 있다.
- 기계적인 잡음이 없다.
- 접점 반동contact bounce이 없어서 출력 신호가 깨끗하다.
- 회로에 역기전력back-electromotive force을 유발하는 코일이 없다.
- 접촉으로 인한 불꽃이 발생하지 않기 때문에 가연성 증기가 있더라도 안전하다.
- 전자식 릴레이에 비해 대부분 크기가 작다.
- 진동에 예민하지 않다.
- 입력과 출력을 내부적으로 완전히 분리해서 높은 전압을 스위칭할 때 더 안전하다.
- 1.5VDC의 낮은 입력 제어 전압input control voltage으로 작동하는 무접점 릴레이도 있다. 반면 전자식 릴레이는 보통 최소 3VDC의 전압이 필요하다(더 큰 릴레이를 사용해 더 높은 전류를 스위칭하려면 3VDC보다 큰 전압이 필요하다).

단점

- 효율이 낮다. 내부 임피던스가 출력부에서 고정된 값의 전압 강하voltage drop를 생성할 수 있기 때문이다(그러나 높은 전류를 스위칭할 때,

이러한 현상은 무시할 수 있다).

- ON 상태에서 전압 강하가 일어남에 따라 폐열
waste heat이 발생한다.

- 무접점 릴레이가 OFF 상태인데도 입력부에 누
설 전류leakage current가 흐른다(보통 μA 수준).

- DC용 무접점 릴레이를 사용하면 보통 출력부
에서 극성이 나타나는지 확인해야 한다. 전자
식 릴레이에서는 그럴 필요가 없다.

- 입력부의 짧은 전압 스파이크는 더 느린 전자
식 릴레이에서는 무시되지만, 무접점 릴레이에
서는 릴레이를 작동할 수 있다.

- 전자식 릴레이에 비해 출력부에서 스위칭되는
전류의 서지와 스파이크에 취약하다.

작동 원리

최신 무접점 릴레이는 거의 대부분 제어 입력con-
trol input으로 켜지는 내부 LED(발광 다이오드, 22
장 참조)를 포함하고 있다. LED에서 나오는 적외
선은 1개 이상의 포토트랜지스터phototransistor나
포토다이오드photodiode로 구성된 센서로 감지한
다. DC 전류를 제어하는 릴레이에서 센서는 보통
MOSFET(1권 참조)이나 실리콘 제어 정류기SCR(1
장 참조)를 켜고 끈다. AC 전류를 제어하는 릴레
이에서는 트라이액triac(3장 참조)이 출력을 제어
한다. 무접점 릴레이의 입력부와 출력부는 광 신
호로 연결되기 때문에 전기적으로 절연되어 있다.

MOSFET은 전기를 거의 소모하지 않는다. 따
라서 무접점 릴레이 내부에 배열된 20개 이상의
포토다이오드에 닿는 빛으로도 충분히 전력을 공
급할 수 있다.

일반적인 무접점 릴레이는 [그림 4-2]와 [그림

그림 4-2 최대 7A DC를 스위칭할 수 있는 무접점 릴레이. 자세한 설명은
본문 참조.

그림 4-3 최대 10A를 스위칭할 수 있는 무접점 릴레이. 내부 저항이 낮아
폐열 발생이 적어 더 작은 패키지로 구현할 수 있다. 자세한 설명은 본문
참조.

4-3]과 같은 모습이다.

크라이돔Crydom 사의 DC60S7에서는 보통 3mA
미만의 입력 전류로 3.5~32VDC의 제어 전압control
voltage이 공급된다. 켜지는 시간은 최대 0.1ms, 꺼
지는 시간은 최대 0.3ms이다. 이 제품은 최대 7A의
전류를 스위칭할 수 있으며, 해당 전류의 최소 2배

에 해당하는 서지를 건딜 수 있다. 최대 1.7VDC의 전압 강하가 일어나는데, 최댓값인 60VDC에 훨씬 못 미치는 전압을 스위칭하면 문제가 될 수 있다. 해당 부품은 열전도 에폭시로 밀폐했으며, 약 1/8″ (3.2mm) 두께의 금속판에 설치되어 있어 나사로 추가 방열판heat sink에 고정할 수 있다.

크라이돔 사의 CMX60D10은 더 제한적인 범위의 제어 전압(3~10VDC)을 건디며, 5VDC에서 다소 높은 입력 전류인 15mA를 사용한다. 그러나 최대 ON 상태 저항값이 0.018Ω으로 매우 낮기 때문에, 10A의 전류가 흐를 때의 전압 강하가 0.2V 미만으로 훨씬 작다. 따라서 발생하는 폐열이 작으며, 방열판 없이 SIPsingle-inline package 패키지로 구현할 수 있다. DC60S7의 무게는 3온스(약 8.51g)이지만 CMX60D10은 0.4온스(약 11.34g)이다. 다른 제조사에서 출시되는 릴레이도 패키지와 사양은 비슷하다.

다양한 유형

많은 무접점 릴레이 패키지가 보호 장치를 내장하고 있다. 과도 신호transient를 흡수하기 위해 출력부에 두는 바리스터varistor를 예로 들 수 있다. 유도 부하를 스위칭할 때는 외부 부품으로부터 어느 수준의 보호가 필요할지 신중히 생각해 결정해야 한다.

무지연 vs. 제로 크로싱

제로 크로싱 무접점 릴레이zero-crossing solid-state relay는 (a)AC 전류를 스위칭하며, (b)AC 전압이 0V를 지나기 전까지는 ON 상태로 스위칭이 일어나지 않는다. 이 릴레이 유형의 장점은 그렇게 높은 전류를 스위칭할 필요가 없어, 스위칭이 일어날 때 전압 스파이크 발생이 최소화된다는 점이다.

AC를 스위칭하도록 설계된 모든 무접점 릴레이는 전압이 다시 0V를 지나는 순간, OFF 상태로 스위칭이 일어난다.

NC 모드와 NO 모드

무접점 릴레이는 SPST 장치이지만, 모델에 따라 상시 닫힘normally closed(NC)이나 상시 열림normally open(NO) 출력을 가질 수 있다. 쌍접점 작동 방식 double-throw operation이 필요하다면 상시 닫힘과 상시 열림 릴레이 2개를 결합하면 된다([그림 4-4] 참조). 일부 제조사에서는 상시 닫힘, 상시 열림 릴레이를 하나의 패키지에 결합해 SPDT 릴레이를 모방하기도 한다.

패키징

고전류용 무접점 릴레이는 대부분 패키지에 나사형 단자screw terminal와 금속판을 포함하고 있어서 방열판heat sink을 고정하기에 알맞다. 방열판

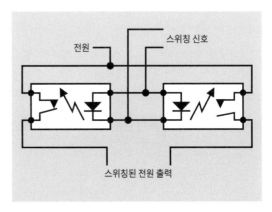

그림 4-4 상시 닫힘 무접점 릴레이는 상시 열림 무접점 릴레이와 결합해 SPDT 스위치 기능을 할 수 있다. 일부 제조사에서는 이런 식으로 조합한 릴레이를 하나의 패키지로 판매한다.

을 포함해 판매하는 제품도 있다. 말굽 단자spade terminal와 압착 단자crimp terminal는 선택 사항이다. 대표적인 예가 [그림 4-2]에 있는 크라이돔 사의 DC60S7이다. 이 유형의 패키지를 산업용 장착 부품industrial mount이라고 한다.

저전류용 무접점 릴레이(5A 이하)와 출력 저항이 아주 낮은 무접점 릴레이는 회로 기판에 장착하는 스루홀용 SIP 패키지를 사용할 수 있다.

무접점 아날로그 스위치

DIP 패키지는 저전압, 저전류 논리 칩logic chips과 호환되도록 설계된 무접점 릴레이에서 사용할 수 있다. 이 유형의 부품을 단순히 스위치switch라고도 한다. 그 예가 74HC4316이며, [그림 4-5]에서 보여 주고 있다.

보통 제어 전류와 스위칭된 전압은 +7V와 −7V 사이의 값으로 제한하며, 최대 출력 전류는 25mA이다. 내부 스위치마다 제어(Control) 핀이 있지만, 논리 상태가 HIGH일 때 별도의 활성(Enable)

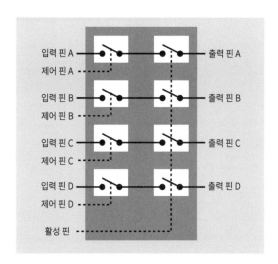

그림 4-6 4개의 무접점 아날로그 스위치가 들어 있는 칩의 기능. 제어 핀이 HIGH 상태면 해당 스위치가 닫힌다. 활성 핀은 정상적으로 작동할 때는 LOW 상태를 유지해야 한다. 반면 활성 핀이 HIGH 상태라면, 모든 스위치가 'off' 상태로 스위칭된다. 출력이 모두 연결되어 있다면 멀티플렉서로 사용할 수 있다.

핀이 모든 스위치를 '오프' 상태로 스위칭한다. 이 부품의 기능은 [그림 4-6]에서 간단한 그림으로 표현했으며, 내부의 광 절연optical isolation은 표시하지 않았다.

각각의 내부 경로에서 ON 저항은 부품의 양극에 +5VDC, 음극에 0VDC를 걸어 주었을 때 약 200Ω이 된다. 음극에 걸리는 전압이 -5VDC이면, 이 저항값은 100Ω으로 떨어진다.

만약 칩의 모든 출력에서 동시에 단락이 일어날 경우, 칩은 멀티플렉서multiplexer(16장 참조)의 역할을 하게 된다. 사실 이 유형의 스위치 부품은 다른 용도로 사용하더라도 카탈로그에서는 멀티플렉서로 분류하는 경우가 많다.

이 부품은 절댓값이 같은 양과 음의 입력 전압을 견디기 때문에 AC를 스위칭할 수 있다.

그림 4-5 이 DIP 패키지는 무접점 릴레이 기능을 하는 4개의 '스위치'를 포함하고 있지만, 전력과 전압을 낮게 제한해 논리 칩과 호환이 가능하다. 자세한 설명은 본문 참조.

부품값

산업용으로 쓰이는 무접점 릴레이는 보통 5~500A의 전류를 스위칭할 수 있으며, 그중에서도 50A가 가장 일반적이다. 더 높은 전류를 스위칭하는 데 사용하는 릴레이에는 대부분 DC 제어 전압이 필요하다. 4~32V가 일반적이지만, 훨씬 더 높은 전압이 필요한 경우도 있다. 이때는 AC를 스위칭하기 위해서 SCR이나 트라이액을 포함한다.

SIP, DIP, 또는 표면 장착용 패키지에 포함되는 작은 무접점 릴레이는 보통 출력부에 MOSFET을 사용하는데, 최대 2~3A의 전류를 스위칭할 수 있다. 출력 연결 방식에 따라 AC나 DC 어느 한쪽만 스위칭하는 제품도 있다. 입력부에 위치한 LED를 작동하기 위해서는 최소 3~5mA의 전류가 필요할 수 있다.

사용법

무접점 릴레이는 통신 장비, 산업 제어 시스템, 시그널링, 보안 시스템에 주로 사용한다.

무접점 릴레이의 외관은 매우 단순해 보인다. 제조사에서 명시한 전압과 전류를 공급할 수 있다면 어떤 종류의 전원 공급기도 사용할 수 있으며, 최대 정격 전류를 초과하지 않는 장치는 모두 출력부에 연결할 수 있다. 단 [그림 4-7]처럼 유도 부하inductive load로 인해 발생하는 역기전력back-EMF을 제어하도록 조치해야 한다. 보통 무접점 릴레이는 회로를 변경하지 않더라도 전자식 릴레이electromagnetic relay 대신 바로 사용할 수 있다.

무접점 릴레이는 열에 민감하며 온도가 증가할수록 스위칭 전류 규격이 줄어든다. 방열판을 사용하면 성능을 크게 향상할 수 있다. 이와 관련된

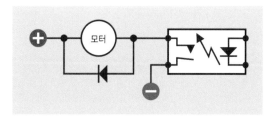

그림 4-7 유도 부하 주변에 다이오드를 사용해 역기전력으로부터 무접점 릴레이를 보호한다.

구체적인 지침은 보통 제조사의 데이터시트에 명시되어 있다. 무접점 릴레이가 켜져 있는 상태에서는 1A당 약 1W의 열이 계속 발생한다는 점도 기억해 두자.

무접점 릴레이는 입력부에 유입되는 전류가 매우 작기 때문에(보통 15mA 미만), 마이크로컨트롤러microcontroller 칩으로도 직접 구동할 수 있다. 이와 달리 전자식 릴레이는 성능은 동일하더라도 마이크로컨트롤러 칩으로 구동이 불가능하다.

무접점 릴레이를 사용하면 안정적이고, 진동에 안전하며, 접촉 스파크가 없고, 입력부에서 코일로 인해 유도되는 서지surge, 출력부의 접점 반동contact bounce에서도 자유로워진다. 따라서 무접점 릴레이는 전원 스파이크에 민감한 디지털 장치에 적합하다. 또 무접점 릴레이는 휘발성, 가연성이 높은 액체를 다루는 연료 펌프나 침수된 지하에서 사용하는 폐수 펌프를 스위칭하는 데에도 사용할 수 있다(장기적으로 유지 보수가 거의 필요 없는 신뢰도가 요구되는 곳, 접촉 부식으로 전자식 릴레이에 위험을 일으킬 수 있는 곳). 소형 무접점 릴레이는 로봇이나 진동이 많은 전자제품의 모터를 스위칭하는 데 사용하고, 아케이드 게임에서도 많이 사용한다.

과부하로 인한 과열

사양에 따라 다르지만 작동 온도가 20℃나 25℃ 이상일 때는 출력을 낮춰야derated 한다. 이 말은 주변 온도가 10℃씩 증가할 때마다 일정하게 유지되는 동작 전류operating current의 세기를 20~30% 줄여야 한다는 뜻이다. 이 규칙을 지키지 않으면 부품에 손상이 발생할 수 있다. 높은 전류에 사용하는 무접점 릴레이를 방열판 없이 사용하거나 너무 작은 방열판을 사용할 때, 또는 무접점 릴레이와 방열판 사이에 열전도성 화합물thermal compound을 사용하지 않을 때에도 마찬가지로 손상이 발생할 수 있다.

단자 접촉 불량으로 인한 과열

고전류용 무접점 릴레이의 출력부 나사 단자를 충분히 조이지 않은 경우, 헐거워진 말굽 단자가 있는 경우, 압착 단자로 연결할 때 단자를 충분히 조이지 않은 경우에는 접촉 불량으로 인해 전기 저항이 발생한다. 높은 전류에서는 저항에서 열이 발생해 무접점 릴레이가 과열될 수 있고, 심하면 타버리므로 주의한다.

사용률 변화로 인한 과열

고전류용 무접점 릴레이를 전체 시간의 절반 동안만 ON 상태를 유지할 목적으로 선택했으나 제품 개발 과정에서 대다수 시간 동안 ON 상태를 유지하도록 상황이 변한다면, 무접점 릴레이에서는 거의 두 배의 열이 발산되어야 한다. 사용률이 변하면 그로 인해 발생하는 열을 반드시 고려해야 한다. 특이하며 예기치 않은 방식으로 릴레이를 사용할 수 있다는 점도 고려해야 한다.

부품 밀집으로 인한 과열

부품이 빽빽히 밀집되어 있다면 과열 현상이 크게 증가할 수 있다. 부품 간에는 최소 2cm(3/4″)의 간격을 유지해야 한다.

이중 패키징으로 인한 과열

이중 패키징은 1개의 패키지 안에 2개의 무접점 릴레이를 사용하는 경우다. 이때는 릴레이에서 발생하는 열로 인한 과열 등 추가적인 영향을 고려해야 한다.

역방향 전압으로 인한 손상

무접점 릴레이는 전자식 릴레이보다 역기전력 back-EMF에 민감하기 때문에, 유도 부하를 스위칭할 때는 부품을 역방향 전압으로부터 보호하기 위해 더욱 주의를 기울여야 한다. 보호용 다이오드 protection diode를 사용해야 하며, 스너버snubber가 릴레이 패키지에 포함되어 있지 않다면, 출력 단자 사이에 추가할 수 있다.

낮은 전압의 출력 전류로 인한 작동 불량

무접점 릴레이가 내부적으로 작동하려면, 전자식 릴레이와는 달리 출력부에 일정 전압을 걸어 주어야 한다. 전압이 낮거나 아예 걸리지 않았다면, 무접점 릴레이는 입력 전압에 반응하지 않을 수 있다. 출력부에 걸어 주어야 할 최소 전압은 데이터 시트를 참조하면 된다.

무접점 릴레이를 테스트하기 위해서는 입력부

와 출력부에 실제 전압을 걸어 주고 백열전구와 같은 부하를 사용한다. 단순히 연속성을 측정하기 위해 출력부에 측정기를 사용하는 경우, 측정기로 인해 릴레이가 작동하는 데 필요한 충분한 전압이 공급되지 않을 수도 있기 때문에 작동 불량으로 착각할 수도 있다.

AC 출력의 측정 불가
제로 크로싱zero-crossing 사양의 AC 스위칭용 무접점 릴레이에서 멀티미터multimeter를 사용해 출력부의 연속성을 테스트할 때, 멀티미터에서 발생하는 전압은 무접점 릴레이가 출력 단자에서 전압이 0을 지나가는 순간을 포착하지 못하도록 방해한다. 그 결과 AC 출력의 스위칭은 불가능하다.

릴레이가 켜져서 꺼지지 않는 현상
이러한 현상은 무접점 릴레이가 소형 솔레노이드solenoid(1권 참조)나 네온전구neon bulb(19장 참조)와 같이 상대적으로 높은 임피던스의 부하를 제어할 때 발생한다. 이는 무접점 릴레이가 OFF 상태일 때, 누설되는 전류가 ON 상태에서 부하를 유지할 만큼 충분히 크기 때문이다.

만약 트라이액을 포함하는 무접점 릴레이를 DC를 스위칭하는 데 사용하면 전류를 차단할 수 없는 문제가 생긴다.

병렬 연결된 릴레이의 작동 불량
2배 크기의 전류를 스위칭하기 위해서 2개의 무접점 릴레이를 사용하는 일은 흔하지 않다. 제조상의 약간의 변화만으로도 릴레이 간의 스위칭 시간이 달라질 수 있기 때문이다. 첫 번째 릴레이가 켜지면 부하 전류가 두 번째 릴레이를 우회한다. 두 번째 릴레이가 작동하려면 출력부에 소량의 전류가 필요하며, 전류가 전혀 없으면 켜지지 않는다. 이는 첫 번째 릴레이는 두 번째 릴레이 없이도 모든 전류를 통과시킬 수 있고, 그로 인해 릴레이에 손상이 발생할 수 있는 반면, 그동안 두 번째 릴레이는 아무 일도 하지 않는다는 의미다.

최대 출력에서 출력 장치의 작동 불량
무접점 릴레이는 출력부에서 전압 강하를 일으킨다. 이때 전압 강하의 크기는 정해져 있으며 비율에 따라 줄어들지 않는다. 110V를 스위칭할 경우 이 차이는 무시할 수 있지만, 12V를 스위칭할 경우에는 전달되는 전압이 10.5V에 불과할 수 있다. 이때 1.5V의 전압 강하는 모터나 펌프의 속도를 현저히 줄이기에 충분하다. 전압 강하는 릴레이 내부의 스위칭 장치(MOSFET, 트라이액, 무접점 릴레이, 양극성 트랜지스터)에 크게 좌우된다. 릴레이를 사용하기 전에 제조사의 데이터시트를 확인해야 한다.

무접점 릴레이와 안전 차단
OFF 상태의 무접점 릴레이에서는 언제나 소량의 누설 전류가 발생한다. 높은 전압을 스위칭할 때는 감전 사고가 발생할 가능성이 있는데, 결과적으로 무접점 릴레이는 안전 차단 용도로는 적합하지 않다.

5장

옵토 커플러

광전자 커플러optoelectronic coupler, 옵토아이솔레이터opto-isolator, 포토커플러photocoupler, 광 아이솔레이터optical isolator라고도 한다.

무접점 릴레이solid-state relay는 옵토 커플러optocoupler로도 취급되지만, 본 백과사전은 두 부품을 각각 별도의 장에서 다룬다. 옵토 커플러는 상대적으로 단순한 장치로서 하나의 패키지 안에 광원(보통 LED) 1개와 광센서 1개가 들어 있다. 옵토 커플러는 절연isolation에 주로 사용하며, 높은 전류의 스위칭에 사용하는 경우는 많지 않다. 무접점 릴레이는 전자식 릴레이electromagnetic relay 대용으로 사용할 수 있는데, 대부분 패키지 내에 추가 부품이 들어가며 최소 1A의 전류를 스위칭한다.

관련 부품

- (전자식) 릴레이(1권 참조)
- 무접점 릴레이(4장 참조)

역할

옵토 커플러optocoupler는 회로 영역을 전기적으로 절연하는 역할을 한다. 이를 통해 논리 칩이나 마이크로컨트롤러처럼 민감한 부품을 전압 스파이크나 회로의 다른 영역에서는 호환되지 않는 전압으로부터 보호해 준다. 옵토 커플러는 의료 장비에 사용해 환자를 감전의 위험에서 보호하고, 음향 부품의 디지털 제어를 위한 MIDI 표준 장치에도 사용한다.

[그림 5-1]은 옵토 커플러의 세 가지 응용 방식을 보여 준다. 자세한 설명은 다음을 참조한다.

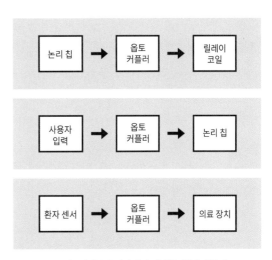

그림 5-1 옵토 커플러의 응용 방식 예시. 자세한 내용은 본문 참조.

위

논리 칩의 출력은 옵토 커플러를 통과해 릴레이 코일 같은 유도성 부하로 전달되며, 이때 유도성 부하에는 칩에 손상을 입힐 수 있는 전압 스파이크가 발생할 수 있다.

가운데

전자식 스위치에서 나온 잡음 섞인 신호가 옵토 커플러를 통과해서 논리 칩의 입력에 전달된다.

아래

환자 몸에 부착된 감지 장치에서 나온 저전압 출력이 옵토 커플러를 통과해서 높은 전압을 사용하는 뇌파 검사 장치(EEG) 등의 의료 장비로 전달된다.

옵토 커플러는 무접점 릴레이solid-state relay와 내부 작동 원리가 동일하다. 입력부에 내장된 LED는 빛을 내부 채널이나 투명한 창을 통해서 출력부의 감지 장치로 보낸다. 내부적으로는 광선light beam 으로만 연결되어 있기 때문에, 옵토 커플러의 입력과 출력은 서로 절연되어 있다.

1970년대 이전에는 입출력을 절연할 목적으로 절연 변압기isolation transformer를 사용했지만, 이 시기부터 옵토 커플러가 경쟁력을 가지기 시작했다. 옵토 커플러는 더 작고 저렴할 뿐만 아니라 느리게 변하는 신호나 변압기가 무시할 수 있는 DC의 온-오프 상태를 전송할 수 있는 장점이 있다.

최근에는 유도 및 용량 결합inductive and capacitive coupling 부품이 표면 장착형 패키지로 출시되면서 고속 데이터 전송용 옵토 커플러와 경쟁하고 있는데, 내구성이 더 뛰어나다. 시간이 지남에 따

라 LED의 출력이 점차 감소하기 때문에 옵토 커플러의 성능 역시 저하되는데, 수명은 대체로 최대 10년 정도다.

작동 원리

옵토 커플러 내의 LED는 거의 항상 적외선에 가까운 빛을 내며, 민감도는 출력을 공급하는 포토트랜지스터phototransistor나 포토다이오드photodiode, (가끔은) 포토레지스터photoresistor와 맞먹는다. 빛에 민감한 트라이액triac과 실리콘 제어 정류기SCR를 사용하기도 한다.

가장 흔한 유형의 옵토 커플러는 개방 컬렉터 출력이 있는 양극성 포토트랜지스터를 사용한다. 이 유형의 회로 기호가 [그림 5-2]에 나타나 있다. 이에 대한 자세한 설명은 다음을 참조한다.

왼쪽 위

가장 일반적인 형태다.

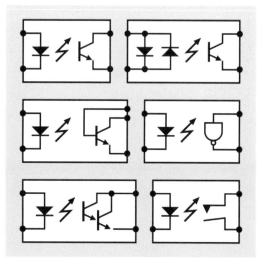

그림 5-2 옵토 커플러를 나타내는 데 사용할 수 있는 6가지 회로 기호. 자세한 내용은 본문 참조

오른쪽 위

입력부 2개의 다이오드로 교류 전류를 사용할 수 있다.

왼쪽 가운데

단자를 추가하면, 빛에 민감한 출력 트랜지스터의 베이스 단자에 바이어스bias를 추가할 수 있어 민감도를 줄인다.

오른쪽 가운데

활성화enable 신호는 NAND의 입력으로 사용할 수 있어, 출력을 억제하거나 활성화한다.

왼쪽 아래

포토 달링턴photodarlington 트랜지스터를 사용하면 이미터 전류를 높일 수 있다.

오른쪽 아래

상대적으로 사용 빈도가 낮다. 무접점 릴레이에 사용하기도 한다.

그림 5-3 스루홀 8핀 DIP 형태의 옵토 커플러

각 기호에서 다이오드는 LED이며, 지그재그로 표시된 화살표는 LED에서 나오는 빛이다. 한 쌍의 직선 또는 물결 모양 화살표를 대신 사용할 수 있다.

스루홀 DIP 형태의 옵토 커플러는 [그림 5-3]에서 볼 수 있다.

광 스위치optical switch는 센서 맞은편에 LED가 위치하고 있어서 옵토 커플러의 일종으로 볼 수 있다. 그러나 LED와 센서는 빈 공간으로 분리되어 있으며, 그 사이를 얇은 물체가 지나가면 광선을 차단하기 때문에 움직임이 감지된다. 본 백과사전에서는 광 스위치를 센서sensor로 분류하며 3권에서 다룬다.

다양한 유형

내부 센서

옵토 커플러에 사용하는 포토레지스터photoresistor(흔히 포토셀photocell이라고도 함)는 역사적으로 볼 때 최초의 센서라고 할 수 있다. 다른 센서보다 선형적인 반응을 보이지만, 반응 속도는 훨씬 느리다. 지금도 여전히 오디오 장치에서 쓰인다. 예를 들어 기타리스트가 사용하는 스톰 박스stomp box의 페달에도 보통 포토레지스터를 내장한 옵토 커플러를 사용한다.

옵토 커플러의 장점은 선형성linearity 외에도 여러 가지가 있다. 먼저 포텐셔미터potentiometer에서 생기는 기계적인 마모나 오염, '긁는 듯한 소리' 등이 없다. 또한 옵토 커플러를 사용하면 그라운드 루프ground loop를 사용하지 않아도 된다. 그라운드 루프ground loop는 대지 전위ground potential의 작은 차이로도 쉽게 유도되기 때문에 2개 이상의 전원이 함께 연결되어 있으면, 오디오 장치에 웅웅 거리는 소음이 발생한다.

포토레지스터가 들어 있는 옵토 커플러 중 최초로 등록된 상표는 백트롤Vactrol이다. 이 용어는 아직도 일반적으로 사용되고 있다. 백트롤은 뮤지션들이 많이 사용하며, 전화 음성 네트워크에서 오디오를 압축할 때도 사용한다. 이전에는 복사기와 사진용 노출계에 사용했지만, 지금은 이런 용도로 사용하지 않는다.

최근에는 포토레지스터에 카드뮴이 함유되어 있다는 사실이 알려지면서 사용 빈도가 점점 줄고 있다. 참고로, 카드뮴은 독성 탓에 환경을 오염시키므로 많은 나라(특히 유럽)에서 법으로 사용을 금하고 있다.

포토다이오드photodiode를 사용할 때 옵토 커플러의 응답 시간이 가장 빠른데, 응답 시간은 주로 포토다이오드 위로 빛을 비추는 LED의 특성으로 제한되는 편이다. 포토다이오드의 일종인 PIN 다이오드의 반응 시간은 1ns도 채 되지 않는다. PIN이라는 명칭은 약어로서, p형, n형 반도체 층과 그 둘을 연결하는 진성 층intrinsic layer으로 이루어진 구조에서 유래된 것이다. 진성 층은 빛에 반응하는데, 다이오드에 살짝 역방향 바이어스가 걸리면 진성 층으로 들어온 광자는 전자를 밀어내 전류가 흐르게 할 수 있다. 역 바이어스는 활성 영역을 늘려서 그 효과를 증대시킨다. 이 상태에서 PIN은 포토레지스터처럼 작동하며 빛에 반응해서 저항을 줄인다.

PIN 다이오드PIN diode를 광전지 모드photovoltaic mode에서 사용하면 바이어스가 걸리지 않으며, 태양 전지처럼 유입되는 빛에 반응해 실제로 소량의 전압(1VDC 미만)을 생성한다. 옵토 커플러의 출력부에 MOSFET을 사용하면, 트랜지스터를 작동할 정도의 문턱 전압threshold voltage을 생성할 수 있는 최대 30개의 포토다이오드를 직렬로 연결할 수 있다. 이 배열은 무접점 릴레이에서 흔히 사용한다.

양극성 포토트랜지스터bipolar phototransistor는 느린 편이지만, 그래도 반응 시간이 5μs 미만인 것이 보통이다. 여기에 사용하는 개방 컬렉터에는 외부 전압과 풀업 저항pull-up resistor이 있어야 포토트랜지스터가 비전도성일 때 양의 출력을 전달할 수 있다. LED를 켜면 포토트랜지스터가 전류의 세기를 줄여 효과적으로 저출력을 생성한다. 이처럼 옵토 커플러는 인버터inverter처럼 작동하지만, 비반전 출력noninverting output을 포함하는 유형도 있다.

기본적인 유형의 옵토 커플러

높은 선형성high linearity을 지닌 옵토 커플러는 LED로 유입되는 전류 변화에 비례해서 더 크게 반응한다. 고속high speed 옵토 커플러는 고주파 데이터 전송에 사용한다. 논리 출력logic-output 옵토 커플러는 입력 변동에 따라 달라지는 아날로그 출력analog output에 비해 HIGH/LOW 출력 변환이 깨끗하다. 아날로그 신호를 어느 정도 정확히 전송하기 위해 옵토 커플러를 사용하는 것에 한정해서는 선형성이 중요한 요소가 된다. 일부 논리 출력 옵토 커플러는 출력부에서 슈미트 트리거Schmitt trigger의 기능을 하기도 한다.

옵토 커플러는 다양한 패키지 형태로 판매된다. 6개 또는 8개 핀을 사용하는 DIP 형태가 흔한

데, LED, 센서, 광 채널에 충분한 물리 공간을 제공하면서도 전기 절연 성능이 뛰어나기 때문이다.

하나의 패키지에 2개 또는 4개의 옵토 커플러가 결합된 유형도 있다. 양방향 옵토 커플러bidirectional optocoupler는 2개의 옵토 커플러가 서로 뒤집어진 형태가 되도록 병렬로 연결해 구성할 수도 있다.

부품값

옵토 커플러의 데이터시트에서 중요하게 사용하는 용어 및 특성은 다음과 같다.

- CTR: 전류 전달비current transfer ratio의 약어로서, 입력 전류에 대한 최대 출력 전류의 비를 백분위로 나타낸다. 양극성 포토트랜지스터의 출력에서 최소 CTR은 보통 20%이다. 포토 달링턴photodarlington 출력에서는 CTR이 1,000%가 될 수도 있지만 대역폭은 훨씬 낮다. 반응 시간은 ns가 아닌 μs로 측정할 수 있다. 포토다이오드 출력을 지원하는 옵토 커플러는 CTR이 매우 낮아서 그 출력이 mA 수준이지만, 가장 선형적인 반응을 보인다.
- $V_{CE(MAX)}$: (양극성 포토트랜지스터 출력을 지원하는 옵토 커플러에서) 컬렉터-이미터의 최대 전압 차. 보통 20~80V 정도다.
- V_{ISO}: 옵토 커플러에서 양단 사이의 최대 전위 차를 VDC로 나타낸 값.
- I_{MAX}: 트랜지스터가 감당할 수 있는 최대 전류. 보통 mA로 나타낸다.
- 대역폭bandwidth: 전송 가능한 신호의 최대 주파수. 보통 20~500kHz 사이다.

일반적으로 옵토 커플러의 LED는 1.5~1.6V의 순방향 전압에서 5mA의 전류가 필요하다.

옵토 커플러의 출력부에서 최대 컬렉터 전류가 200mA를 넘을 가능성은 거의 없다. 출력 전류가 이보다 높다면 무접점 릴레이의 사용을 고려해야 한다. 무접점 릴레이는 옵토 커플러와 같은 수준의 광 절연 성능을 제공하지만, 가격은 고전류용 옵토 커플러보다 훨씬 더 저렴하다.

사용법

옵토 커플러의 주목적은 과도 신호, 호환이 불가능한 전원, 특성을 알지 못하는 장치 등으로 인한 과도 전압으로부터 부품을 보호하는 일이다. 예를 들어 어떤 장치가 컴퓨터의 USB 포트에 연결되도록 설계되었다면, 컴퓨터는 옵토 커플러를 통해 절연될 수 있다.

LED용 직렬 저항은 사용하는 입력 전압에 따라 그 저항값이 달라지기 때문에 대다수 옵토 커플러에는 내장하지 않는다. 입력부의 최대 전압 크기를 결정할 때는 주의를 기울여야 하며, 전류를 적절히 줄일 수 있게 직렬 저항을 선택해야 한다. 시간에 따른 LED의 성능 저하 또한 감안해야 한다.

개방 컬렉터 출력을 생성하는 옵토 커플러를 사용할 때는 대부분 풀업 저항이 필요하다. 옵토 커플러에서 나오는 전압은 다른 부품의 입력 요건과 일치해야 하며, 컬렉터 전류는 특정 범위 내로 유지되어야 한다. 풀업 저항을 선택할 때는 몇 차례 시행착오를 거쳐야 할 수도 있다. 이 또한 감안해야 할 점이다.

다음 페이지 [그림 5-4]의 회로도는 푸시 버튼

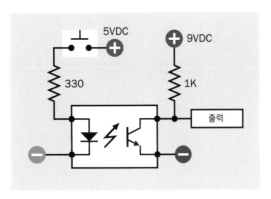

그림 5-4 옵토 커플러의 테스트 회로에서 LED 보호를 위한 직렬 저항과 출력부의 전류 및 전압을 제어하기 위한 풀업 저항의 일반적인 값

을 입력으로 사용하는 테스트 회로의 일반적인 부품값을 보여 주기 위한 것이다. 회로도에 표시된 전원 2개는 구분하기 쉽도록, 양의 기호와 음의 기호에 각각 다른 색상을 적용했다. 옵토 커플러의 입력부와 출력부가 동일한 접지를 공유하도록 할 수 있지만, 접지를 공유하더라도 원래 의도했던 것처럼 회로의 영역 사이를 완전히 절연할 수는 없다.

옵토 커플러의 핀 배치도는 제조사의 데이터시트에서 주의 깊게 확인해야 한다. 8핀 DIP 칩에서 입력은 보통 2번 또는 3번 핀과 연결하는 반면, 출력 핀의 기능은 표준화되어 있지 않아 출력과 연결되는 핀은 칩 내부 구성에 따라 달라지기 때문이다. 옵텍Optek 사의 D804와 같이 내부의 NAND 게이트를 사용해 기능을 활성화하는 옵토 커플러에서는 자체 전원이 필요하다.

옵토 커플러 내부에 위치한 양극성 출력 포토 트랜지스터의 베이스 단자를 외부와 연결하면, 해당 핀에 걸리는 역 바이어스가 옵토 커플러의 민감도를 감소시키지만, 입력부의 잡음은 줄일 수 있다.

주의 사항

옵토 커플러의 입력부나 출력부에 과부하가 걸린다면 고장이 날 가능성이 높다.

수명

옵토 커플러는 평균적으로 사용 연한이 10년에 불과하기 때문에, 제품 수명에 따라 고장이 날 수 있다.

LED 손상

LED는 부품 내부에 들어 있기 때문에, 작동을 바로 확인할 수 없다. 전류가 LED를 통과하는지 확인하기 위해 측정기를 입력부 회로에 삽입해 설치할 수 있다. 전압을 측정하도록 설정된 측정기로 LED에서 정상적인 전압 강하가 일어나는지 확인할 수 있다. 심각한 과부하라면 즉각 손상되겠지만, LED의 정격 전류를 약간 초과하는 정도에서 오히려 더 심각한 결과가 발생하기도 한다. LED는 손상되더라도 수일이나 수 주가 지나도록 특별한 징후가 없기 때문이다. 옵토 커플러의 고장은 예측과 발견이 힘들다.

트랜지스터 손상

다시 말하지만 과도한 전류로 인한 손상은 오랜 기간에 걸쳐 진행될 수 있다. 옵토 커플러에 고장이 발생했는지 확인하는 가장 쉬운 방법은 옵토 커플러를 회로에서 제거하는 것이다. 소켓을 씌운 DIP 패키지는 고장을 확인하기 위한 목적으로 사용하기에 적합하다.

6장

비교기

비교기comparator는 op 앰프op-amp와 동일한 회로 기호를 사용하지만 용도가 다르다. 따라서 본 백과사전에서는 두 부품을 각각 별도의 장에서 다룬다.

이 장에서는 아날로그 비교기만을 다룬다. 디지털 비교기digital comparator는 2개의 2진수를 비교하는 논리 칩으로, 아날로그 비교기와 매우 다르다. 예를 들어 디지털 비교기에서 2개의 2진수를 각각 A와 B라 할 때, 칩의 출력은 A>B, A<B, 또는 A=B로 나타난다. 따라서 본 백과사전에서는 디지털 비교기를 별도로 다루지 않는다.

관련 부품

· op 앰프(7장 참조)

역할

비교기comparator는 집적회로 칩으로, 하나의 입력 핀에 걸리는 가변 전압을 두 번째 입력 핀에 걸리는 고정 기준 전압reference voltage과 비교해 준다. 어느 전압이 더 높은가에 따라 비교기의 출력이 HIGH 또는 LOW가 된다.

출력은 입력이 무한히 변하더라도 고정된 두 값으로 깨끗하게 변환된다. 따라서 비교기는 아날로그-디지털 컨버터analog-digital converter 역할을 한다([그림 6-1] 참조).

비교기는 출력 전압의 범위를 입력 범위와는 별도로 높이거나 낮출 수 있기 때문에, 전압 컨버터voltage converter의 역할도 한다.

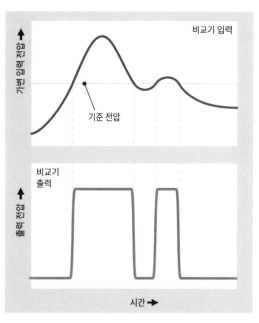

그림 6-1 비교기의 기본적인 작동 방식을 나타낸 그래프

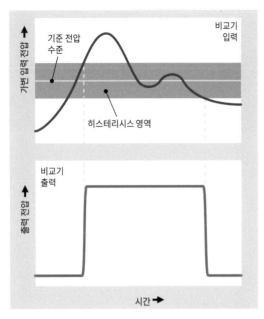

그림 6-2 [그림 6-1]에서 보여 준 비교기의 성능을 높이기 위해 히스테리시스 영역을 추가할 수 있다. 히스테리시스 영역에서 발생하는 작은 변화는 무시된다.

히스테리시스

외부 저항을 통해 양의 피드백이 추가될 경우, 히스테리시스hysteresis를 도입할 수 있다. 기준 전압 수준을 위아래로 확장한 히스테리시스 영역hysteresis zone이 있다고 상상해 보자. 이 영역에서 발생하는 입력의 작은 변화는 무시된다. 비교기는 입력 신호가 히스테리시스 영역을 벗어날 때만 반응한다. 입력 신호가 히스테리시스 영역으로 돌아간다면 이 또한 무시된다. [그림 6-2]는 이 개념을 그래프로 보여 준다. 히스테리시스를 생성하는 회로는 [그림 6-10]에 나와 있다.

작동 원리

[그림 6-3]은 비교기의 회로 기호다. 이 기호는 겉으로는 7장의 op 앰프와 동일해 보이지만 기능은

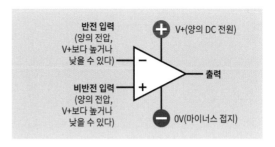

그림 6-3 비교기의 회로 기호는 op 앰프와 동일하다. 그러나 이 둘은 필요한 전원 유형과 기능이 상당히 다르다.

다르다. op 앰프는 원래 듀얼 전압dual-voltage 장치로, 크기는 같고 부호는 반대인 양의 전원, 음의 전원, 그리고 그 둘의 중간에 0값을 추가해 사용한다. 최근에 출시되는 비교기는 대부분 기존의 싱글 전압을 사용한다. 따라서 이 장 전체에서 비교기의 회로도에서 사용하는 음의 기호는 0V를 뜻하며, 다른 회로도에서 흔히 볼 수 있는 접지 기호와 동일한 의미로 사용한다.

비교기로 들어오는 2개의 입력은 반전inverting과 비반전noninverting 입력으로 구분한다(이유는 나중에 설명한다). 혼란스러울 수 있겠으나, 반전 및 비반전 입력은 비교기를 나타내는 삼각형 내부의 플러스와 마이너스 기호로 표시된다. 흑백으로 단순하게 표시한 플러스와 마이너스 기호는 전원과 아무런 관계가 없다.

보통 회로도에서 전원은 당연히 있는 것으로 간주하기 때문에 표시하지 않는다. 그러나 어떤 비교기라도 작동을 위해서는 전원이 필요하다.

일반적인 비교기와 함께 사용하는 기본적인 내부 및 외부 연결은 [그림 6-4]와 같다.

[그림 6-4]를 보자. 왼쪽 위의 포텐셔미터에는 보통 기준 전압을 미세 조정하기 위해 트리머trimmer를 사용한다. 가변 입력 전압은 V1이 정한

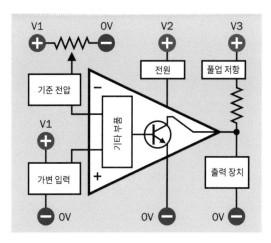

그림 6-4 비교기와의 연결 및 그 기능

최대 전류를 전달할 수 있는 센서나 기타 장치에서 공급받는다.

출력은 그림에서 볼 수 있듯이 개방 컬렉터 open collector인 것이 보통이며, 내부의 양극성 트랜지스터에서 전달된다.

서로 다른 색깔로 표시된 V1, V2, V3는 전압을 최대 3개까지 달리해서 사용할 수 있음을 뜻한다. 그러나 비교기의 비교가 유효하려면, 모든 전압이 같은 접지를 공유해야 한다.

비반전 입력이 반전 입력의 전압을 초과할 때, 출력 트랜지스터는 OFF 상태가 되어서 외부의 풀업 저항pullup resistor에서 나오는 전류를 차단한다. 저항에서 나오는 전류는 달리 갈 곳이 없으므로 비교기의 출력부에 연결된 다른 장치를 구동할 수 있으며, 출력은 HIGH로 나타난다.

비반전 입력이 반전 입력 전압보다 낮을 때, 출력부에 연결된 다른 장치가 상대적으로 높은 임피던스를 갖는다고 가정하면 출력 트랜지스터는 전도 상태가 되어 풀업 저항에서 나오는 거의 모든 전류를 흡수한다. 이때 비교기의 출력부는 LOW

로 나타난다.

이를 정리하면 다음과 같다.

- 비반전 입력noninverting input에 걸린 가변 전압이 반전 입력inverting input에 걸린 기준 전압보다 높을 때, 출력 트랜지스터는 OFF 상태가 되고 비교기는 HIGH 출력을 전달한다.
- 비반전 입력에 걸린 가변 전압이 반전 입력에 걸린 기준 전압보다 낮을 때, 출력 트랜지스터는 ON 상태가 되고 비교기는 LOW 출력을 전달한다.

입력 핀에 걸리는 기준 전압과 가변 전압이 서로 바뀌면 비교기의 작동도 반대가 된다. 이러한 관계는 [그림 6-5]에 나와 있다. 반전 입력에 걸리는 전압이 변환되면, 출력에서 변환된 값이 반전된다.

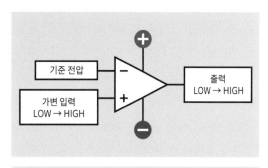

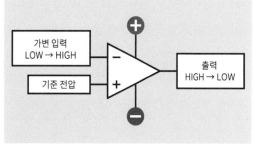

그림 6-5 어느 입력 핀에 기준 전압 또는 가변 전압이 걸리는지에 따라 비교기의 출력은 가변 전압을 따라가거나 반전된다.

비교기 기호 내의 플러스와 마이너스 기호의 위치는 달라질 수 있다. 이 장의 모든 회로도처럼 마이너스 기호를 플러스 기호 위쪽에 쓰는 방식을 가장 많이 사용한다. 그러나 편의를 위해 플러스 기호를 마이너스 기호 위에 쓸 때도 있다. 위치에 관계없이 언제나 플러스 기호는 비반전 입력을, 마이너스 기호는 반전 입력을 나타낸다. 잘못 이해하는 일이 없도록 회로도는 신중히 살펴야 한다.

비교기의 전원은 항상 양극을 비교기 기호의 윗부분에, 0V 접지를 아랫부분에 표시한다.

op 앰프와의 차이점

포화 vs. 선형성
비교기의 출력은 포화 상태(HIGH 또는 LOW, 중간 단계는 없으며 양의 피드백을 사용)에 최적화되어 있다. 반면 op 앰프의 출력은 선형성(입력의 미세한 차이가 그대로 복제되며, 음의 피드백을 사용)에 최적화되어 있다.

출력 모드
대다수 비교기에는 전압을 풀업 저항으로 설정하는 개방 컬렉터 출력(CMOS 장치에서는 개방 드레인 출력)이 있다. 이는 다른 부품, 특히 5VDC 논리 회로와의 호환성을 위해 조정할 수 있다. 풀업 저항이 필요 없는 푸시-풀 앰프 출력이 있는 비교기는 소수에 불과하다. 그에 비해 op 앰프는 전압 제공 역할을 하는 푸시-풀 출력이 기본이다.

빠른 반응
비교기는 op 앰프보다 입력 전압의 변화에 빠르게 반응한다. 비교기는 주로 장치를 스위칭할 때 사용하며, 증폭기로는 사용하지 않는다.

히스테리시스
비교기는 위에서 언급한 이유 때문에 히스테리시스를 사용하는 것이 바람직하며, 히스테리시스를 내장하도록 설계한 제품도 있다. op 앰프는 이러한 특징이 민감도를 떨어뜨리기 때문에 바람직하지 않다.

개방 루프 연산
개방 루프 연산(즉 피드백이 없을 때)이 비교기와 함께 사용될 수 있다. op 앰프는 폐쇄 루프 회로(즉 피드백이 있을 때)에서 사용하도록 설계되었으며, 제조사는 개방 루프에서의 성능을 명시하지 않는다.

앞서 말했듯이 비교기는 보통 싱글 전압 전원이 필요한 반면, op 앰프는 듀얼 전압 전원이 필요하다.

다양한 유형
비교기에서 출력 트랜지스터로 금속 산화막 반도체 전계 효과 트랜지스터metal-oxide semiconductor field-effect-transistor(MOSFET)를 사용한다면, 개방 드레인 출력이 생길 수 있다. 이때 개방 컬렉터 출력처럼 풀업 저항이 필요하다.

일부 비교기는 푸시풀 출력push-pull output으로 출력 전류(보통 소량)를 공급한다. 이 경우 풀업 저항을 사용할 필요가 없으며, 바람직하지도 않다. 출력 전압의 범위는 MOSFET이 출력으로 사용하는 레일-투-레일 값rail-to-rail value(전원의 범위)에 가장 가까운데, MOSFET은 양극성 트랜지스터보다 발생하는 전압 강하의 크기가 작기 때문이다.

개방 컬렉터(또는 개방 드레인)는 출력 전압을 전원 전압과 별도로 설정할 수 있다는 점에서 푸시풀 출력보다 낫다. 또 다른 장점으로 윈도우 비교기window comparator 회로처럼(아래에서 설명) 여러 출력값을 병렬로 연결할 수 있다.

일부 비교기는 칩에 공급되는 전압을 기반으로 한 기준 전압이 포함되어 있다. 이 경우 별도의 기준 전압을 공급할 필요가 없으므로, 비교기의 전력 소모가 줄어든다.

2개 이상의 비교기가 있는 칩은 많이 출시되어 있다. 비교기 개수는 흔히 부품의 채널channel 수로 표현된다. 듀얼 비교기dual comparator는 비교기의 출력을 위해 2개의 다른 전압원을 사용한다. 하지만 같은 0V 접지를 공유한다. LM139와 LM339 같은 칩은 비교기를 4개 포함하고 있으며, 스루홀이나 표면 장착형 패키지로 판매한다. 이들 제품을 가장 흔히 사용하며, 가격은 개당 1달러 미만이다.

[그림 6-6]은 LM339 비교기 칩이다. LM339는 비교기를 4개 포함하고 있는 쿼드 칩이다. 비교기는 모두 같은 전원을 공유한다. 칩은 TTL과 CMOS 호환이 가능하며, 보통 5VDC 전원으로 구동하지만 최대 36VDC 전원을 사용할 수 있다. 입력 차동 전압input differential voltage의 범위도 최대 36V까지 늘어날 수 있다.

비교기 중에는 할당된 핀으로 접근할 수 있는 래치latch 기능이 내장된 부품도 있다. 래치를 활성화하라는 신호를 받은 비교기는 입력을 비교해 적절한 출력을 유지하며, 이 값은 그 이후 다른 부품이 확인할 수 있다.

부품값

데이터시트에서 V_{IO}(V_{OS}라고도 한다)는 입력 오프셋 전압input offset voltage을 뜻한다. V_{IO}는 기준 전

그림 6-6 LM339 쿼드 비교기 칩은 출시된 지 오래되었지만 아직까지 널리 사용하고 있다.

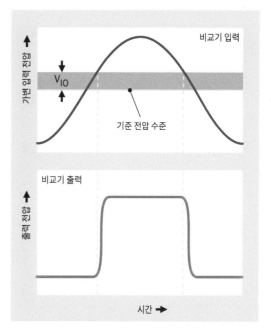

그림 6-7 입력 오프셋 전압은 비교기에서 출력을 LOW에서 HIGH로, 또는 HIGH에서 LOW로 스위칭하기 위해 기준 입력 전압 외에 추가로 필요한 소량의 전압을 뜻한다.

압에 추가되는 작은 크기의 전압으로, 비교기가 출력을 토글toggle할 때 필요하다. 이 내용은 [그림 6-7]의 그래프에 나타나 있다. V_{IO}는 비교기의 분해능resolution 한도를 설정하는데, 비교기는 입력 전압의 크기가 기준 전압을 이 양만큼 초과해야 반응한다. V_{IO}의 값은 큰 것보다 작은 것이 낫다. V_{IO}는 보통 1mV~15mV 범위의 값이지만, 실제 오프셋 전압은 부품 표본에 따라 다를 수 있다. V_{IO}는 부품에서 허용하는 최댓값을 의미한다.

비교기는 입력 전압이 기준 전압보다 V_{IO}만큼 초과하지 않으면 반응하지 않기 때문에, 이때의 출력 펄스 폭은 비교기의 입력 전압이 기준 전압과 똑같은 지점에 도달했을 때보다 좁다.

V_{TRIP+}와 V_{TRIP-}는 각각 상승 및 하강 전압rising and falling voltage을 뜻하며, 이로 인해 비교기가 외부의 피드백 루프 없이 어느 정도 자체 히스테리시스를 보이면서 비교기에서 출력이 발생한다. V_{TRIP+}와 V_{TRIP-}를 각각 LSTVLower State Transition Voltage와 USTVUpper State Transition Voltage라고도 한다.

V_{HYST}는 V_{TRIP+}에서 V_{TRIP-}를 뺀 값으로 정의하는 히스테리시스 범위hysteresis range다. 이 관계는 [그림 6-8]의 그래프에서 확인할 수 있다.

A_{VD}는 비교기의 전압 이득voltage gain으로, 여기에서 A는 '증폭amplification'을 뜻한다. 이득은 측정된 입력 전압에 대한 출력 전압의 비 중 최댓값이다. 보통 40~200 사이의 값이 있다.

최근에 출시되는 비교기는 공급 전압이 낮은 경우가 많은데, 적은 전력 소모가 중요한 배터리 구동 장치에 표면 장착형 패키지로 주로 사용하기 때문이다. 따라서 3VDC가 가장 많이 사용하는 전력 요건이며, 1.5VDC 비교기도 출시된다. 그러나 일부 구형 칩에서는 최대 35VDC의 전력을 필요로 하는 부품도 있다.

공급 전류의 범위는 7mA에서 1μA 이하까지 낮아질 수 있다

I_{SINK}는 비교기가 감당할 수 있다고 권장되는 일반, 또는 최대 싱크 전류sink current를 의미하며, 이 때 비교기는 개방 컬렉터 출력을 갖는다. 이 값은 소비 전력power dissipation, 즉 P_D와 관련해서 고려되어야 한다.

비교기에서 전달 지연값propagation delay은 입력 (보통 사각파square wave)이 트리거 값에 도달했을 때부터 그로 인한 출력이 최종값의 50%에 도달할 때까지 걸리는 시간으로 측정된다.

비교기가 5VDC 전원을 사용해 CMOS 논리 회로를 구동할 때, 풀업 저항값은 보통 100K이다.

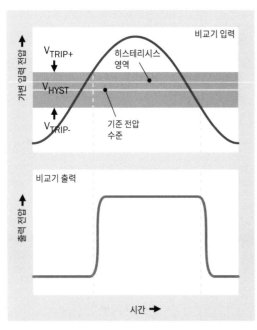

그림 6-8 V_{TRIP}의 값을 보면 비교기의 히스테리시스 범위를 알 수 있다. 기준 전압과 비교했을 때 해당 입력 범위에서는 비교기가 반응하지 않는다는 것을 알 수 있다.

CMOS는 입력 임피던스가 매우 높기 때문에 풀업 저항은 이보다 낮을 필요가 없다.

사용법

[그림 6-1]의 가상 비교기는 입력 전압과 기준 전압의 값이 같을 때 즉시 반응한다. 그러나 이는 이상적인 시나리오에서 일어나는 일이다. [그림 6-9]처럼 확대해서 들여다보면, 열이나 전류, 기타 변수의 미세한 변화로 인해 비교기에서는 입력 신호가 기준 전압에 아주 가까워졌을 때 지터jitter(신호의 진폭과 위상 중 한쪽 또는 양쪽에서 짧은 시간 나타나는 불안정 상태 - 옮긴이)가 발생하기 쉽다. 비교기가 릴레이 같은 장치를 직간접적으로 구동할 때, 지터는 큰 문제가 된다.

히스테리시스는 비교기가 입력 전압에서 발생

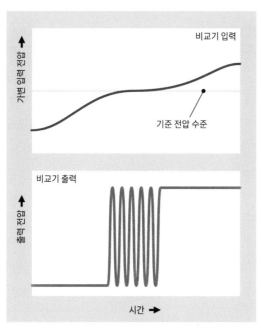

그림 6-9 실생활에 적용할 때, 비교기에 히스테리시스가 없다면 가변 입력 전압이 기준 전압보다 조금만 크거나 작아도 출력에 지터가 발생할 수 있다.

하는 소소한 변화를 무시함으로써, 입력 변환에서 생기는 불확실성을 제거한다. 또한 센서 입력의 더 큰 변화를 무시해야 하는 많은 상황에서 히스테리시스는 유용하다. 예를 들어 [그림 6-2]는 온도 센서에서 전압을 입력받는 상황을 보여 준다. 곡선 오른쪽 영역에 보이는 작은 요철은 중요하지 않은 입력일 가능성이 높다. 즉 문이 열리거나 센서 주변 사람의 체온으로 인한 변화일 수 있다. 이 모든 소소한 변화에 반응해서는 센서로서 의미가 없다. 센서에서는 이보다 큰 온도 변화가 지속되는 상황이 중요하기 때문에, 이 경우 큰 히스테리시스를 사용하는 것이 적절하다.

비교기를 난방 시스템을 켜고 끄는 온도 조절 장치로 사용한다면, 미세한 온도 상승에 비교기가 즉시 반응해서는 곤란하다. 난방 시스템은 온도가 히스테리시스 영역 이상으로 올라갈 때까지 얼마간 작동해야 한다.

히스테리시스를 생성하는 일반적인 방법은 양의 피드백positive feedback을 사용하는 것이다. 다음 페이지 [그림 6-10]의 회로도를 보면 비교기의 출력이 1M 포텐셔미터를 통과해서 가변(비반전) 입력으로 되돌아가도록 연결되어 있다. 이로 인해 비교기의 입력이 HIGH가 되는 순간 입력 전압은 되돌아 온 출력 전압을 받아 더욱 증가한다. 이제 입력 전압은 비교기를 끄지 않은 상태에서 조금씩 줄어들 수 있다. 그러나 입력이 크게 줄어들면 출력 전압의 피드백이 있더라도 이것만으로 가변 입력 전압을 기준 전압보다 높은 수준으로 유지하기에는 충분하지 않다(비교기의 HIGH 출력 전압은 정해진 값으로, 입력 전압에 비례해 변하지 않는다는 사실을 잊어서는 안 된다). 따라서 출력은

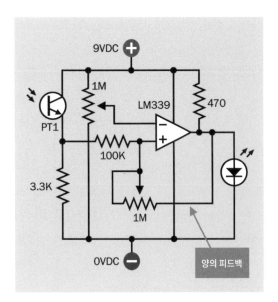

양의 피드백

그림 6-10 비교기의 가변 입력 전압에 양의 피드백으로 히스테리시스를
생성하는 단순 회로.

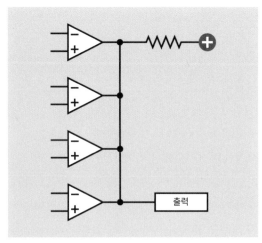

출력

그림 6-11 여러 개방 컬렉터 비교기가 적절한 풀업 저항에 함께 묶여 있
으면, 하나의 AND 게이트 역할을 할 수 있다.

LOW로 스위칭된다. 이제 가변 입력 전압은 비교
기 출력에서 도움을 받을 수 없기 때문에, 비교기
를 다시 커려면 낮은 전압값에서 상당히 증가해야
한다. 전압이 증가하는 동안 생기는 작은 변화는
다시 한 번 무시된다.

이 회로도에서 포토트랜지스터phototransistor
(PT1, 왼쪽)는 3.3K 저항과 직렬로 연결되어 전압
출력을 적절한 범위로 조정해 준다. 왼쪽 위의 1M
포텐셔미터는 분압기와 연결되어 있어, 기준 전압
수준을 포토트랜지스터로 검출할 수 있는 빛 세기
에 맞추도록 설정할 수 있다.

470Ω 저항은 풀업 저항으로, LED를 과도 전
류에서 보호한다. 아래의 1M 저항은 양의 피드백
크기를 조정해서 히스테리시스 영역의 폭을 결정
한다.

부품값은 공급 전압이나 가변 입력 전압, 기타
요인에 따라 조정해야 한다. 그러나 기본 원리는

동일하다. 위 예에서는 양의 전압 전원을 모두 동
일하게 사용했지만, 실제로 공통 접지를 공유한다
면 전압의 크기는 서로 달라도 된다.

AND 게이트

여러 개의 개방 컬렉터 비교기는 출력이 모두 하
나의 풀업 저항에 묶여 있으면, 하나의 AND 게이
트 역할을 할 수 있다. 모든 출력 트랜지스터가 비
전도 상태라면 출력은 HIGH로 나타나며, 비교기
하나라도 전도 상태로 토글되면 출력은 LOW로
나타난다. [그림 6-11]을 참조한다.

쌍안정 멀티바이브레이터

비교기에서 비반전 입력으로 가는 양의 피드백이
충분히 높지 않으면, 비교기의 HIGH 출력에 대응
하기 위해 거의 0V 접지에 가까운 전압이 필요하
다. 이 뒤에 비교기를 다시 커려면 공급 전압에 근
접하는 전압이 필요하다. 다시 말해 비교기는 쌍
안정 멀티바이브레이터bistable multivibrator, 즉 플립

플롭flip-flop과 비슷하게 작동한다.

완화 발진기

완화 발진기relaxation oscillator는 비안정 멀티바이브레이터astable multivibrator의 일종으로, 직접적인 양의 피드백을 지연된 음의 피드백과 함께 사용해 구현할 수 있다. [그림 6-12]에서 양의 피드백은 앞의 예처럼 비반전 입력으로 들어가며, 음의 피드백은 220K 저항을 통과한 뒤 비교기의 반전 입력으로 들어간다. 초기에 0.47μF의 커패시터가 반전 입력을 LOW로 유지하는 동안, 커패시터에서는 충전이 이루어진다. 커패시터의 전하량은 비반전 입력의 전하량에 가까워지다가 결국 그 값을 초과하기 때문에, 비교기의 출력은 LOW 상태로 스위칭된다. 이렇게 되면 내부 트랜지스터가 전류를 흡수하면서 커패시터를 방전한다. 분압기를 형성하는 100K 저항 2개가 비반전 입력을 전원과 접지 중간의 일정 전압값으로 유지하기 때문에, 결국 커패시터로 제어되는 반전 입력 전

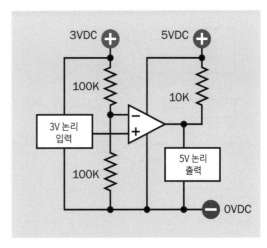

그림 6-13 비교기를 사용해서 3V의 HIGH/LOW 논리 입력을 5V의 HIGH/LOW 논리 출력으로 스위칭할 수 있다.

압은 비반전 전압값 아래로 떨어지고 결국 주기가 다시 시작된다.

레벨 시프터

비교기를 단지 입력 전압의 수준을 변화시키는 데 사용하는 경우, 레벨 시프터level shifter라고 할 수 있다. [그림 6-13]은 레벨 시프터의 예다. 3VDC의 HIGH/LOW 논리 입력이 5VDC의 HIGH/LOW 논리 출력으로 스위칭된다.

윈도우 비교기

윈도우 비교기window comparator는 허용값의 범위를 벗어나는 입력 전압에 반응하는 (단일 부품이 아닌) 회로를 말한다. 다시 말해, 윈도우 비교기는 가변 입력이 허용값보다 낮거나 높을 때 반응하는 회로다.

한 예로 온도가 지나치게 낮거나 높을 때 울리는 경보 장치를 들 수 있다. 다음 페이지 [그림 6-14]에서는 2개의 비교기를 사용해서 윈도우 비

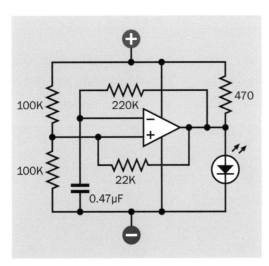

그림 6-12 완화 발진기를 구현하는 데 사용하는 비교기

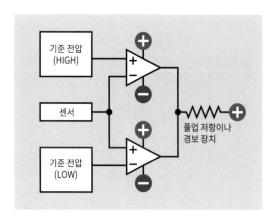

그림 6-14 단순화한 윈도우 비교기의 기본 회로. 자세한 내용은 본문 참조.

교기 회로를 구현했으며, 비교기는 모두 센서에서 입력되는 가변 전압을 공유한다. 분압기를 사용해 위쪽 비교기의 최고 전압 한계를 비반전 입력으로 설정하고, 이와는 별도의 분압기를 사용해 아래쪽 비교기의 최저 전압 한계를 반전 입력으로 설정한다. 저항값이 적절하다면 경보 장치를 풀업 저항 대신 사용할 수 있다. 경보 장치는 위쪽 또는 아래쪽 비교기의 출력이 LOW일 때 울리며, 이때 반전 입력의 전압값은 비반전 입력보다 높다.

다른 응용 예

앞서 말한 것처럼 비교기는 단순한 아날로그-디지털 컨버터analog-digital converter로 사용할 수 있는데, '1bit'의 정확도를 갖는다(즉, 출력이 HIGH나 LOW 둘 중 하나다).

비교기는 가변 전압이 AC 신호에 연결되어 있을 경우, 영점 탐지 장치zero point finder로 사용할 수 있다. 비교기의 출력은 AC 신호가 0V를 통과해 지나갈 때마다 스위칭된다. 출력은 사인파가 아닌 (대략적인) 사각파가 된다.

연속 컨버터continuous converter는 입력 변화에 즉시 반응해 출력을 변화시킨다. 이를 위해서는 전류를 계속 소모할 수밖에 없다. 비교기를 사용할 때는 일정 간격으로 비교기의 출력만 확인하면 되는 경우가 많기 때문에, 클록 또는 래치 비교기clocked 또는 latched comparator를 사용하면 전력 소모를 줄일 수 있다.

주의 사항

진동 출력

비교기의 높은 입력 임피던스는 고스트 전자기장stray electromagnetic field에 취약하다. 비교기와 연결된 도체의 길이가 상대적으로 길다면, 출력은 전압이 변환되는 동안 용량 면에서 입력과 결합할 수 있어 원치 않는 진동이 발생할 수 있다.

이 문제를 해결하기 위해 보통 비교기의 양극 중 하나에 있는 전원 공급기에 1μF의 바이패스 커패시터를 추가할 것을 권장한다. 그러나 일부 제조사에서는 소량의 히스테리시스를 사용하거나 입력 저항값을 10K 미만으로 줄이는 등 다른 해법을 추천하기도 한다.

칩은 여러 개의 비교기를 포함하고 있다. 그중 하나를 사용하지 않는다면, 사용하지 않는 비교기 입력 핀의 하나는 공급 전압의 양극에 연결하고, 음극은 0V 접지에 연결해 출력이 진동할 가능성을 제거해야 한다.

혼동되는 입력

비교기에서 2개의 입력이 실수로 서로 바뀌더라도 작동은 하지만, HIGH/LOW 출력은 예상과 반대로 나올 수 있다. 또한 양의 피드백을 사용할 때 입력이 전치transposed되면 진동이 발생할 수 있다. 회로도에서 비교기 기호는 반전 입력보다 크거나 낮은 비반전 입력과 함께 표시되기도 하는 탓에, 실수로 입력 방향을 잘못 연결하기 쉽다.

입력을 어느 쪽에 연결해야 하는지 쉽게 기억하려면 '마음아'를 하나로 묶어 외워 보자. 마이너스 입력이(마) 다른 입력의 기준 전압보다 음일 때(음) 출력값이 HIGH(아)가 된다. 직관적으로는 반대의 경우가 조금 더 이해하기 쉽다. 플러스 입력이 다른 입력의 기준 전압보다 양일 때 출력값이 HIGH가 된다.

잘못된 칩 유형

비교기마다 개방 컬렉터, 개방 드레인, 푸시풀로 출력 형태가 달라질 수 있다. 개방 컬렉터와 개방 드레인의 기능은 서로 비슷하지만, 풀업 저항값은 각각의 비교기에서 달라질 수 있다. 푸시풀 출력을 실수로 개방 컬렉터나 개방 드레인 출력처럼 연결하면, 동작은 하더라도 제대로 작동하지 않을 수 있다. 서로 다른 유형의 비교기는 이름표를 붙인 통bin에 잘 구별해서 보관해야 한다.

풀업 저항의 생략

꽤 쉽게 저지르는 실수의 하나가 개방 컬렉터 출력에 풀업 저항을 깜빡 잊고 연결하지 않는 일이다. 이때 비교기 내부의 트랜지스터가 비전도 상태라면 출력 핀이 부동 상태가 되어 전압값이 정해지지 않으며, 이로 인해 혼동이 일어나거나 무작위 결과가 발생한다.

CMOS 문제

CMOS 칩을 사용할 때 부동 입력floating inputs을 연결하지 않고 두는 것은 나쁜 습관이다. 특히 비교기가 여러 개 있는 칩에서, 사용하지 않는 비교기가 있다면 문제가 된다. 제조사는 사용하지 않는 비교기의 입력 하나를 공급 전압에 연결하고, 나머지 하나는 접지에 연결하는 해법을 제시한다.

불규칙한 출력

양의 피드백 값이 충분히 크지 않다면, 비교기 출력에서 지터jitter가 발생할 수 있다. 반대로 양의 피드백 값이 지나치게 크면, 비교기는 ON 또는 OFF 상태에서 고정될 수도 있다. 그러므로 피드백은 신중히 사용해야 한다.

서로 잘못 연결한 전압

비교기는 종종 전원 공급기보다 훨씬 높은 출력 전압을 제어할 수 있다. 두 전압이 동일한 칩의 서로 다른 핀에 걸리기 때문에 상당히 실수하기 쉽다. 실수로 전압을 서로 다른 핀에 바꿔 연결하면 칩에 손상이 일어날 수 있다.

열에 좌우되는 히스테리시스

비교기가 켜지고 꺼지는 전압값은 비교기의 온도에 따라 조금씩 달라질 수 있다. 비교기를 더 높은 온도에서 실행해 이 드리프트drift를 테스트해 볼 수 있다.

7장

op 앰프

op 앰프operational amplifier는 연산 증폭기라고도 한다. 비교기와 op 앰프의 회로 기호는 같지만 그 활용법은 서로 다르다. 따라서 본 백과사전에서는 이를 별도의 장으로 다루었다.

관련 부품

· 비교기(6장 참조)

역할

여러 트랜지스터로 이루어진 op 앰프는 하나의 집적회로 칩으로 패키징된 연산 증폭기operational amplifier다. op 앰프는 두 입력 사이에서 변하는 전압 차를 감지해 이를 외부의 공급 전력으로 증폭하는 역할을 하는데, 출력이 입력을 정확히 복제하기 위해 음의 피드백negative feedback을 사용한다. 증폭값은 2개의 외부 저항값을 변경해 조정할 수 있다.

op 앰프는 원래 진공관을 이용해 개발되었으며, 디지털 컴퓨팅 시대가 도래하기 전에는 아날로그 컴퓨터에서 사용했다. op 앰프를 집적회로에 처음 사용한 것은 1960년대 말로, 당시 op 앰프는 LM741 같은 칩에서 사용했다(그중 저잡음 제품은 지금도 널리 사용되고 있다). 처음으로 부품 하나에 여러 개의 op 앰프를 사용한 시기는 1970년대다.

그림 7-1 그림의 LM741은 지금도 널리 사용하는 op 앰프 가운데 하나다.

LM741은 [그림 7-1]에서 볼 수 있다. 8핀 DIP 패키지에 op 앰프가 하나 포함되어 있다.

작동 원리

교류에서 전압은 0값neutral value에서 위아래로 움직인다. 이는 가정용 전원과 음향 신호에서 매우

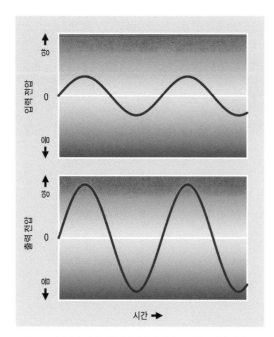

그림 7-2 이상적인 전압 증폭기에서 출력 전압은 변하는 입력 전압을 복제하지만, 출력의 진폭이 일정 비율로 증가한다는 점이 다르다. 이 비율을 증폭기의 이득이라 한다.

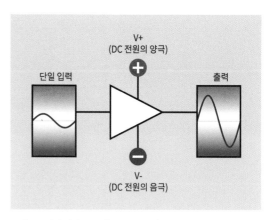

그림 7-3 단일 입력 증폭기(op 앰프 아님)의 일반적인 회로 기호. 전원 양극에 걸리는 전압은 음극에 걸리는 전압과 크기가 같고, 부호는 반대며, 중간 지점에 0V가 위치한다.

흔한 현상이다. 전압 증폭기voltage amplifier는 외부 전원을 사용해 양과 음의 변화를 증폭한다. 대다수 op 앰프는 전압 증폭기다.

이상적인 증폭기는 입력과 출력 사이에 선형 관계linear relationship가 유지된다. 즉, 이 말은 출력 전압값이 넓은 범위의 입력 전압값에 상수를 곱한 값이라는 의미다. 이는 [그림 7-2]의 그래프로 알 수 있다. 그림에서 아래 그래프에 나타난 곡선은 위 그래프의 곡선을 똑같이 복제한 것이다. 다르다면 진폭amplitude이 일정 비율(보통 이 그래프보다 훨씬 크다)로 증가했다는 점이다. 이 비율을 증폭기의 이득gain이라고 하며, 보통 (증폭을 뜻하는 영단어 amplification의 앞글자를 따서) 문자 A로 나타낸다.

[그림 7-3]은 일반적인 단일 입력 증폭기(op 앰프 아님)에 사용하는 삼각형 모양의 회로 기호다. 이 안에는 여러 개의 부품을 포함할 수 있다. 삼각형은 거의 언제나 오른쪽이 뾰족한 모양으로 표시되며, 왼쪽에는 입력, 오른쪽에는 출력, 위쪽과 아래쪽에는 전원이 연결된다. 연결 전원은 보통 듀얼 전압dual voltage으로서, 0V 위아래로 변동하는 신호를 증폭하는 데 편리하다. 전원은 연결했다고 가정하고 회로도에서 표시하지 않는 경우도 있다.

파란색으로 표시된 마이너스(-) 기호는 본 백과사전에서 보통 0V 접지를 나타내는 데 사용하지만, 듀얼 전원 입력에서는 전원 양극에 걸린 전압 V+와 크기는 같고 부호는 반대인 전압을 뜻하며, V-로 표시한다.

그림에 나타난 가상의 일반 증폭기는 입력을 선형으로 증폭하는 역할을 한다.

듀얼 입력

op 앰프의 입력은 2개며, op 앰프는 이 둘 사이의 전압 차를 증폭한다. 회로 기호는 [그림 7-4]와 같다. 그림에서 위쪽의 반전inverting 입력은 V+와 V-

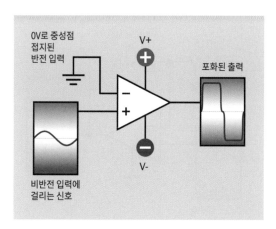

그림 7-4 op 앰프의 이득이 매우 커서, 출력은 포화되기 쉬우며 입력 형태와 무관하게 사각파를 생성할 수 있다.

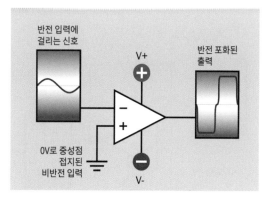

그림 7-5 들어오는 신호가 op 앰프의 반전 입력에 걸리고, 비반전 입력은 0V 접지에 고정되면 출력이 반전된다.

의 중간값인 0V로 고정된다. op 앰프의 이득이 매우 크기 때문에, 입력을 정확히 재현하면 전원의 전압을 크게 초과하는 출력이 발생한다. 그러나 이는 현실적으로 불가능하기 때문에 출력은 포화되기 쉽고, 그 결과 최댓값에 다다르면 그림처럼 출력 신호의 위아래가 클리핑clipping된다. 그래프는 실제 비율로 그리지 않고 간단하게 표현했기 때문에 대략적인 모습만 알 수 있다.

op 앰프 입력에 있는 검은색의 작은 플러스(+)와 마이너스(-) 기호는 op 앰프에 연결된 전압과는 아무런 관계가 없다. '마이너스' 입력과 '플러스' 입력은 역할에 따라 각각 반전 입력inverting input과 비반전 입력noninverting input으로 부른다.

입력은 보통 플러스 위에 마이너스를 배치하거나 마이너스 위에 플러스를 배치한다. 회로도를 꼼꼼히 보고 어느 쪽이 위에 있는지 확인해야 한다.

op 앰프에 연결된 양과 음의 전원은 생략할 수 있지만, 표시할 때는 플러스, 마이너스 입력 위치와 상관 없이 항상 V+를 위에 둔다.

신호가 비반전 입력에 걸리고 반전 입력이 0V 접지에 고정되면, op 앰프는 전압이 입력에 비례해 반전되지 않는 출력을 생성한다.

입력을 이와 반대로 연결해서, 들어오는 신호가 반전 입력에 걸리고 비반전 입력이 0V 접지에 고정되면, op 앰프의 출력은 반전된다(이득은 동일하다). [그림 7-5]를 참조한다.

> 출력을 낮추는 부품을 별도로 사용하지 않는 op 앰프는 개방 루프open loop 모드에서 작동한다.

음의 피드백

출력을 입력과 완전히 똑같이 복제하려면, op 앰프를 입력 신호로 가는 음의 피드백negative feedback으로 제어해야 한다(다음 페이지 [그림 7-6] 참조). 저항이 출력을 다시 반전 입력으로 연결해 주기 때문에, 출력이 더 이상 포화되지 않는 지점까지 입력은 자동으로 줄어든다. R1과 R2의 값은 op 앰프의 이득을 결정한다(69쪽 '사용법' 참조). 이제 op 앰프는 의도한 대로 폐쇄 루프closed loop 모드에서 작동한다. 이 말은 출력을 다시 피드백으로 사용한다는 뜻이다.

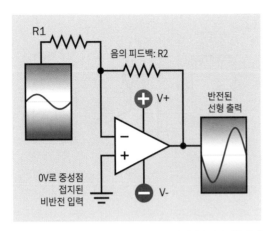

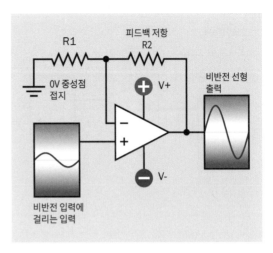

그림 7-6 저항은 음의 피드백을 op 앰프의 반전 입력에 걸어 선형 출력을 생성한다.

그림 7-7 들어오는 신호가 비반전 입력에 걸릴 때, 한 쌍의 저항을 사용해 출력과 0V 접지 사이에 분압기를 만들면서 음의 피드백을 생성한다.

비반전된 선형 출력을 얻으려면 회로를 [그림 7-7]과 같이 연결해야 한다. 저항은 출력과 0V 접지 사이에서 분압기 역할을 하므로, 반전 입력의 비곳값을 효과적으로 증가시킨다.

> op 앰프의 이득은 AC 신호의 특정 주파수 범위에 따라 결정된다는 점에 주의해야 한다. 자세한 내용은 69쪽의 '사용법'을 참조한다.

op 앰프와 비교기

비교기comparator는 op 앰프의 일종으로 간주할 수 있다. 실제로 op 앰프 또한 비교기로 쓰이는데, 어떤 입력의 DC 가변 전압을 다른 입력의 기준 전압과 비교할 수 있다. 그러나 설계 면에서는 이 두 부품을 별도의 부품으로 본다. 이 둘의 구별은 매우 중요해서 텍사스인스트루먼츠Texas Instruments 사에서는 2011년에 〈op 앰프와 비교기, 이 둘을 혼동하지 말 것!〉이라는 제목의 보고서를 발표하기도 했다.

기능의 차이는 앞서 비교기 장에 정리해 두었

다(56쪽의 'op 앰프와의 차이점' 참조).

다양한 유형

op 앰프는 대부분 전력 소모가 낮기 때문에 크기가 아주 작은 표면 장착형으로 널리 사용된다. 또 과거에 많이 사용했던 스루홀 DIP 패키지로도 여전히 사용한다.

대다수 칩에는 2개 이상의 op 앰프가 포함되어 있다. 칩에 포함된 op 앰프의 개수는 부품에서 채널channel 개수로 표현된다. 듀얼 칩에는 2개의 op 앰프, 쿼드 칩에는 4개의 op 앰프가 들어 있다. 보통 칩에 있는 op 앰프는 모두 같은 전원을 공유한다. 여기에는 양극성 또는 CMOS 트랜지스터를 사용할 수도 있다.

op 앰프는 듀얼이나 쿼드 패키지에서 널리 사용되기 때문에, 회로 설계자는 보통 칩의 op 앰프 중 하나는 여분으로 남겨 둔다. 설계자는 비교기가 필요할 때 칩을 따로 설치하기보다 이런 여분의 op 앰프를 비교기로 사용할 수 있다. 이런 설계자를 위해 저음부터 비교기를 추가한 하이브리드 op 앰프 칩을 판매하는 제조사도 있다. 텍사스 인스트루먼츠 사의 TLV2303과 TLV2304가 대표적이다.

부품값

op 앰프는 1970년대 설계를 바탕으로 만들기 때문에, 보통 넓은 범위의 전원 전압을 견딘다. 일반적인 범위는 ±5~±15VDC이다. 최신 op 앰프에서 지원하는 전압 범위는 최소 1VDC에서 최대 1,000VDC까지다.

op 앰프에서 지원하는 주파수 범위는 5kHz~1GHz이다.

LM741과 같은 '초기' op 앰프는 지금도 널리 사용되며, ±5~±22VDC 범위의 전원으로 작동된다. 출력의 정격 전류는 최대 25mA이며, 입력 임피던스는 최소 2MΩ이다.

V_{IO}는 입력 오프셋 전압input offset voltage이다. 이상적인 op 앰프라면, 입력의 전압 차가 0V일 때 출력도 0V여야 한다. 그러나 실제로 입력이 오프셋 전압만큼 차이날 때, 출력이 0V가 된다. V_{IO}는 보통 수 mV 이하여서, 음의 피드백이 해당 오프셋 전압값을 보상할 수 있다.

V_{ICR}은 공통 모드 전압 범위common mode voltage range로서, op 앰프가 견디는 입력 전압의 범위다. 입력부에서 사용하는 트랜지스터 유형에 따라 다르기는 하지만, V_{ICR}은 양의 전원 전압보다 크지 않으며 보통은 그보다 작다. 입력 전압이 공통 모드 전압 범위를 벗어나면 op 앰프는 기능을 멈춘다.

V_{IDR}은 입력 차동 전압 범위input differential voltage range로서, 양의 피크 입력 전압과 음의 피크 입력 전압 사이에 허용되는 최대 전압 차를 뜻한다. V_{IDR}은 보통 전원 전압의 플러스, 마이너스 범위나 그보다 조금 작은 범위로 나타낸다. 이 범위를 벗어나면 부품에 손상이 발생할 수 있다.

I_B는 입력 바이어스 전류input bias current를 가리키며, 두 입력 전류의 평균값을 뜻한다. 대다수 op 앰프는 입력 임피던스가 지나치게 높기 때문에 매우 낮은 입력 전류를 사용한다.

단위 이득unity gain에서 슬루율slew rate은 입력부의 순간 변화로 발생하는 출력 전압의 변화율로서, 이때 op 앰프의 출력은 (비반전 모드에서 동작하는 동안) 곧장 반전 입력으로 다시 연결된다.

사용법

op 앰프는 AC 신호의 증폭기 역할 외에도 발진기, 필터, 신호 조정기, 작동기actuator의 구동기, 전류원, 전압원의 역할을 할 수 있다. op 앰프를 여러 가지로 응용하기 위해서는 교류를 설명하는 복잡한 수식을 이해해야 하지만 이 책에서는 다루지 않는다. 그러나 op 앰프를 응용 분야에 적용할 때 대부분 피드백 회로의 이득을 확인하고 제어하는 데서 시작한다는 점은 동일하다.

이득 제어

A_{VOL}은 개방 루프 전압 이득open-loop voltage gain을 가리키며, 출력으로부터 입력에 걸리는 피드백이 없을 때 일어날 수 있는 최대 전압 증폭으로 정의한다. 이 값은 AC 주파수가 브레이크오버 주파수breakover frequency에 도달할 때까지 일정하게 유지된다. 만약 주파수가 계속 증가하면 최대 이득은

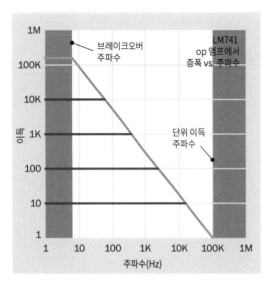

그림 7-8 가로축과 평행한 보라색 선이 모두 주황색의 사선과 만난다고 할 때, 주파수의 값은 op 앰프의 최대 이득을 줄이지 않으면서 사용할 수 있는 최대 주파수다.

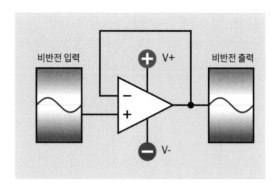

그림 7-9 op 앰프가 비반전 모드일 때 피드백 저항을 전선의 일부와 교체하고 0V의 접지 연결을 완전히 생략하면, op 앰프의 이득은 줄어서 그 비는 이론적으로 1:1이 된다.

상당히 빠른 속도로 줄어들며, 결국 단위 이득 주파수unity gain frequency에서 1:1의 증폭 수준까지 떨어진다. 이 변환은 [그림 7-8]처럼 주황색 선으로 나타난다. 각 보라색 선의 길이는 폐쇄 루프 모드에서 op 앰프를 사용하고, 음의 피드백 루프가 이득을 제한할 때 견딜 수 있는 주파수 값을 보여 준다. 예를 들어 이득이 10:1이면 10kHz보다 약간 큰 값에서 동일하게 유지된다.

이 그래프에서는 가로축과 세로축 모두 로그 스케일을 사용한다.

증폭 계산하기

op 앰프가 그래프의 범위 안에서 움직일 때, 전압 증폭은 적절한 피드백과 입력 저항을 선택해 제어할 수 있다. op 앰프를 비반전 모드에서 사용한다면 R1과 R2는 [그림 7-7]과 같이 위치하며, 증폭비amplification ratio A의 근삿값은 다음 공식으로 구할

수 있다.

A = (약)1 + (R2 / R1)

여기서 R1이 R2에 비해 매우 크면 이득이 감소해서 단위 이득에 가까워진다는 것을 알 수 있다. R1이 무한대로 갈 때 R2가 0이라면 이득은 정확히 1:1이다. 이 관계는 [그림 7-9]처럼 R2를 전선의 일부(이론적으로 저항값이 0)로 교체하고, R1을 완전히 생략하면 얻을 수 있다. 이 구성에서 op 앰프의 출력은 입력과 동일하다.

op 앰프를 반전 모드에서 사용할 때, R1과 R2를 [그림 7-6]처럼 배치하면 전압 증폭비 A의 근삿값은 다음 공식으로 구할 수 있다.

A = (약) −(R2 / R1)

* 마이너스(-) 기호에 주의한다. 반전 모드에서 이득은 음의 값으로 표현된다.
* 실제 회로에서 저항을 선택할 때, 예상 주파수 값에서 증폭 계수amplification factor는 20을 초과

해서는 안 된다.

- 반전 회로의 입력 임피던스가 상대적으로 낮아, 실제 사용에서는 대부분 비반전 회로를 선호한다.

의도하지 않은 DC 전압 증폭

op 앰프는 주로 AC 신호의 전압 증폭기로 사용하지만, 입력 전압 간의 DC 차이도 증폭할 수 있다. [그림 7-10]의 위 그림에서 양의 DC 오프셋 전압이 반전되면서 출력이 음의 한곗값까지 증폭된다. 이때 변동 정도가 양의 오프셋 전압보다 훨씬 크기 때문에 신호가 소실된다. 커플링 커패시터coupling capacitor(그림 아래)는 DC 전압을 제거하는 한편

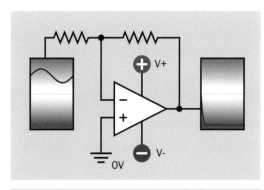

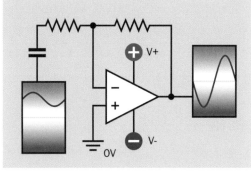

그림 7-10 DC 오프셋 전압의 증폭을 막기 위해 보통 op 앰프의 입력부에 커패시터를 추가해야 한다. 위 그림에서는 DC 오프셋 전압이 지나치게 커서 전환된 출력이 음의 한계까지 증폭되고 신호가 완전히 소실된 모습을 보여 준다.

AC 신호를 통과시킨다. 적절한 커패시터 값은 신호의 주파수에 따라 달라진다.

저대역 필터

op 앰프를 사용하면 매우 단순한 오디오용 저대역 필터low-pass filter를 구현할 수 있다. 이를 위해서는 [그림 7-6]과 같은 기본 반전 회로에 커패시터만 추가하면 된다. 필터의 회로도는 [그림 7-11]에서 볼 수 있다. 높은 가청 주파수audio frequency를 통과시키고, 낮은 가청 주파수를 차단하는 값을 커패시터 C1의 용량으로 선택한다. 기본 반전 회로에서는 이득의 근삿값이 −(R2/R1)이기 때문에, C1의 임피던스가 저주파수를 차단해서 R2를 지나가도록 할 때 op 앰프는 정상적으로 작동한다. 그러나 높은 주파수는 R2를 우회해 C1을 통과할 수 있으므로, 회로의 피드백 영역에서 실효 저항을 감소시키고 그에 따라 이득 역시 줄어든다. 이 방법으로 op 앰프의 전원값은 낮은 주파수보다 높은 주파수일 때 크게 줄어든다. 수동 RC 회

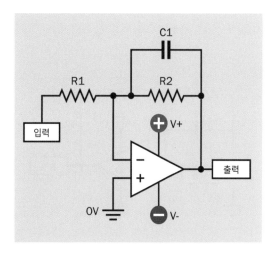

그림 7-11 아주 기본적인 저대역 필터로서, 작동하려면 높은 가청 주파수에서 커패시터 C1이 저항 R2를 우회해야 한다.

로를 사용해도 같은 효과를 거둘 수는 있지만 신호가 약해질 수 있다. 반면 op 앰프 회로는 신호를 증폭한다.

고대역 필터

단순한 고대역 필터high-pass filter는 [그림 7-7]처럼 기본 비반전 회로에 커패시터를 추가해 만들 수 있다. 필터의 회로도는 [그림 7-12]를 참조한다. 이번에도 높은 가청 주파수를 통과시키고 낮은 가청 주파수는 차단하는 값을 커패시터 C1의 용량으로 선택한다. 기본적인 비반전 회로의 이득이 약 1+(R2/R1)이기 때문에, C1의 임피던스가 낮은 주파수를 차단해 R1을 통과하도록 할 때 op 앰프는 정상적으로 작동한다. 그러나 높은 주파수는 C1을 통과해 R1을 우회하기 때문에 회로에서 해당 부분에 걸리는 실효 저항을 낮추며, 그로 인해 음의 피드백은 감소하고 이득은 증가한다. 이 방법으로 op 앰프의 전력은 낮은 주파수보다 높은 주파수일 때 증가한다. 수동 RC 회로로 동일한 효과를 낼 수 있지만, op 앰프가 신호를 일부 증폭하는 반면, 수동 RC 회로는 신호를 약화시킨다.

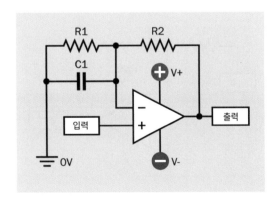

그림 7-12 아주 기본적인 고대역 필터로서, 높은 가청 주파수에서 커패시터 C1이 저항 R1을 우회하는 방식으로 작동한다.

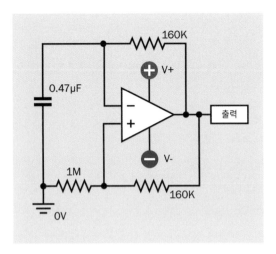

그림 7-13 완화 발진기

완화 발진기

[그림 7-13]의 회로도는 비교기를 사용한 [그림 6-11]의 회로와 비슷하다. 이 회로도는 비안정 멀티바이브레이터astable multivibrator의 한 유형인 완화 발진기relaxation oscillator로 기능한다. 회로 아래의 절반은 양의 피드백 루프이며, 위의 절반이 커패시터를 충전하는 동안 출력을 증폭한다. 커패시터의 전하는 결국 op 앰프의 비반전 입력에 걸리는 전압을 초과해서 양의 피드백보다 큰 음의 피드백을 생성한다. 결과적으로 커패시터는 방전되며, 그 과정은 반복된다. 그림의 부품값은 약 2Hz에서 실행되는 출력을 생성해야 한다. 커패시터의 용량을 줄이면 주파수가 증가한다.

단일 전원

op 앰프 중에는 단일 전압으로 작동하도록 설계된 제품도 있지만, 그 수는 많지 않으며 입력 전압이 음일 때 출력 신호를 클리핑clipping한다. 전원장치는 +15VDC, 0V, -15VDC처럼 여러 전압을 제공하는 장치를 이용할 수 있다. 이들 전원 장치는 op 앰프를 구동하기에는 적절하지만, 회로의 다른 부품에게는 유용하지 않을 수 있다. 듀얼 전압으로 설계된 op 앰프를 30VDC 싱글 전압에서 작동하게 만들 수 있을까?

이를 구현하기란 상대적으로 어렵지 않다. 내부 트랜지스터를 구동하기 위해 op 앰프에 필요한 것은 전위차뿐이며, V+ 핀에는 30VDC를, V- 핀에는 0VDC를 걸어 주면 각각 +15VDC와 -15VDC를 걸었을 때와 마찬가지로 작동한다. 그러나 [그림 7-6]으로 다시 돌아가서 op 앰프를 반전 모드에서 사용한다면, 중간 정도의 전압이 비반전 입력에 공급되어야 한다. 마찬가지로 비반전 모드에서는 중간 정도의 전압이 입력 중 하나로 필요한데, 공급 전원 양 끝값의 중간값이어야 한다. 만일 공급 전압이 +15VDC와 -15VDC라면, 중간값은 0V이다. 공급 전압이 30VDC와 0V라면 중간값은 15VDC이다.

op 앰프의 입력은 임피던스가 매우 높고 무시할 수 있을 정도의 작은 전류를 끌어 쓰기 때문에, 중간 정도의 전압은 [그림 7-14]처럼 단순 분압기 voltage divider로 공급할 수 있다. 그림에서 R3와 R4는 각각 100K보다 커서는 안 된다. 저항값이 같다면 정확한 값은 중요하지 않다.

그래도 커플링 커패시터는 [그림 7-14]처럼 입력부에 사용해야 한다. 입력 신호가 정확히 15V가 된다는 보장이 없으며, 오프셋이 증폭되어 신호를 클리핑하기 때문이다. 비슷한 이유로 커플링 커패시터를 출력부에도 추가한다.

오프셋 널 보정

일부 op 앰프는 오프셋 널 보정 offset null adjustment을 위해 2개의 핀을 제공한다. 오프셋 널 보정이란 2개의 동일한 입력 전압이 널(null) 값을 출력하도록 설정하는 과정인데, 제조 과정에서 생기는 내부의 불일치를 보정하기 위한 방법이다.

오프셋 널 보정을 위해 2개의 입력 핀은 모두 0V 접지에 직접 연결해야 한다. 또 트리머 포텐셔미터 trimmer potentiometer(보통 10K)의 양 끝은 오프셋 널 핀과 연결하고, 포텐셔미터의 와이퍼는 중

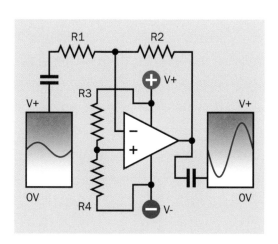

그림 7-14 회로도에서 R3와 R4로 구성된 분압기는 V+와 음의 접지 사이에서 중간값에 해당하는 전압을 공급해, op 앰프가 2개 대신 1개의 전원만을 사용하도록 한다.

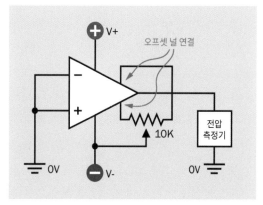

그림 7-15 오프셋 널 보정을 허용하는 op 앰프에서 보정을 위한 연결.

앙에 두어 음의 전원과 연결해야 한다. 측정기는 VDC를 측정하도록 설정한 다음, 탐침을 op 앰프의 출력과 0V 접지 사이에 놓는다. 그런 다음 측정기의 측정값이 0VDC가 될 때까지 포텐셔미터를 보정한다. 회로도는 [그림 7-15]와 같다.

주의 사항

전원 공급 문제

op 앰프는 공급되는 전원의 역극성reversed polarity에 특히 취약하다. 이런 일이 일어날 가능성이 조금이라도 있다면, 공급 전원의 한 쪽에 다이오드를 직렬로 연결해 op 앰프를 보호할 수 있다.

보다 현실적인 문제는 op 앰프의 전원 전압을 초과하는 입력 전압이 손상을 일으킬 수 있다는 점이다. 입력 전압의 크기가 수용 가능한 범위 안에 있더라도, 전원이 들어오기 전에 op 앰프에 전압이 걸린다면 여전히 영구적인 손상이 발생할 수 있다.

사용하지 않는 구역의 잘못된 연결

한 패키지 안에 여러 개의 op 앰프가 결합되는 일은 흔하다. 그중에 사용하지 않고 남아 있는 op 앰프 '구역'이 있다면, 공유 전원에서 계속 전력을 공급받으며 기능하려고 한다. 입력이 연결되지 않은 상태라면, 커패시턴스capacitance나 인덕턴스inductance로 생기는 고스트 전압stray voltage을 찾아낸다. 이때 음의 피드백이 없다면, 연결되지 않은 op 앰프는 예기치 않은 출력을 생성해 전력을 소모하고 칩 내부의 다른 부분과 반응을 일으킬 수 있다. [그림 7-16]은 이 문제를 처리할 때 생길 수

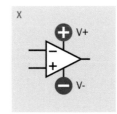
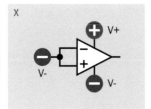
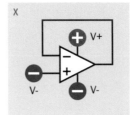
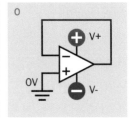

그림 7-16 여러 개의 op 앰프가 하나의 칩을 공유할 때, 사용하지 않는 op 앰프는 공유 전원에서 계속 전원을 공급받는다. 이때 사용하지 않는 op 앰프의 입력을 부동 상태로 두어서는 안 되며, op 앰프는 활동과 전력 소비를 최소화하도록 연결해야 한다. 이 그림에서는 일반적으로 잘못된 연결 방법 세 가지와 옳은 연결 방법 한 가지를 보여 준다. 0V 접지(0V)와 음의 전원(V-)의 차이에 주의한다(출처: 텍사스인스트루먼츠 사의 보고서 SLOA067).

있는 잘못된 연결 방법(그림의 X) 세 가지와 옳은 연결 방법(그림의 O) 한 가지를 보여 준다.

진동하는 출력

op 앰프의 입력은 의도치 않게 발생하는 고스트 전자기장stray electromagnetic field에 취약하다. op 앰프의 입력 또는 출력과 연결된 도체 길이가 상대적으로 길다면, 출력은 전압이 변환되는 동안 용량 면에서 입력과 결합할 수 있어서 원치 않는 진동이 발생할 수 있다.

보통 이 문제를 해결하기 위해 전원 공급기와 0V 접지 사이에 1μF의 바이패스 커패시터를 추가할 것을 권장한다. 그러나 일부 제조사에서는 소량의 히스테리시스를 사용하거나 입력 저항값을 10K 미만으로 줄이는 등 다른 해법을 추천하기도 한다.

혼동되는 입력

회로도에 따라 op 앰프의 비반전 입력이 반전 입력보다 위에 오거나 그 반대로 표시될 수 있다. 이를 구별하는 유일한 방법은 칩 내부의 플러스(+)와 마이너스(-) 기호를 확인하는 것뿐이지만, 이 기호는 너무 작아서 쉽게 놓치기 쉽다. 다이어그램을 그릴 때 편의를 위해 동일 회로의 두 op 앰프는 서로 반대 구성으로 입력을 표시할 때가 있다. 칩에 반전 및 비반전 입력이 정확히 배치되었는지 특별히 주의해야 한다.

8장

디지털 포텐셔미터

디지털 포텐셔미터digital potentiometer는 디지털 조정 포텐셔미터, 디지털 제어 포텐셔미터, 디지털 프로그램 포텐셔미터 digitally programmed potentiometer(DPP), 디그 포트digpot, 디지 포트digipot 등 다양하게 불리며, 기능 면에서도 서로 바꾸어 사용할 수 있다. 보통 포트pot는 아날로그 포텐셔미터를 의미하였는데, 일부 사람들로 인해 디지털 포트라고도 한다.

디지털 포텐셔미터는 가변 전압을 디지털 방식으로 제어하는 혼합 신호 장치mixed signal device다. 주로 아날로그 장치의 기능을 모방하기 때문에 이 책에서는 아날로그 칩으로 분류한다. 포텐셔미터를 일종의 디지털-아날로그 컨버터digital-analog converter로 간주할 수 있지만, 응용 방식이 상대적으로 특별해 디지털-아날로그 컨버터나 아날로그-디지털 컨버터analog-digital converter는 본 백과사전에서 별도로 다루지 않는다.

관련 부품

- 포텐셔미터(1권 참조)

역할

디지털 포텐셔미터는 집적회로 칩으로 아날로그 포텐셔미터potentiometer의 기능을 모방한다. 내부 저항이 제어 입력으로 변할 수 있다는 의미에서 흔히 '프로그램이 가능programmable'하다고 말한다.

디지털 포텐셔미터는 특히 해당 부품의 내부 저항을 제어할 수 있는 마이크로컨트롤러microcontroller와 결합해서 사용하기에 적합하다. 이 부품은 발진기나 다안정 멀티바이브레이터multistable multivibrator(예, 555 타이머555 timer 칩의 제어 핀 사용)의 펄스 폭 조정, op 앰프op-amp의 이득 조정, 전압 조정기voltage regulator에서 전달하는 전압의

명시, 대역 통과 필터band-pass filter의 조정 등에 사용할 수 있다.

마이크로컨트롤러와 결합된 디지털 포텐셔미터는 한 쌍의 외부 버튼이나 로터리 인코더rotational encoder와 함께 오디오 앰프의 조정과 이와 비슷한 응용에 사용할 수 있다.

장점 및 단점

디지털 포텐셔미터는 아날로그 포텐셔미터보다 장점이 많다.

- 신뢰도가 높다. 디지털 부품의 규격은 무려 백

만 주기에 이른다(각각 내부 기억 장소에 와이퍼wiper의 위치를 저장한다). 아날로그 포텐셔미터의 조정 주기 규격은 수천 번에 불과하다.

- 디지털 인터페이스가 있다.
- 긴 신호 경로나 케이블이 불필요하다. 디지털 포텐셔미터는 다른 칩 가까이에 둘 수 있는 반면, 아날로그 포텐셔미터를 최종 사용자가 제어하기 위해서는 보통 다른 부품과 일정 거리를 유지해야 한다. 신호 경로의 거리가 줄어들면 용량 효과를 줄일 수 있고, 케이블을 없애면 제조 비용을 절감할 수 있다.
- 수동 포텐셔미터보다 크기가 작고 가볍다.

그러나 디지털 포텐셔미터는 다음과 같은 단점도 있다.

- 내부 저항이 어느 정도 온도의 영향을 받는다.
- 일반적으로 많은 양의 전류를 통과시킬 수 없다. 출력에서 20mA 이상의 전류를 끌어올 수 있는 칩은 거의 없으며, 1mA가 보통이다. 출력은 주로 임피던스가 높은 다른 반도체 부품solid-state component과 연결하기 위한 것이다.
- 사용자는 한 쌍의 버튼이나 로터리 인코더보다 아날로그 포텐셔미터에 부착된 손잡이의 촉감과 신속한 반응을 더 선호할 수 있다.

작동 원리

디지털 포텐셔미터에는 칩 내부에 고정된 여러 개의 저항이 직렬로 연결된 저항 사다리resistor ladder가 있으며, 사다리를 따라 연결 지점이 바뀐다. 사다리의 양 끝과 2개의 인접한 저항이 교차하는 곳

을 탭tap이라고 한다. 어느 탭과도 연결할 수 있는 핀을 와이퍼wiper라고 하는데, 아날로그 포텐셔미터의 와이퍼 기능을 모방하기 때문이다. 실제로 디지털 포텐셔미터에는 와이퍼나 기타 움직이는 부품은 포함되어 있지 않다.

완전한 기능을 갖춘 디지털 포텐셔미터는 보통 HIGH와 LOW라고 적힌 2개의 핀을 통해 사다리의 양 끝에 접근할 수 있다. 그러나 기능 면에서는 서로 바뀌 사용할 수 있다(디지털 포텐셔미터가 대수형 테이퍼logarithmic taper를 모방하는 경우는 예외이며, 이에 대해서는 뒤에서 설명한다). 사다리 LOW 쪽을 0이라 표시하기도 한다. 이 경우 저항이 n개일 때, 사다리 HIGH 쪽을 n으로 표시한다. 그렇지 않고 저항이 n개일 때 사다리 LOW 쪽을 1, 사다리 HIGH 쪽을 n+1로 표시할 수도 있다.

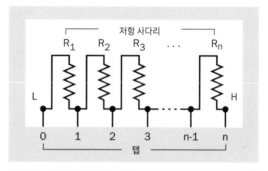

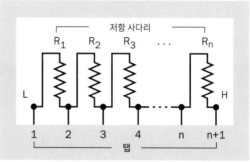

그림 8-1 디지털 포텐셔미터 내부의 저항 사다리에 와이퍼를 연결하는 방법. 두 가지 방식으로 번호를 표기할 수 있다.

이 원리는 [그림 8-1]에 표시했다.

데이터시트에는 디지털 포텐셔미터의 LOW 핀을 L이나 A, RL, PA 등으로 표시하고, HIGH 핀은 H, B, RH, PB 등으로 표시한다. 와이퍼에 접근하는 핀은 특별히 W, RW, PW 등으로 구별한다. 이 책에서는 각각에 대하여 L, H, W를 사용한다. L 핀과 H 핀은 기능적으로 서로 교환할 수 있지만, 이름을 붙여 두면 W 연결이 외부 신호에 대응해 어느 방향으로 이동하는지 확인할 수 있어 유용하다.

디지털 포텐셔미터는 적게는 4개, 많게는 1,024개까지 탭을 사용할 수 있지만, 32개, 64개, 128개, 256개 탭을 사용하는 것이 일반적이며 256개 탭을 가장 많이 사용한다.

디지털 포텐셔미터를 나타내는 회로 기호는 정해진 것이 없다. 디지털 포텐셔미터는 흔히 [그림 8-2]처럼 상자 안에 부품 번호가 쓰여진 아날로그 포텐셔미터 기호를 사용해 나타낸다. 회로도에서 논리 연결만 표시한다면 제어 핀과 전원 장치는 생략할 수 있다. 또는 회로도에서 디지털 포텐셔미터가 마이크로컨트롤러 같은 다른 부품과 연결되도록 나타낼 때, [그림 8-3]처럼 여러 개의 핀과 기능을 포함할 수 있다. L, H, W 핀 외에 추가되는 핀은 다음 절에서 설명한다.

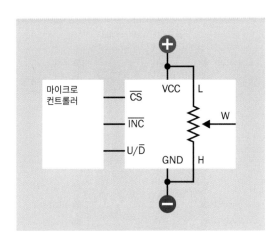

그림 8-3 디지털 포텐셔미터가 마이크로컨트롤러와 같은 다른 부품과 연결된 회로도에서는 추가 핀과 기능을 포함할 수 있다.

다양한 유형

듀얼 디지털 포텐셔미터에는 디지털 포텐셔미터가 2개, 쿼드에는 4개가 포함되어 있다. 트리플도 있기는 하지만 상대적으로 잘 사용하지 않는다. 6개의 포텐셔미터가 포함된 칩도 있다. 여러 개의 디지털 포텐셔미터가 하나의 칩에 포함된 형태는 갱 아날로그 포텐셔미터ganged analog potentiometer의 디지털 버전으로, 오디오 시스템에서 다중 입력을 동시에 동기화해 조정할 때 사용한다(하나의 스테레오 앰프에서 2개의 채널, 또는 서라운드 시스템에서 2개 이상의 채널).

복잡한 쿼드 디지털 포텐셔미터 칩의 핀 배치는 다음 페이지 [그림 8-4]에 나와 있다. 그 밖의 쿼드 칩에는 다른 핀 배치를 사용하는데, 성능이 달라질 수 있다. 디지털 포텐셔미터에는 디지털 논리 칩과 같은 표준화된 형식은 없다. 그림에서 Address 0과 Address 1의 HIGH/LOW 상태는 0~3까지 번호가 붙은 4가지 내부 저항 사다리에서 하나를 선택한다. 칩 선택(Chip Select) 핀은 전체 칩

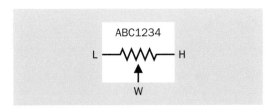

그림 8-2 디지털 포텐셔미터를 나타내는 정해진 회로 기호는 없다. 이 그림처럼 상자에 부품 번호를 표시한 아날로그 포텐셔미터 기호를 사용할 수 있으며, 여기서 전원과 추가 핀은 간단히 표시하기 위해 생략했다.

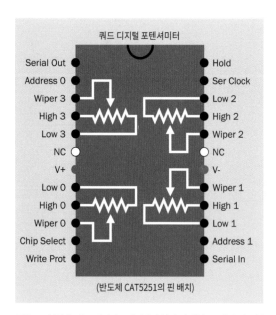

쿼드 디지털 포텐셔미터

Serial Out
Address 0
Wiper 3
High 3
Low 3
NC
V+
Low 0
High 0
Wiper 0
Chip Select
Write Prot

Hold
Ser Clock
Low 2
High 2
Wiper 2
NC
V-
Wiper 1
High 1
Low 1
Address 1
Serial In

(반도체 CAT5251의 핀 배치)

그림 8-4 복잡한 쿼드 디지털 포텐셔미터 칩의 핀 배치. 그 밖의 쿼드 칩에는 다른 핀 배치를 사용할 수 있는데, 성능이 달라질 수 있다. 이 예에서는 표면 장착형만 다룬다. 자세한 내용은 본문 참조.

을 활성화 또는 비활성화하고, 쓰기 보호(Write Protect) 핀은 내부의 와이퍼 메모리에 쓰기를 비활성화한다. 직렬 클록(Serial Clock) 핀은 직렬 입력 데이터를 동기화해야 하는 기준 펄스 스트림을 입력한다. 정지(Hold) 핀은 데이터가 전송되면, 칩을 정지한 다음에 데이터의 전송을 재개한다. NC 핀에는 아무것도 연결하지 않는다.

휘발성 및 비휘발성 메모리

디지털 포텐셔미터는 어떤 유형이든 전류 와이퍼의 위치를 저장할 메모리가 필요하며, 이때 메모리에는 휘발성volatile 또는 비휘발성nonvolatile 유형이 있다. 비휘발성 메모리는 데이터시트에서 NV로 표시할 수 있다.

휘발성 메모리를 가진 디지털 포텐셔미터는 보통 전원이 끊어졌다가 다시 복구되면 와이퍼를 가

운데 탭에 위치시킨다. 비휘발성 메모리를 가진 디지털 포텐셔미터는 공급 전원에서 글리치glitch 없이 칩의 출력을 완전히 낮추었다가 다시 완전히 높이면, 대체로 가장 최근에 사용한 와이퍼의 위치를 다시 불러온다. 마이크로컨트롤러를 사용해 디지털 포텐셔미터를 제어하는 경우, 마이크로컨트롤러가 가장 최근의 저항값을 자체 비휘발성 메모리에 저장할 수 있어 포텐셔미터의 메모리 유형은 상관이 없게 된다.

테이퍼

디지털 포텐셔미터는 선형 테이퍼linear taper 또는 대수형 테이퍼logarithmic taper 유형으로 판매된다. 선형 테이퍼형에서 사다리의 각 저항은 값이 같다. 대수형 테이퍼에서는 와이퍼가 사다리의 H 쪽으로 점점 다가가는 동안, 와이퍼와 사다리 L 쪽 끝 사이의 누적 저항cumulative resistance이 기하학적으로 증가하도록 값을 선택한다. 이러한 특징은 음향 관련 장치에서 유용한데, 소리의 세기가 기하급수적으로 증가할 때 인간의 귀는 이를 선형 증가로 인식하기 때문이다.

마이크로컨트롤러는 디지털 포텐셔미터 사다리에서 일부 탭을 건너뛰며 대수형 증가 방식을 모방하지만, 이로 인해 증가량과 정밀도는 낮아진다.

데이터 전송

대다수 디지털 포텐셔미터는 다음 3가지 직렬 프로토콜 중 하나를 사용하도록 설계된다.

SPI

SPI는 직렬 주변기기 인터페이스serial peripheral interface의 약어다. 원래는 모토로라Motorola 사의 상표지만 현재는 일반 명사로 사용한다. SPI 표준은 디지털 포텐셔미터 내에서 서로 다른 다양한 방법으로 적용된다.

I2C

I2C는 inter-integrated circuit의 약어다. 정확한 표기는 I2C이고, 읽을 때는 'I 스퀘어square C'로 읽는다. 1990년대 필립스Philips 사가 개발한 I2C는 상대적으로 속도가 느린 버스 통신 프로토콜이다(기본 유형에서 최대 400kbps 또는 1Mbps). 마이크로컨트롤러에 내장된 I2C도 있다. I2C 표준은 SPI보다 통일성이 있으며 엄격하게 정의되어 있다.

업/다운

푸시 버튼 또는 증가/감소 프로토콜increment/decrement protocol이라고도 한다.

SPI와 I2C는 아두이노의 핵심이 되는 아트멜Atmel 사의 AVR을 포함해 여러 마이크로컨트롤러에서 지원된다.

디지털 포텐셔미터를 제어하는 이 3가지 프로토콜에 관해 다음 섹션에서 하나씩 살펴보자.

SPI

SPI는 가장 널리 사용하는 직렬 프로토콜이지만, 다양한 응용에서 각각 어떤 차이점이 있는지 알고 싶다면 먼저 데이터시트를 주의 깊게 확인하는 것이 좋다.

[그림 8-5]의 마이크로 칩 4131-503은 SPI 프로토콜을 사용한다. 이 칩에는 128개의 레지스터가

그림 8-5 이 디지털 포텐셔미터는 SPI 프로토콜을 사용한다. 자세한 내용은 본문 참조.

포함되어 있으며, 1.8~5.5VDC의 전력으로 구동할 수 있다.

SPI의 모든 버전에서 공통으로 적용되는 한 가지 특성은 일련의 HIGH/LOW 펄스가 칩에서 한 세트의 비트로 해석되며, 이 비트 값이 저항 사다리의 탭 지점을 정의한다는 점이다. 컴퓨터 용어로 말하면, 모든 탭 지점에는 주소address가 있다. 입력 비트는 주소를 정의하며, 그 뒤에 추가되는 입력 핀의 상태에 따라 칩은 와이퍼를 해당 위치로 이동할 수 있다.

SPI 핀은 일반적으로 세 종류로 나뉜다. 첫 번째는 CS로 표시되는 칩 선택(chip select) 핀이다. 두 번째는 직렬 데이터 입력(serial data input) 핀인데, SDA, SI, DIN 등의 약어를 사용한다. 세 번째는 직렬 클록(serial clock) 핀이며, 마찬가지로 SCL, SCLK, SCK 등의 약어로 표시한다. 직렬 클록 핀은 펄스를 연속으로 받아, 이 펄스에 HIGH/LOW의 데이터 입력 펄스를 동기화한다. 이 외에도 SPI 프로토콜은 양방향(이중 사용) 직렬 통신

을 허용한다. 극히 소수지만 양방향 직렬 통신이 가능한 디지털 포텐셔미터가 존재하며, 이때 직렬 데이터 출력 핀은 SDO로 표시할 수 있다. 그렇지 않고 핀 하나로 입출력이 모두 가능하도록 복합적으로 사용할 수 있는데, 이때 핀은 SDI/SDO로 표시할 수 있다.

만약 LOW일 때 핀이 활성화되면 해당 핀 위에 선bar(하나의 수평선)이 인쇄된다.

가장 흔한 유형의 디지털 포텐셔미터에는 255개의 저항이 있으므로, 탭 지점은 256개가 된다. 이 말은 탭 지점으로 0~255까지의 주소를 사용하고, 주소는 각각 1바이트를 이루는 8개의 데이터 비트 배열로 표현할 수 있다는 뜻이다. 하지만 탭 개수가 256개가 아닌 칩에서는 다른 코딩 시스템을 적용한다. 예를 들어, 32개의 탭이 있는 부품에서 데이터는 여전히 8비트로 전송하지만, 처음 5개 비트는 탭 주소tap address를 정의하는 데 사용되고 나머지 3비트는 칩에 대한 명령어로 해석된다.

대다수 포텐셔미터 칩에는 256개의 탭이 있으며, SPI 프로토콜을 사용한다. SPI 프로토콜은 1바이트(8비트) 2개를 전송하는데, 첫 바이트는 칩에 대한 명령어로 해석되고, 두 번째 바이트는 탭 주소를 명시한다. 제조사마다 사용하는 명령어 코드 집합이 다르며, 같은 제조사 칩도 다른 명령어 코드를 사용할 수 있다.

일반적으로 데이터 전송과 제어에는 3선식three wire이 많이 사용된다(이 때문에 3선식을 사용하는 칩을 3선식 프로그래머블 포텐셔미터라고 한다).

항상 그런 것은 아니지만 CS 핀은 보통 입력을 위해 디지털 포텐셔미터를 활성화해 핀 상태를

LOW로 낮춘다. 일련의 HIGH/LOW 상태는 데이터 입력 핀에 적용된다. 클록 입력으로 상태가 변할 때마다(보통 클록 펄스가 상승 에지rising edge일 때), 데이터의 입력 상태는 칩 내부의 시프트 레지스터shift register에 복사된다. 모든 비트가 기록되면 CS 핀의 상태는 LOW에서 HIGH로 변하기 때문에, 시프트 레지스터의 내용이 칩의 디코더 영역에 복사된다. 수신된 첫 비트는 디코더에서 가장 중요한 비트가 된다. 첫 비트 값에 따라 8개의 비트 값이 디코딩되고, 칩은 W 핀을 255개의 내부 저항 사다리에서 해당하는 탭에 직접 연결한다.

I2C 프로토콜

I2C 규격은 NXP 반도체NXP Semiconductors 사(필립스 사의 후신)에서 관장하지만, 라이선스 사용료를 지불하지 않아도 제품에서 사용할 수 있다. I2C 프로토콜에서는 2개의 전송선만 있으면 되는데, 하나는 클록 신호를 운반하고 다른 하나는 양방향 데이터 전송을 클록과 동기화한다(그러나 데이터 수신용으로 I2C 연결을 사용하는 디지털 포텐셔미터가 많다). 핀은 SPI 프로토콜을 사용하는 칩 핀과 동일한 약어로 구별하는 경우가 많다.

I2C에서는 SPI와 마찬가지로 명령어 바이트 다음에 데이터 바이트를 전송하지만, 명령어 집합이 SPI와 다르며 다양한 I2C 칩 간에도 다를 수 있다. I2C를 완전히 구현하면 여러 장치가 하나의 버스를 공유하도록 만들 수 있지만, 이 기능을 사용하지 않은 채 그냥 둘 수도 있다.

업/다운 프로토콜

업/다운 프로토콜up/down protocol은 다른 유형에

비해 산난한 비농기 프로토콜로서, 클록 입력이 필요하지 않다. 칩은 최대 속도보다 낮은 속도로 수신되는 데이터 펄스에 반응하는데, 이때 펄스 폭은 일정하지 않을 수 있다.

각 펄스는 와이퍼 연결을 사다리에서 한 단계 위나 아래로 이동시킨다. 이 방법은 단순하다는 것이 장점이지만, 탭 주소를 지정할 수 없어 와이퍼가 탭을 건너뛰지 못하고 아래부터 하나하나 통과해야 한다. 포텐셔미터의 주요 응용인 오디오 이득 제어에서는 이 방식이 크게 불편하지 않다.

어떤 칩에서는 증가 핀(increment pin, 보통 INC로 표시)이 펄스를 수신하기도 하지만 보통 U/D로 표시하는 두 번째 핀의 HIGH/LOW 상태가, 각 펄스가 와이퍼를 사다리 위로 올릴지 아래로 내릴지를 결정한다.

UP 핀으로 가는 펄스가 와이퍼를 사다리 위로 이동시키고, Down 핀으로 가는 펄스가 와이퍼를 사다리 아래로 이동시키는 칩도 있다.

어떤 식이든 이러한 칩 설계는 2선식two-wire이

그림 8-6 이 디지털 포텐셔미터는 저항을 31개 포함하며, 가장 단순한 업/다운 프로토콜을 사용해 탭을 하나하나 지나간다.

라고 할 수 있다. 칩 선택 핀(데이터시트에서 CS로 표시)이 추가되면 3선식 유형이라고 할 수 있다. 칩 선택 핀은 LOW일 때 활성화되며, 핀의 상태가 HIGH일 때는 들어오는 신호를 칩이 무시한다.

[그림 8-6]에 있는 CAT5114는 U/D 핀을 사용한다. 31개의 저항이 있는 CAT5114는 8핀 DIP이나 표면 장착형으로 판매되며, 2.5~6VDC로 구동한다. 각각의 논리 입력이 소비하는 전류는 10μA에 불과하다.

6핀 칩에서 INC 핀은 생략되며, H, L, W 핀 중에서도 하나가 생략된다. U/D 핀의 역할도 다른 프로토콜과 다르다. CS 핀의 상태를 LOW로 내리면, 칩은 U/D 핀의 상태를 확인한다. CS 핀의 상태가 HIGH이면 칩은 증가 모드로, LOW이면 감소 모드로 바뀐다. CS 핀이 LOW 상태를 유지하는 동안 U/D 핀이 LOW에서 HIGH로 바뀌면, 바뀔 때마다 처음 감지된 증가 또는 감소 모드에 따라 와이퍼의 위치가 증가하거나 감소한다. CS 핀의 상태가 HIGH일 때는 U/D 핀에서 추가로 일어나는 변환은 CS의 상태가 다시 LOW로 가기 전까지 무시되며, 이 시점에서 과정이 반복된다.

칩은 와이퍼의 위치에 관한 어떠한 피드백도 제공하지 않으며, 따라서 마이크로컨트롤러 같은 제어 장치는 현재 와이퍼의 위치를 알 수 없다. 칩이 (수많은 업/다운 포텐셔미터처럼) 비활성 메모리를 사용한다면, 작동을 시작power-up할 때 이전의 와이퍼 위치로 돌아가기는 하지만, 이때도 역시 제어 장치가 그 위치를 알기는 어렵다. 따라서 기본 업/다운 유형의 칩은 업/다운 푸시 버튼의 반응처럼 단순 작업에 사용하는 편이 적절하다.

기타 제어 시스템

디지털 포텐셔미터 중에는 병렬 인터페이스를 사용하는 제품도 더러 있다. 이 부품은 상대적으로 드물기 때문에 여기서는 포함하지 않는다.

연결과 모드

디지털 포텐셔미터에는 내부 저항 사다리에 대한 접근을 제한해 칩의 크기와 연결 수를 최소화하는 유형도 있다. 가감 저항기 모드rheostat mode에서 기능하도록 설계된 칩이라면, W 핀은 삭제되고 칩은 내부 연결점을 옮겨 H 핀과 L 핀 사이의 저항을 변화시킨다.

일부 유형에서는 사다리의 LOW 쪽 끝을 영구적으로 접지와 내부적으로 연결하고 L 핀은 제거한다. 사다리의 한 쪽 끝을 칩 내부에 연결하지 않는 유형도 있다.

분압기 모드voltage divider mode에서 작동하도록 설계된 칩은 3개의 핀(H, L, W)을 모두 포함하지만, 사다리의 LOW 쪽 끝이 내부적으로 접지되는 경우는 예외다.

[그림 8-7], [그림 8-8], [그림 8-9], [그림 8-10]은 디지털 포텐셔미터의 다양한 유형을 나타낸 것이

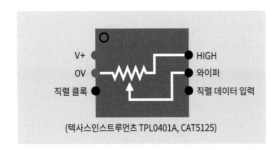

그림 8-7 디지털 포텐셔미터 중에는 핀을 제거해 칩의 크기를 최소화하고 특화된 기능을 제공하는 부품도 있다. 이 유형에서 W 핀은 H 핀과 내부 접지 연결 사이에 전압을 제공한다. 칩은 I2C 직렬 프로토콜로 제어된다.

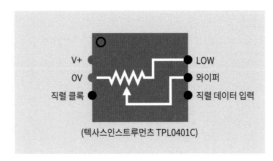

그림 8-8 이 유형에서 내부 저항 사다리의 H 끝은 칩 내부에서 변동이 허용되며, 디지털 포텐셔미터는 가감 저항기 역할을 한다. 칩은 I2C 직렬 프로토콜로 제어된다.

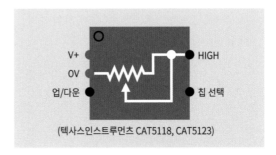

그림 8-9 이 유형은 H 핀과 음의 접지 내부 연결 사이에 가변 저항을 제공한다. 5번 핀은 생략되었다. 칩은 업/다운 펄스로 제어된다.

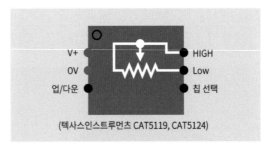

그림 8-10 이 유형은 H 핀과 L 핀 사이에 가변 저항을 제공하며, 저항 사다리의 어느 쪽 끝도 변동이 허용되지 않는다. W 핀은 와이퍼가 내부적으로 H 핀과 연결되기 때문에 생략되었다. 명시된 칩은 업/다운 펄스로 제어된다.

다. 생략된 핀이 있을 수 있고 생략되지 않은 핀이라도 그 기능이 표준화되지 않았기 때문에, 회로와 칩은 사용하기 전에 신중히 확인해야 한다.

부품값

디지털 포텐셔미터는 많은 양의 전류를 감당하지 못하기 때문에 사용에 상당한 제한이 있다. 따라서 디지털 포텐셔미터를 아날로그 포텐셔미터 대신 사용하려면 회로 자체를 바꾸어야 한다. H, L, W 핀은 일반적으로 20mA를 초과하는 일정하게 지속적인 전류를 전원으로 사용하거나 끌어올 수 없다.

와이퍼 저항wiper resistance은 와이퍼로 인해 내부적으로 추가되는 저항이다. 이 저항값은 작지 않아서 100Ω 정도가 보통이며, 크면 200Ω까지 올라갈 수 있다.

보통 내부 저항 사다리에서 종단 간 저항end-to-end resistance의 크기는 1~100K 정도다. 1K, 10K, 100K가 일반적이다.

탭에 주소를 할당하는 칩에서 탭 개수는 2의 거듭제곱으로 나타날 확률이 높지만, 업/다운 프로토콜을 사용하는 칩에서는 별다른 제약이 없어 이를테면 100개의 탭을 포함하기도 한다.

전체 사다리의 종단 간 저항의 크기는 칩마다 최대 20%까지 차이 날 수 있다. 동일한 칩(예, 듀얼 또는 쿼드 칩)을 공유하는 디지털 포텐셔미터의 저항 사다리에서는 이 차이가 훨씬 적다.

거의 모든 디지털 포텐셔미터는 5V 이하의 공급 전압에서 사용하도록 설계되었다. H 핀과 L 핀은 극성에 민감하지 않지만, 두 핀 중 하나에 걸리는 전압은 공급 전압을 초과해서는 안 된다.

사용법

마이크로컨트롤러는 대부분 하나 이상의 아날로그 입력analog input을 내부 숫자로 바꾸는 아날로그-디지털 컨버터를 포함하고 있지만, 아날로그 출력analog output을 생성할 수는 없다. 디지털 포텐셔미터에는 이 기능이 추가되었지만, 전류의 한계로 인해 적용이 제한된다.

업/다운 디지털 포텐셔미터는 한 쌍의 푸시 버튼pushbutton으로 직접 제어할 수 있는데, 푸시 버튼 중 하나는 저항을 키우는 반면 다른 하나는 저항을 줄인다. 푸시 버튼을 이 방식으로 사용할 때는 반드시 디바운싱debouncing(전기기계식 스위치의 작동을 전기 신호로 바꿀 때, 발생하는 진동을 없애기 위해 사용하는 회로 - 옮긴이)이 필요하다. 푸시 버튼 대신 로터리 인코더를 사용할 수도 있는데, 로터리 인코더rotational encoder는 축을 회전시켰을 때 펄스 스트림a stream of pulse이 발생한다. 이때 중간에 있는 부품(아마도 마이크로컨트롤러)이 펄스 스트림을 해석해서 디지털 포텐셔미터가 이해할 수 있는 형식으로 변환한다.

디지털 포텐셔미터를 오디오 관련 장치에 사용한다면, 이 부품은 오디오 신호를 제로 크로싱zero crossing하는 동안(즉, AC의 입력 신호가 양에서 음으로, 또는 음에서 양으로 이동하면서 0V를 통과하는 순간) 와이퍼의 연결을 한 탭에서 다른 탭으로 이동시키는 유형이어야 한다. 이 유형은 스위칭하는 과정에서 발생하기 쉬운 '딸깍click' 소리를 억제한다. 이 기능을 가진 포텐셔미터는 데이터시트에 '글리치 없음glitch free'이라는 문구가 포함될 수 있다.

주로 오디오 장치에 사용하는 디지털 포텐셔미터에는 보통 32개의 탭이 있으며, 탭 사이의 간격은 2dB이다. 이 정도면 대다수 사용자를 만족시키기에 충분하다.

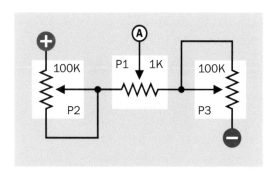

그림 8-11 회로도의 포텐셔미터 3개 모두에 100개의 탭이 있고 P2와 P3의 와이퍼가 동기화된 상태로 이동하면, A지점에서 측정되는 전압은 최대 10,000단계의 높은 분해능을 가질 수 있다.

분해능 높이기

1,024단계step 이상의 분해능이 필요한 민감한 장치라면, 단곗값이 다른 여러 디지털 포텐셔미터를 결합해 사용할 수 있다. [그림 8-11]은 이런 방법의 하나다. 이 회로에서 P2와 P3의 와이퍼는 동일한 단계에서 움직여야 하기 때문에, 양 전원과 음 접지 사이의 저항값이 일정해야 한다. 이 2개의 포텐셔미터는 듀얼 칩에 포함될 수 있는데, 동일한 업/다운 명령을 받는다. P1은 P2와 P3로 구성된 분압기 중앙에 위치하며, A지점에서 감지되는 출력 전압을 '미세 조정'하기 위해 별도의 조정을 거친다.

이 회로의 포텐셔미터 3개에 모두 100개의 탭이 있다고 하면, 저항의 분해능은 총 10,000단계가 넘을 수 있다.

주의 사항

잡음과 부정확한 입력 신호

디지털 포텐셔미터는 1MHz의 속도로 빠르게 데이터를 수신할 수 있기 때문에 순간적인 입력이나 전력 변동에 민감하다. SPI나 I2C 직렬 프로토콜을 사용하는 부품은 이 같은 짧은 입력 신호나 전력 변동을 와이퍼의 이동 명령이나 명령어 코드로 잘못 해석할 수 있다.

전력 공급에서 잡음을 최소화하기 위해서 일부 제조사는 부품의 전력 공급 핀과 가급적 가까운 곳에 0.1μF의 커패시터를 설치하도록 권장한다. 이 외에도 깨끗한 입력 신호를 보내는 것이 매우 중요하다. 즉 전기기계식 스위치나 푸시 버튼의 입력을 완전히 디바운싱해야 한다는 뜻이다.

잘못된 칩

입력 프로토콜과 핀 배치는 매우 다양해서 설치 오류가 발생할 가능성이 높다.

업/다운, SPI, I2C 프로토콜에는 완전히 다른 펄스 스트림이 필요하다. 여러 제조사에서 공급하는 부품은 부품 번호의 한두 자리만 달라도 기능에서 차이가 크다.

회로를 개발할 때 특정 유형의 디지털 포텐셔미터를 하나 이상 사용하는 경우, 부품이 섞일 수도 있으므로 보관에 주의를 기울여야 한다. 특히, 잘못된 칩을 사용하면 혼란이 생길 수 있다. 적절하지 않은 입력 프로토콜을 사용하면 어떤 결과를 만들기는 하겠지만, 그 결과는 결코 본인이 의도한 게 아닐 수 있다.

컨트롤러와 동기화되지 않은 칩

데이터 전송 프로토콜을 설명할 때 언급했던 것처럼, 대다수 디지털 포텐셔미터는 피드백을 제공할 수 없어서 내부 와이퍼의 위치를 정할 수 없다. 설계자는 디지털 포텐셔미터의 위치를 한 쪽 끝이나 다른 쪽 끝과 같은 알려진 위치로 재설정해서, 부품의 상태를 확정하는 작동 시작 루틴을 포함할 수도 있다.

비선형 효과

디지털 포텐셔미터에서 저항 사다리의 종단 간 저항은 온도 변화에 큰 영향을 받지 않을 수 있지만, 와이퍼의 저항은 열에 민감하다.

업/다운 칩에서 증가, 감소 모드 사이에 차동 오차differential error가 존재할 수 있다. 즉, 증가 모드에서 한 단계씩 올라가서 어떤 탭에 도달했을 때의 W 핀과 H 핀(또는 L 핀) 사이의 저항은, 감소 모드에서 한 단계씩 내려가서 동일한 탭에 도달했을 때의 두 핀 사이의 저항과 그 값이 상당히 다를 수 있다. 이 차이는 크지 않을 수도 있지만 익숙하지 않은 이들에게는 혼동을 일으킬 수 있다.

사다리의 저항 사이에는 약간의 차이가 생길 수 있다. 즉 선형 디지털 포텐셔미터에서 각 저항의 값은 그다음 저항의 값과 조금 다를 수 있다.

지나치게 빠른 데이터 전송

마이크로컨트롤러를 사용해서 데이터를 디지털 포텐셔미터에 전송할 때, 마이크로컨트롤러의 클록 속도에 따라 펄스 사이에 약간의 지연을 두어야 할 필요가 있다. 디지털 포텐셔미터는 최소한 500ns의 펄스 폭pulse duration이 필요할 수 있다. 자세한 내용은 제조사의 데이터시트를 확인한다.

9장

타이머

시간 간격을 두고 하나 또는 일련의 시간 펄스timed pulse를 생성하는 장치를 가리키는 정확한 용어는 멀티바이브레이터 multivibrator이지만, 일반적인 용어인 타이머timer를 더 많이 사용한다. 이 책에서도 타이머를 사용한다.

멀티바이브레이터에는 비안정astable, 단안정monostable, 쌍안정bistable 세 유형이 있다. 이 장에서는 비안정 멀티바이브레 이터와 단안정 멀티바이브레이터의 작동을 자세히 다룬다. 타이머 칩은 또한 쌍안정 멀티바이브레이터로 기능하도록 만 들 수 있다. 이 내용은 본문에서 간단히 다루지만, 처음부터 타이머용으로 설계된 기능은 아니다. 쌍안정 멀티바이브레이 터는 본 백과사전의 플립플롭flip-flops 장에서 주로 설명한다.

관련 부품

· 플립플롭(11장 참조)

역할

단안정 타이머monostable timer는 트리거 입력에 대 응해 고정된 폭의 시간 펄스를 하나 내보내며, 이 때 트리거 입력의 펄스 폭은 일반적으로 시간 펄 스보다 짧다. 또한 다수의 단안정 타이머는 비안 정 모드astable mode로도 작동할 수 있으며, 이때 타 이머가 내보내는 연속된 시간 펄스 사이에는 자동 적으로 시간 간격이 생긴다. 듀얼 모드 타이머는 단안정, 비안정 두 모드로 다 작동할 수 있는데, 이때 모드는 타이머에 부착된 외부 부품에 따라 또는 (더 드물게) 모드 선택 핀의 상태 변경에 따 라 결정된다.

단안정 모드

단안정 모드에서 타이머는 트리거 핀trigger pin에 걸 린 전압이 고전압에서 저전압으로(또는 더 드물게 저전압에서 고전압으로) 변할 때 펄스를 내보낸다. 대다수 타이머는 트리거 핀의 전압 크기voltage level 에 반응하지만, 핀 지속 상태에는 둔감하고 전압 변환voltage transition에만 반응하는 타이머도 있다. 이를 에지 트리거edge triggering라고 한다.

타이머가 생성하는 펄스는 출력 핀에서 상태가 LOW에서 HIGH(또는 더 적은 빈도로 HIGH에서 LOW)로 변할 수 있다. 펄스 폭은 외부 부품에 의 해 결정되는데, 타이머의 작동으로 발생하는 펄스 폭과는 무관하지만 타이머를 다시 작동retriggering

하는 데 걸리는 시간이 너무 짧으면, 출력 펄스가 연장될 수 있다. 이에 대해서는 다음 내용에서 설명한다.

출력 펄스의 끝에서 타이머는 대기 휴지 상태 quiescent state로 돌아가며, 다시 작동하기 전까지 비활성 상태를 유지한다.

단안정 타이머는 작동으로 발생하는 펄스 폭을 제어할 수 있다. 펄스 폭은 예를 들어 전등이 동작 센서로 활성화되어 켜진 상태로 유지되는 시간을 결정한다. 그렇지 않으면 종이 타월 디스펜서에서 타월이 한 장 나오고 나면 잠시 동안 나오지 않도록 하는 등의 지연을 발생시킬 때 타이머를 사용한다. 또한 수동 푸시 버튼의 입력처럼, 불안정하거나 잡음 섞인 입력에 대응해 깨끗한 펄스를 생성하는 데도 타이머는 유용하다.

비안정 모드

별도의 외부 자극 없이도 비안정 모드에서는 전원이 연결되면 바로 타이머가 자체적으로 작동한다. 그러나 출력은 리셋 핀reset pin에 적절한 전압을 걸어 주면 억제할 수 있다.

외부 부품은 각각의 펄스 폭과 펄스 사이의 간격을 결정한다. 펄스 스트림 속도는 1980년대 자동차에서 방향 지시등의 깜빡임을 제어할 때처럼 느릴 수 있고, 컴퓨터에서 보내는 데이터 스트림의 비트 전송 속도bit rate를 제어할 정도로 빠를 수 있다.

최신 타이머 회로는 종종 다른 용도로 사용되는 칩에 포함된다. 예를 들어, 오늘날 자동차에서 방향 지시등의 깜빡임은 다른 여러 기능을 담당하는 마이크로컨트롤러가 타이머의 역할까지 맡고 있을 가능성이 높다. 그러나 타이머로만 설계된 칩도 여전히 널리 사용하고 있는데, 많은 제품이 스루홀 및 표면 장착형으로 판매된다.

작동 원리

단안정 모드에서 펄스 하나의 폭이나 비안정 모드에서 펄스의 주파수는 대부분 커패시터와 저항을 직렬로 연결한 외부 RC 네트워크RC network가 결정한다. 커패시터의 충전 시간은 커패시터의 용량 및 저항값에 따라 결정된다. 방전 시간도 마찬가지 방식으로 결정된다. 타이머 내부의 비교기comparator는 주로 커패시터의 전위가 칩 내부 분압기에서 설정한 기준 전압reference voltage에 도달했는지를 검출할 때 사용한다.

다양한 유형

555 타이머

555 타이머는 완전한 기능을 갖춘 세계 최초의 타이머다. 1972년 시그네틱스Signetics 사에서 최초

그림 9-1 대표적인 555 타이머 칩. 여러 제조사에서 '555' 식별자 앞이나 뒤에 다른 문자를 조합한 이름으로 제품을 팔고 있으나, 기능 면에서는 거의 동일하다.

로 생산되었으며, 무품 번호가 555인 8핀 집적회로다. 555 타이머는 2개의 비교기를 플립플롭flip-flops(11장 참조)과 결합해 여러 용도로 사용할 수 있으며, 넓은 범위의 공급 전압과 작동 온도에서도 뛰어난 안정성을 유지한다. 이후 출시된 타이머들은 555 타이머의 설계에 크게 영향을 받았다. [그림 9-1]은 대표적인 555 타이머 칩이다.

555 타이머는 시그네틱스 사의 사외 자문 위원을 맡고 있던 한스 카멘진트Hans Camenzind가 설계했다. 카멘진트와의 인터뷰를 트랜지스터 박물관Transistor Museum에서 온라인으로 제공하는데, 그는 인터뷰에서 이렇게 말했다.

"당시에는 그런 게 없었다. 개별 부품이 몇 개씩 필요했다. 비교기 한 개, 제너 다이오드 한 개 또는 두 개까지 썼다. 간단한 회로는 아니었다."

555 타이머는 얼마 지나지 않아 세계에서 가장 널리 사용하는 칩이 되었고, 출시 30년이 지난 후에도 연간 10억 개씩 팔려 나갔다. 우주선에도 사용했고, 자동차의 와이퍼 조작기, 초기 애플 II 모델(커서 깜빡임에 사용), 아이들 장난감에도 사용했다. 그러나 그 당시 많은 칩이 그랬듯이, 555 타이머의 설계는 특허로 보호받지 못해 수많은 제조사가 복제할 수 있었다.

초기 모델은 양극성 트랜지스터bipolar transistors를 기반으로 만들어졌기 때문에, 양극성 모델bipolar version 또는 (더 일반적으로) 트랜지스터-트랜지스터 논리transistor-transistor logic 프로토콜의 이름을 따서 TTL 모델이라고 한다. 몇 년 지나지

않아 금속 산화막 반도체 전계 효과 트랜지스터 metal-oxide semiconductor field-effect-transistor(MOSFET)를 기반으로 한 CMOScomplementary metal oxide semi-conductor 모델이 개발되었다. CMOS 모델은 출력 핀에서 전류를 전원으로 사용하거나 끌어오는 능력이 저하되었지만, 전력 소모는 훨씬 줄어 배터리로 구동되는 제품에 더 적합했다. CMOS 모델은 당시뿐만 아니라 지금도 원래의 양극성 모델과 핀 호환이 가능하며, 두 모델 모두 스루홀과 표면 장착형으로 공급된다. 두 모델은 일반적으로 타이밍 파라미터가 동일하다.

555 단안정 작동

단안정 모드에서 작동하도록 연결된 555 타이머의 내부 기능은 555 타이머 칩을 위에서 내려다본 [그림 9-2]에 설명했다. 데이터시트에서 핀은 그림에 있는 이름으로 구별한다. 이 그림에서는

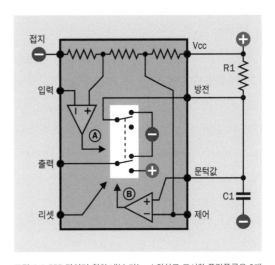

그림 9-2 555 타이머 칩의 내부 기능. 스위치로 표시한 플립플롭은 2개의 비교기 중 하나 또는 리셋 핀에 걸리는 저전압을 이용해 움직일 수 있다. R1과 C1으로 표시한 외부 저항과 커패시터는 단안정(일회식) 모드에서 타이머를 실행해 입력 핀의 상태가 HIGH에서 LOW로 변할 때 높은 단일 펄스를 생성한다.

칩의 작동을 시각화하는 데 도움이 되도록 내부 플립플롭을 스위치로 사용했다. 이때 스위치는 2개의 내부 비교기 중 하나 또는 리셋 핀에서 입력을 받아 작동할 수 있다.

칩 내부에는 각각 5K 저항 3개가 V+(양의 공급 전압)와 음의 접지 사이에 연결되어 있다. 555 타이머 칩의 부품 번호가 이 5K 저항 3개에서 유래되었다는 이야기가 있지만, 한스 카멘진트는 시그네틱스 사가 5로 시작하는 3자리 부품 번호를 이미 사용하고 있었고, 판매 부서에서 칩에 큰 기대를 하고 있어서 이 제품 번호가 쉽게 기억되기를 바란 까닭에 555를 선택했을 것이라 말했다 (2N2222 트랜지스터의 부품 번호도 비슷한 이유로 결정되었다).

타이머 내부의 저항은 분압기voltage divider 역할을 한다. V+의 1/3에 해당하는 기준 전압을 비교기 A의 비반전 핀에, V+의 2/3에 해당하는 기준 전압을 비교기 B의 반전 핀에 공급한다(비교기 기능에 관한 설명은 6장 참조).

타이머에 처음 전원을 공급할 때 입력 핀이 HIGH 상태라면 비교기 A는 LOW 출력이며, 플립플롭은 계속 '위'의 위치를 유지해 출력 핀을 LOW 상태로 둔다. 플립플롭은 또한 R1의 아래쪽 끝을 접지하는데, 이렇게 하면 전하가 커패시터 C1에 축적되는 것을 방지한다.

입력 핀의 상태를 외부에서 V+의 1/3 미만의 전압까지 끌어내리면, 비교기 A는 HIGH 출력을 생성해 플립플롭을 '아래'로 내리고, 그 결과 출력 핀을 통해 HIGH 신호가 출력된다. 동시에 C1은 더 이상 접지되지 않으며 충전을 시작하는데, 이때 속도는 C1의 용량과 R1의 값에 따라 정해진다.

커패시터의 전하가 V+의 2/3를 넘어서면 비교기 B를 작동해 플립플롭을 '위'로 올린다. 그 결과 출력 핀은 LOW가 되고 C1은 방전 핀으로 전하를 방전하며, 타이머의 주기가 끝난다.

타이머의 입력 핀에 걸리는 저전압은 출력 주기가 끝나기 전에 끊어야 한다. 입력 핀에 걸린 전압이 낮게 유지되면, 타이머가 다시 작동해 출력 펄스가 연장된다.

트리거 오류를 피하고 싶을 때, 특히 외부의 전기기계식 스위치switch나 푸시 버튼pushbutton을 입력 핀에 걸리는 전압을 줄이는 데 사용할 때는 풀업 저항을 입력 핀에 사용할 수 있다.

리셋 핀의 상태는 HIGH를 유지해야 하는데, 양의 공급 전압에 직접 연결(리셋 기능이 필요하지 않다면)하거나 풀업 저항을 사용하면 된다. 리셋 핀의 상태를 LOW로 하면, 타이머의 전류 상태와 무관하게 항상 출력 펄스를 차단한다.

V+의 2/3보다 크거나 낮은 전압이 제어 핀에 걸리면, 비교기 B에 걸리는 기준 전압을 변경할 수 있다. 이 기준 전압에 따라 C1의 충전 주기가 끝나고 방전 주기가 시작하는 시점이 결정된다. 기준 전압이 낮으면 C1의 충전 한도가 낮아져서 각각의 출력 펄스를 줄인다. 제어 전압이 V+의 1/3(또는 그 미만)로 줄면, 커패시터는 전혀 충전되지 않으며 펄스 폭은 0으로 줄어든다. 제어 전압이 V+와 같아질 때까지 증가하면, 커패시터가 그 전압 크기에 도달하는 일은 결코 없기 때문에 펄스 폭은 무한대가 된다. 따라서 제어 전압의 작동 가능 범위workable range는 V+의 40~90%이다.

제어 핀이 칩의 입력으로 들어가기 때문에, 제어 핀을 사용하지 않는다면 0.01μF의 세라믹 커패시터로 접지해야 한다.

양극성 555 타이머는 출력 핀이 상태를 바꿀 때 전압 스파이크voltage spike를 생성하는 단점이 있다. 회로를 민감한 부품과 함께 사용한다면, V+ 핀과 음의 접지 사이에 0.01μF 크기의 바이패스 커패시터를 가급적 가까이 위치시켜야 한다. 전압 스파이크 문제는 CMOS 555를 사용하면 대부분 해결된다.

555 비안정 작동

[그림 9-3]의 회로도는 555 타이머 칩과 비안정 모드에서 타이머를 작동하기 위한 외부 부품 및 연결을 보여 준다. 핀 이름은 [그림 9-2]와 같지만, 여기서는 공간의 제약 때문에 생략했다. 2개의 외부 저항과 커패시터는 R1, R2, C1이라 표시했는데, 데이터시트와 제조사 자료에도 같은 표기 방법을 사용한다.

타이머에 처음 전원이 들어올 때 커패시터 C1

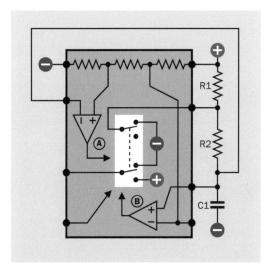

그림 9-3 555 타이머 칩의 내부 기능을 나타낸 회로도. 2개의 외부 저항과 1개의 커패시터를 연결해서 비안정(프리 러닝) 모드로 작동한다.

은 어떠한 전하도 축적되지 않은 상태다. 따라서 문턱값threshold 핀의 상태는 LOW이다. 그러나 문턱값 핀은 비안정 작동을 위해 외부에서 입력 핀과 연결된다. 따라서 입력 핀이 LOW가 되어 플립플롭을 아래로 내리기 때문에 높은 출력을 생성한다. 이 과정은 거의 동시에 일어난다.

플립플롭이 아래로 내려와 있는 상태일 때 방전 핀은 접지되지 않으며, R1과 R2를 통과하는 전류가 커패시터를 충전하기 시작한다. 전하가 양의 공급 전압의 2/3를 초과할 때, 비교기 B는 플립플롭을 위로 올린다. 이는 출력 핀의 고출력 펄스를 중단시키고 전하를 커패시터에서 빼내서 R2로 통과시킨다. 그러나 커패시터에 걸린 전압은 입력 핀이 여전히 공유하고 있으며, 이 전압이 V+의 1/3로 줄어들 때 입력 핀은 비교기 A를 다시 작동해 주기를 다시 시작한다.

리셋 핀과 제어 핀의 기능은 단안정 모드와 동일하다. 제어 핀에 걸린 전압은 각각의 펄스 폭과 펄스 사이의 간격을 바꾸기 때문에 비안정 모드에서 출력 주파수를 조정하는 효과도 있다.

전원을 타이머에 처음 연결하면 C1은 0이라고 가정된 전위로부터 V+의 2/3만큼 충전되어야 한다. 그다음 주기는 커패시터가 V+의 1/3일 때 시작되기 때문에 타이머에서 생성되는 첫 번째 고출력 펄스는 그 뒤의 출력 펄스보다 조금 더 길다. 타이머를 사용할 때 이 현상은 보통 중요하지 않다. 이유는, 커패시터가 전하를 축적하는 속도가 전압이 V+의 1/3에 도달했을 때보다 0V에서 시작할 때 더 크기 때문이다. 그래도 타이머가 천천히 작동하고 있다면 처음의 긴 펄스는 뚜렷이 구별될 수 있다.

커패시터는 직렬로 배열된 R1과 R2를 통해 충전되지만, R2를 통해서만 방전되기 때문에 비안정 모드에서 양의 출력 펄스 각각의 펄스 폭은 펄스 사이의 간격보다 항상 크다. 이 한계를 극복하기 위해 두 가지 전략을 사용한다. 이에 대해서는 102쪽의 '고출력과 저출력 시 개별 제어'를 참조한다.

556 타이머

556 타이머는 하나의 패키지가 2개의 양극성 555 타이머로 이루어져 있다. [그림 9-4]는 556 타이머

칩의 예를, [그림 9-5]는 핀 배열을 보여 준다. 556 타이머는 555 타이머에 비해 상대적으로 잘 사용하지 않지만, 여전히 텍사스인스트루먼츠와 ST 마이크로일렉트로닉스와 같은 제조사는 NA556, NE556, SA556, SE556 등의 부품 번호(다양한 문자나 문자 쌍이 붙는다)가 붙은 556 타이머를 스루홀과 표면 장착형으로 생산한다. 칩 내부 각각의 555 타이머에는 고유의 입력, 출력 세트가 있지만, 동일한 V+와 접지 전압을 공유한다.

558 타이머

558 타이머는 16개의 핀 칩으로 이루어져 있는데, 지금은 거의 사용하지 않아 모델 대부분이 구형이다. NE558 등의 부품 번호로 구별하지만, 앞의 문자는 달라질 수 있다. [그림 9-6]의 NTE926은 실제로는 558 타이머다.

558 타이머는 555 타이머를 4개 사용하며, 공통의 전원, 접지, 제어 핀 입력 등을 공유한다. 각각의 내부 타이머는 문턱값 핀과 방전 핀이 내부적으로 연결되어 있어, 이들 타이머를 일회식 모드one-shot mode에서 사용할 수 있다. 그러나 한 타

그림 9-4 556 타이머 칩의 예

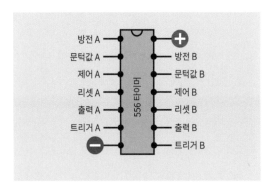

그림 9-5 556 타이머에는 동일한 전원과 접지를 공유하는 독립적인 2개의 555 타이머를 포함한다. 타이머 A와 타이머 B의 핀 기능은 그림을 참조한다.

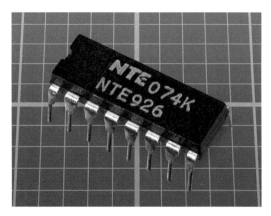

그림 9-6 NTE926은 558 타이머 칩이다.

이머의 주기가 한 번 끝날 때 다른 타이머를 작동할 수 있고, 두 번째 타이머가 다시 첫 번째 타이머를 작동할 수 있어 비안정 모드의 작동 효과도 낼 수 있다.

각각의 558 타이머는 전압 크기에 민감하지 않으며 전압 변환(HIGH에서 LOW로)으로 에지 트리거edge trigger되는데, 이는 555 타이머도 마찬가지다. 따라서 558 칩 내부의 555 타이머는 정전압(DC)에 민감하지 않다.

각 타이머의 출력은 개방 컬렉터 출력open collector output이며, 따라서 외부에 풀업 저항이 필요하다. 각 출력은 최대 100mA의 전류를 끌어올 수 있다.

CMOS 555 타이머

많은 CMOS 555 타이머 모델의 부품 번호는 양극성 555 타이머 모델의 부품 번호와 크게 다르지만, 일부 CMOS 모델의 부품 번호는 앞 문자 몇 개로 구별하기도 한다. ST마이크로일렉트로닉스의 TS555시리즈와 텍사스인스트루먼츠의 TLC555 시리즈가 대표적인 예인데, 이들 부품은 내부에 양극성 트랜지스터를 사용한다.

부품 제조사 홈페이지에서 자료를 검색할 때, 두 유형을 구별하는 쉬운 방법은 '555' 타이머를 먼저 찾은 다음, 전원이 최소 3VDC이거나 4.5VDC인 칩(양극성 모델의 특징)을 추가로 검색해 보면 된다.

555 타이머의 CMOS 모델은 출력 변환이 일어나는 동안 양극성 모델에서 발생하는 전압 스파이크를 생성하지 않는다. 또한 CMOS 칩은 낮은 (일부 모델에서 3VDC나 2VDC) 전압으로 구동할 수

있는데, 대기 휴지 상태에서 소비 전류가 아주 작다. 또한 문턱값, 트리거, 리셋 기능에 필요한 전류도 매우 작다.

외부 저항과 커패시터가 CMOS 모델에 연결된다는 점, 그리고 내부 전압의 크기가 V+의 분숫값이라는 점은 원래의 555 타이머와 같다. 핀 기능도 마찬가지로 동일하다. CMOS 모델은 정전 방전static discharge에 훨씬 취약하고 출력 전류가 낮다는 단점이 있다. 예를 들어 TLC555는 15mA만을 전원으로 사용한다(그러나 최대 싱크 전류는 이보다 10배 크다). 다른 제조사의 제품 사양은 이와 다를 수 있으므로 데이터시트를 주의 깊게 확인해야 한다.

5555 타이머

5555 타이머에는 매우 오랫동안 시간을 측정해 주는 디지털 카운터digital counter가 있다. 정확한 부품 번호는 74HC5555나 74HCT5555이지만, 제조사를 구별하기 위해 번호 앞이나 뒤에 다른 문자가 오기도 한다. 555 타이머와는 핀 호환이 되지 않는다.

입력 핀은 2개인데, 하나는 펄스가 상승rising edge할 때, 다른 하나는 하강falling edge할 때 타이머를 작동하기 위해서다. 입력은 슈미트 트리거Schmitt-triggering된다.

타이머의 규격은 1Hz~1MHz이다(외부 저항과 외부 커패시터 사용). 카운터 설정 섹션에서는 펄스 주파수를 2~256 사이의 값으로 나눌 수 있다. 시간을 재는 시간이 늘어나면 디지털 제어 핀의 다른 설정에서 주파수를 2^{17}~2^{24} 사이의 값으로 나눈다(131,072~16,777,216). 이렇게 하면 이론상으

로 타이머에서 펄스 폭이 190일 이상 지속된다. 타이머는 외부 발진기에서 클록을 입력받는데, 저항-커패시터 시한 회로timing circuit보다 정확성이 더 뛰어나다.

7555 타이머

8핀 7555 타이머 칩은 555 타이머의 CMOS 모델로, 맥심인터그레이티드Maxim Integrated Products, 어드밴스드리니어디바이스Advanced Linear Devices 같은 회사에서 제조한다. 이 칩의 특성은 위에서 설명한 CMOS 555 타이머와 유사하며, 핀 배열도 같다.

7556 타이머

14핀 7556 타이머는 7555 타이머 2개로 구성되며, 같은 전원과 접지 연결을 공유한다. 핀 배열은 원형이 되는 556 타이머와 동일한데, [그림 9-5]에서 보여 주고 있다.

4047B 타이머

14핀 CMOS 4047B 타이머 칩은 555 타이머의 몇몇 오작동을 해결하고, 기능을 추가하기 위해 출시되었다. 단안정 또는 비안정 모드로 작동하는데, 하나의 입력 핀은 HIGH, 다른 입력 핀은 LOW를 유지하도록 선택할 수 있다. 비안정 모드에서 사용률이 약 50%에 고정되어 있으며, 하나의 저항을 타이밍 커패시터timing capacitor의 충전과 방전에 모두 사용한다. 추가되는 발진기oscillator의 출력은 일반 출력보다 두 배 빠르다.

단안정 모드에서 4047B는 양이나 음의 변환(2개의 입력 핀 중 어떤 쪽을 사용하느냐에 따라 달라진다)으로 작동할 수 있다. 타이머는 일정한 입력 상태는 무시하며, 출력 펄스에서 발생하는 추가 트리거 펄스 또한 무시한다. 그러나 필요한 경우 트리거 핀의 출력 펄스를 연장하도록 리트리거 핀retrigger pin이 제공된다.

상호 보완을 위한 출력 핀이 제공되는데, 하나는 HIGH 다른 하나는 LOW일 때 활성화된다.

오랫동안 시간을 측정하기 위해, 4047B는 외부의 카운터와 연결이 용이하도록 설계되었다.

4047B의 전원은 3VDC까지 낮아질 수 있다. 최대 전원 출력 전류source output current이나 싱크 출력 전류sink output current는 전원이 5VDC일 때 1mA에 불과하지만, 전원이 15VDC가 되면 6.8mA까지 늘어난다.

4047B 칩은 텍사스인스트루먼츠 사(부품 번호 CD4047B) 등에서 지금도 스루홀과 표면 장착형으로 판매한다. 그러나 다양한 목적으로 사용할 수 있음에도 4047B는 다음에 설명할 듀얼 단안정 타이머에 비해 많이 사용하지 않는다.

듀얼 단안정 타이머

시중에는 단안정 모드에서만 작동하는 다양한 듀얼 유형(즉, 1개의 칩에 2개의 타이머) 타이머가 판매되고 있다. 이 유형은 2개의 단안정 타이머가 서로를 작동시켜 비안정 출력을 생성할 수 있어 주목받았다. 비안정 출력의 펄스 폭과 펄스 사이의 간격은 각 타이머에 있는 별도의 레지스터와 커패시터로 결정된다. 그 결과, 듀얼 단안정 타이머는 555 타이머보다 더 다양한 용도로 사용할 수 있다.

대다수 듀얼 단안정 타이머 칩은 입력 전압의 변화로 에지 트리거edge trigger되며, 안정적인 DC

전압은 무시한다. 결과적으로 하나의 타이머에서 나온 출력은 직접 다른 타이머의 입력으로 연결되므로, 결합 커패시터가 필요하지 않다.

4047B처럼 사용자는 타이머마다 2개의 입력 핀을 선택할 수 있다. 하나는 LOW에서 HIGH로 변환할 때, 다른 하나는 HIGH에서 LOW로 변환할 때 작동한다. 마찬가지로 각 타이머에는 두 개의 출력이 있다. 하나는 출력 주기가 시작될 때 LOW에서 HIGH로, 다른 하나는 HIGH에서 LOW로 변환된다.

단일 저항과 커패시터 용량에 따라 각 타이머의 펄스 폭이 결정된다.

듀얼 단안정 타이머의 부품 번호로 4528이나 4538과 같은 숫자 배열이 흔히 사용된다. 예를 들면, NXP의 HEF4528B, ST마이크로일렉트로닉스의 M74HC4538, 온세미컨덕터On Semiconductor의 MC14538B 등이 대표적인 예다. 74123이라는 숫자 배열은 매우 비슷한 사양을 가진 칩에 사용하

는데, 칩 제품군을 구별하기 위해 HC나 LS 같은 문자를 삽입(예, 74HC123, 74LS123)하거나 앞뒤로 문자를 더 추가하기도 한다. 칩의 핀 배열은 대부분 거의 동일하다([그림 9-7] 참조). 그러나 텍사스인스트루먼츠 사는 자체 시스템에 맞게 번호를 정하므로, 이 회사의 칩을 구매했다면 연결 전에 데이터시트를 확인하는 것이 좋다.

이 유형의 칩을 설명할 때 '재작동 가능retrigger-able'이라는 표현을 쓰는 경우가 많은데, 이는 출력 펄스가 끝나기 전에 추가된 트리거 펄스가 입력에 걸리면 현 출력 펄스의 펄스 폭이 연장된다는 뜻이다. 데이터시트를 주의 깊게 확인해서 칩이 '재작동 가능'한지, 출력 펄스가 지속되는 동안 새로운 입력을 무시하는지 알아야 한다.

74HC221 듀얼 단안정 바이브레이터([그림 9-8])는 위에서 설명한 듀얼 단안정 타이머와 매우 비슷한 기능이 있지만 핀 배열은 조금 다르다.

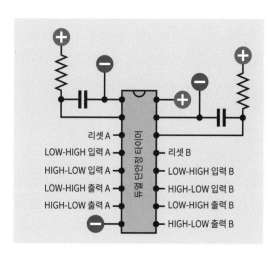

그림 9-7 듀얼 단안정 타이머 칩 중 4528, 4538, 74123 시리즈에는 대부분 이와 같은 핀 기능이 있다. RC 네트워크와 각 타이머 간의 연결을 보여 준다. 텍사스인스트루먼츠 사는 자체 모델에 다른 핀 배열을 사용한다는 점에 주의한다.

그림 9-8 2개의 단안정 멀티바이브레이터를 포함하는 듀얼 타이머 칩. 각각의 단안정 멀티바이브레이터가 외부와 연결되어 있을 때, 비안정 모드로 동작해 서로를 작동시킬 수 있다.

부품값 _____

555 타이머 부품값

원래의 양극성 555 타이머는 4.5~16VDC에 해당하는 넓은 범위의 양의 공급 전압을 사용해 작동하도록 설계되었다.

CMOS 모델의 권장 V+ 값은 모델마다 다를 수 있으므로 데이터시트를 확인해야 한다.

양극성 555 타이머의 출력은 최대 200mA의 전원을 공급하거나 끌어오도록 규격이 정해진다. 실제로 타이머가 공급 범위의 하단인 약 5VDC의 전원을 공급받을 때 최대 전류는 낮아진다. 50mA 이상의 전류를 전원으로 사용하면, 내부적으로 전압이 떨어져 타이머의 작동에 영향을 미친다.

CMOS 모델은 모두 출력 전류에 제한이 있어 싱크sinking 전류가 전원sourcing 전류보다 높다. 다시 말하지만 부품마다 값이 크게 다르기 때문에 데이터시트를 반드시 확인해야 한다.

출력 핀에서 측정한 전압을 전원 전류에 사용할 때 항상 전원 공급기 전압보다 낮은데, 일반적으로 양극성 모델에서는 1.7V의 전압 강하를 명시한다. 실제로 측정되는 전압 강하는 이보다 더 낮을 수 있으며, 이는 출력에 걸리는 부하에 따라 달라진다.

전압 강하는 공급 전압이 높아져도 크게 증가하지 않는데, 상대적으로 일정한 값이기 때문이다. 더 높은 V+ 값을 사용하면 전압 강하의 중요성은 줄어든다.

555 타이머의 CMOS 모델은 출력의 공급 전압이 전원 공급기보다 0.2V만큼 낮아야 한다는 요건을 만족한다.

R1과 R2의 값을 선택할 때, 각 저항의 최솟값은 5K이지만 10K를 선호한다. 저항값이 낮으면 전력 소비가 늘어나, 칩이 C1에서 전류를 끌어올 때 내부 회로에서 과부하가 발생할 수 있다. 각 저항의 최댓값은 보통 10M이다.

커패시터의 용량이 크면 일반적으로 더 많은 누설 전류leakage가 발생하기 때문에 타이머의 정확성과 예측 가능성이 떨어질 수 있다. 이는 커패시터가 R1+R2를 통해 충전하는 동시에 전하를 잃는다는 뜻이다. 저항값이 높고 커패시터 용량이 100μF 이상이면, 충전 속도가 너무 느려져 누전 속도와 비슷하게 된다. 이런 까닭에 1분 이상 큰 시간 간격이 필요한 경우라면, 555 타이머는 그다지 좋은 선택이 아니다. 용량이 크다면 전해질보다는 탄탈륨 커패시터tantalum capacitor가 더 나을 수 있다.

타이밍 커패시터 용량의 최솟값은 실제로 약 100pF이다. 이보다 적으면 성능을 신뢰하기 어렵다.

일부 CMOS 모델에서는 빠른 전환이 가능하지만, 실제로 555 타이머에서 최단 출력 펄스는 약 10μs이다. 입력 핀에서 사용하는 트리거 펄스는 1μs 이상이어야 한다.

단안정 모드에서 시간 계산

R1 값을 킬로옴(kΩ), C1 값을 마이크로패럿(μF)으로 측정했을 때, 단안정 모드로 작동하는 555 타이머에서 펄스의 펄스 폭 T(s)는 다음 공식으로 구할 수 있다.

$$T = 0.0011 * R1 * C1$$

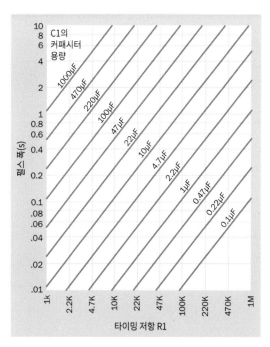

그림 9-9 단안정 모드로 작동하는 555 타이머에서 펄스 폭을 구하려면, 가로축에서 R1 값을 찾고 그 점에서 수직으로 위로 올라가 커패시터 C1 값에 해당하는 초록색 사선과의 교점을 찾는다. 그 교점의 세로축 값이 펄스 폭(s)이다.

이 관계식은 모든 555 타이머 모델에서 동일하다. [그림 9-9]에서는 R1과 C1의 몇몇 일반값으로 펄스 값을 빠르고 쉽게 구하는 법을 보여 준다. 저항은 ±1%의 오차로 구할 수 있지만, 커패시터의 정확도는 보통 ±20%에 불과하다. 이는 그래프에 나타난 펄스 값의 정확도를 제한한다.

비안정 모드에서 시간 계산

R1 값을 킬로옴(kΩ), C1 값을 마이크로패럿(μF)으로 측정했을 때, 비안정 모드로 작동하는 555 타이머의 펄스 주파수 F(단위 Hz)는 다음 공식으로 구할 수 있다.

F = 1440 / ((R1 + (2 * R2)) * C1)

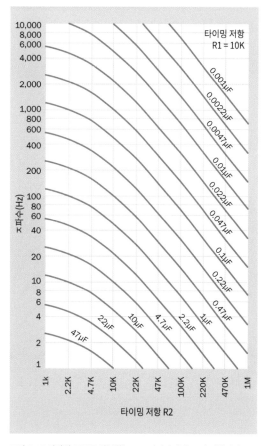

그림 9-10 비안정 모드로 작동하는 555 타이머에서 R1의 저항값이 10K일 때 주파수를 구하려면, 가로축에서 R2 값을 찾고 그 점에서 수직으로 위로 올라가 커패시터 C1 값에 해당하는 초록색 곡선과의 교점을 찾는다. 그 교점의 세로축이 주파수(Hz)다. 가로축과 세로축 모두 로그 스케일을 사용한다.

이 관계식은 모든 555 타이머 모델에서 동일하다. [그림 9-10]의 그래프는 R1 값이 10K라고 가정했을 때, 많이 사용하는 R2, C1 값에 대한 주파수를 보여 준다. 다음 페이지 [그림 9-11]은 R1 값을 100K로 가정했을 때의 그래프다.

듀얼 단안정 타이머

NXP의 HEF4528B, ST마이크로일렉트로닉스의 M74HC4538, 온세미컨덕터의 MC14538B, 텍사

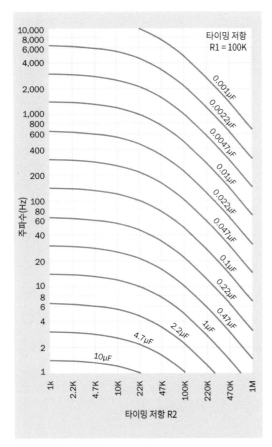

그림 9-11 비안정 모드로 작동하는 555 타이머에서 R1의 저항값이 100K일 때 주파수를 구하려면, 가로축에서 R2 값을 찾고 그 점에서 수직으로 위로 올라가 커패시터 C1 값에 해당하는 초록색 곡선과의 교점을 찾는다. 그 교점의 세로축이 주파수(Hz)다. 가로축과 세로축 모두 로그 스케일을 사용한다.

스인스트루먼츠의 74HC123 같은 듀얼 칩의 전원 사양은 제품마다 매우 다양하다. 어떤 모델은 3~6VDC와 같이 범위가 한정적인 전원을 사용하며, 다른 모델은 3~20VDC 범위의 전원도 견딘다. 5VDC로 전원을 공급할 때 요구되는 입출력 상태는 5V 논리 칩의 입출력 상태와 호환해 사용할 수 있다.

이들 칩의 출력 핀은 25mA 미만을 전원으로 사용하거나 끌어간다(이보다 훨씬 작은 모델도

있다). 종류가 매우 다양하기 때문에 여기서 간단히 다루기는 어려우며 자세한 내용은 데이터시트에서 확인하도록 한다.

이 타이머들은 모두 단안정 모드에서 작동하고 각 타이머는 오직 하나의 저항과 하나의 커패시터만 사용하기 때문에, 이 두 변수의 함수로 펄스 시간을 구하는 식은 하나뿐이다. R이 저항값(Ω), F가 커패시터 용량(F), K가 제조사에서 제공하는 상수라고 할 때, 펄스 시간 T(s)는 다음과 같다.

$$T = R * F * K$$

0.3~0.7 사이의 K는 제조사와 그 사용 전압에 따라 달라진다. K 값은 제조사의 데이터시트에서 확인할 수 있다. R이 메가옴(mΩ), F가 마이크로패럿(μF)일 때도 위 공식은 여전히 성립한다. R과 F를 곱하면 단위가 서로 상쇄되기 때문이다.

일반적으로 듀얼 단안정 CMOS 타이머는 펄스 폭이 1분을 넘도록 설계되지 않았다.

타이밍 커패시터는 칩을 통과해 직접적으로 빠르게 방전되기 때문에 10μF를 넘지 않아야 한다.

사용법

타이머를 사용해 릴레이 코일이나 소형 모터 같은 부하를 직접 구동하려고 할 때, 선택할 수 있는 타이머는 555 타이머의 기본 TTL 모델이 유일하다. 이 경우에도 유도성 장치inductive device 전반에 보호용 다이오드를 사용해야 한다.

칩과 칩을 연결한 회로에서 부하와 사용하는 장치가 적으면, 7555를 포함해서 555 타이머의 CMOS 모델에는 전력 소모와 전기 간섭electrical interterence이 술어늘뿐 아니라, 앞의 공식을 사용해 비안정 모드의 주파수와 단안정 모드의 펄스 폭을 계산하면 해당 모델에서 핀 호환도 가능하다. 물론 555 타이머의 CMOS 모델은 정전 방전static discharge에 취약하므로, 모든 핀을 연결하기 전에 주의를 기울여야 한다(제어 핀을 사용하지 않을 때, 제어 핀을 접지하는 커패시터는 필수다).

듀얼 단안정 타이머에서 사용하지 않는 상승 에지 트리거 입력은 V+에, 사용하지 않는 하강 에지 트리거 입력은 접지에 연결해야 한다.

수 분 이상의 펄스 폭을 측정하려면, 클록 주파수를 나누는 프로그램 가능한 카운터programmable counter를 포함하는 타이머가 적절한 선택이다. 이 장 앞부분에 수록된 5555 타이머의 내용을 참조한다.

555 타이머의 기본 양극성 모델은 로봇 같은 취미 분야에서 사용하기에 좋으며, 설계상의 특징으로 인해 논리 회로에서도 사용할 수 있는 다재다능함을 갖추었다. 다양한 구성 방식은 이후 다룰 회로도에도 나타나 있다.

555 단안정 모드

단안정 모드에서 작동하는 555 타이머의 기본 회로도는 [그림 9-12]를 참조한다. 특히 그림에서 스위치 접촉 반동switch bounce이 일어나기 쉬운 푸시 버튼은 타이머의 입력 핀에 연결되는데, 이때 입력 핀은 푸시 버튼으로 생긴 최초의 연결에 응답하고 그 뒤에 따라오는 '반동bounce'은 무시해 '깨끗한clean' 출력을 생성한다. 출력 펄스를 연장하는 재작동을 피하기 위해, 타이머의 출력은 버튼을 누르는 데 걸리는 예상 시간보다 길게 지속되

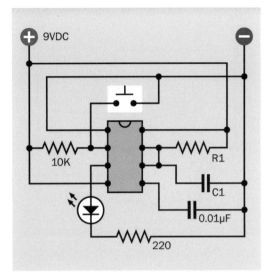

그림 9-12 555 타이머의 기본 단안정 구성. 특히 이 회로는 푸시 버튼 스위치에서 오는 입력을 디바운싱한 다음, 이를 펄스 폭이 고정된 깨끗한 펄스로 바꾸어 확인 목적으로 연결한 LED에 전력을 제공한다.

어야 한다. 출력은 또한 예상되는 접촉 반동의 펄스 폭보다 오래 지속되어야 하는데, 그렇지 않으면 출력 펄스가 여러 개 발생할 수 있다. 이 회로도에서는 작동을 확인하기 위해서 LED를 타이머의 출력에 부착했다.

[그림 9-13]은 이 회로를 브레드보드에 옮긴 것

그림 9-13 555 타이머의 기본 단안정 구성을 브레드보드에 구현한 모습이다.

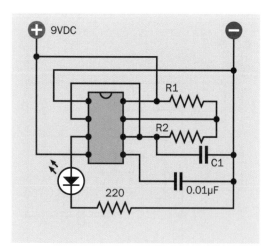

그림 9-14 비안정 모드에서 작동하도록 외부 연결 및 부품을 포함한 555 타이머(프리 러닝).

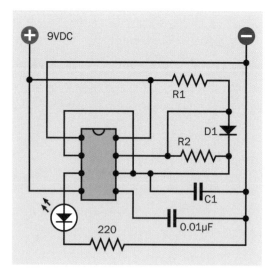

그림 9-15 이 회로에서 다이오드는 R2를 우회하므로, 555 타이머의 ON 시간과 OFF 시간은 R1과 R2를 사용해 각각 독립적으로 설정할 수 있다.

이다. 사진 윗부분에 있는 빨간색과 파란색 선은 보드에 9VDC의 전압을 공급한다. R1은 1M, C1은 1μF이며, 1초가 약간 넘는 시간 동안 지속되는 펄스를 생성한다. 타이머 바로 위에 위치한 촉각 스위치는 입력을 제공한다.

555 비안정 모드

비안정 모드에서 작동하는 555 타이머의 기본 회로도는 [그림 9-14]와 같다. 다시 말하지만 LED는 출력을 확인할 목적으로 연결했다. 만약 펄스 속도가 시각 잔상 효과persistence of vision를 남길 정도로 길다면, LED 대신 소형 스피커를 47Ω 저항 및 100μF 커패시터와 직렬로 연결해서 사용할 수도 있다.

고출력 및 저출력 시 개별 제어

[그림 9-15]에서는 바이패스 다이오드bypass diode가 R2 옆에 추가되었다. 다이오드가 R2보다 실효 저항effective resistance이 훨씬 낮기 때문에, 커패시

터는 주로 R1으로 충전된다. 방전은 R2를 통해 이루어지는데, 다이오드가 그쪽 방향의 전류를 차단하기 때문이다. 따라서 고출력 펄스의 펄스 폭은 R1 값으로만 조정하는 반면, 저출력 펄스의 펄스 폭은 R2 값으로만 조정할 수 있다. 고출력 펄스의 폭은 저출력 펄스의 폭보다 짧거나 같을 수 있는데, 이는 [그림 9-14]와 같은 기본적인 부품 구성으로는 구현할 수 없다.

555 타이머의 50% 비안정 사용률 1

[그림 9-16]의 회로를 사용하면, 비안정 출력의 펄스 폭을 약 50%의 HIGH와 50%의 LOW로 고정할 수 있다. 처음에는 C1에 전하가 없는 상태라 타이머의 입력 전압이 LOW로 바뀌며, 그 결과 출력 핀에서 HIGH 펄스가 생성되어 타이머의 주기가 시작된다. 예시 회로에서 출력은 LED 전구를 켠다. 이와 동시에 저항 R1이 출력에 연결되어 C1을 충전한다. C1에 걸린 전압이 V+의 2/3에 다다르면

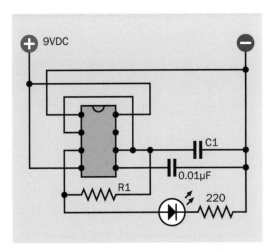

그림 9-16 이 구성을 사용하면 출력 핀에서 약 50-50의 ON/OFF 사용률을 제공하지만, 정확한 펄스 폭은 걸리는 부하에 따라 달라진다.

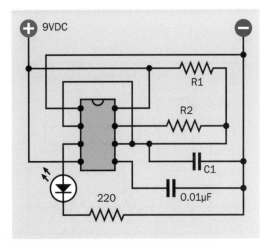

그림 9-17 555 타이머에서 약 50-50의 ON/OFF 사용률을 제공하기 위한 또 다른 구성.

타이머의 입력 핀으로 전달되고, 이로 인해 HIGH 주기가 끝나고 출력 핀에서 LOW 상태가 시작된다. 출력 핀에 걸린 LOW 상태는 R1을 통해 C1의 전하를 끌어오기 시작한다. 전압이 V+의 1/3까지 떨어지면 새로운 주기가 시작된다. 커패시터의 충전과 방전에 하나의 저항만 사용하기 때문에 충전 시간과 방전 시간은 같다고 볼 수 있다. 그러나 출력에 걸리는 부하가 크면 어느 정도 출력 전압을 끌어내릴 수 있어 충전 시간이 늘어난다. 반대로 출력 핀에 부하가 적은 저항을 사용하면, 커패시터에서 소량이라도 전하를 끌어올 수 있기 때문에 방전 주기를 단축한다.

555 타이머의 50% 비안정 사용률 2

[그림 9-17]은 [그림 9-14]의 기본 비안정 회로를 약간 수정해, 50%의 사용률 주기를 구현하는 또 다른 방법을 보여 준다. 두 회로도를 비교하면, R1과 R2 간의 연결이 변경되면서 C1이 R1을 통해 충전되고, R2를 통해 방전된다는 것을 알 수 있다. 그

러나 이 구성에서 커패시터는 두 저항으로 만들어진 분압기로 전하를 방전한다. 사용률을 정확히 50%로 맞추려면 실제로 저항값을 조정해야 한다.

555 타이머의 제어 핀 사용

다음 페이지 [그림 9-18]에서 포텐셔미터 1개와 직렬 저항 2개를 사용하면 변동하는 전압이 제어 핀에 걸리게 할 수 있다. 이렇게 하면 타이밍 커패시터의 충전 시간과 방전 시간을 모두 늘리거나 줄일 수 있다. 커패시터 용량과 관련 저항값이 약 700Hz의 주파수를 생성하도록 선택하면, 10K 포텐셔미터는 스피커를 통해 가청음보다 한 옥타브 이상 높은 소리를 낸다. 포텐셔미터 대신 다른 부품을 사용해 펄스 폭 변조pulse-width modulation를 할 수도 있다. 그렇지 않으면 비안정 모드에서 천천히 작동하는 두 번째 555 타이머가 제어 핀에 출력을 걸어 둔 상태에서 대용량 커패시터를 제어 핀과 접지 사이에 추가하면, 커패시터의 충전과 방전이 전압을 부드럽게 올리고 내릴 수 있게 만

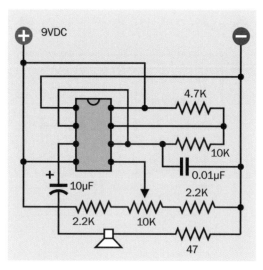

그림 9-18 제어 핀에 걸리는 전압을 높이거나 낮추어 비안정 555 타이머의 주파수를 조정하는 회로.

든다. 첫 번째 555 타이머가 가청 주파수에서 작동하면, 출력에서 '사이렌 울리는wailing siren' 효과가 생긴다.

[그림 9-19]는 [그림 9-18] 회로도의 부품을 브레

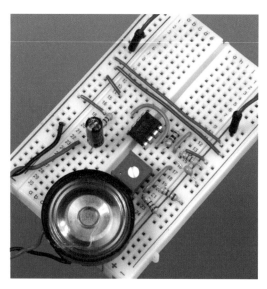

그림 9-19 부품을 브레드보드에 구성한 모습. 약 425~1,075Hz 범위의 오디오 출력을 생성한다. 타이밍 커패시터의 용량이 작으면 오디오의 주파수 범위를 높인다.

드보드 위에 구성한 모습이다.

555 타이머로 플립플롭 모방하기

555 타이머 내부에 있는 플립플롭에 접근하면 타이머의 출력을 제어할 수 있다. [그림 9-20]에서 푸시 버튼 스위치 S1은 입력 핀에 음의 펄스를 걸어 타이머에서 HIGH 출력을 생성하는데, 이 출력으로 인해 LED D1이 켜진다. 보통 펄스 폭은 문턱값 핀에 연결된 커패시터의 충전 시간으로 제한되지만, 이 회로에서는 커패시터가 없고 문턱값 핀은 음의 접지에 고정되어 있다. 따라서 입력 핀에 걸리는 펄스가 양의 전력의 2/3까지 증가하는 일은 발생하지 않으며, 그 결과 타이머 출력은 무한히 HIGH 상태를 유지한다.

그러나 S2를 누르면 S2는 타이머의 리셋 핀을 접지시켜 HIGH 출력 상태를 끝내고, 출력 핀을 LOW 상태로 끌어내린다. 그 결과 D1이 꺼지고 D2가 켜지는데, 그 이유는 타이머가 D2에서 전류

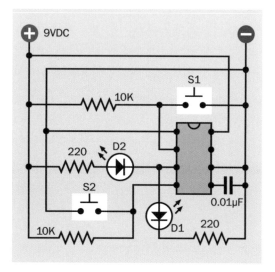

그림 9-20 555 타이머는 타이밍 기능을 비활성화해 플립플롭처럼 작동할 수 있다.

그림 9-21 플립플롭처럼 작동하는 555 타이머의 회로도를 브레드보드에 구성한 모습

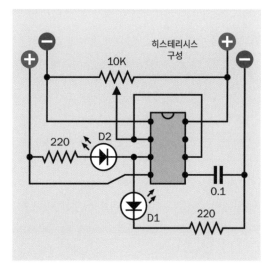

그림 9-22 히스테리시스를 생성하도록 연결된 555 타이머이며, 가변 입력 전압으로 전원을 공급한다.

를 끌어오기 때문이다. S2를 풀면 타이머의 출력은 그대로 LOW로 유지되고, D2도 불이 켜진 상태를 유지한다. 이는 풀업 저항으로 인해 입력 핀의 상태가 HIGH로 유지되기 때문이다. 따라서 타이머는 이제 플립플롭처럼 쌍안정 모드bistable mode로 작동한다. 이렇게 하면 칩의 전체 기능을 사용하지 않기 때문에 적절하지 않을 수도 있지만, 상당한 전류를 전달하고 넓은 범위의 공급 전압을 감당한다는 점에서 디지털 플립플롭보다 사용이 편리하다. 플립플롭에 관한 자세한 내용은 11장을 참조한다.

[그림 9-21]은 플립플롭처럼 작동하는 555 타이머를 브레드보드에 구성한 사진이다.

555 히스테리시스

555 타이머 내부에 있는 비교기는 칩에서 히스테리시스를 생성하도록 해준다. [그림 9-22]에서 입력 핀과 문턱값 핀이 단락되었고, 타이밍 커패시터인 C1은 생략된다. 분압기 역할을 하기 위해 연결된 10K 포텐셔미터는 V+에서 음의 접지에 이르는 전압을 입력 핀에 전달한다. 입력이 V+의 1/3 아래로 떨어지면서 출력이 증가해 LED D1을 켠다. 이때 입력 전압이 점점 증가하면, V+의 1/3을 넘어서더라도 출력은 계속 HIGH를 유지한다. 출력 상태는 HIGH에 '들러붙어sticky' 있는데, V+의 2/3에 도달해 문턱값 핀이 요청할 때까지 타이머가 출력 펄스를 멈추지 않기 때문이다. 출력 펄스가 멈추면 출력 핀은 LOW 상태가 되어, D1은 꺼지고 D2가 켜져 출력 핀으로 전류를 끌어온다.

이제 입력 전압이 다시 내려간다고 가정해 보자. 이때 입력 핀이 V+의 1/3 수준 아래로 떨어질 때까지 LOW 상태를 유지하기 때문에 출력은 다시 들러붙는sticky 상태가 된다. 입력 핀의 전압이 V+의 1/3 아래로 떨어지면, 출력은 다시 HIGH 상태로 전환되어 D2가 꺼지고 D1이 켜진다.

공급 전압의 1/3과 2/3 값 사이에는 '데드 존

dead zone'이 존재한다. 이 범위에서 타이머는 전류 모드를 유지하며, 입력이 이 범위를 벗어날 때까지 기다린다. 이 기능을 히스테리시스라고 하는데, 온도 센서에서 들어오는 전압과 같은 다양한 신호를 처리하므로 온도 감지기처럼 ON/OFF 장치를 제어할 때 특히 중요하다. 사실 이 예시에서 사용한 10K 포텐셔미터는 온도 센서thermistor나 포토트랜지스터phototransistor로 대체할 수 있다. 이때 해당 부품은 저항과 직렬로 연결해 555 타이머와 입력 범위가 호환되는 분압기를 생성해야 한다. 그런 다음 타이머에 공급하는 전압을 1/3V+와 2/3V+ 사이에서 움직이도록 변동하면 히스테리시스를 조정할 수 있다. 전압은 V+의 1/3에서 2/3 범위 내에서 변한다. 아니면 제어 핀에 걸리는 전압을 달리해서 히스테리시스를 변화시킬 수 있다.

비교기comparator를 사용하면 양의 피드백으로 히스테리시스를 훨씬 더 다양하게 제어할 수 있다 (추가 설명은 6장 참조). 그러나 555 타이머는 비교기 대신 사용할 수 있는 쉽고 빠른 대체 장치로서, 전류를 전원으로 사용하거나 끌어오는 능력이 뛰어나고, 연결해서 사용할 수 있는 부품 또한 다양하다.

555 타이머와 커플링 커패시터

앞서 말했듯이 기본 양극성 555 타이머(와 그 유형의 일부)가 단안정 모드로 연결되어 있을 때, 입력이 LOW로 유지되면 자체적으로 무한히 다시 작동할 수 있다. 이를 피하는 방법의 하나가 커플링 커패시터의 사용이다. 커플링 커패시터는 HIGH에서 LOW로의 변환은 통과시키지만, 그 뒤에 따라오는 일정한 전압은 차단한다. [그림 9-23]

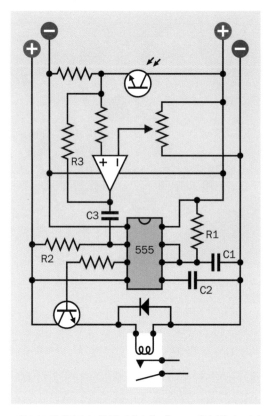

그림 9-23 이 회로에서 커플링 커패시터(C3)는 555 타이머와 비교기에서 들어오는 지속적인 LOW 입력을 절연하기 위해 사용된다. 커패시터는 HIGH에서 LOW로의 변환만 통과시킨다. 나머지 시간 동안 풀업 저항(R3)은 입력을 HIGH로 유지한다.

에서 저항과 직렬로 연결된 포토트랜지스터는 비교기의 비반전 입력에서 가변 전압을 제공한다. 비교기의 기준 전압은 포텐셔미터로 조정되며, 저항 R3은 양의 피드백을 제공해 비교기에서 빠르고 깨끗한 출력을 생성한다. 그림 아랫부분에서 555 타이머의 출력은 트랜지스터를 통과해 릴레이로 간다.

풀업 저항 R2 외에도 커플링 커패시터 C3의 기능을 아는 것이 중요하다. 커플링 커패시터 C3는 기본적으로 555 타이머의 입력 핀 상태를 HIGH로 유지한다. 비교기의 출력이 HIGH에서 LOW로

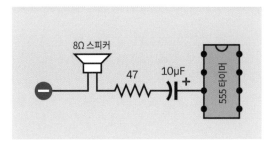

그림 9-24 소형 8Ω 스피커는 커패시터와 저항을 통해 양극성 555 타이머의 출력에 연결할 수 있다.

떨어지면, C3는 이 변환을 타이머의 입력 핀으로 보내 일시적으로 양의 전위를 억제하고 타이머를 작동한다. 풀업 저항 R2는 입력을 HIGH로 유지하는 기능을 다시 시작해 타이머의 재작동을 방지한다.

555 타이머의 라우드스피커 연결

8Ω짜리 소형 스피커는 양극성 비안정 모드에서 작동하는 555 타이머의 출력으로 구동할 수 있으나, 10~100μF 용량의 커패시터를 사용해 타이머와 절연해야 한다. 이때 47Ω 크기(최소)의 직렬 저항을 사용한다. [그림 9-24]를 참조한다.

버스트 모드

가끔 버튼을 누르면, 그 반응으로 정해진 길이의 짧은 '삐' 소리를 내는 게 유용할 때가 있다. '삐' 소리는 버튼을 계속 누르더라도 끝나야 한다. 이러한 '버스트 모드burst mode'를 구현하려면, [그림 9-25]와 같은 회로를 사용한다. 버튼은 비안정 모드로 작동하는 양극성 555 타이머에 전원을 연결하며, RC 네트워크는 타이머의 리셋 핀에 연결된 47μF 용량의 커패시터에 감소 전위를 걸어 준다. 커패시터와 직렬로 연결된 저항은 '삐' 소리의 길

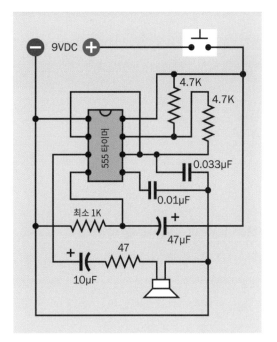

그림 9-25 감소 전압을 양극성 555 타이머의 리셋 핀에 걸도록 연결된 RC 회로는 전원이 켜지면 곧 타이머를 정지시킨다. 이 특성은 버튼을 눌렀을 때 누른 시간에 관계없이 정해진 길이의 '삐' 소리를 생성할 때 사용한다.

이를 변화시킨다. 핀에 걸리는 전압이 약 0.3V 미만으로 떨어지면 타이머의 출력은 멈추며, 버튼을 풀기 전까지 다시 시작하지 않는다.

그림 9-26 브레드보드에 소형 스피커와 함께 구성한 '버스트 모드' 회로

1.5K보다 큰 저항은 리셋 핀에서 입력이 전압 아래로 떨어지지 못하도록 막을 수 있다. 이는 리셋에 필요한 조건이다. 9VDC보다 낮은 전원 전압을 사용하면, 저항값이 커야 한다. 예를 들어, 5VDC 전원 전압은 1.5~2K 저항에서 제대로 작동한다.

[그림 9-26]은 회로도의 부품을 브레드보드에 구성한 모습이다.

'졌습니다'라는 게임 사운드

타이머를 사용하면 간단하면서도 쉽고 저렴하게 다양한 게임 사운드를 만들 수 있다. [그림 9-27] 회로도에서는 양극성 555 타이머 제어 핀에 연결된 100μF 용량의 커패시터가 1K 저항으로 서서

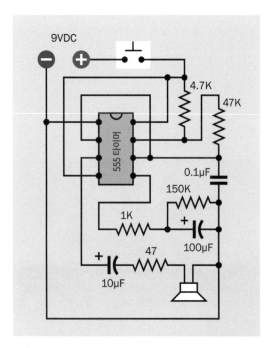

그림 9-27 RC 회로는 비안정 모드에서 작동하는 양극성 타이머에서 점점 증가하는 양의 전압을 제어 핀에 걸 수 있게 연결되는데, 출력 핀에서 주파수를 점차 끌어내려 간단한 게임에 유용하게 사용할 수 있는 사운드를 만들어 낸다.

히 충전되면서 '끙끙'거리는 소리를 낸다. 소형 커패시터와 함께 더 큰 저항을 사용하면 효과가 달라질 수 있다는 점에 주의한다. 다음 주기 시간에 맞춰 상당히 빠른 속도로 커패시터를 방전하도록 150K 저항을 포함한다.

주의 사항

데드 타이머

다른 칩과 마찬가지로 555 타이머는 과전압, 과도한 전원 전류나 싱크 전류, 정전기, 올바르지 않은 전원의 극성, 기타 잘못된 사용으로 인해 손상을 입을 수 있다. 타이머의 TTL 모델은 상당히 튼튼한 반면, CMOS 모델은 그보다 훨씬 취약하다. 공급 전압 부족, 바르지 않거나 모호한 입력 전압, 비정상적인 전류 소모(V+ 핀에 걸리는 전류가 지나치게 높거나 전혀 없을 때) 같은 명백한 실수가 없는지 확인해야 한다. 칩의 실제 핀에는 측정기 탐침을 사용해, 전원을 공급하는 배선에 손상이 생길 경우를 대비해야 한다. 타이머 칩은 가격이 저렴하므로 예비로 부품을 준비해 두는 게 좋다.

CMOS 모델을 양극성 모델과 혼동해서 사용

어떤 양극성 모델은 CMOS 모델과 부품 번호도 비슷할 뿐 아니라 외형도 똑같다. 그러나 CMOS 모델은 최대 10~20mA의 전류만을 전원으로 사용하기 때문에 쉽게 과부하가 걸리는 반면, TTL 모델은 200mA의 전류를 전원으로 사용할 수 있다. 칩의 부품 번호를 주의 깊게 확인한 후 보관한다.

끝나지 않는 펄스

555 타이머는 입력 핀이 HIGH에서 LOW로 변환되는 것에 바르게 반응하지만, 출력 펄스가 무한정 계속되면 6번 핀에 걸린 전압을 살펴보고 타이밍 커패시터가 V+의 2/3 이상을 충전하고 있는지 확인해야 한다. 555 타이머는 전압이 5VDC일 때부터 작동하지만, 출력 핀에 높은 전류를 사용하는 장치가 연결되어 있다면 칩 내부의 전압이 낮아져, 커패시터가 주기를 끝낼 정도의 전하를 충전하지 못할 수도 있다.

또한 HIGH에서 LOW로의 입력 변환이 펄스보다 짧은 시간 동안 지속되는지도 확인해야 한다. 입력이 LOW로 지속되면 타이머를 재작동할 수 있다.

칩의 불규칙한 작동

칩이 불규칙하게 작동하는 원인은 다음과 같다.

- 부동 핀floating pin으로 인해 불규칙한 작동이 발생할 수 있다. 입력 핀은 항상 정해진 전압으로 연결되어야 하며(필요하다면 10K 풀업 저항으로 연결), 정해지지 않은 전위에서 부동 상태로 있어서는 안 된다.
- 전압 스파이크 발생이 원인일 수 있다. 타이머가 다른 부품, 특히 유도성 부하에서 발생한 과도 현상transient으로 인해 작동할 수 있다. 단안정 타이머에 대한 입력이 아주 잠깐이라도 떨어지면, 타이머는 새로운 주기를 시작한다. 이를 방지하기 위해서는 유도성 부하와 함께 보호용 다이오드protection diode를 사용해야 한다.
- 전압 스파이크는 또한 비안정 타이머에서 발생

하는 펄스 열pulse train에 변화를 줄 수 있다.
- 555 타이머의 TTL 모델은 넓은 범위의 공급 전압을 견디지만, 전압 조정기를 사용하지 않으면 전압 변동에 따라 예상하지 못한 결과가 발생할 수 있다.

다른 부품에 대한 간섭

555 타이머의 양극성 모델은 출력 상태가 바뀔 때 전압 스파이크가 발생하기 때문에 다른 부품, 특히 CMOS 칩의 정상 기능을 간섭할 수 있다. 이를 막기 위해 0.1μF의 바이패스 커패시터를 사용할 수 있다.

출력 장치의 불규칙한 작동

555 타이머가 릴레이 같은 출력 장치에 전원을 공급할 때, 릴레이가 안정적인 방식으로 열리거나 닫히지 않는다면 먼저 릴레이가 충분한 전압을 받는지 확인해야 한다. 555 타이머가 5VDC의 전원을 공급받는다면, 그 출력은 4VDC에 불과할 수 있다.

이 문제를 피하기 위해 릴레이 코일에 공급하는 별도의 전원을 스위칭하는 트랜지스터를 두고, 타이머의 출력을 이용하면 트랜지스터 베이스에 걸리는 전압을 제어할 수 있다.

유도성 부하로 인한 치명적인 손상

소형 모터나 릴레이 같은 유도성 부하는 555 타이머의 TTL 모델에서 직접 전원을 공급받을 수 있지만, 여기서 주의할 점이 두 가지 있다. 첫 번째, 모터나 릴레이의 코일은 표준 관행에 따라 그 주변에 클램프 다이오드clamping diode를 추가해야 한

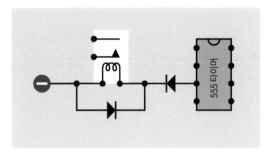

그림 9-28 릴레이 코일 같은 유도성 부하 주변에 고정된 표준 보호용 다이오드 외에 직렬로 다이오드를 추가하면, 555 타이머를 역기전력에서 보호할 수 있다. 당연히 직렬 다이오드는 코일로 충분한 전류를 실어 나를 수 있는 규격이어야 한다. 릴레이를 선택할 때 직렬 다이오드로 발생할 수 있는 전압 강하를 고려해야 한다.

다. 두 번째, 타이머의 출력은 전원 전류뿐만 아니라 싱크 전류로도 사용할 수 있으므로, 부하와 직렬이 되도록 다이오드를 삽입하면 타이머의 출력이 역기전력을 끌어오지 않도록 보호할 수 있다.

10장

논리 게이트

이 장에서는 기본적인 논리 게이트logic gates만 설명한다. 이는 2~8개의 입력으로 불 논리 연산Boolean logic operation을 수행한 다음, 하나의 HIGH 또는 LOW 논리 출력을 생성하는 부품만을 다룬다는 뜻이다.

관련 부품

· 플립플롭(11장 참조)

역할

논리 게이트logic gate는 두 입력의 HIGH 또는 LOW 상태에 따라 HIGH 또는 LOW 중 하나의 출력을 생성하는 회로다.

인버터inverter는 입력이 하나뿐이지만, 논리 게이트는 입력이 2개 이상이다. 기본 논리 게이트는 대부분 두 개의 입력과 하나의 출력으로 구성된다. 게이트를 구성하는 부품은 항상 실리콘 칩 내부 웨이퍼wafer에 식각etch된다.

디지털 컴퓨터에서 논리 상태logic state가 HIGH일 때 전압은 5VDC에 가까우며, 이를 2진법binary arithmetic으로 나타내면 값은 1이다. 반면 논리 상태가 LOW일 때 전압은 0VDC에 가까우며, 이를 2진법으로 나타내면 값은 0이다. 최신 기기에서는 논리 상태가 HIGH일 때 전압이 이보다 낮을 수 있으나, 원칙은 다르지 않다.

논리 게이트로 작은 회로를 만들면 2진수 덧셈이 가능하며, 이를 바탕으로 디지털 컴퓨터의 모든 연산을 구현할 수 있다.

기원

디지털 논리 개념의 기원은 1894년으로 거슬러 올라간다. 그해 영국의 수학자 조지 불George Boole은 '참'과 '거짓'으로 해석할 수 있는 2가지 논리 상태의 조합을 분석하기 위한 대수학의 한 형태(지금은 불 대수학Boolean algebra이라고 한다)를 개발했다고 발표했다. 그러나 이 개념을 실제로 적용하기 시작한 시기는 1930년대다. 당시 클로드 섀넌 Claude Shannon은 기본 스위치에 2가지 상태가 존재한다는 특성을 기반으로, 불 대수학을 활용하면 전화 시스템에서 사용하던 스위치의 복잡한 회로망을 분석할 수 있다는 사실을 발견했다.

스위치의 상태는 2진법인 0과 1의 값으로 나타낼 수 있는데, 트랜지스터가 스위치의 기능을 대신할 수 있다는 사실이 알려지면서 불 대수학은 반도체 디지털 연산 장치에 도입되었다.

작동 원리

기존 산술에서는 합이나 곱 같은 연산을 나타내기 위해 산술 연산자arithmetical operator를 사용하는 반면, 불 대수학에서는 불 연산자Boolean operator를 사용한다. 디지털 전자부품에서 특히 중요한 연산자는 AND, NAND, OR, NOR, XOR, XNOR이다.

실제로 각각의 게이트에는 여러 개의 트랜지스터가 포함되어 있지만, 보통 [그림 10-1]과 같이 하나의 논리 기호로 나타낸다. 불 연산자의 이름은 관행에 따라 모두 대문자로 표기한다. 게이트에는 입력과 별도로 전원과 음의 접지 연결이 필요하지만, 게이트 회로도에는 별도로 표시하지 않는다. 이러한 연결은 회로도에 기본적으로 존재한다고 가정하기 때문이다.

입력이 2개인 논리 게이트의 기능은 전기 관련 용어로 정의할 수 있다. [그림 10-2]는 논리 게

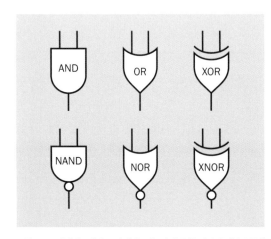

그림 10-1 입력이 2개인 논리 게이트의 6가지 유형. 디지털 전자부품에 사용한다. 그러나 XNOR 게이트는 사용이 드물어서 찾아보기 어렵다. 각 이름은 관행에 따라 대문자로 적는다.

입력이 2개인 게이트의 입력 상태	게이트 출력					
	AND	NAND	OR	NOR	XOR	XNOR
● ●	●	○	●	○	●	○
● ○	○	●	●	○	○	●
○ ●	○	●	●	○	○	●
○ ○	○	●	○	●	●	○

그림 10-2 불 대수학에서 유래된 진리표. 왼쪽 열에는 입력이 2개인 논리 게이트에서 가능한 4가지 입력 상태의 조합이 정리되어 있고, 오른쪽에는 대응하는 게이트별 출력이 각 게이트 이름 하단에 정리되어 있다. 빨간색은 HIGH 상태, 검은색은 LOW 상태를 뜻한다.

이트에서 가능한 입력의 4가지 조합(표 왼쪽 열), 그리고 해당 입력에 따른 게이트의 출력(표 오른쪽 열)을 정리한 것이다. 빨간색 동그라미는 입력이 HIGH 상태, 검은색 동그라미는 입력이 LOW 상태라는 뜻이다. 이 표를 진리표truth table라 하며, 이는 '참'과 '거짓'에 초점을 맞추었던 불 대수학에서 유래했다.

진리표에서는 정논리positive logic를 사용한다고 가정한다. 부정 논리negative logic는 극히 드물지만 실제로 사용한다면 진리표의 빨간색 동그라미가 LOW 상태의 입력과 출력, 검은색 동그라미가 HIGH 상태의 입력과 출력에 대응한다.

반전

NAND, NOR, XNOR 게이트의 출력에 붙어 있는 작은 동그라미는 각 게이트의 출력이 AND, OR, XOR 게이트와 비교해 반전되었다는 의미다. 이는 [그림 10-2]의 출력 상태를 확인하면 알 수 있다. 동그라미는 거품bubble이라고 부른다.

가끔 [그림 10-3]처럼 입력 중 하나에 동그라미가 붙어 있는 논리 기호가 보이기도 한다. 동그라미가 붙은 것은 입력이 반전되었음을 뜻한다. 실

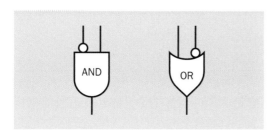

그림 10-3 논리 게이트 기호에서 동그라미는 신호가 반전되었음을 나타낸다. 동그라미는 게이트의 입력부에 삽입할 수 있지만, 실제 회로에서 이 효과를 내려면 별도의 인버터가 필요할 가능성이 높다.

제 회로에서는 이러한 논리 기능을 구현하기 위해 하나 이상의 게이트가 필요할 수도 있다. 이 방식은 최소한의 논리 기호로 IC 내부의 작동 방식을 보여 줄 필요가 있을 때 사용한다.

싱글 입력 게이트

입력과 출력이 각각 1개인 싱글 입력 논리 게이트는 [그림 10-4]처럼 단 2개뿐이다. 버퍼buffer는 op 앰프op-amp나 비교기comparator의 회로 기호와 혼동할 수 있으므로 주의한다(이 부품들은 항상 입력이 2개다). 버퍼의 출력 상태는 입력 상태와 같지만, 버퍼는 더 많은 전류를 전달하거나 회로 한 구역을 다른 구역과 절연하는 데 유용하게 사용한다.

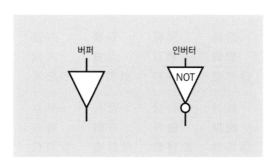

그림 10-4 입력과 출력이 1개인 논리 게이트는 두 종류뿐이다. 인버터에 붙은 동그라미는 IC의 내부 논리를 보여 주는 일부 회로도에서 출력부가 아닌 입력부에 나타날 수도 있으니 주의한다.

동그라미 기호가 버퍼에 붙으면 버퍼는 NOT 게이트, 조금 더 정확히 표현하면 인버터가 된다. 인버터inverter는 입력 상태와 반대되는 출력 상태를 생성한다.

입력이 2개 이상인 게이트

[그림 10-5]를 보면 AND, NAND, OR, NOR 게이트는 입력을 몇 개라도 사용할 수 있지만, 현실적인 문제 때문에 입력 개수는 보통 최대 8개로 제한된다.

규칙은 다음과 같이 정리할 수 있다.

- AND 게이트 출력: 입력 중 LOW가 하나라도 있으면 LOW, 모든 입력이 HIGH이면 HIGH
- NAND 게이트 출력: 입력 중 LOW가 하나라도 있으면 HIGH, 모든 입력이 HIGH이면 LOW
- OR 게이트 출력: 입력 중 HIGH가 하나라도 있으면 HIGH, 모든 입력이 LOW이면 LOW
- NOR 게이트 출력: 입력 중 HIGH가 하나라도 있으면 LOW, 모든 입력이 LOW이면 HIGH

XOR과 XNOR 게이트에서 하나의 입력이 HIGH 상태이고 다른 하나의 입력이 LOW 상태라면, 단

입력이 2개 이상인 게이트의 입력 상태	게이트 출력			
	AND	NAND	OR	NOR
모두 LOW일 때	●	●	●	●
모두 HIGH일 때	●	●	●	●
적어도 LOW가 1개, HIGH가 1개일 때	●	●	●	●

그림 10-5 앞의 진리표를 토대로 입력이 2개 이상인 논리 게이트의 출력을 정리한 표다. XOR, XNOR는 포함하지 않았는데, 게이트에서 하나의 입력이 HIGH이고 다른 하나의 입력이 LOW라면 엄밀히 따질 때 출력 상태는 하나만 존재해야 하기 때문이다.

하나의 출력 상태만 존재해야 한다.

실제로 입력이 3개인 XOR 게이트가 존재하는데, 그 예가 74LVC1G386 칩이다. 이 칩은 입력 3개가 모두 HIGH이거나 입력 1개가 HIGH일 때는 출력이 HIGH 상태지만, 입력 2개가 HIGH이거나 HIGH 입력이 하나도 없다면 출력은 HIGH 상태가 되지 않는다. 입력이 2개 이상인 XOR 게이트는 본 백과사전에서 다루지 않는다.

불 표기

참고를 위해 [그림 10-6]에 원래의 불 연산자 표기법을 정리했다. 안타깝게도 불 연산자 표기법에 대해 제대로 된 표준이 정립된 적이 없어, 같은 의미를 나타내는 기호를 여기저기 사용한 예도 여럿 찾을 수 있다. 참 또는 거짓 2가지 입력 상태를 나타내는 데, 흔히 문자 P와 Q를 사용하지만 언제나 그런 것은 아니다.

> 기호 위에 그려진 짧은 선은 그 기호 상태가 반전되었음을 나타내며, 이 표기법은 데이터시트에도 적용되어 디지털 칩에서 출력 상태가 반전되었음을 표시한다.

산술 연산

두 자리의 2진수 2개를 더한다고 가정해 보자. 이때 사용하는 숫자는 모두 4개이며, 값에 따라 나타나는 합의 가짓수는 [그림 10-7]과 같이 16가지다.

두 수의 1의 자릿수를 각각 A0와 B0라 하고 이 두 수의 합을 S0라고 할 때, 덧셈의 결과를 확인해 보면 그 합은 다음 3가지 규칙을 적용해 구할 수 있다.

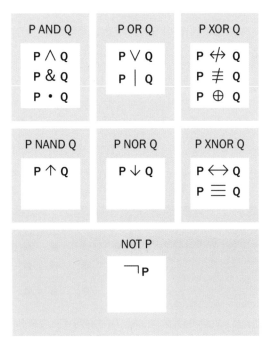

그림 10-6 불 표기법으로 나타낸 불 연산자. 표준화된 표기법이 없어서 불 연산자를 표시하기 위해 하나 이상의 기호를 사용하고 있다.

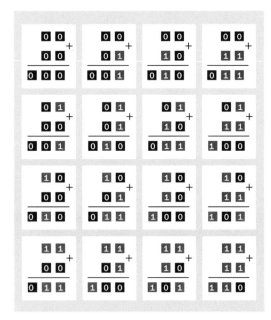

그림 10-7 두 자리의 2진수 2개를 더할 때 나타날 수 있는 합의 가짓수는 16가지다.

1. A0 = 0이고 B0 = 0이면, S = 0.

2. A0과 B0의 상태가 서로 반대면, S0 = 1.

3. A0 = 1이고 B0 = 1이면 S0 = 0이 되고, 그 위의 자릿수는 받아올림해서 1만큼 증가한다.

A0과 B0이 XOR 논리 게이트로 들어가는 2개의 입력이라고 할 때, 게이트 출력은 위 3가지 규칙을 모두 따른다. 단, 그 위의 자릿수를 1만큼 받아올림해야 하는 경우는 예외다. 받아올림은 AND 게이트로 구현할 수 있다. 이렇게 2개의 게이트로 구현한 받아올림 기능을 반가산기half adder라고 한

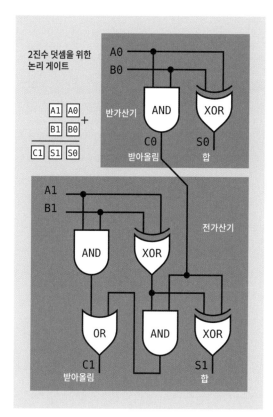

그림 10-8 논리 게이트는 2진수 덧셈에 사용할 수 있으며, 2진수 값인 1을 나타낼 때는 HIGH 입력 또는 출력을, 2진수 값인 0을 나타낼 때는 LOW 입력 또는 출력을 사용한다. 그림의 회로도는 게이트를 사용해 두 자리의 2진수 2개를 더하는 데 사용하는 여러 방법 중 하나다.

다. [그림 10-8]의 위 회로도에서 볼 수 있다.

그다음 자릿수의 수 한 쌍을 더하려고 하면 상황은 더 복잡해진다. 앞 단계에서 1을 받아올림했다면 이번 덧셈에 포함해야 하고, 이번 단계도 필요하다면 그 위의 자릿수로 1만큼 받아올림할 수 있기 때문이다. 논리 게이트 5개를 결합해 이 연산을 처리할 수 있다. 이 조합을 전가산기full adder 라고 한다. [그림 10-8]의 아래 회로도에서 볼 수 있다.

2진수 덧셈은 [그림 10-8]처럼 XOR과 AND 게이트를 조합해야만 가능한 것은 아니다. 그러나 직관적으로 가장 명확하게 나타낼 수 있는 조합이기도 하다.

기타 연산

논리 게이트는 여전히 2진수 연산에서 가장 중요하게 사용하지만, 2진수 연산을 위해 별도로 패키징된 게이트를 사용하는 일은 거의 없다. 게이트는 이미 오래 전에 대형 다기능 연산 칩에 포함되었다.

싱글 게이트는 여전히 소형 시스템에서 사용한다. 마이크로컨트롤러의 입력과 출력을 바꾸거나 복잡한 디지털 칩의 출력을 전환해 다른 칩의 입력과 호환되도록 할 때도 사용한다. 그중 칩 호환을 위해 사용하는 경우, 글루 논리glue logic라고 한다.

싱글 게이트의 응용은 128쪽의 '사용법'에서 다룬다.

다양한 유형

1960년대에 논리 게이트가 포함된 칩이 처음 출시되었다. 바로 텍사스인스트루먼츠Texas Instruments

그림 10-9 4개의 NAND 게이트가 포함된 7400 칩의 최근 모델

사의 7400 NAND 칩이다. 이 제품을 시작으로, 이후 출시된 시리즈 제품들이 큰 영향력을 갖게 되었다. 심지어 기본 부품 번호는 (앞, 뒤, 중간에 문자를 추가해서) 지금도 여전히 사용하고 있다. [그림 10-9]는 현재 판매되고 있는 스루홀 유형의 7400 칩 중 하나다.

초기의 7400 칩은 1961년에 TRW 사에서 정한 TTLtransistor-transistor logic 표준을 따랐으며, 1963년 실바니아Sylvania 사에서 최초로 상업용으로 출시됐다. 이 제품은 지금은 익숙한 5VDC 전원 표준을 확립했다. 현재는 5VDC 외의 전압을 사용하는 논리 칩도 많지만, 여전히 HIGH 상태는 5VDC 전원 전압에 가까운 입력이나 출력을 의미하며, LOW 상태는 음의 접지에 가까운 입력이나 출력을 의미한다. '가깝다'라는 표현의 정확한 정의는 해당 칩의 데이터시트에서 확인할 수 있다.

7400 시리즈7400 series가 성공한 데에는 이 시리즈가 호환성을 위해 고안되었다는 점이 한몫했다. 한 게이트에서 나온 출력을 다른 게이트의 입력으로 직접 연결할 수 있었고, 회로에 바이패스 커패시터만 몇 개 추가하면 빠른 전환에 따른 전압 스파이크를 억제할 수 있었다. 초기 부품은 다른 부품과 연결하기가 쉽지 않았다. 새로운 TTL 표준이 업계를 장악하면서 여러 제조사가 이에 부합하는 칩을 만들기 시작했고, 싱글 보드에서 여러 벤더의 칩을 조합해서 사용할 수 있게 되었다.

대다수 논리 칩의 부품 번호가 74로 시작하기 때문에 보통 74xx 시리즈라고 한다. 이때 xx는 다른 숫자(2개가 넘을 수도 있다)로 대체할 수 있다. 이 표기법은 혼동을 피하기 위한 것인데, 실제로 이 형식으로 처음 제작한 칩의 부품 번호가 7400 NAND 게이트이기 때문이다. 아래 본문에서 7400은 바로 그 제품을 지칭하며, 74xx는 시리즈 제품 전체를 가리킨다.

RCA 사는 1968년 CMOS 트랜지스터를 사용한 경쟁 제품군을 출시했다. 각 부품 번호가 4로 시작하는 4자리 숫자였기 때문에 이 제품군을 4000 시리즈4000 series라고 한다. CMOS 칩의 속도는 기존 제품보다 느리고 가격은 비쌌지만, 견딜 수 있는 전원 전압의 범위는 더 넓었다(최초 기준 3~12V). 사용 전류의 크기를 급감한 것이 가장 큰 장점이었다. TTL 칩에서 발생하는 상당한 폐열을 생각하면, 특히 중요한 장점이기도 했다. CMOS는 소비 전력이 낮아, 하나의 칩으로 여러 칩의 입력을 제어하기 때문에 회로 설계를 단순화할 수 있었다. 이와 같은 일대다one-to-many 관계를 팬 아웃fanout이라고 한다.

결국 CMOS 칩은 초기의 한계를 극복했다. 처음에는 속도보다 낮은 소비 전력이 더 중요한 배터리 구동 장치에만 사용했지만, 지금은 소비 전력(대기 휴지 상태에서는 사실상 거의 0)이 낮으면서도 TTL에 버금가는 속도를 구현하기 때문에 거의 모든 곳에서 사용하게 되었다. 하지만 CMOS

논리 칩은 대나수 구형 TTL 부품과 핀 호환이 가능해, 최신 CMOS 칩의 부품 번호는 기존 74xx 시리즈에서 가져오는 일이 많다.

4000 시리즈의 CMOS 논리 칩은 지금도 대부분 판매되며, 5VDC 이상의 전원 공급기를 쓰기 편한 상황에서 사용된다.

부품 번호

반도체의 성능이 점점 향상됨에 따라 논리 칩의 후속 제품군이 잇달아 출시되고 있는데, 1글자, 2글자, 3글자 약어를 사용해 구별한다. 약어는 부품 번호에 삽입된다. 예를 들어, HC(고속 CMOS) 제품군에 속하는 7400 NAND 게이트는 74HC00 NAND 게이트라고 한다.

이 칩은 여러 제조사에서 출시하기 때문에, 부품 번호 앞에 1개 이상의 문자를 추가해 제조사를 표시했다. 칩은 각각 다른 버전으로도 제조되기 때문에(예를 들어 군용 사양에 맞춘 제품과 아닌 제품), 부품 번호 뒤에 문자를 덧붙이기도 했다. 지금은 추가 문자로, 칩이 구형 스루홀 유형인지 신형 표면 장착형인지 구별하기도 한다.

정리하면 다음과 같다:

- 부품 번호의 앞: 제조사의 ID
- 중간에 있는 문자를 생략한 숫자: 칩 기능
- 부품 번호의 중간: 칩의 제품군
- 부품 번호 뒤: 패키지 유형

예를 들어, 74HC00 NAND 칩의 실제 부품 번호인 SN74HC00N에서 앞에 붙은 SN은 텍사스인스트루먼츠 사에서 제조된 제품임을, 뒤에 붙은 N은 플

라스틱 DIPdual inline pin 유형임을 나타낸다(접두사 SN은 집적회로가 처음 나왔을 당시 텍사스인스트루먼츠 사가 semiconductor network, 즉 '반도체 네트워크'의 약어로 사용하기 시작했다. 이 용어는 여러 개의 트랜지스터가 실리콘 웨이퍼 위에 '네트워크'를 형성하고 있음을 의미한다. 다른 제조사는 자체 부품 번호 명명 방식이 있으므로, SN은 텍사스인스트루먼츠의 제품에만 사용했다).

부품 번호는 논리 게이트가 각각 1개, 2개, 3개가 포함된 표면 장착형 칩을 뜻하는 1G, 2G, 3G를 제품군 식별자 바로 뒤에 붙여 더 확장할 수도 있다. 식별자 'G'가 없다면 보통 논리 게이트가 4개

그림 10-10 **74xx** 시리즈의 논리 칩 제품에서 부품 번호를 해석하는 방법(여기서는 7400 NAND 게이트 사용)

포함되어 있다는 뜻이며, 이는 원래 74xx 시리즈에서 사용된 표준이었다. 이 규칙은 논리 게이트가 4개인 표면 장착 패드가 원래 TTL 모델의 핀 배열pinout과 같은 기능을 하는 표면 장착형에도 적용된다(사각형 모양의 표면 장착형 칩은 예외지만, 여기서는 다루지 않는다).

부품 번호로 칩을 찾기 위해 카탈로그를 살펴볼 때 이 정보를 알고 있으면, 7400 칩으로 검색해서 원하는 제품이 나오지 않더라도 74HC00(또는 제품군 식별자를 포함하는 유효한 부품 번호)으로 검색하면 훨씬 더 찾기 쉽다는 사실을 떠올릴 수 있을 것이다

[그림 10-1]은 부품 번호를 이해하기 위한 핵심 사항을 정리한 것이다. 그림 윗부분은 포괄적인 제품 번호를, 아랫부분은 여기서 사용한 특정 부품 번호를 이해하는 데 필요한 지침이다.

제품군

2013년 기준 74xx 시리즈의 HC 제품군은 매우 광범위하게 사용되고 있어, 기존 DIP 14핀 유형에서는 기본 모델로 취급된다. 제품 개선이 지금도 이루어지면서 새로운 제품군이 출시되고 있다. 새로 출시되는 제품은 대부분 표면 장착형으로 공급 전압이 낮다(약 1VDC 미만).

다음은 현재까지 가장 중요한 칩 제품군을 정리한 내용이다.

- 74xx: 최초의 양극성 TTL 칩 시리즈.
- 74Hxx: 양극성 TTL. 기존 74xx 칩보다 속도가 2배 빠른 고속 칩이지만 전력 소모도 2배 크다.
- 74Lxx: 양극성 TTL. 기존 TTL 칩보다 전력 소모는 작지만 속도가 훨씬 느리다.
- 74LSxx: 양극성 TTL. 쇼트키Schottky 입력단을 사용해 기존 TTL 칩보다 전력 소모가 작으며 속도도 빠르다. 일부 LS 칩은 지금도 제조된다
- 74ASxx: 양극성 TTL. 74Lxx 칩을 대체하려고 최신 쇼트키 방식을 사용해 개발되었다.
- 74ALSxx: 양극성 TTL. 74LSxx 칩을 대체하려고 최신 저전력 쇼트키 방식을 사용해 개발되었다.
- 74Fxx: 양극성 TTL. 속도가 개선되었다.
- 74HCxx: 74LSxx 칩을 모방한 CMOS 고속 칩.
- 74HCTxx: CMOS이지만, 호환성을 위해 양극성 TTL 칩과 비슷한 HIGH 상태의 입력 전압 문턱값voltage threshold이 있다.
- 74ACxx: 최신 CMOS.
- 74ACTxx: 호환성을 위해 양극성 TTL 칩과 비슷한 HIGH 상태의 입력 전압 문턱값voltage threshold이 있는 TTL을 모방한 진일보한 CMOS이다.
- 74AHCxx: 최신 고속 CMOS. HC보다 3배 더 빠르다.
- 74VHCxx: 초고속 CMOS.
- 74AUCxx, 74FCxx, 74LCXxx, 74LVCxx, 74ALVCxx, 74LVQxx, 74LVXxx: 다양한 규격을 가진 제품들로, 다수가 3.3V 이하의 전원을 사용한다.

4000 시리즈에서 초기에 상당한 개선을 보인 부품은 4000B 제품군으로, 전원 한도를 크게 높이고(12V에서 18V로) 정전 방전으로 인한 손상 가능성을 많이 줄였다. 4000B 제품군은 기존 4000 제

품군을 거의 대체했으며 지금도 많이 사용한다. 5VDC를 초과하는 전원이 필요할 때 유용하기 때문이다.

> 편하게 말할 때는 4000 시리즈 칩의 부품 번호 끝에 있는 B를 생략할 수 있다. 부품 번호가 나열되어 있는 카탈로그에서는 B를 포함한다.

처음 앞 두 자리에 45를 사용하는 칩은 차세대 칩을 목표로 출시되었으나 널리 사용하지는 않았다. 그 뒤, 4000 시리즈는 개발이 중단되었고 CMOS 칩은 74xx 제품 번호를 도입하면서 구별을 위해 부품 번호 중간에 문자열을 삽입했다.

4000 시리즈 부품 번호에 74xx 부품 번호가 추가된 제품이 생산되면서 혼란은 가중되었다. 그 예로 74HCT4060 칩은 이전 4060B 칩과 호환되도록 설계되었다.

제품군의 상호운용성

칩 제품군과 관련해 가장 중요한 문제 중 하나는 입출력에서 LOW와 HIGH의 상태 전압에 대한 사양의 차이다.

초기 74xx TTL 시리즈는 5VDC 전원을 사용하며, 사양은 대략 다음과 같다.

- 출력: LOW 상태를 나타내는 74xx 전압(최대 0.4~0.5V)
- 입력: LOW 상태로 해석되는 74xx 입력 전압 (최대 0.8V)
- 출력: HIGH 상태를 나타내는 74xx 전압(최소 2.4~2.7V)
- 입력: HIGH 상태로 해석되는 74xx 입력 전압

(최소 2V)

이같은 사양으로 인해, 칩이 다른 부품과 신호를 주고받을 때는 최소 0.4V의 오차 안전 범위safe margin of error가 생긴다.

그러나 CMOS 4000 제품군에서 논리 칩의 입력이 HIGH 상태로 해석되려면, 최소 3~3.5V 이상이어야 한다. TTL 칩에서 허용되는 최소 출력은 이보다 낮은데, TTL 칩에서 나온 출력을 CMOS 칩의 입력으로 사용하려면 문제가 발생한다.

한 가지 해결책으로 4.7K 풀업 저항을 TTL 출력에 추가해, 출력이 지나치게 낮아지지 않도록 방지하는 방법이 있다. 그러나 저항을 추가하면 전력 소비가 늘기 때문에 이 방법은 무시되기 쉽다. 다른 방법은 CMOS 논리 칩의 HCT나 ACT 제품군을 사용하는 것이다. 이 제품군의 이름에 포함된 'T'는 구형 TTL 칩에서 입력 표준을 공유하도록 고안되었음을 뜻한다. 이 제품군은 그런데도 다른 유형의 CMOS와 동일한 HIGH 출력을 전달하므로, 가능한 최선의 해결책인 듯하다. 아쉽게도 손해를 보는 부분도 생긴다. 'T' 칩은 여러 요인 중에서도 잡음에 더 민감하다.

> 칩 제품군을 섞어 사용하지 않는 방법이 가장 좋다.

칩 1개당 게이트 수

각각의 초기 74xx 칩들은 동일한 14핀 스루홀 유형의 한도 내에서 여러 개의 게이트를 포함했다. 가장 일반적으로 사용되는 게이트에는 입력이 2개 있고, 칩마다 이런 게이트가 4개 있었다.

그러나 소형화의 필요성과 자동 칩 장착 및 납

땜 장비 사용으로 인해, 표면 장착형에는 게이트가 1개나 2개인 논리 칩을 사용하는 편이 바람직했고 실용적이기도 했다(게이트가 3개인 표면 장착형 칩이 있기는 하지만, 그다지 많이 사용하지 않기 때문에 이 책에서는 다루지 않는다).

입력이 2개인 싱글 게이트

칩의 논리 게이트가 하나뿐이라면 이는 거의 대부분 표면 장착형surface mount technology(SMT) 칩이며, 부품 번호에는 중간에 '싱글 게이트'를 나타내는 식별자인 '1G'가 포함된다. 패드의 기능은 [그림 10-11]에서 확인할 수 있다. 표면 장착형으로 제조되지 않는 XNOR 게이트를 제외하면, 모든 논리 게이트의 핀 배열 방식은 표준화되어 있다.

[그림 10-11]에서 게이트는 일반적인 형태로 표시되며, 칩 부품 번호에 따라 해당 게이트가 AND, NAND, OR, NOR, XOR 가운데 하나가 될 수 있음을 보여 준다. 입력은 게이트 왼쪽에, 출력은 게이트 오른쪽에 위치한다. 칩에서 5번 핀 위치에는 납땜 패드가 없지만, 패드 6개가 보통인 다른 표면 장착형 부품의 번호 표기 방식과 일관성을 유지하기 위해 오른쪽 위에 있는 패드를 6번 핀으로 구별한다.

입력이 2개인 싱글 게이트를 사용하는 표면 장착형 논리 칩의 일반적인 부품 번호는 다음과 같으며, 문자 x는 제조사, 논리 칩의 제품군, 칩 유형을 나타내기 위해 삽입될 가능성이 있는 문자열이다.

- AND 게이트: x74x1G08x
- OR 게이트: x74x1G32x
- NAND 게이트: x74x1G00x
- NOR 게이트: x74x1G02x
- XOR 게이트: x74x1G86x

입력이 3개인 싱글 게이트

AND, NAND, OR, NOR 싱글 게이트에는 2개 이상의 입력을 사용할 수 있다. 출력은 [그림 10-5]의 규칙에 따라 결정된다. XOR과 XNOR 게이트는 이 표에 포함되지 않았는데, 이들의 논리를 엄격하게 해석할 때 입력 중 하나가 HIGH이고 다른 쪽이 LOW이면 출력 상태는 하나여야 하기 때문이다.

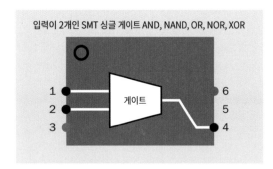

그림 10-11 입력이 2개인 싱글 게이트를 사용하는 표면 장착형 논리 칩의 내부 구성과 납땜 패드(solder pad)의 기능. 이때 칩에는 AND, NAND, OR, NOR, XOR 게이트를 사용할 수 있으며, XNOR 게이트는 이 유형으로 제조되지 않는다.

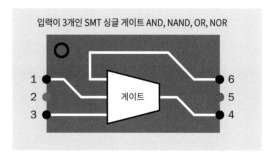

그림 10-12 입력이 3개인 싱글 게이트, 표면 장착형 논리 칩의 내부 구성과 납땜 패드의 기능. 이때 칩에는 AND, NAND, OR, NOR 게이트를 사용할 수 있다.

입력이 3개인 싱글 게이트, 표면 장착형 논리 칩의 패드 기능은 [그림 10-12]와 같다.

입력이 3개인 싱글 게이트, 표면 장착형 논리 칩의 일반적인 부품 번호는 다음과 같으며, 문자 x는 제조사, 논리 칩의 제품군, 칩 유형을 나타내기 위해 삽입될 수 있는 문자열이다.

- AND: x74x1G11x
- NAND: x74x1G10x
- OR: x74x1G32x
- NOR: x74x1G27x

싱글 게이트, 선택할 수 있는 기능

표면 장착형 칩 중에서는 많지 않지만 적절한 외부 연결을 사용해 입력이 2개인 다양한 게이트를 모방하는 제품도 있다. [그림 10-13]은 일반적인 부품 번호가 x74x1G97x(실례로는 텍사스인스트루먼츠의 SN74LVC1G97를 들 수 있다)인 제품 예다. 어떤 핀을 접지하고 어떤 핀을 입력으로 사용할지에 따라, 칩은 가장 많이 사용하는 5가지 게이트를 모두 모방할 수 있다. 그러나 이를 위해서는 입력 중 일부를 반전시켜야 한다.

입력이 2개인 듀얼 게이트

듀얼 배열(칩 1개당 게이트 2개)에서는 입력이 2개인 표면 장착형 AND, NAND, OR, NOR, XOR 게이트를 사용할 수 있다. 내부 논리와 패드의 기능은 [그림 10-14]와 같다.

입력이 2개인 듀얼 게이트 칩의 일반 부품 번호는 다음과 같으며, 이때 문자 x는 제조사, 논리 칩의 제품군, 칩 유형을 나타내기 위해 삽입될 수 있는 문자열이다.

- AND: x74x2G08x
- NAND: x74x2G00x
- OR: x74x2G32x
- NOR: x74x2G02x
- XOR: x74x2G86x

초기 74xx 14핀 유형

초기 74xx 칩에는 각각 동일한 14핀 스루홀 유형

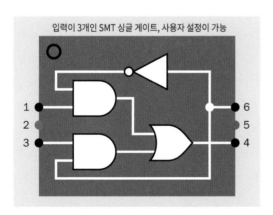

입력이 3개인 SMT 싱글 게이트, 사용자 설정이 가능

그림 10-13 어떤 입력을 사용하고 접지할지에 따라, 입력이 2개인 논리 게이트를 모방하도록 설정할 수 있는 표면 장착형 칩의 내부 구성. 어떤 게이트는 모방을 위해 입력 중 일부를 반전시켜야 한다.

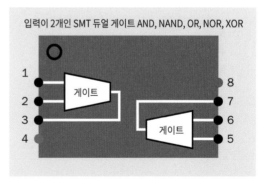

입력이 2개인 SMT 듀얼 게이트 AND, NAND, OR, NOR, XOR

그림 10-14 입력이 2개인 표면 장착형 논리 칩의 내부 구성과 납땜 패드 기능. AND, NAND, OR, NOR, 또는 XOR 게이트 중 하나를 2개 포함한다. XNOR 칩은 이런 유형으로 생산되지 않는다.

의 한도 내에서 게이트가 여러 개 포함되어 있었다. 당시부터 현재까지 사용 가능한 옵션은 다음과 같다.

- 쿼드 2입력: 게이트 4개와 게이트당 입력 2개
- 트리플 3입력: 게이트 3개와 게이트당 입력 3개
- 듀얼 4입력: 게이트 2개와 게이트당 입력 4개
- 듀얼 5입력: 게이트 2개와 게이트당 입력 5개
- 싱글 8입력: 입력 8개의 게이트 1개

입력이 5개인 칩은 흔하지 않기 때문에 이 책에서는 다루지 않는다.

쿼드 2입력 74xx의 핀 배열

14핀, DIP의 74xx 쿼드 2입력 논리 칩은 AND, NAND, NOR, XOR, XNOR 모델에서 사용할 수 있으며, 이들 게이트 모두 [그림 10-15]와 동일한 내부 배열을 사용한다. 이 배열은 표면 장착형에서도 변화 없이 그대로 사용한다. 게이트는 일반적

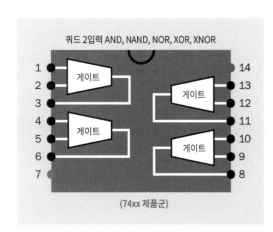

그림 10-15 14핀, 쿼드 2입력 74xx 논리 칩에서 AND, NAND, NOR, XOR, XNOR 모델의 핀 배열은 모두 이 그림과 같다.

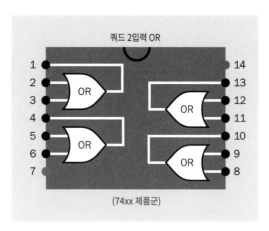

그림 10-16 14핀, 쿼드 2입력 74xx OR 칩은 이 배열을 사용하며, 다른 74xx 쿼드 2입력 논리 게이트의 배열과 다르다.

인 형태로 나타내었는데, 핀 배열이 칩 내부에서 사용한 게이트 유형과 관계없이 같기 때문이다. 하나의 칩에 사용한 게이트는 모두 같은 유형이다. 게이트로 이어지는 2개의 연결이 입력이며, 게이트에서 나오는 1개의 연결이 출력이다.

14핀, 쿼드 2입력 OR 칩의 핀 배열은 다른 74xx 논리 칩과는 다르다. OR 칩의 핀 배열은 [그림 10-16]과 같다.

트리플 3입력 74xx의 핀 배열

14핀, DIP의 74xx 트리플 3입력 논리 칩의 AND, NAND, NOR 모델에서 내부 배열은 모두 [그림 10-17]과 같다. 이 배열은 표면 장착형에서도 변화 없이 사용한다. 게이트는 일반적인 형태로 나타냈는데, 핀 배열이 칩 내부에서 사용한 게이트 유형과 관계없이 같기 때문이다. 하나의 칩에 사용한 모든 게이트는 같은 유형이다. 게이트로 이어지는 3개의 연결이 입력이며, 게이트에서 나오는 1개의 연결이 출력이다.

14핀, 트리플 3입력 OR 칩의 핀 배열은 다른

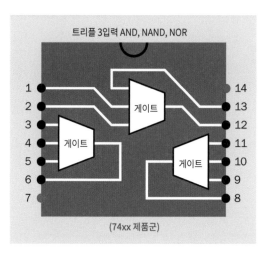

그림 10-17 14핀, 트리플 3입력 74xx 논리 칩에서 AND, NAND, NOR 모델의 핀 배열은 모두 이 그림과 같다.

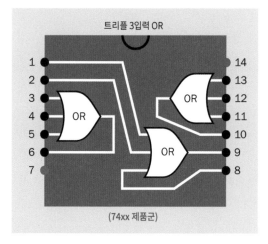

그림 10-18 14핀, 트리플 3입력의 74xx OR 칩은 이 배열을 사용하며, 다른 74xx 트리플 3입력 논리 게이트의 배열과 다르다.

74xx 논리 칩과 다르다. OR 칩의 핀 배열은 [그림 10-18]과 같다.

듀얼 4입력 74xx의 핀 배열

14핀, DIP의 74xx 듀얼 4입력 논리 칩에는 입력이 4개인 게이트가 2개 포함된다. AND, NAND, NOR 모델의 내부 배열은 모두 [그림 10-19]와 같다. 이

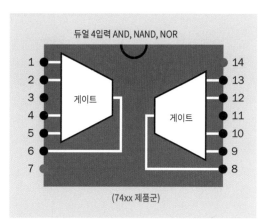

그림 10-19 14핀, 듀얼 4입력 74xx 논리 칩에서 AND, NAND, NOR 모델의 핀 배열은 모두 이 그림과 같다.

배열은 표면 장착형에서도 변화 없이 이대로 사용한다. 게이트는 일반적인 형태로 나타냈는데, 핀 배열이 칩 내부에서 사용한 게이트 유형과 관계없이 같기 때문이다. 하나의 칩에 사용한 게이트는 모두 같은 유형이다.

14핀, 듀얼 4입력 유형에서 OR 칩은 없다.

싱글 8입력 74xx의 핀 배열

14핀, DIP의 74xx 싱글 8입력 논리 칩에는 다음 페이지 [그림 10-20]처럼 입력이 8개인 게이트가 1개 포함된다. 이 배열은 표면 장착형에서도 변화 없이 이대로 사용한다.

14핀, 싱글 8입력 유형에는 AND 칩이 없다.

74xx 시리즈 14핀, 8입력 논리 칩은 OR나 NOR의 역할을 할 수 있으며, 내부 배열은 [그림 10-21]과 같다. NOR 게이트의 출력은 13번 핀과 연결되지만, 1번 핀에서 OR 출력을 생성하기 위해 인버터

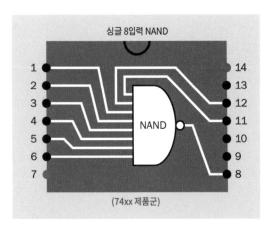

그림 10-20 14핀, 74xx 시리즈에서 싱글 8입력 NAND 칩의 내부 배열. 싱글 8입력 유형에는 74xx AND 칩이 없다.

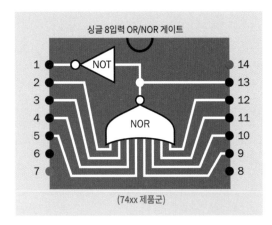

그림 10-21 14핀, 74xx 시리즈에서 싱글 8입력 OR/NOR 칩의 내부 배열. 13번 핀에는 NOR 출력이, 1번 핀에는 OR 출력이 나온다.

도 지나야 한다(NOR 게이트는 반전된 OR 게이트와 같아, 출력이 또 다시 반전되면 OR 게이트처럼 바뀐다).

다음은 게이트당 입력이 2개 이상인 74xx 시리즈에서 14핀 논리 칩의 DIP 및 표면 장착형 모델의 일반적인 부품 번호를 보여 준다. 앞서 말한 것처럼 문자 x는 제조사, 논리 칩의 제품군, 칩 유형을 나타내기 위해 삽입될 수 있는 문자열이다.

- 쿼드 2입력 AND: x74x08x
- 쿼드 2입력 NAND: x74x00x
- 쿼드 2입력 OR: x74x32x
- 쿼드 2입력 NOR: x74x02x
- 쿼드 2입력 XOR: x74x86x
- 쿼드 2입력 XNOR: x74x266x
- 트리플 3입력 AND: x74x11x
- 트리플 3입력 NAND: x74x10x
- 트리플 3입력 OR: x74x4075x
- 트리플 3입력 NOR: x74x27x
- 듀얼 4입력 AND: x74x21x
- 듀얼 4입력 NAND: x74x20x
- 듀얼 4입력 NOR: x74x4002x
- 싱글 8입력 NAND: x74x30x
- 싱글 8입력 OR/NOR: x74x4078x

74xx 인버터

74xx 시리즈에서 싱글, 듀얼, 트리플 인버터 패키지는 표면 장착형으로만 판매된다. 각각의 내부 배열은 [그림 10-22], [그림 10-23], [그림 10-24]와 같다.

14핀 유형에서 헥스 인버터 칩hex inverter chip(6개

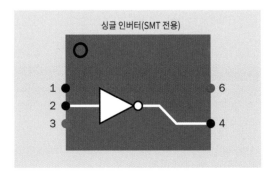

그림 10-22 인버터가 1개 포함된 74xx 시리즈 논리 칩의 내부 배열. 표면 장착형으로만 사용한다. 5번 핀은 없으며, 1번 핀은 연결하지 않는다.

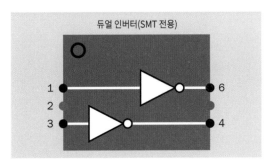

그림 10-23 인버터가 2개 포함된 74xx 시리즈 논리 칩의 내부 배열. 표면 장착형으로만 사용한다.

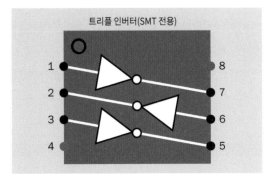

그림 10-24 인버터가 3개 포함된 74xx 시리즈 논리 칩의 내부 배열. 표면 장착형으로만 사용한다.

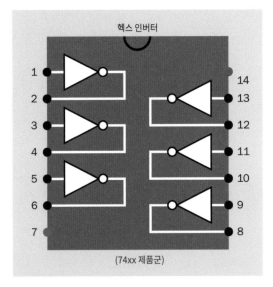

그림 10-25 인버터가 6개 포함된 14핀, 74xx 시리즈 논리 칩의 내부 배열. 이 배열은 DIP와 표면 장착형에서 동일하게 사용한다.

의 인버터 포함)은 [그림 10-25]처럼 사용할 수 있다. DIP과 표면 장착형에서 사용하는 배열은 같다.

인버터 칩의 일반적인 부품 번호는 다음과 같다.

- 싱글 인버터: x74x1G04x
- 듀얼 인버터: x74x2G04x
- 트리플 인버터: x74x3G14x
- 헥스 인버터: x74x04x

기타 유형

74xx 시리즈 칩 중에는(DIP과 표면 장착형 모델 모두) 개방 드레인open drain이나 개방 컬렉터open collector 출력 유형이 일부 있으며, 슈미트 트리거 Schmitt trigger로 설정되는 입력 유형도 있다. 이 유형들은 공급자 홈페이지에서 게이트 이름이나 입력 개수로 논리 칩을 검색하면 찾을 수 있다.

초기 4000 시리즈의 핀 배열

초기의 4000 CMOS 칩에는 각각 동일한 14핀 칩 유형의 한도 내에서 게이트가 여러 개 포함되어 있었다. 과거에 사용했거나 현재 사용할 수 있는 옵션은 다음과 같다.

- 쿼드 2입력: 게이트 4개와 게이트당 입력 2개
- 트리플 3입력: 게이트 3개와 게이트당 입력 3개
- 듀얼 4입력: 게이트 2개와 게이트당 입력 4개
- 싱글 8입력: 입력이 8개인 게이트 1개

4000 제품군 중에 입력이 2개인 14핀 쿼드 논리 칩은 AND, OR, NAND, NOR, XOR, XNOR 모델에서 사용할 수 있으며, 이들 게이트 모두는 다음 페

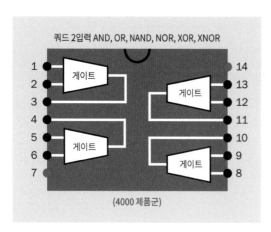

그림 10-26 4000 시리즈에서 입력이 2개인 쿼드 논리 칩에서 AND, OR, NAND, NOR, XOR, XNOR 모델의 핀 배열은 모두 이 그림과 같다.

이지 [그림 10-26]에서 보여 주는 내부 핀 배열을 사용한다. 게이트는 일반적인 형태로 나타냈는데, 핀 배열이 칩 내부에서 사용한 게이트 유형과 관계없이 같기 때문이다. 하나의 칩에 사용한 게이트는 모두 같은 유형이다. 게이트로 이어지는 2개의 연결이 입력이며, 게이트에서 나오는 1개의 연결이 출력이다.

74xx 제품군과는 달리 4000 시리즈에서 입력

이 2개인 쿼드 OR 칩은 입력이 2개인 다른 쿼드 논리 칩과 핀 배열이 같다.

4000 제품군 중에 14핀, 트리플 3입력 논리 칩에는 입력이 3개인 게이트가 3개 포함되어 있다. AND, OR, NAND, NOR 모델의 내부 배열은 모두 [그림 10-27]과 같다. 게이트는 일반적인 형태로 나타냈는데, 핀 배열이 칩 내부에서 사용한 게이트 유형과 관계없이 같기 때문이다. 하나의 칩에 사용한 게이트는 모두 같은 유형이다. 게이트로 이어지는 3개의 연결이 입력이며 게이트에서 나오는 1개의 연결이 출력이다.

74xx 제품군과는 달리 4000 시리즈에서 입력이 3개인 트리플 OR 칩은 입력이 3개인 다른 트리플 논리 칩과 핀 배열이 같다.

4000 제품군 중에 14핀, 듀얼 4입력 논리 칩에는 입력이 4개인 게이트가 2개 포함되어 있다. AND, NAND, OR, NOR 모델의 내부 배열은 모두 [그림 10-28]과 같다. 게이트는 일반적인 형태로 나타냈는데, 핀 배열이 칩 내부에서 사용한 게이트 유형과 관계없이 같기 때문이다. 하나의 칩에

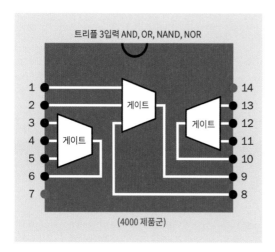

그림 10-27 4000 시리즈에서 입력이 3개인 트리플 논리 칩에서 AND, OR, NAND, NOR 모델의 핀 배열은 모두 이 그림과 같다.

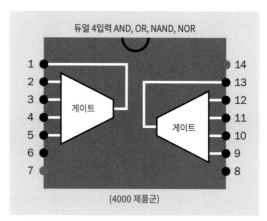

그림 10-28 4000 시리즈에서 입력이 4개인 듀얼 논리 칩에서 AND, OR, NAND, NOR 모델의 핀 배열은 모두 이 그림과 같다.

사용한 게이트는 모두 같은 유형이다. 게이트로 이어지는 3개의 연결이 입력이며 게이트에서 나오는 1개의 연결이 출력이다.

4000 제품군에서는 입력이 4개인 듀얼 OR 칩이 존재하는 반면, 74xx 제품군에서는 존재하지 않는다는 점에 유의하자.

4000 제품군 중에서 [그림 10-29]처럼 입력이 8개이며, AND와 NAND 출력을 가진 14핀 논리 칩을 사용할 수 있다.

다음은 게이트당 입력이 2개 이상인 4000 시리즈에서 14핀 논리 칩의 일반적인 부품 번호이다 (실제 부품 번호에서 문자 x가 표시된 자리에는 문자들로 대체된다).

- 쿼드 2입력 AND: x4081x
- 쿼드 2입력 NAND: x4011x
- 쿼드 2입력 OR: x4071x
- 쿼드 2입력 NOR: x4001x
- 쿼드 2입력 XOR: x4070x

- 쿼드 2입력 XNOR: x4077x
- 트리플 3입력 AND: x4073x
- 트리플 3입력 NAND: x4023x
- 트리플 3입력 OR: x4075x
- 트리플 3입력 NOR: x4025x
- 듀얼 4입력 AND: x4082x
- 듀얼 4입력 NAND: x4012x
- 듀얼 4입력 OR: x4072x
- 듀얼 4입력 NOR: x4002x
- 싱글 8입력 AND/NAND: x4068x

4000 시리즈 인버터

4000 제품군에서 4069B는 [그림 10-30]처럼 14핀의 헥스 인버터 칩(6개의 인버터 포함)이다. 이 인버터의 핀 배열은 x74x04x 칩과 같다.

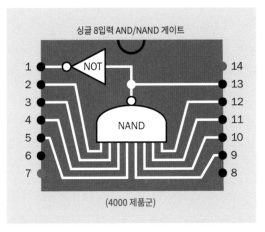

그림 10-29 4000 시리즈에서 입력이 8개인 싱글 AND/NAND 칩의 내부 배열은 그림과 같다. NAND 게이트의 출력이 반전되면 칩의 1번 핀에서 AND 출력이 나온다.

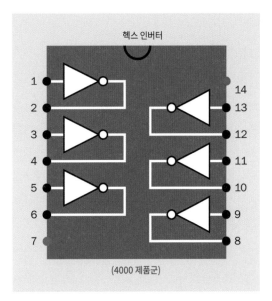

그림 10-30 6개의 인버터가 포함된 14핀의 4069B 헥스 인버터 논리 칩의 내부 배열. 이 인버터의 핀 배열은 x74x04x 칩과 같다.

사용법

해당되는 제품군

DIP 유형에서 HC 제품군은 30년 이상 판매되며, 널리 사용하는 기본 제품으로 자리잡았다.

표면 장착형에서 제품군의 선택은 공급 전압의 선택에 크게 좌우된다.

4000 시리즈는 출시된 지 40년이 넘었지만, 회로에서 반드시 5VDC의 전원을 사용해야 하는 경우가 아니라면 여전히 유용하며, 74xx 시리즈의 논리 게이트나 다른 디지털 칩에 전원을 공급할 목적으로도 추가할 수 있다. 예를 들어 회로에 9VDC나 12VDC 릴레이를 포함한다면, 해당 전압으로 릴레이를 구동하기 위해 달링턴 쌍Darlington pair을 사용할 수 있는데, 구형 4000 시리즈의 논리 칩도 같은 전원을 공유할 수 있다. 릴레이 코일에는 과도 신호에서 논리 칩을 보호하기 위한 클램프 다이오드가 필요할 수 있다.

응용

논리 칩의 출력을 마이크로컨트롤러의 입력으로 사용하면, 여러 개의 입력이 하나의 출력 핀을 공유하게 할 수 있다. 예를 들어, 입력이 8개인 NAND 게이트는 상시 ON 상태의 동작 센서 8개에서 들어오는 입력을 결합할 수 있다. 만일 8개에서 하나의 센서만 동작에 반응한다면, 게이트 출력은 HIGH에서 LOW로 바뀐다.

논리 게이트는 여러 입력이 하나로 조합된 특정값에 반응하는 단순 장치에 사용하면 유용하다. 대표적인 예가 숫자 조합으로 생성한 비밀번호를 사용하는 디지털 자물쇠다. 운에 좌우되는 확률

게임도 여기에 해당된다. 주사위를 사용하는 단순한 방식의 시뮬레이션 게임은 대부분 논리 게이트로 논리 카운터에서 받은 출력을 변환해 LED의 주사위 패턴을 만들어 낸다.

논리 게이트는 전기기계식 스위치switch와 디지털 칩을 포함하는 회로 사이에서 인터페이스로 사용될 수 있다. 10K 풀업 또는 풀다운 저항은 스위치가 열려 있을 때 게이트의 입력이 부동 상태로 되는 것을 막는다. 버퍼나 인버터, 또는 회로에 이미 존재하는 논리 칩의 '남는' 게이트는 이런 목적으로 사용될 수 있다. 칩의 입력 하나를 양의 전원이나 음의 접지에 연결하면, 다른 입력에 연결된 스위치가 열리거나 닫힐 때 칩에서 적절한 입력을 생성할 수 있다.

잼 유형jam-type의 플립플롭flip-flops은 스위치의 입력을 디바운싱debouncing하는 데 사용할 수 있다. 자세한 내용은 11장을 참조한다. 회로에서 사용하지 않는 NOR 게이트 2개나 NAND 게이트 2개로 플립플롭을 구성할 수 있다.

초기 CMOS 4000 제품군에서 양의 출력은 전원이 5VDC일 때 전류가 5mA, 10VDC일 때 10mA를 넘지 않으면 LED를 구동할 수 있다. 단 LED의 부하로 인해 출력 전압이 크게 낮아진다는 점은 주의해야 한다. 74HCxx 제품군에서 칩의 전원 전류 또는 싱크 전류는 20mA이지만, LED를 구동하면 출력 전압은 낮아진다. 74HCxx 칩의 모든 출력에 대한 총 한도는 약 70mA이다.

논리 칩의 출력은 7407 같은 버퍼를 통과해 지나갈 수 있는데, 이때 버퍼는 최대 200mA의 전류를 끌어올 수 있는 개방 컬렉터 출력을 갖는다. 이렇게 하면 유도성 부하가 아닌 한, 크지 않은 부하

는 직접 구동할 수 있다.

무접점 릴레이solid-state relay와 옵토 커플러opto-coupler는 논리 칩에서 직접 구동할 수 있는데, 끌어가는 전류가 매우 작기 때문이다. 무접점 릴레이는 50A 이상의 전류를 스위칭할 수 있다.

주의 사항

CMOS 디지털 칩을 사용할 때, 정전기static electricity와 부동 핀floating pin으로 인한 이상 작동과 같은 문제가 자주 발생한다.

정전기

초기 4000 시리즈의 CMOS 칩은 정전기에 특히 취약했지만, 최근에는 CMOS를 설계할 때 보통 입력에 다이오드를 포함하므로 위험성이 줄었다. 그러나 여전히 논리 칩은 정전기 방지 폼anti-static foam에 삽입하거나 기판에 설치하기 전까지는 도체 물질로 감싸는 식으로 보호해야 한다. 칩을 다루는 동안에는 접지 습관을 들이는 게 좋으며, 특히 손목 부착식 접지선wrist-mounted ground wire을 사용하는 것이 이상적이다.

부동 핀

논리 칩에서 연결되지 않은 핀은 '부동 핀'으로 간주되는데, 용량 결합capacitive coupling으로 신호를 포착해 칩의 작동을 방해하고 동시에 전력을 소모할 수 있다. 이는 핀 상태가 모호하면 칩 내부의 게이트가 대기 휴지 상태로 들어가지 못하기 때문이다.

일반적으로 사용하지 않는 TTL 논리 칩의 입력 핀은 양의 공급 전압에, 사용하지 않는 CMOS 핀은 음의 접지에 연결해야 한다.

제품군의 호환 문제

앞서 말한 것처럼 이전의 TTL 논리 칩은 최신 CMOS 논리 칩의 최소 기대 전압보다 낮은 HIGH 출력 전압을 보낼 수 있다. 제품군을 섞지 않는 게 가장 좋은 선택이지만, 칩을 부주의하게 보관했다면 섞어 사용하게 될 수도 있다. 어떤 칩이 다른 칩에서 나오는 출력을 무시하는 것 같다면 부품 번호를 확인해야 한다.

과부하에 걸린 출력

회로에서는 개방 컬렉터 출력을 생성하는 논리 칩이 필요한데, 실수로 일반 칩을 사용했다면 해당 칩의 손상은 불가피하다.

출력 저하

하나의 논리 칩에서 발생한 출력이 다른 논리 칩의 입력과 연결되고 첫 번째 칩의 출력이 LED와도 연결될 때, LED가 출력 전압을 낮추어 두 번째 칩이 입력을 HIGH 상태로 인식하지 못할 수 있다. 일반적으로 논리 출력은 LED나 다른 논리 칩에 전원을 공급할 수 있지만, 두 군데에 전원을 동시에 공급하는 것은 불가능하다. 2mA에 불과한 아주 낮은 전류를 사용하는 LED라면 가능할 수도 있다.

부정확한 극성과 전압

논리 칩은 부정확한 극성 적용, 잘못된 핀에 걸린 전압, 잘못된 전압 적용으로 인해 완전히 손상될 수 있다. 최근의 논리 칩은 매우 한정된 범위의 전압만을 견디는데, 6VDC가 넘는 전원에서 4000 시리즈 칩을 사용하도록 명시된 곳에 74xx 시리즈 칩을 사용한다면 손상을 피하기 힘들다.

칩이 위아래가 바뀐 채 삽입되면, 전압을 걸었을 때 손상이 생길 수 있다.

구부러진 핀

스루홀 유형 칩이 모두 그렇듯이 DIP 논리 칩은 실수로 칩 아래의 핀이 1개 이상 구부러진 채 삽입될 수 있다. 이러한 실수는 놓치기가 아주 쉽다. 구부러진 핀은 사용한 소켓과 접촉되지 않는데, 칩이 어떻게 작동할지 예상할 수 없다. 필요하다면 돋보기를 사용해 제대로 핀을 꽂았는지 확인한다.

깨끗하지 않은 입력

논리 칩에는 전압 스파이크가 없는 깨끗한 입력을 사용해야 한다. TTL 유형의 555 타이머는 출력에서 스파이크를 생성하므로, 논리 칩은 입력으로 여러 개의 펄스가 들어왔다고 잘못 해석할 수 있다. 논리 칩과 연결해서 사용한다면 CMOS 유형의 555 타이머가 더 적합하다.

푸시 버튼, 로터리 인코더, 전자기계식 스위치가 HIGH 또는 LOW 입력을 제공한다면, 입력은 디바운싱되어야 한다. 플립플롭이 하드웨어에서 이러한 역할을 전통적으로 담당했다. 마이크로컨트롤러에서 코드를 사용해 디바운싱할 수도 있다.

아날로그 입력

논리 칩의 입력은 서미스터thermistor나 포토트랜지스터phototransistor 같은 아날로그 부품과 직접 연결할 수 있지만, 이때 입력 핀의 전압은 반드시 칩이 허용하는 범위에 있어야 한다. 예를 들어, 포토트랜지스터는 알려진 범위의 빛 세기에 제한적으로 노출되어야 한다.

일반적으로, 중간 정도의 전압intermediate-voltage 신호는 디지털 논리 입력에 걸지 않는 것이 가장 좋다. 이런 신호는 예상하지 못한 출력 또는 중간 정도의 전압 출력을 생성할 수 있기 때문이다. 이를 방지하기 위해 아날로그 입력과 디지털 논리 칩 사이에 비교기comparator나 슈미트 트리거 입력Schmitt-trigger input을 가진 논리 칩을 사용할 수 있다.

11장

플립플롭

flip-flop이라는 용어는 가운데에 하이픈 대신 빈칸을 삽입한 형태로 쓰이기도 하지만, 미국에서는 하이픈이 들어간 표기법을 더 많이 사용한다. 플립플롭의 약어인 FF는 논리 다이어그램이나 회로도에서 주로 사용한다.

래치latch라는 용어는 플립플롭과 병행해 사용하기도 하지만, 이 책에서는 입력에 즉시 투명하게 반응하는 소형 비동기식 회로를 지칭할 때 사용한다. 플립플롭은 래치 역할을 할 수 있으며, 불투명한opaque 동기식 장치의 역할도 한다. 여기서 불투명하다는 말은 입력이 출력으로 직접 연결되지 않는다는 의미다.

관련 부품

· 카운터(13장 참조)
· 시프트 레지스터(12장 참조)

역할

트랜지스터는 논리 게이트를, 논리 게이트logic gate는 플립플롭flip-flop을, 플립플롭은 디지털 연산의 수많은 산술, 저장, 검색 기능을 활성화한다. 오늘날 대다수 플립플롭은 복잡한 기능이 있는 훨씬 더 큰 집적회로에 내장된다. 그러나 칩에서 개별 부품 형태로 사용하는 플립플롭도 여전히 존재하는데, 이 책에서는 이 형태의 플립플롭을 다룬다.

플립플롭은 메모리의 가장 작은 단위다. 플립플롭은 HIGH 또는 LOW의 논리 상태logic state로 표현되는 단일 비트 데이터를 저장한다(논리 상태에 관한 자세한 설명은 10장 논리 게이트를 참조한다). 플립플롭은 특히 카운터counter, 시프트

레지스터shift register, 직렬-병렬 컨버터serial-to-parallel converter에서 유용하게 사용할 수 있다.

플립플롭 회로는 쌍안정 멀티바이브레이터 bistable multivibrator 유형으로 분류할 수 있다. 이유는 외부 트리거가 플립플롭의 출력을 활성화해 이전 상태를 뒤집고(flip), 다른 상태로 들어가도록 (flop) 하기 전까지는 플립플롭의 각 출력이 HIGH나 LOW 중 하나의 상태로 안정되어 있기 때문이다(단안정 및 비안정 멀티바이브레이터에 관한 자세한 설명은 9장의 타이머timer를 참조한다).

비동기식 플립플롭asynchronous flip-flop은 입력 변화에 즉시 반응하는데, 전자기계식 스위치switch 신호의 디바운싱이나 리플 카운터ripple counter의

구현 같은 응용에 사용된다. 그러나 동기식 플립플롭synchronous flip-flop을 더 흔하게 사용한다. 동기식에서는 외부 클록clock으로부터 들어오는 펄스의 흐름이 LOW에서 HIGH, 또는 HIGH에서 LOW로 변환되어 입력 상태가 활성화되기 전까지 입력 상태의 변화를 인식할 수 없다.

작동 원리

모든 플립플롭의 출력은 2개이며, 이들은 각각 HIGH 또는 LOW 상태다. 플립플롭이 정상적으로 작동하면, 출력은 서로 반대의 논리 상태를 보인다. 즉, 하나가 HIGH일 때, 다른 하나는 LOW가 된다. 출력은 보통 Q와 NOT-Q(Q 위에 짧은 선을 그었다는 뜻으로, Q 바bar라고 읽는다)로 표시한다. 짧은 선을 문자 위에 쉽게 표시할 수 없는 데이터시트와 같은 문서는 NOT-Q 출력을 Q′로 표시한다.

회로 다이어그램에서 플립플롭은 대부분 단순한 직사각형으로 표현하며, 입출력은 문자와 기타 기호로 구별한다. 플립플롭의 여러 유형을 이해하기 전에 먼저 내부 작동 방식부터 살펴보아야 한다. 따라서 플립플롭의 다양한 회로 기호는 142쪽의 '다양한 유형'에서 소개할 예정이다.

가장 단순한 플립플롭에는 논리 게이트가 2개 포함되어 있는데, 게이트의 기능은 입력을 SPDT 스위치로 제어할 때 가장 쉽게 이해할 수 있다. 플립플롭은 NAND 게이트 2개 또는 NOR 게이트 2개로 구성할 수 있으며, 이에 관해서는 아래에서 설명한다. 이 유형의 플립플롭은 다음과 같이 설명할 수 있다.

비동기식

비동기식asynchronous은 클록과 동기화되지 않기 때문에 데이터를 입력 즉시 받아들인다.

잼 유형

잼 유형jam-type은 비동기식의 구어 표현이다. 입력은 언제라도 막힐 수 있으며(jam), 막히면 출력을 즉시 변화시킨다.

투명식

투명식transparent은 입력 상태가 출력으로 곧장 흘러간다.

NAND 게이트 기반의 SR 플립플롭

[그림 11-1]은 SPDT 스위치에 연결된 NAND 게이트 2개를 보여 준다. NAND 게이트에는 풀업 저항도 2개 연결되어 있다. NAND 게이트의 어느 한쪽이 스위치로부터 부동 입력floating input을 받으면, 해당 입력에 연결된 풀업 저항이 입력을 HIGH 상태로 유지한다. NAND 게이트의 데이터 입력은 셋(Set)과 리셋(Reset)을 뜻하는 S와 R로 나타내는데, SR 플립플롭이라는 이름도 여기서 유래했다.

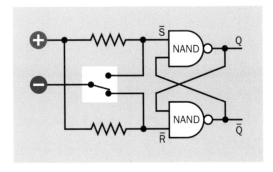

그림 11-1 단순한 NAND 기반의 SR 플립플롭 회로도. 2개의 입력을 제어하기 위해 스위치 1개와 저항이 연결된다.

- NAND를 기반으로 하는 SR 플립플롭에서 LOW 상태는 입력을 활성화하는 논리 입력으로 간주하며, 각 문자 위에 짧은 선을 그려 표시한다.
- HIGH 상태는 입력을 비활성화하는 논리 출력으로 간주한다.

[그림 11-1]과 같이 회로도를 표현할 때, 전도체를 대각선으로 교차하도록 표시하는 방식을 널리 사용하며 알아보기도 쉽다. 아마도 회로 도면 소프트웨어로 그렸을 [그림 11-2]의 회로도는 [그림 11-1]과 기능은 같지만, 한 눈에 플립플롭이라고 알아보기 힘들다. 전도체가 대각선으로 교차된 '전형적인' 표현 방식이 훨씬 직관적이다.

플립플롭의 작동 방식을 이해하기 위해서는 먼저 2개의 입력과 NAND 또는 NOR 게이트 출력 사이의 관계를 떠올려야 한다. 이 관계는 [그림 11-3]에서 볼 수 있다. 그림에서 빨간색 선은 HIGH, 검은색 선은 LOW 논리 상태를 나타낸다.

NAND 게이트의 작동을 정리하면 다음과 같다.

- 입력이 둘 다 HIGH: 출력이 LOW

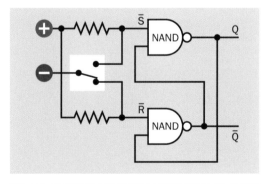

그림 11-2 SR 플립플롭을 다른 방식으로 표현한 회로도. 기능은 [그림 11-1]과 완전히 같지만, 쉽게 알아보기 힘들다. 한 쌍의 전도체를 대각선으로 교차하도록 표시한 회로도를 널리 사용하며 표준으로 간주한다.

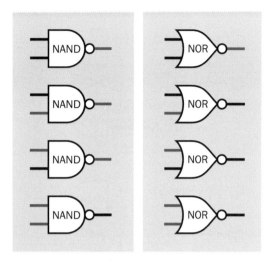

그림 11-3 NAND 게이트와 NOR 게이트에서 나타날 수 있는 4가지 입력 조합과 그에 따른 논리 출력. 플립플롭은 NAND 게이트 2개, 또는 NOR 게이트 2개로 만들 수 있다.

- 그 외의 입력 조합: 출력이 HIGH

다음 페이지 [그림 11-4]는 스위치가 하나의 위치에서 연결이 이루어지지 않은 중간 상태를 지나 다른 위치로 이동할 때, SR 플립플롭의 회로를 순서대로 포착한 것이다. 이 회로에서는 논리 입력은 LOW 상태, 논리 출력은 HIGH 상태일 때 활성화된다는 점을 기억하자.

첫 번째 그림을 보자. 아래쪽 NAND 게이트에 걸린 풀업 저항은 음의 접지와 직접 연결되어 억제되며, 이로 인해 R 입력이 LOW 상태로 유지된다. 다른 하나의 입력 상태와 관계없이 출력은 HIGH가 되는데, NAND 게이트는 두 입력 중 하나가 LOW이면 출력이 HIGH가 되기 때문이다. 아래쪽 NAND 게이트의 HIGH 출력은 위쪽 NAND 게이트의 2차 입력으로 피드백된다. 위쪽 NAND 게이트의 S 입력은 풀업 저항 때문에 HIGH 상태로 유지된다. 이제 위쪽 NAND 게이트의 두 입력

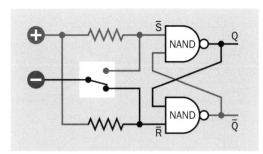

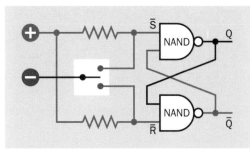

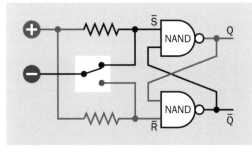

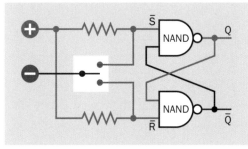

그림 11-4 스위치가 연결되지 않는 중간 구역을 지나 아래에서 위로 올라갈 때, NAND 기반 SR 플립플롭에서 포착되는 4가지 상태. 자세한 사항은 본문 참조.

이 모두 HIGH이므로 출력은 LOW가 되고, 아래쪽 NAND 게이트로 피드백된다. 아래쪽 NAND 게이트의 출력은 바뀌지 않는데, 두 입력 중 하나

가 LOW이면 출력을 HIGH로 유지하기에 충분하기 때문이다. 따라서 회로는 평형 상태에 이른다. NOT-Q 출력 상태가 HIGH일 때를 NAND 기반 플립플롭의 리셋(Reset) 상태라고 한다.

두 번째 그림은 스위치가 연결되지 않은 중립 지점으로 움직일 때 일어나는 일을 보여 준다. 아래에서 NAND 게이트의 R 입력은 풀업 저항 때문에 HIGH가 된다. 그러나 아래쪽 NAND 게이트의 다른 입력은 위쪽 NAND 게이트의 출력에서 공급받아 여전히 LOW 상태이기 때문에, 출력은 여전히 HIGH를 유지하며 회로는 평형 상태를 유지한다. 이를 NAND 회로의 대기(Hold) 상태라고 한다.

스위치가 첫 번째와 두 번째 그림의 상태를 오간다고 가정해 보자. 이때 회로의 출력은 변하지 않는다. 따라서 이 회로를 사용하면 스위치를 열고 닫는 과정에서 생기는 기계적인 접촉 탓에 발생하는 매우 빠르고 순간적인 스파이크인 스위치 반동switch bounce을 제거할 수 있다.

세 번째 그림은 스위치가 위로 올라갈 때 일어나는 일을 보여 준다. 위쪽 NAND 게이트의 제일 위에 있는 입력은 이제 LOW로 낮아진다. 따라서 출력은 HIGH가 되며 아래의 게이트로 피드백된다. 다른 입력은 풀업 저항 때문에 HIGH이다. 입력 2개가 모두 HIGH일 때 출력은 LOW가 되므로 게이트의 출력은 값을 뒤집는다. NAND 기반 플립플롭에서는 이처럼 Q 출력이 HIGH 상태일 때를 셋(Set) 상태라고 한다.

스위치가 제일 아래 그림처럼 중앙의 연결되지 않은 위치로 돌아가더라도 회로는 여전히 평형 상태를 유지한다. 따라서 회로의 디바운싱 능력은

스위치의 양쪽 위치에서 똑같이 적용된다.

NOR 게이트 기반의 SR 플립플롭

[그림 11-5]에서는 SPDT 스위치에 연결된 NOR 게이트 2개를 사용하는 비슷한 회로를 보여 준다. NOR 게이트의 기능은 다르기 때문에, 이 회로에서 논리 입력은 HIGH일 때 활성화되며, 풀업 저항 대신 풀다운 저항이 필요하다. 회로의 출력은 여전히 논리 상태가 HIGH일 때 활성화된다. 이 점은 NAND 기반 회로와 동일하지만, Q와 NOT-Q 출력의 상대적인 위치가 바뀐다.

- NOR 기반 SR 플립플롭에서 HIGH 상태는 입력을 활성화하는 논리 상태로 간주되며, S나 R 위에 짧은 선을 표시하지 않은 채 나타낸다.
- HIGH 상태는 출력을 활성화하는 논리 상태로 간주된다.

NOR 게이트는 다음과 같이 작동한다.

- 입력이 둘 다 LOW일 때, 출력은 HIGH
- 그 외의 입력 조합일때, 출력은 LOW

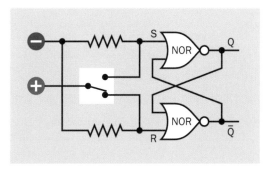

그림 11-5 NAND 게이트 대신 NOR 게이트를 사용하는 간단한 SR 플립플롭

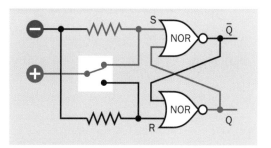

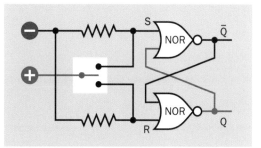

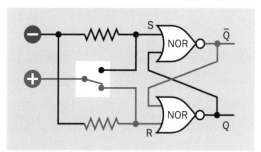

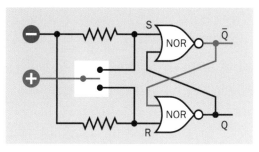

그림 11-6 스위치의 위치 변화에 따라 NOR 기반 SR 플립플롭에서 나타나는 4가지 상태. NAND 기반의 플립플롭과 비교해 볼 수 있다.

[그림 11-6]은 스위치가 하나의 위치에서 연결이 이루어지지 않은 중간 상태를 지나 다른 위치로 이동할 때, SR 플립플롭의 회로를 순서대로 포착한 것이다. 이 회로에서 논리 상태는 입력과 출력 모두

HIGH 상태일 때 활성화된다는 점을 기억하자.

이 회로는 NAND 게이트를 사용했던 회로처럼 스위치 반동을 무시하므로, 게이트의 출력은 안정적으로 유지된다.

금지 상태

지금까지 설명했던 회로는 NAND 기반이든 NOR 기반이든 관계없이 SR 플립플롭을 나타낸 것이다. SR 플립플롭의 입출력 상태는 [그림 11-7]에 정리되어 있다. 이 표에서도 알 수 있지만, 어떤 입력 상태에서는 문제가 발생하기도 한다.

NAND 또는 NOR 기반 플립플롭에서 스위치가 연결되지 않은 중간 위치에 있을 때, 출력은 스위치가 그 이전 위치에 있을 때의 출력과 동일한 상태를 유지한다. 즉, 플립플롭은 이전 상태를 기억하는데, 이것이 바로 플립플롭의 유용한 점이다. 이 상태를 표에서는 '이전과 같음'으로 표시했다.

풀업 저항(NAND 기반 플립플롭에서)과 풀다운 저항(NOR 기반 플립플롭에서)은 스위치가 연결되지 않더라도, 회로의 입력을 모두 HIGH(NAND) 또는 LOW(NOR)가 되도록 해준다. 따라서 게이트의 입력 2개가 모두 LOW(NAND)가 되거나 HIGH(NOR)가 되는 일은 불가능하다.

그러나 스위치가 연결되지 않은 상태로 회로에 전원을 넣으면 어떤 일이 일어날까? 각 게이트의 입력 하나는 다른 게이트의 출력으로 제어된다. 그러나 그 출력은 어떤 상태가 될까?

NAND 기반 플립플롭에서 NAND 게이트의 출력은 칩에 전원이 연결되는 동안에 LOW 상태가 된다. NAND 칩이 작동하는 순간 각각의 칩은 하나의 입력은 HIGH, 다른 입력은 LOW 상태임을 감지해 출력을 HIGH로 바꾼다.

그러나 각각의 칩은 HIGH 출력이기 때문에, 이 출력은 다른 칩의 2차 입력으로 피드백된다. 이제 두 칩 모두 HIGH 입력을 받게 된다. 그 결과 두 칩의 출력은 모두 LOW로 변하지만, 이 출력이 다시 피드백되므로 출력이 또 다시 HIGH로 변한다. 사실 게이트가 완전히 똑같으면 회로는 매우 빠르게 진동한다. 이를 링잉ringing이라고 한다.

그러나 실제로는 게이트가 완전히 같지 않다. 따라서 둘 중 한 게이트가 다른 게이트보다 아주 조금 빨리 반응하며, 그래서 회로 상태는 [그림 11-4]의 두 번째나 네 번째 그림 중 하나가 된다. 그렇다면 어떤 칩이 더 빨리 반응할까? 이를 알 방법은 없다. 이 상태를 경쟁 상태race condition라고 하는데, 어느 쪽이 더 빨리 반응할지는 예측할 수 없다.

NOR 기반 플립플롭에서는 스위치를 연결하지 않은 채 회로에 전원을 넣으면 비슷하지만 정반대의 상황이 일어나며, 풀다운 저항으로 인해 S와 R 출력은 모두 LOW 상태가 된다. 여기서 다시 경쟁 상태가 발생한다.

경쟁 상태 문제는 플립플롭에 전원을 넣을 때, 스위치가 어느 하나의 위치에 있도록 규칙을 정하

플립플롭 입력		플립플롭 출력			
		NAND 기반		NOR 기반	
S	R	Q	Q̄	Q	Q̄
●	●	● 문제 발생 ●		이전과 같음	
●	●	●			●
●	●		●	●	
●	●	이전과 같음		● 문제 발생 ●	

그림 11-7 NAND, NOR 기반 SR 플립플롭에서 입력 및 그에 따른 출력을 나타낸 표.

면 해결할 수 있다. 그러나 고장난 스위치가 있다면 어떻게 될까? 또는 스위치의 위치가 변하는 동안 전원이 차단되는 일이 생긴다면?

스위치 한 쪽과의 접점이 사라지기 직전에 스위치가 다른 쪽과 접점을 만들면, 또 다른 문제가 발생한다. 이 경우 NAND 플립플롭에서 S와 R의 입력은 모두 LOW 상태가 된다. 이런 상태는 별도의 논리 회로로 S와 R의 입력을 구동할 때도 발생할 수 있는데, 오류로 인해 S와 R의 입력 모두 LOW 상태가 될 수 있다. 이때의 회로 상태는 [그림 11-8]에서 볼 수 있다. NAND 게이트 2개의 입력 중 적어도 1개가 LOW 상태면 NAND 게이트의 출력은 항상 HIGH 상태이기 때문에, 양쪽 게이트의 출력은 HIGH 상태가 되고 회로는 안정된다.

문제는 플립플롭의 출력 상태가 항상 서로 달라야 한다는 점이다. 출력이 모두 HIGH 상태라면 플립플롭에 연결된 회로의 다른 부분에서 논리 문제가 발생할 수 있다.

비슷한 문제가 NOR 기반의 SR 플립플롭에서도

> NAND 기반 SR 플립플롭에서 S와 R 둘 다 LOW 상태일 때, 이를 금지 상태forbidden state 또는 제한 조합 restricted combination이라고 한다.

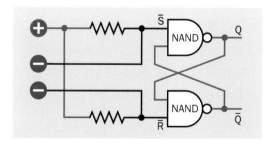

그림 11-8 별도의 제어 회로에서 발생한 오류로 인해 NAND 플립플롭의 S와 R 두 입력이 모두 LOW 상태일 때의 회로

발생하지만, 차이가 있다면 금지 상태의 발생 조건이 S와 R의 입력이 모두 HIGH 상태일 때다. SR 플립플롭은 스위치 디바운싱 장치switch de-

> NOR 기반 SR 플립플롭에서 S와 R이 둘 다 HIGH 상태일 때, 이를 금지 상태 또는 제한 조합이라고 한다.

bouncer로 유용하지만, 컴퓨팅 장치에 사용할 때는 오류에 취약하다.

JK 플립플롭

어떤 사람들은 JK 플립플롭이라는 이름이 세계 최초로 집적회로를 제작한 공로를 인정받아 노벨상을 수상한 잭 킬비Jack Kilby의 이니셜에서 따왔다고 이야기한다. 그러나 이 주장에 대한 근거는 부족하다. 이런 생각이 통용된 것은 단지 킬비가 집적회로를 개발할 때 처음 만들었던 장치가 플립플롭이었기 때문일 것이다.

이름의 유래와는 관계없이, JK 플립플롭의 설계는 다음 페이지 [그림 11-9]와 같다. 흔히 JK 래치JK latch라고도 한다. SR 플립플롭을 구동할 때 풀업 또는 풀다운 저항과 함께 사용하던 전자기계식 스위치를 여기서는 더 이상 사용하지 않는다. J와 K의 입력이 HIGH와 LOW 상태를 제대로 정의하는 다른 장치에서 들어온다고 가정하기 때문이다. 이들의 작동은 예측할 수 없지만, 어느 쪽도 부동 입력은 아니다.

이는 추가된 입력 단계가 출력 단계로 직접 접근하는 것을 막는다는 뜻에서 문 달린 회로gated circuit라고 하며, 클록 입력으로부터 일련의 펄스를 사용하기 때문에 동기식 회로synchronous circuit

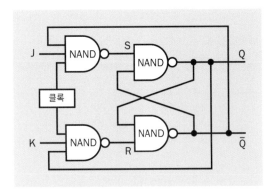

그림 11-9 클록을 지닌 JK 플립플롭의 기본 회로도. SR 플립플롭 역할을 하는 2개의 NAND 게이트를 추가로 사용한다.

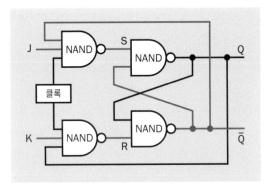

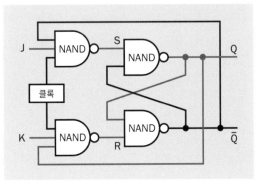

그림 11-10 J와 K의 입력이 모두 HIGH 상태일 때, 더 이상 금지 상태를 생성하지 않는다. 이 조합으로 플립플롭에서는 LOW와 HIGH 상태의 출력이 토글된다.

라고도 한다. 입력이 3개인 NAND 게이트 2개를 NAND 기반 SR 플립플롭 앞에 배치하고, 이들 게이트가 (회로도의 위아래에 위치한 전도체를 통해) 두 번째 단계에서 첫 번째 단계로 가는 교차 피드백을 사용하면, 같은 입력이 동시에 들어오는 문제를 해결할 수 있다.

JK 플립플롭 모델에 NOR 게이트를 사용할 수 있지만, 흔하지는 않다. 여기서는 NAND 기반 모델만 다룬다.

입력이 3개인 NAND 게이트는 다음과 같이 작동한다.

- 입력이 셋 다 HIGH일 때, 출력은 LOW
- 그 외의 입력 조합일때, 출력은 HIGH

앞서 NAND 게이트를 사용하는 SR 플립플롭이 LOW 상태 입력에서 활성화된 것과는 달리, 한 쌍의 NAND 게이트를 추가했기 때문에 회로는 이제 입력이 HIGH 상태일 때 논리적으로 활성화된다고 인식한다. 그 결과 J, K 두 입력이 동시에 HIGH 상태가 될 때, 앞서 두 입력이 동시에 LOW 상태

에서 발생했던 금지 상태forbidden state가 발생하리라 예상할 수 있다. 그러나 만약 J, K의 입력이 동시에 HIGH 상태가 될 경우 회로는 유효한 두 가지 출력을 지원하는데, 이때 Q와 NOT-Q 상태는 언제나 반대가 된다. 즉, 금지 상태를 생성하지 않는다. 이 상태를 표현한 것이 [그림 11-10]이다. 사실 두 입력이 모두 HIGH 상태일 때, 클록 입력에서 양의 펄스는 출력을 토글toggle한다(즉, 위치가 스위칭된다). 실제로 토글링은 클록 입력이 HIGH인 동안 계속된다. 따라서 이 유형의 플립플롭은 클록 펄스가 짧을 때 사용하도록 고안되었다.

마스터-슬레이브 플립플롭

더 안정적인 유형은 [그림 11-11]과 같이 JK 플립플룹이 한 단계 추가된 형태로, 새로 추가된 단계가 JK 플립플롭의 '마스터master'가 된다. 실제로 마스터-슬레이브 플립플롭master-slave flip-flop으로 알려진 이 구성에서, 슬레이브 단계는 마스터 단계로 구동되지만 마스터 단계의 LOW 클록 입력이 인버터inverter를 지나 슬레이브 단계에서 HIGH 클록 입력이 될 때까지는 비활성 상태를 유지한다. 마스터와 슬레이브 단계는 따라서 하나가 HIGH 클록 입력으로 활성화될 때, 다른 한 쪽은 펄스 주기의 LOW 부분으로 활성화되는 식으로 번갈아 활성화된다. 슬레이브 단계의 출력은 클록 펄스가 HIGH일 때는 마스터 단계로 피드백되지 않으므로, 단계가 하나인 JK 래치에서 발생하는 타이밍 문제가 사라진다. JK 플립플롭을 마스터-슬레이브로 구성하면, 플립플롭이 더 이상 투명transparent하지 않기 때문에 래치보다는 플립플롭이라고 하는 편이 정확하다.

또한 프리셋(Preset) 입력과 클리어(Clear) 입력을 추가하면, 클록을 중단해 셋(Set)하거나 리셋(Reset)할 수 있다. 이러한 입력은 LOW 상태일 때 활성화된다.

[그림 11-12]는 각 클록 펄스의 하강 에지falling edge로 작동되는 JK 마스터-슬레이브 플립플롭을 보여 준다(표의 클록 열에서 아래 화살표로 표시). 슬레이브 단계에서 각 클록 주기의 두 번째 부분을 기다리는 동안 출력이 지연된다.

표에서 X 표시는 해당 칸의 상태가 이 표와 상관이 없다는 뜻이다.

J와 K가 모두 LOW일 때 Q와 NOT-Q 상태는 이전 주기와 같게 유지되는데, 이를 대기(Hold)

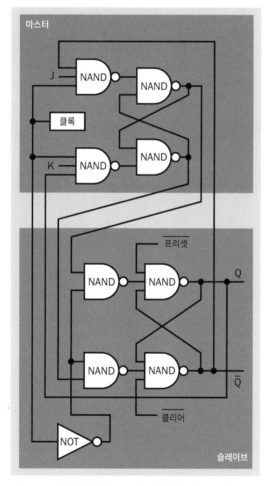

그림 11-11 하나의 플립플롭으로 다른 플립플롭을 작동하는 마스터-슬레이브 회로

플립플롭 입력					출력	
클록	프리셋	클리어	J	K	Q	Q̄
X	●	○	X	X	●	●
X	○	●	X	X	●	●
↓	○	○	●	●	이전과 동일	
↓	○	○	●	●	●	●
↓	○	○	●	●	●	●
↓	○	○	●	●	토글	

그림 11-12 JK 마스터-슬레이브 플립플롭의 입출력표

상태라고 한다. J와 K가 모두 HIGH일 때, 출력 상태는 이전 상태와 반대로 토글된다.

D 유형 플립플롭

D 유형 플립플롭D-type flip-flop은 2개의 입력 사이에 인버터를 배치해 입력이 항상 서로 반대 상태가 되도록 한다. 또한 클록 신호를 사용해 입력 상태를 한 쌍의 논리 게이트로 복사해 전달한다.

이 방식으로 입력 사이에 인버터를 추가하면, SR이나 JK 플립플롭은 D 유형 플립플롭이 된다. [그림 11-13]은 기본 SR 플립플롭에 인버터를 추가한 가장 단순한 형태의 D 유형 플립플롭 회로도다. 이 회로에서는 데이터 입력(보통 D로 표시)이 하나만 있으면 되는데, D 입력이 인버터를 통과한 다음 다른 게이트를 구동하기 때문이다.

[그림 11-14]는 입력과 클록 상황이 변할 때, 회로가 어떻게 반응하는지를 순서대로 나타낸 것이다. 첫 번째 그림에서는 데이터 입력이 HIGH, 클록 입력이 HIGH, Q 출력이 HIGH이다. 두 번째 그림에서는 클록이 LOW가 되면서 입력 단계에 있는 윗쪽 NAND 게이트의 출력이 LOW에서 HIGH로 바뀐다. 그러나 출력 단계의 윗쪽 NAND

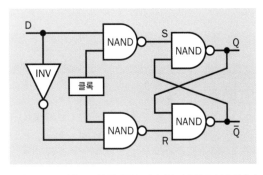

그림 11-13 간단한 D 유형 플립플롭. 인버터를 사용해 두 입력 상태가 항상 서로 반대가 되도록 해준다.

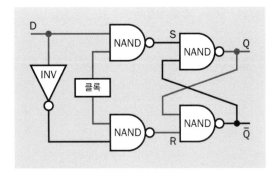

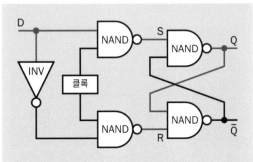

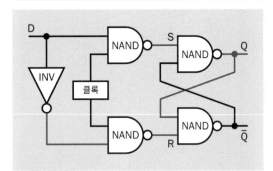

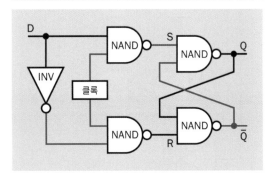

그림 11-14 D 유형 플립플롭의 작동을 순서대로 보여 준다.

게이트는 하나의 LOW 입력만 받으므로 상태에는

변화가 없다. 사실상 출력 단계 NAND 게이트에서 S와 R 입력은 현재 둘 다 HIGH 상태이며, 이로 인해 대기 상태가 된다.

세 번째 그림에서는 D 입력이 HIGH에서 LOW로 변하지만, 클록이 LOW인 이상 회로에 어떠한 영향도 미치지 않는다. D 입력의 상태는 계속 LOW와 HIGH를 오가지만, 네 번째 그림처럼 클록이 HIGH가 되지 않는 이상 아무 일도 일어나지 않는다. 클록이 새로운 D의 입력 상태를 복사해 출력으로 보내는 것에 주의한다.

그림 11-15 이 칩에는 상승 에지로 활성화되는 D 유형 플립플롭이 2개 포함되어 있다.

요약

- SR 플립플롭은 스위치 디바운싱에 사용할 수 있다. 그러나 다른 응용에서 입력과 전원이 제대로 제어되지 않는다면, 바람직하지 않은 경쟁 상태로 들어갈 수 있다.

- JK 플립플롭은 문 달린 회로gated circuit 형태다. 이는 입력 단계와 클록 입력 전에 SR 회로를 둔다는 뜻이다. 이렇게 하면 경쟁 상태가 발생하지 않으며 출력 상태를 토글할 수 있다. 그러나 이를 위해서는 클록의 입력이 매우 짧아야 한다. 회로는 에지 트리거된다.

- 마스터-슬레이브 플립플롭은 2개의 플립플롭으로 구성되며, 하나의 플립플롭이 나머지 하나를 작동한다. JK 플립플롭이나 SR 플립플롭을 사용해 구성할 수 있다. 첫 번째 플립플롭이 양의 클록 상태로 활성화하는 동안, 두 번째 플립플롭은 그다음 음의 클록 상태로 활성화한다. 타이밍 문제는 여기에서 해결된다.

- D 유형의 플립플롭은 입력 사이에 인버터를 두어 두 입력이 동시에 HIGH나 LOW 상태가

되는 것을 방지한다. 따라서 단 하나의 입력(D)만 필요하다. D 입력이 HIGH 상태면 셋 상태, LOW 상태면 리셋 상태가 되지만, 이를 위해서는 클록이 입력 상태를 복사해 출력으로 전달해야 한다. 출력은 클록이 LOW이면 안정적으로 유지된다(플립플롭이 대기 상태에 들어간다).

- JK 회로는 여러 목적으로 사용할 수 있어 한때 널리 사용했다. 현재는 D 유형 플립플롭을 많이 사용한다.

- T 유형(토글식) 플립플롭은 사용하기는 하지만, 흔하지 않아 이 책에서는 다루지 않는다.

- 이 책의 설명 외에도 플립플롭 회로는 많이 있다. 여기서 설명한 플립플롭은 그중에서 가장 흔히 사용하는 유형이다.

[그림 11-15]는 상승 에지로 활성화되는 D 유형 플립플롭 2개로 구성된 칩이다. 이 칩에서 각 플립플롭은 자체 데이터, 셋, 리셋 입력과 그에 따른 출력을 갖는다.

다양한 유형

[그림 11-16]에서는 플립플롭의 회로 기호를 모아 놓았다. S, R, J, K, D는 플립플롭의 유형을 정의한다. Q와 NOT-Q는 출력이다. '클록 입력(clock input)'을 나타내는 CLK는 활성화(enable)를 뜻하는 기호 E로 표시하기도 한다. SRCK나 SCLK는 '직렬 클록(serial clock)'의 약어다.

CLK 앞에 위치한 삼각형은 플립플롭이 상승 에지에서 활성화됨을 뜻한다. 동그라미bubble는 삼각형 앞에 위치하며, 플립플롭이 하강 에지 트리거됨을 나타낸다. 동그라미를 다른 곳에서 사용하면, 입력(또는 출력)이 반전됨을 뜻한다. 즉, 문자열 위에 짧은 선이 인쇄된 것과 같은 의미이며,

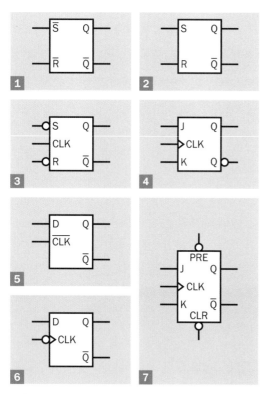

1 **2**

3 **4**

5

6 **7**

그림 11-16 플립플롭의 회로 기호는 사각형이며, 각 기능이 문자로 표기되어 있다. 자세한 설명은 본문 참조.

논리 상태가 LOW일 때 활성화된다. 동기식 입력은 CLK 입력과 함께 플립플롭 왼쪽에 표시하고, 비동기식 입력은(있다면) 플립플롭 사각형 위나 아래에 표시한다.

이 지침에 따라 [그림 11-16]의 예시 회로를 해석하면 다음과 같다.

1. 클록이 없으며, 입력이 LOW 상태일 때 활성화되는 SR 플립플롭(아마도 NAND 기반)
2. 클록이 없으며, 입력이 HIGH 상태일 때 활성화되는 SR 플립플롭(아마도 NOR 기반)
3. 입력이 HIGH 상태일 때 활성화되며, 클록 입력이 HIGH 상태일 때 펄스로 트리거되는 SR 플립플롭
4. 입력이 HIGH 상태일 때 활성화되며, 클록 입력이 상승 에지일 때 에지 트리거되는 JK 플립플롭. 출력의 동그라미는 Q 위에 짧은 선을 인쇄한 것과 같은 의미다.
5. 클록 입력이 LOW 상태일 때, 펄스로 활성화되는 D 유형의 플립플롭
6. 클록 입력이 하강 에지일 때, 에지 트리거되는 D 유형의 플립플롭
7. 입력이 HIGH 상태일 때 활성화되며, 클록 입력이 상승 에지일 때 에지 트리거되는 JK 플립플롭. LOW 상태일 때 활성화되는 비동기식 프리셋 입력과 클리어 입력이 있다.

패키징

부품 판매업체를 통해 판매되는 플립플롭의 약 10%가 스루홀 칩이고, 나머지는 표면 장착형이다. 그러나 74xx와 4000 시리즈 스루홀 패키지만

해도 그 유형이 100가지가 넘는다. 플립플롭은 개별 부품으로 사용하는 일이 많지 않지만, 교육이나 시제품 작업에 사용할 수 있다.

패키지에는 보통 1개 이상의 플립플롭이 포함된다. 듀얼 및 쿼드 배열이 일반적이다. 플립플롭은 개별적으로 클록 신호를 받거나 하나의 클록 입력을 공유할 수 있다. 데이터시트에서 자세한 사항을 꼼꼼히 확인해야 한다. D 유형의 74x273 같은 옥탈 플립플롭octal flip-flops은 8비트 레지스터로 사용한다.

이전 플립플롭 중 다수는 74xx 시리즈 논리 칩에서 번호를 따온 것이 많다. 번호를 붙이는 방식과 다양한 논리 제품군에 관한 자세한 지침은 10장을 참조한다. D 유형 플립플롭에는 74x74, 74x75, 74x174, 74x175가 있으며, 문자 x는 논리 제품군을 나타내는 문자 대신 사용했다. 구형 CMOS 플립플롭에는 4042B D 유형 래치, 4043B 쿼드 NOR SR 플립플롭, 4044B 쿼드 NAND SR 플립플롭이 있다. 마지막 두 부품은 동기식이고 둘 다 셋 입력이 2개인데, 데이터시트에서는 S1과 S2로 나타난다.

JK 플립플롭으로는 74x73, 74x76, 74x109 등이 있다.

부품값

스루홀 유형의 74xx 시리즈 플립플롭은 다른 논리 칩과 마찬가지로 5VDC 전원에서 사용하도록 고안된 반면, 기존의 4000 시리즈는 최대 18VDC의 전원을 견딜 수 있다. 표면 장착형 제품은 최소 2VDC의 전압을 사용할 수 있다.

적절한 상태의 HIGH와 LOW 입력 전압에 관해서는 115쪽의 '다양한 유형'을 참조한다. 4000 시리즈 칩의 출력부는 5VDC에서 1mA 미만의 전류를 전원으로 사용할 수 있지만, 74HCxx 시리즈는 약 20mA의 전류를 사용할 수 있다.

플립플롭을 빠른 속도의 연산에 사용하려면, 다음의 값을 고려해야 한다.

- t_S: 설정 시간setup time. 다음 번 클록 펄스가 입력을 처리하기 전까지 입력이 일정하게 유지되는 최소 시간(ns).
- t_H: 대기 시간hold time. 클록 펄스의 활성 에지가 입력을 처리한 후 입력이 지속되는 최소 시간(ns). 클록 펄스와 입력 상태 사이의 상호작용에는 짧기는 해도, 측정 가능한 시간이 필요하다. 클록이 작업하는 데 충분한 시간이 주어지지 않으면 오류가 발생할 수 있다.
- t_{CO}: 클록에서 출력까지의 시간clock-to-output time. 클록의 활성 에지 이후 출력이 변하기 전까지 걸리는 시간. 이는 칩 내부의 작동 기능이며, 다음에 소개하는 값처럼 LOW에서 HIGH로의 출력 변환, 또는 HIGH에서 LOW로의 출력 변환으로 각각 나누어 측정할 수 있다.
- T_{PLH}: LOW에서 HIGH까지의 전달 시간propagation to LOW-to-HIGH. 클록의 활성 에지 이후 출력이 LOW에서 HIGH로 바뀔 때까지 걸리는 시간이다. T_{PHL} 값과 같지 않을 수 있다.
- T_{PHL}: HIGH에서 LOW까지의 전달 시간propagation to HIGH-to-LOW. 클록의 활성 에지 이후 출력이 HIGH에서 LOW로 바뀔 때까지 걸리는 시간이다. T_{PLH}와 같지 않을 수 있다.
- f_{MAX}: 신뢰할 수 있는 동작에서 최대 클록 주파수.

- $t_{W(H)}$: HIGH 클록 펄스의 최소 폭(ns)
- $t_{W(L)}$: LOW 클록 펄스의 최소 폭(ns)

여러 플립플롭이 순서대로 연결되어 있는 시프트 레지스터나 카운터에서 같은 클록을 공유할 때, 플립플롭 중 1개의 t_{CO}는 그다음 플립플롭의 대기 시간보다 짧아야 한다. 그래야 짧은 기회가 사라지기 전에 데이터 입력을 완료할 수 있다.

사용법

비동기식 SR 플립플롭은 스위치를 디바운싱하는 데 주로 사용한다. 예로는 싱글 MAX6816, 듀얼 MAX6817, 옥탈 MAX6818 등이 있다.

D 유형 플립플롭은 펄스를 세거나 2진 출력을 나타낼 때 사용하는 주파수 분주기frequency divider로 많이 활용한다. NOT-Q 출력이 D 입력으로 다시 연결되면, 클록 입력으로 가는 펄스로 인해 다음과 같은 효과가 발생한다.

1. D의 첫 상태가 LOW이고, NOT-Q의 첫 상태가 LOW라고 가정한다.
2. HIGH 상태의 첫 번째 클록 펄스가 D의 LOW 상태를 플립플롭에 전달한다.
3. LOW 상태의 다음 번 클록이 NOT-Q 출력을 HIGH로 만든다. 이 출력은 다시 피드백되어 HIGH 상태의 D 입력을 생성한다.
4. 두 번째 클록 펄스가 D의 HIGH 상태를 플립플롭에 전달한다.
5. LOW 상태의 다음 번 클록이 NOT-Q 출력을 LOW로 만든다. 이 출력은 다시 피드백되어서 LOW 상태의 D 입력을 생성한다.

이 과정이 계속 반복된다. NOT-Q(또는 Q)에서 HIGH 상태 출력이 클록 펄스 2개마다 하나씩 생성된다. 그러므로 회로는 2진 카운터가 될 수 있다. Q 출력을 다른 플립플롭의 클록 입력으로 사용한다면, 회로는 이제 4진 카운터의 출력을 갖는다. 여러 개의 플립플롭이 사슬 형태로 연결될 수 있으나, 신호가 다음 클록 펄스보다 먼저 플립플롭 사슬을 따라 전달될 수 있을 정도로 빨라야 한다. 이 회로를 비동기식 카운터asynchronous counter라고 한다.

카운터의 사용에 관한 더 많은 정보는 13장을 참조한다.

플립플롭이 디지털 연산에서 다른 부품과 통합되고 있지만, 8비트 또는 16비트 직렬 데이터를 병렬 데이터로 분산하기 전에 이를 한 번에 결합해야 하는 레지스터에서는 여전히 이를 사용한다.

주의 사항

애매하게 명시된 문서

이유는 잘 알 수 없지만, 플립플롭에 대한 설명서와 지침서를 언제나 신뢰할 수 있는 것은 아니다.

- 진리표에서 회로가 활성화되는 논리 상태를 HIGH인지 LOW인지 분명히 명시하지 않을 수 있다.
- 서로 다른 자료에서 진리표에 명시된 전류와 출력 상태가 일치하지 않는 경우가 많으며, 클록이 있는 플립플롭에서 클록 상태가 포함되지 않을 수 있다.
- 지침서에 플립플롭 회로에 대한 논리 다이어그

램이 일부 포함되지 않을 수 있다.

- NAND 게이트를 사용할 수 있는데도(이쪽을 더 흔하게 사용하며 더 편리할 수 있다), 이에 대한 언급 없이 NOR 게이트만 사용할 수 있다.
- SR 플립플롭에서 입력이 활성화되는 상태가 LOW인지 HIGH인지 명시되지 않을 수 있다.

1차로 정보를 얻을 수 있는 곳이 제조사의 데이터 시트라면 이 점을 고려해 내용을 확인해야 한다.

잘못된 활성화

흔히 에지 트리거용으로 설계된 플립플롭이 레벨 트리거level triggering되거나 또는 레벨 트리거용으로 설계된 플립플롭이 에지 트리거되면 잘못된 결과가 발생할 수 있다. 상승 에지에서 활성화되는 플립플롭은 하강 에지에서 활성화되는 플립플롭과 구별되어야 한다. 항상 비슷한 기능과 외형을 가진 부품은 분리해서 보관하는 것이 중요하다.

불안정 상태

이 장에서는 플립플롭이 제조사가 설정한 매개변수 내에서 제대로 작동하는 이상적인 상황을 전제로 그 작동을 설명했다. 실제로는 이상적이지 않은 상황이 발생할 수 있다. 특히 데이터와 클록, 클록과 리셋 등의 입력이 동시에 일어난다면 더 그렇다. 센서와 같은 외부 장치에서 신호를 받는다면, 도착 시간을 제어할 수 없어서 이러한 상황을 피하기 어려울 수 있다. 또 입력이 클록 펄스의 준비나 대기 시간에 발생한다면, 플립플롭은 입력과 클록 중 어느 것이 먼저 발생했는지 모를 수 있다.

이렇게 되면 예상치 못한 출력이나 진동으로 인해, 안정 상태가 자리잡기까지 몇 번의 클록 주기를 지나야 하는 불안정 상태metastability가 발생한다. 응답 시간이 약간 다른 2개의 개별 부품이 플립플롭의 출력을 사용할 수 있다고 하면, 진동하는 출력을 한 부품은 HIGH 상태로, 다른 부품은 LOW 상태로 해석한다. 연산 회로의 불안정 상태는 연산 오류나 시스템의 기능 정지로 이어질 수 있다. 이 문제를 피하려면 데이터시트의 제한 사항을 준수해야 한다. 제조사의 최소 준비 시간과 대기 시간 사양을 확인하면, 회로가 신호를 인식하고 반응하는 충분한 시간을 확보할 수 있다.

불안정 상태에 대한 한 가지 해결책으로 여러 플립플롭을 직렬로 연결하고, 하나의 공통 클록 신호를 공유하는 방법이 있다. 이렇게 하면 불규칙한 신호를 걸러내기 쉬워진다. 대신 플립플롭이 투명하지 않으면, 클록 주기를 추가하는 손해를 감수해야 한다.

이렇게 연결된 플립플롭은 불안정 상태를 최소화할 수 있지만, 완전히 제거하지는 못한다.

기타 문제점

일반적으로 디지털 칩에 영향을 미치는 문제들은 10장의 논리 게이트를 참조한다(129쪽의 '주의 사항' 참조).

12장

시프트 레지스터

시프트 레지스터shift register는 하이픈으로 연결해서 쓰는 일이 드물다. 본 백과사전에서는 하이픈 없이 사용한다.

시프트 레지스터는 큐queue의 기능을 할 수 있지만, 큐는 소프트웨어에 더 익숙한 용어다. 시프트 레지스터에서 마지막 단계의 출력이 입력으로 다시 연결되면 링 카운터ring counter의 역할을 할 수도 있지만, 그런 응용은 본 백과사전의 카운터 counter 장에서 다룬다.

부품 카탈로그에서는 시프트 레지스터를 별도로 구분하지 않고, 2진 리플 카운터binary ripple counter의 한 종류로 분류하기도 한다. 본 백과사전에서 2진 카운터는 2진 가중 출력binary-weighted output(10진수 1, 2, 4, 8… 등의 값)을 갖는다고 간주하기에 카운터 장에서 다룬다. 시프트 레지스터의 출력이 반드시 2진 가중 출력일 필요는 없다.

관련 부품

- 플립플롭(11장 참조)
- 카운터(13장 참조)
- 멀티플렉서(16장 참조)

역할

레지스터register는 정보를 저장하는 부품(또는 컴퓨터 메모리의 섹션)이다. 정보의 최소 단위는 비트(즉, 2진수 숫자 1개)며, HIGH와 LOW 논리 상태를 나타내는 1과 0의 값을 갖는다. 시프트 레지스터shift register는 8비트 저장용이 가장 보편적이지만, 4비트 저장용으로 설계되기도 한다.

각각의 비트는 플립플롭flip-flop 상태에 따라 레지스터에 저장된다. 플립플롭에 관한 자세한 설명은 11장을 참조한다. 시프트 레지스터가 외부 클록clock에서 펄스를 하나 받으면, 저장된 모든 비트는 각 플립플롭에서 다음 플립플롭으로 한 자리씩 옮겨 간다. 이때 입력 핀의 HIGH 또는 LOW 상태가 클록과 함께 첫 번째 플립플롭으로 입력되며, 마지막 플립플롭 비트에는 그 앞 플립플롭의 비트가 입력된다. 다음 페이지 [그림 12-1]은 4비트의 기본 시프트 레지스터의 기능을 나타내는 다이어그램이다.

입력 핀의 상태는 클록으로 복사해 첫 번째 플립플롭으로 보내기 전까지는 무시된다는 점에 주

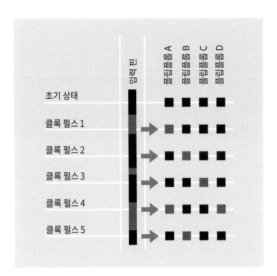

그림 12-1 4비트 시프트 레지스터의 기능. 여기서 각 플립플롭은 HIGH 또는 LOW 상태로 설정할 수 있으며, 각각 빨간색과 검정색 사각형으로 나타낸다. HIGH 비트가 클록과 함께 칩에 입력되면, 해당 비트는 클록 펄스당 한 칸씩 이동한다.

의한다. [그림 12-1]의 입력 핀에서 클록 펄스 3이 오기 직전에 아주 짧은 HIGH 상태가 있으면 HIGH 상태는 무시된다. [그림 12-2]는 시프트 레지스터 칩이다.

최근에는 시프트 레지스터의 기능을 훨씬 더 큰 논리 칩에 포함하는 경우가 많기 때문에, 해당

그림 12-2 8비트의 시프트 레지스터 칩. 개방 드레인 출력으로 상대적으로 높은 전류의 장치를 구동할 수 있는 '출력 논리(power logic)'를 사용하고 있다는 점에서 흔하지 않은 제품이다. 각 출력 핀의 최대 싱크 전류는 전압이 최대 45VDC일 때 250mA이다.

부품을 단독으로 사용하는 일은 예전보다 크게 줄었다. 그러나 여전히 시프트 레지스터는 직렬-병렬 또는 병렬-직렬 변환, 그리고 매트릭스 부호 키보드나 키패드의 스캔 등 소소한 작업에 유용하게 쓰인다. 또한 교육 목적으로도 응용되는데, 마이크로컨트롤러와 함께 사용할 수 있다.

회로 기호

시프트 레지스터는 표준화된 회로 기호가 없다. 회로도에서 단순한 직사각형 모양으로 나타내며, 항상 그런 것은 아니지만 보통 왼쪽에는 제어 입력, 위쪽에는 데이터 입력, 아래쪽에는 데이터 출력을 표시한다. [그림 12-3]은 시프트 레지스터 회로 기호를 실제 칩과 핀 배열 다이어그램으로 나타낸 것이다. 입력, 출력, 제어 기능을 나타내는 약어의 뜻은 149쪽의 '작동 원리'에서 설명한다.

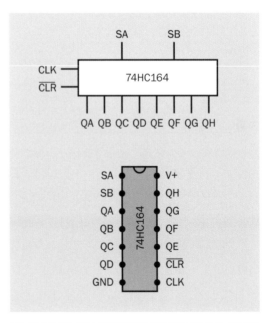

그림 12-3 시프트 레지스터의 대표적인 회로 기호 표현 방식. 실제 부품의 핀 배열과 비교해 나타낸다.

단, 시프트 레지스터의 회보 기호는 이들 포함하는 칩의 실제 형태와 외관상 비슷할 수 있으나, 실제 핀 배열은 다를 수 있다.

작동 원리

시프트 레지스터는 보통 D 유형 플립플롭의 사슬 형태로 구성된다. 플립플롭에 관한 자세한 설명은 11장의 플립플롭을 참조한다. 가장 단순한 형태의 시프트 레지스터는 직렬 입력, 직렬 출력 serial-in, serial-out 기능을 하며, 약어는 SISO이다. 시프트 레지스터로 들어오는 첫 번째 비트는 반대편 끝에서 첫 번째로 나가기 때문에 선입선출 first-in, first-out 데이터 저장 장치라고도 하며, 약어는 FIFO다.

[그림 12-4]는 4비트 SISO 시프트 레지스터에서 플립플롭 간의 기본 연결을 보여 준다. 각 구역의 입력이 D이므로, 해당 플립플롭이 D 유형이라는 사실을 알 수 있다. 각 플립플롭의 출력은 Q로 표시한다.

각 클록 입력은 CLK로 표시한다. 각 플립플롭의 출력이 다음 플립플롭의 입력과 연결되며, 이 2개의 플립플롭이 동일한 클록 신호를 공유할 때 클록 신호로 인해 세 번째 플립플롭의 상태가 네 번째 플립플롭으로 복사되고, 두 번째 플립플롭의

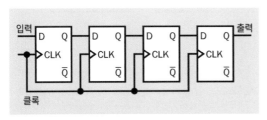

그림 12-4 가장 단순한 형태의 시프트 레지스터는 직렬 입력, 직렬 출력 (SISO) 장치다. 이 예에서는 D 유형의 플립플롭을 4개 사용했다.

출력이 세 번째로, 첫 번째 플립플롭의 출력이 누 번째로 복사되며, 마지막으로 입력 상태가 첫 번째 플립플롭으로 복사된다.

약어

시프트 레지스터에는 보통 그 순간의 클록 상태에 관계없이 모든 레지스터를 즉시 '비우기(clear)'라는 입력이 추가된다. 이 입력은 보통 CLR로 표시하며, LOW 상태에서 활성화되면 문자 위에 짧은 선을 표시한다(일반적인 관행). MR(master reset) 이라는 약어로 표시되는 핀은 CLR과 기능이 동일하다.

CLR은 클록 상태에 관계없이 작동하기 때문에, 클리어 신호는 비동기식 입력 asynchronous input 이다.

CLK를 클록 입력을 나타낼 때 주로 사용하지만, SCLK(serial clock)나 CP(clock pulse 입력)를 대신 사용하기도 한다. 만약 시프트 레지스터가 두 단계로 이루어져 있고, 첫 번째 단계에서 데이터 클록이 입력, 두 번째 단계에서 데이터 클록이 출력일 경우 두 단계는 별도의 클록을 갖는다. 이때는 다른 약어를 사용해 클록을 구별해 준다. 이는 표준화된 방법이 아니지만, 이에 관한 설명은 제조사의 데이터시트에 포함되어야 한다. 클록 입력에 사용하는 약어와 관계없이, LOW 상태일 때 활성화되면 약어 위에 짧은 선을 붙인다.

시프트 레지스터에서는 보통 '에지 트리거 edge triggering 된다'라는 표현을 쓰는데, 이 말은 클록 펄스의 상승 또는 하강 에지로 인해 비트 이동 연산이 활성화된다는 뜻이다. 클록이 LOW에서 HIGH 로 변환될 때 반응하면 '상승 에지 트리거 rising-edge triggering된다'라고 하고, HIGH에서 LOW로 변환될 때 반응하면 '하강 에지 트리거falling-edge triggering된다'라고 말한다. 하강 에지 트리거는 회로도에서 에지 트리거되는 장치를 나타내는 삼각형 기호 앞에 동그라미bubble를 붙여 나타낼 수 있다.

대다수 시프트 레지스터는 상승 에지 트리거된다.

병렬 출력과 입력

여러 개의 시프트 레지스터에서 데이터는 (모든 플립플롭에서 동시에) 병렬로 읽어 들일 수 있으며, 이때 병렬 입력을 위해 마련된 핀을 사용한다. 이런 면에서 시프트 레지스터는 직렬-병렬 컨버터serial-parallel converter(직렬 입력, 병렬 출력serial-in, parallel-out을 뜻하며, SIPO로 간단히 나타낸다)의 역할을 할 수 있다. [그림 12-5]는 이를 위한 내부 연결을 간단히 나타낸 회로도다.

병렬 출력은 흔히 QA, QB, QC 등(왼쪽에서 오른쪽으로 이동)으로 나타내지만, Q1, Q2, Q3, Q4 등으로 나타내기도 한다.

회로도에서 입력 핀은 일반적으로 부품 왼편에 위치한다. 보통 2개의 입력이 제공되며, 이 입력은 내부에서 NAND 게이트의 입력으로 연결된다. 입력은 A와 B로 나타낼 수 있지만, 직렬 입력을 뜻하는 SA와 SB로 표시하기도 한다. S1과 S2를 사용할 수도 있다. 병렬 입력이 존재하면 PA, PB, PC 등으로 나타낼 수 있다.

[그림 12-1]에서 설명한 것처럼 직렬 데이터가 비동기식으로 공급될 경우, 다음 클록 펄스는 시프트 레지스터를 활성화하기 전까지 무시된다. 이때 복사된 입력 상태가 첫 번째 플립플롭으로 입력되며, 그동안 시프트 레지스터에 저장되어 있던 데이터는 플립플롭 사슬을 따라 이동한다. 데이터시트에서는 관습상 [그림 12-6]과 같은 다이어그램으로 표시한다. 이 다이어그램은 시프트 레지스터가 상승 에지에서 활성화된다고 가정한다. 단, 발생한 클록 트리거와 일치하지 않는 입력에서 짧은 변동이 생기면, 이 변동은 무시된다는 점에 주의한다.

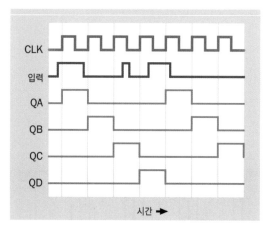

그림 12-6 상승 에지에서 트리거되는 시프트 레지스터. 비동기식 입력의 HIGH 또는 LOW 상태(보라색)가 각 클록 펄스(주황색)에서 복사되어 시프트 레지스터의 첫 번째 플립플롭으로 입력된다. 상승 클록 펄스와 일치하지 않는 짧은 변동은 무시된다. 레지스터에 이미 저장되어 있던 데이터는 하나의 플립플롭에서 그다음 플립플롭으로 이동한다.

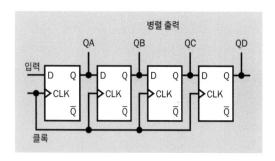

그림 12-5 시프트 레지스터의 핀 여러 개가 플립플롭 사슬을 따라 나타나는 점에 연결되어 있는 모습. 이렇게 연결하면 시프트 레지스터에서 데이터를 병렬로 읽어 들일 수 있다.

다양한 유형

직렬 입력, 직렬 출력

기본 SISO 시프트 레지스터에서는 직렬 입력(플립플롭 사슬의 한쪽 끝)과 직렬 출력(사슬의 반대쪽 끝)만 가능하다. 데이터의 병렬 출력을 위한 핀은 사용할 수 없다.

SISO 유형의 부품은 보통 64비트를 저장할 수 있는데, 병렬 출력을 지원하려면 너무 많은 핀이 필요하기 때문에 그다지 실용적이지 않다. 4031B 칩이 대표적인 예다. 이 칩은 비트를 다시 순환시키는 규정을 포함하고 있어 링 카운터ring counter의 역할도 수행한다(이 기능에 관한 설명은 13장 참조). 논리 칩과 마찬가지로 부품 번호 앞에는 제조사를 나타내는 문자가 있으며, 뒤에 있는 문자로 칩 유형을 구별한다.

SISO 시프트 레지스터에는 프로그램 가능한programmable 유형도 있다. 프로그램 가능한 SISO 시프트 레지스터는 1~64의 숫자 중 하나를 저장할 수 있다. 이 수는 이런 목적을 위해 할당된 핀 5개의 HIGH/LOW 상태를 이용해 2진수로 나타낸 값이다. SISO 시프트 레지스터의 대표적인 예로는 4557B가 있다.

직렬 입력, 병렬 출력

대다수 직렬 입력 시프트 레지스터는 플립플롭 사슬 끝에 위치한 직렬 출력 외에도 플립플롭 사슬을 따라 위치한 점들에서 병렬 출력을 생성할 수 있다. 이 유형의 칩은 거의 대부분 8비트 레지스터다. 보통 2개의 입력이 제공되는데, 그중 하나는 사슬 끝에서 비트를 받아 처음으로 다시 보내

순환에 사용한다. 널리 사용하는 제품으로 4094B와 74x164가 있으며, 여기서 x는 논리 게이트의 제품군을 구별하기 위한 약어다.

병렬 입력, 직렬 출력

일부 시프트 레지스터는 병렬-직렬 컨버터parallel-serial converter(병렬 입력, 직렬 출력parallel in, serial out을 뜻한다. 간단히 줄여서 PISO라고 한다)의 역할을 할 수 있다. 보통 이런 칩에서는 잼 유형jam-type의 병렬 데이터 입력을 허용하는데, 이는 각 플립플롭의 개별 핀을 통해 데이터를 입력한다는 의미다. 병렬 입력은 직렬/병렬 제어 핀의 상태로 활성화된다. 제어 핀이 반대 상태로 돌아가면 각 클록 펄스는 플립플롭 사슬을 따라 데이터를 이동시키는데, 최종 출력에서 한 번에 한 비트의 값을 읽어 온다. 따라서 데이터는 병렬로 칩에 입력되고 직렬로 출력된다. 대표적인 예로는 4014B와 4021B가 있다. 둘 다 8비트 시프트 레지스터다.

병렬 입력, 병렬 출력

병렬 입력에 병렬 출력을 허용하는 시프트 레지스터는 거의 대부분 범용 유형universal type으로 다음 섹션에서 설명한다.

범용 시프트 레지스터

범용 시프트 레지스터universal shift register에서는 SISO, SIPO, PISO, PIPO 4가지 모드 연산이 모두 가능하다. 2개의 모드 선택(mode select) 핀에 걸리는 HIGH/LOW 상태에 따라 4가지 모드 중 하나가 선택된다. 범용 시프트 레지스터는 레지스터의 상태를 왼쪽, 또는 오른쪽으로 이동시킬 수도 있

다. 양방향 시프트 레지스터bidirectional shift register 에서도 이동 방향을 선택할 수 있으며, 칩에 따라 PISO와 PIPO 모드도 가능하다. 대표적인 예가 74x195와 74x299이며, 부품 번호의 문자 x는 논리 제품군을 나타내는 문자 대신 사용한다.

범용 시프트 레지스터는 대부분 4비트, 또는 8비트다. 범용 시프트 레지스터는 상대적으로 복잡한 기능이 있는 경우가 많은데, 그 예로 내부 JK 플립플롭에 대한 접근이나 활성(enable) 핀이 HIGH인지 LOW인지에 따라 다른 기능을 제공하는 다중화multiplexing 핀이 있다. 정확하게 사용하려면 데이터시트를 신중히 확인해야 한다.

사용 면에서는 SIPO나 PISO 전용 시프트 레지스터 쪽이 좀 더 쉽다.

부품값

다른 논리 칩과 마찬가지로 스루홀 유형의 74xx 시리즈 플립플롭은 대부분 5VDC 전원에서 사용하도록 고안된 반면, 기존 4000 시리즈는 최대 18VDC의 전원을 견딜 수 있다. 표면 장착형 제품은 최소 2VDC의 전압을 사용할 수 있다.

허용되는 입력의 HIGH/LOW 상태에 관해서는 10장의 논리 게이트를 참조한다. 4000 시리즈 칩의 출력부는 5VDC에서 1mA 미만의 전류를 전원으로 사용하지만, 74HCxx 시리즈는 약 20mA의 전류를 사용한다.

시프트 레지스터를 고속 연산에 사용하려면 다음의 값을 고려해야 한다(동일한 표기법과 비슷한 부품값은 플립플롭 사양에서 확인할 수 있다)

- t_S: 설정 시간setup time. 시프트 레지스터의 입력

상태는 클록 펄스가 입력을 처리할 때까지 아주 짧은 시간 동안 유지되어야 한다. 이 시간을 설정 시간이라고 한다. 4000 시리즈 칩에서 권장 설정 시간은 최대 120ns이다. 74xx 칩의 설정 시간은 이보다 훨씬 짧다.

- t_H: 대기 시간hold time. 클록 펄스의 활성 에지가 입력을 처리한 후 입력이 지속되는 최소 시간 (ns). 시프트 레지스터에서는 대기 시간이 필요하지 않은 경우가 많은데, 칩이 이미 클록 펄스의 상승 에지로 활성화되어 있기 때문이다.

- t_{CO}: 클록에서 출력까지의 시간clock-to-output time. 클록의 활성 에지 이후 출력이 변하기 전까지 걸리는 시간. 이는 칩 내부의 작동 기능이며, 다음에 소개하는 값처럼 LOW에서 HIGH로의 출력 변환, HIGH에서 LOW로의 출력 변환으로 각각 나누어 측정할 수 있다.

- T_{PLH}: LOW에서 HIGH까지의 전달 시간propaga-tion to LOW-to-HIGH. 클록의 활성 에지 이후 출력이 LOW에서 HIGH로 바뀔 때까지 걸리는 시간. T_{PHL} 값과 같지 않을 수 있다.

- T_{PHL}: HIGH에서 LOW까지의 전달 시간propaga-tion to HIGH-to-LOW. 클록의 활성 에지 이후 출력이 HIGH에서 LOW로 바뀔 때까지 걸리는 시간. T_{PLH} 값과 같지 않을 수 있다.

- f_{MAX}: 신뢰할 수 있는 동작에서 최대 클록 주파수. 4000 시리즈 칩의 이전 설계에서는 전원이 5VDC일 때 3MHz의 주파수가 권장되었다. 전원 전압이 높으면 주파수가 높아진다. 74HC00 시리즈에서 전압이 5VDC일 때, 최대 주파수는 20MHz이다.

- $t_{W(H)}$: HIGH 클록 펄스의 최소 폭(ns). 4000 시

리즈 칩의 이전 설계에서 전원이 5VDC일 때 180ns의 펄스 폭이 권장되었다. 전원 전압이 높으면 펄스 폭이 짧아진다. 74HC00 시리즈에서 전압이 5VDC일 때, 최단 펄스는 20ns이다.

- $t_{W(L)}$: LOW 클록 펄스의 최소 폭(ns). $t_{W(H)}$의 값과 같을 수 있다.

전력에 관한 고려 사항

시프트 레지스터는 논리 게이트 제품군의 일반적인 전원 요건을 따른다. 이에 관한 자세한 내용은 10장의 논리 게이트logic gate에서 설명한다. 마찬가지로 시프트 레지스터의 전원 전류나 싱크 전류 사양은 사용하는 논리 게이트의 제품군에 따라 결정된다. 그러나 시프트 레지스터의 레지스터마다 개방 드레인 출력open drain output 단계를 추가하면, 최대 250mA의 전류를 끌어올 수 있다. [그림 12-2]에서 볼 수 있는 텍사스인스트루먼츠Texas Instruments 사의 TPIC6596이 대표적인 예다. 개방 드레인 출력을 임의의 부동 입력floating input을 허용하지 않는 논리 장치에 연결할 때는 반드시 풀업 저항pullup resistor을 추가해야 한다.

3상태 출력

칩은 3상태 출력three-state output을 가질 수도 있다 (이 용어는 처음에는 상표권으로 등록되었으나 지금은 일반 명사로 사용한다). 즉, 칩이 출력을 바꿀 수 있어서 출력이 HIGH나 LOW의 논리 상태에서 전류를 전원으로 사용하거나 끌어오지 않고, HIGH 임피던스를 가질 수도 있다는 뜻이다. 이때 칩은 같은 출력 버스를 공유하는 다른 칩에는 '보이지 않는invisible' 상태가 된다. HIGH 임피던스 상태가 출력 활성화output enable를 뜻하는 별도의 OE 핀으로 활성화되면, 보통 이런 상태가 시프트 레지스터에서 나오는 모든 출력에 동시에 걸린다. 3상태 출력의 시프트 레지스터로는 74x595나 4094B 칩이 있다.

HIGH 임피던스 상태는 시프트 레지스터의 출력을 회로 밖으로 스위칭하는 것과 거의 동일하다고 생각할 수 있다. 따라서 버스를 공유하는 다른 부품들 역시 HIGH 임피던스 출력 모드라면, 버스는 결과를 분명히 알 수 없는 '부동' 상태가 된다. 이를 피하기 위해 각 버스 라인에 10~100K의 풀업 저항을 사용할 수 있다.

시프트 레지스터의 내부 부품을 데이터시트에서 나타낼 때, 3상태 출력은 보통 버퍼나 인버터 기호를 써서 표시하며 [그림 12-7]과 같이 제어 입력이 삼각형 윗변에 추가된다. 앰프나 op 앰프에 양의 전원을 입력할 때와 비슷하기 때문에 혼동하지 않아야 한다(논리 칩의 내부 성분을 보여 주는 회로도에는 전원 연결이 포함되지 않는다).

사용법

시프트 레지스터의 SISO는 데이터를 저장한 다

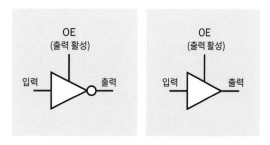

그림 12-7 시프트 레지스터는 HIGH 또는 LOW 논리 상태에 HIGH 임피던스를 추가한 3상태 출력을 가질 수 있다. 이를 위해서는 출력 활성 (output enable) 핀을 사용한다. 보통 시프트 레지스터 칩 내부에서 인버터(왼쪽)나 버퍼(오른쪽)의 추가 입력 형태로 표시한다.

음, 그 데이터를 한 플립플롭에서 다음 플립플롭으로 차례로 이동시킨 플립플롭 사슬의 가장 마지막에 있는 데이터를 읽어 온다. 이 방식은 오직 데이터 전송을 지연하기 위한 목적으로 사용하기도 한다.

시프트 레지스터의 SIPO(직렬 입력, 병렬 출력) 응용은 마이크로컨트롤러의 출력이 여러 장치를 제어하기에 충분하지 못할 때 사용하면 유용하다. 직렬 데이터는 마이크로컨트롤러의 단일 출력을 시프트의 입력으로 보낸다. 그러면 칩은 각각의 병렬 출력 핀에서 별도의 장치를 구동할 수 있다. 만약 장치가 8개라면 마이크로컨트롤러에서 8비트 시퀀스를 보낼 수 있으며, 시프트 레지스터의 비트를 병렬로 읽어 들여 비트당 장치 하나의 ON/OFF 상태를 제어할 수 있다. 더 많은 장치를 사용할 때는 시프트 레지스터를 첫 번째 시프트 레지스터의 출력에 직렬로 연결하는 데이지 체인daisy-chain 방식을 사용할 수 있다.

클록 신호는 마이크로컨트롤러로 공급할 수 있으며, 원한다면 시프트 레지스터의 클리어 입력 신호도 제공할 수 있다. 아니면, 시프트 레지스터의 이전 비트 상태를 단순히 '클록으로 출력clocked out'한 뒤 새로운 직렬 데이터로 대체할 수도 있다. 소프트웨어를 이용한 직렬 통신 방식인 '비트 뱅잉bit-banging'1 과정에서, 시프트 레지스터의 병렬 출력은 마이크로컨트롤러의 속도가 충분히 빠르면 출력 장치와 직접 연결된 상태로 유지된다. 그 이유는 릴레이 같은 장치는 극히 짧은 펄스에 반응하지 않기 때문이다.

개방 드레인 출력이 없는 일반 시프트 레지스터에서, 버퍼는 LED보다 전류를 많이 소모하는

장치에 충분한 전류를 공급하기 위해 필요하다.

만약 시프트 레지스터를 PISO 모드(병렬 입력, 직렬 출력)로 구성하면, 이를 마이크로컨트롤러의 입력부에 둘 수 있어 다양한 장치를 폴링polling(컴퓨터에서 여러 대의 단말 장치에 송신 요구가 있는지 순차적으로 확인하고, 있다면 송신을 시작하게 하는 전송 제어 방식 – 옮긴이)하고 그 상태를 직렬로 마이크로컨트롤러에 입력한다.

듀얼 입력

시프트 레지스터에 2개의 직렬 입력이 있는 경우는 흔하며, 이때 입력은 거의 대부분 내부의 NAND 게이트로 입력된다. 시프트 레지스터가 링 카운터ring counter 기능을 한다면, 플립플롭 사슬 끝부분에서 나온 출력이 사슬의 처음과 다시 연결된다. 그러나 이 기능을 사용하지 않고 하나의 입

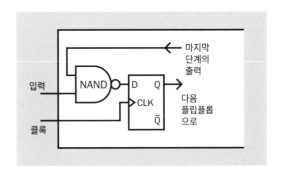

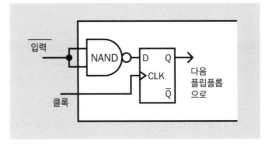

그림 12-8 시프트 레지스터에서 입력 2개를 내부 NAND 게이트와 연결할 때, 구성 가능한 두 가지 방법

력만 사용할 경우에는 시프트 레지스터로 들어가는 2개의 입력을 하나로 묶을 수 있다. 이때 입력은 LOW일 때 활성화된다. [그림 12-8]은 구성 가능한 두 가지 방법이다. 입력을 부동 상태floating, 또는 연결되지 않은 상태로 남겨 두지 않는 것이 중요하다.

시프트 레지스터의 사전 로딩

재순환하는 하나의 비트를 출력에 사용하기 위해 (또는 비슷한 용도로) 시프트 레지스터를 사용할 경우, 시프트 레지스터를 첫 레지스터의 HIGH 상태로 미리 로딩해주어야 한다. 이를 위해 회로에 전원이 공급될 때만 활성화되는 일회식(단안정) 타이머가 필요할 수 있다.

키보드 폴링하기

2개의 시프트 레지스터를 사용하면 매트릭스 부호형 키보드나 키패드의 데이터 라인을 스캔할 수 있다. 이 작업을 가리켜 '키보드를 폴링polling한다'고 한다. 스캔 속도가 충분히 빠르면, 사용자가 키를 입력했을 때 이에 대한 거의 즉각적인 반응을 경험할 수 있다.

전체 회로가 너무 크고 복잡해 이 책에 포함하지는 않았지만, 인터넷에서 여러 예를 찾아볼 수 있다.

산술 연산

시프트 레지스터는 본래 2진수의 산술 연산에 사용했다. 가장 왼쪽에 위치한 최상위 숫자인 8비트(즉, 1바이트) 수에서 각 자릿수를 오른쪽으로 한 칸 옮기면, 처음 수를 2로 나누는 효과가 생긴다.

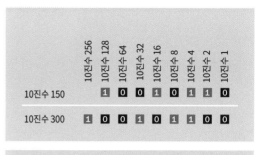

그림 12-9 위 다이어그램에서 시프트 레지스터를 사용해 8비트로 나타낸 2진수는 모든 비트를 왼쪽으로 한 칸씩 옮기면 원래 수에 2를 곱한 수가 된다. 아래 다이어그램도 마찬가지다. 동일하게 8비트로 나타낸 2진수는 모든 비트를 오른쪽으로 한 칸 옮기면, 원래 수를 2로 나눈 수가 된다. 2진수를 10진법으로 나타낸 값은 왼쪽에 표시했다.

비트를 왼쪽으로 한 칸 옮겨 얻은 바이트 값은 처음 수에 2를 곱한 수가 된다(단, 최상위 비트를 왼쪽으로 옮긴다면, 이를 저장하는 레지스터를 추가해야 한다). [그림 12-9]에서 이 개념을 그림으로 보여 준다.

[그림 12-9]의 위 다이어그램에서, 2진수인 10010110(임의로 선택)은 시프트 레지스터의 플립플롭 8개로 나타낸 것이다. 각 자릿수 위에는 10진수로 나타낸 자릿값이 표시되어 있다. 1이라고 표시되어 있는 자리의 자릿값을 모두 더하면, 합은 128+16+4+2=150이 된다. 2진수 값을 한 칸 왼쪽으로 이동시킨 값은 다이어그램 중앙의 흰 선 아래에 적혀 있으며, 숫자가 한 자리씩 이동하고 비워진 가장 오른쪽 칸에는 숫자 0이 삽입된다. 가장 왼쪽에 추가되는 위치의 자릿값을 256이라고 할 때, 총합은 256+32+8+4=300이다.

아래 다이어그램은 같은 2진수를 오른쪽으로 한 칸씩 이동시킨 다음, 가장 왼쪽에 0을 추가한 것이다. 10진수로 나타낸 자릿값을 더하면, 합은 64+8+2+1=75가 된다.

　디지털 연산이 개발되기 시작한 1960년대와 1970년대에는 시프트 레지스터를 이런 식으로 사용하는 게 일반적이었다. 그러나 시간이 흐르면서 현대의 CPU 칩이 이 기능을 맡게 되었고, 시프트 레지스터를 개별 부품으로 사용하는 일은 점점 드물어졌다.

버퍼링

시프트 레지스터는 클록 속도가 다른 두 회로 사이에서 버퍼buffer 역할을 할 수 있다. 숫자는 첫 번째 회로의 클록과 함께 입력되고, 그다음 두 번째 회로의 클록과 함께 출력된다. 2개의 클록 입력을 허용해, 버퍼로 사용하는 시프트 레지스터도 있다.

주의 사항

디지털 칩에 영향을 미치는 문제에 관해서는 논리 게이트 장을 참조한다(129쪽 '주의 사항' 참조).

혼동되는 분류

시프트 레지스터는 기능 측면에서 2진 리플 카운터counter와 비슷하기 때문에 공급업체에서는 카운터로 분류하기도 한다. 사실 2진 카운터에서 출력의 자릿값은 거의 항상 1, 2, 4, 8⋯로 증가하지만, 시프트 레지스터의 출력에는 자릿값 자체가 없다.

　시프트 레지스터를 검색할 때는 직렬에서 병렬, 직렬에서 직렬, 병렬에서 직렬, 병렬에서 병렬과 같이 '카운팅 순서counting sequence'를 특정해서 찾을 수 있다. 만약 '카운팅 순서'가 단순히 증가

또는 감소라면 해당 부품은 카운터고, 그렇지 않으면 시프트 레지스터다.

부족한 설정 시간

시프트 레지스터 내의 각 플립플롭은 다음 트리거가 발생해 데이터를 이동시키기 전까지 입력 상태를 안정적으로 유지해야 한다. 설정 시간이 데이터시트에서 명시한 최소 시간보다 짧다면 결과를 예측할 수 없다.

연결되지 않은 입력

많은 시프트 레지스터가 내부의 플립플롭 사슬로 보내는 2개의 입력 중 하나만 선택하기 때문에 그 중 하나를 실수로 연결하지 않고 남겨 두기 쉽다. 부동 입력은 고스트 전자기장stray electromagnetic field에 취약하며 무작위 결과를 생성한다.

출력의 활성화 문제

3상태 논리 출력이 있는 시프트 레지스터의 출력 활성 핀은 보통 LOW 상태에서 활성화된다. 따라서 핀을 연결하지 않은 상태로 두면, 논리 출력이 HIGH 임피던스 모드로 들어가거나 예상치 못한 변동을 일으킨다. 3상태 출력이 필요하지 않다면, 안전을 위해 3상태 칩 사용을 피하도록 한다.

부동 출력 버스

3상태 칩이 공유하는 버스에서 풀업 저항이 생략되면 결과를 예측할 수 없다. 회로 설계에서 적어도 1개 칩이 버스에서 HIGH 또는 LOW 상태의 출력을 가지는 것처럼 보이더라도 풀업 저항은 반드시 포함해야 한다.

13장

카운터

카운터counter라는 용어는 디지털 논리 칩을 뜻한다. 개별 트랜지스터로 카운터를 만들 수 있지만, 이러한 방식은 구형이다. 카운터는 다중 릴레이나 래칫 휠ratchet wheel을 구동하는 솔레노이드solenoid 같은 부품에서도 고안될 수 있지만, 그런 전기기계식 장치는 본 백과사전에서 다루지 않는다.

이 책에서 카운터는 10진법으로 나타냈을 때, 1, 2, 4, 8…의 값을 갖는 2진 가중 출력을 생성하는 부품으로 정의한다. 이에 대한 예외가 링 카운터ring counter다. 링 카운터 는 2진 가중 출력은 아니지만, 이름에 카운터가 포함되어 있기 때문에 이 장에 수록했다. 시프트 레지스터shift register를 링 카운터로 사용할 수도 있지만, 이 부품은 더 다양한 목적으로 사용하고 다른 기능도 많기 때문에 별도의 장으로 다룬다

연속되는 출력에서 2진 숫자 하나만 달라지는 그레이 코드 카운터gray code counter는 본 백과사전에서 다루지 않는다.

관련 부품

· 플립플롭(11장 참조)
· 시프트 레지스터(12장 참조)

역할

카운터는 수를 셀 때 사용하곤 하지만, 정밀하고 신뢰할 수 있는 주파수에서 작동하는 수정 진동자quartz crystal 같은 부품과 연결하면 원하는 간격으로 시간을 측정할 수도 있다. 카운터는 입력 펄스(보통은 클록 입력clock input이라고 한다)를 받아 미리 정한 숫자까지 카운팅한 다음 처음부터 다시 시작한다. 전원이 연결되고 클록 펄스가 지속되면 리셋 신호가 들어오지 않는 한 이 방식은 반복된다.

대다수 카운터는 카운팅하는 동안 어떤 형태로든 출력을 생성한다. 가장 흔한 출력이 클록 펄스의 수를 2진 코드로 나타내는 HIGH와 LOW 상태 패턴이다. 카운터가 아주 높은 수까지 세고 다시 순환한다면, 중간의 2진 숫자들은 일부 생략될 수 있다.

컴퓨터 연산 초기에 비해 단독으로 사용하는 카운터 칩은 그다지 많지 않지만, 여전히 산업 공정, 소형 장치, 교육에서 응용되고 있으며, 스텝 모터 같은 증가식 장치incremental device를 제어하는

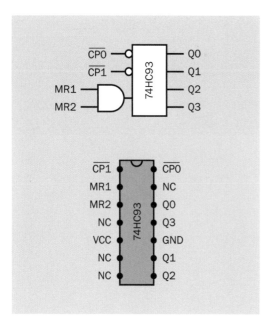

그림 13-1 카운터의 대표적인 회로도 표현 방식을 실제 부품 핀 배열과 비교했다.

그림 13-2 4비트 동기식 카운터인 74HC163. 시작값을 사용해 사전에 로딩할 수 있으며, 동기식 리셋이 가능하다.

데도 사용한다. 마이크로 컨트롤러와 함께 사용할 수 있다

회로 기호

카운터를 표시하는 정해진 회로 기호는 없다. 회로도에서 보통 직사각형 모양으로 나타내는데, 왼쪽에는 클록과 클리어 입력, 오른쪽에는 출력이 위치한다. [그림 13-1]에서는 위쪽에 회로도, 아래쪽에 실제 칩과 핀 배열을 보여 준다. 입력, 출력, 제어 기능을 뜻하는 약어는 다음 '작동 원리'에서 설명한다. [그림 13-1]의 카운터에는 MR 입력 2개가 칩 내부의 AND 게이트로 입력되므로, 카운터와 함께 AND 게이트 기호를 포함했다.

[그림 13-2]에서는 실제 카운터 칩을 볼 수 있다.

작동 원리

카운터는 플립플롭flip-flop 사슬로 구성되며, 하나의 플립플롭이 그다음 플립플롭을 활성화한다. JK, T, D 유형의 플립플롭을 사용할 수 있다. 플립플롭에 관한 자세한 설명은 11장을 참조한다. [그림 13-3]은 D 유형 플립플롭으로서, 각각의 상승 클록 펄스로 활성화된다.

처음 플립플롭의 Q 출력이 LOW 상태이기 때문에, NOT-Q 출력(Q 위에 짧은 선을 그려 표시)은 HIGH다. NOT-Q 출력은 D 입력으로 피드백되지만, 다음 클록 펄스의 상승 에지가 HIGH 상태의 D 입력을 Q 출력으로 복사하기 전에는 아무

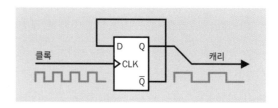

그림 13-3 D 유형 플립플롭에서 나오는 상호 보완적인(NOT-Q) 출력이 입력과 다시 연결될 때, Q 출력의 주파수는 클록 입력 주파수의 절반이 된다. 자세한 내용은 본문 참조.

런 영향을 미치지 않는다. 이제 Q 출력은 HIGH 상태, NOT-Q 출력은 LOW 상태가 되어 D 입력으로 피드백된다. 트리거가 발생했기 때문에 D 입력이 LOW 상태가 되어도 즉각적인 영향은 없다. 다음 클록 펄스의 상승 에지는 D 입력의 LOW 상태를 출력으로 복사하고, NOT-Q 출력을 HIGH로 바꾸어 주기를 다시 반복한다. 그 결과 플립플롭의 출력 주파수는 클록에서 받은 입력 주파수의 절반이 된다. 출력이 다음 플립플롭으로 전달되어 클록 입력 역할을 하면, 다시 한 번 주파수는 절반이 된다.

모듈러스와 모듈로

모듈러스modulus는 카운터가 수를 카운팅할 때 도달하는 최곳값으로, 카운터가 수를 모듈러스 값까지 세면 처음부터 카운팅이 다시 반복된다. 가끔 모듈로modulo와 혼동해서 사용하기도 한다.

사실 모듈로는 산술 연산의 하나로, 약어로 MOD라고 쓴다(머리글자는 아니지만, 보통 대문자로 표기한다). MOD 연산은 나눗셈으로 이루어지며, 연산 결과는 나눗셈의 나머지remainder이다. 따라서 100을 5로 MOD 연산한 결과는 0이다. 100을 5로 나누었을 때, 나머지는 없기 때문이다. 그러나 100을 7로 MOD 연산한 결과는 2인데, 100을 7로 나눈 나머지가 2이기 때문이다.

그러나 MOD는 또한 카운터 모듈러스의 형용사형으로 사용하기 때문에 혼란이 발생한다. 실제로 MOD-4 카운터라면 모듈러스가 4, MOD-16 카운터라면 모듈러스가 16이라는 뜻이다. 대체로 카운터를 설명할 때 모듈로와 MOD는 모두 모듈러스와 같은 의미로 사용한다. 이는 산술 연산자

로 MOD의 정확한 사용법에 이미 익숙한 컴퓨터 프로그래머에게 혼동을 줄 수 있다.

카운터에서 2의 거듭제곱이 아닌 모듈러스를 얻기 위해, 칩 내부의 논리 게이트는 특정 값(예를 들어 10진수 10을 의미하는 2진수 1010)을 가로막고 이 값을 신호로 카운팅을 0에서 다시 시작할 수 있다. 칩에 대한 외부 연결도 동일한 목적을 달성할 수 있다.

핀 식별자

데이터시트에서 핀 기능을 나타낼 때는 약어와 머리글자로 이뤄진 식별자를 사용한다. 식별자는 표준화되지 않아, 여러 변형이 존재한다.

CLK는 흔히 클록 입력clock input으로 사용하는 약어로 CK나 CP로도 쓰인다. LOW 상태나 하강 에지가 활성화되면, 글자 위에 짧은 선을 그려 넣는다. 만약 인쇄 서체에서 이를 지원하지 않아 짧은 선을 표시할 수 없다면, 약어 뒤에 작은따옴표를 붙여 CLK′와 같은 방식으로 표시한다. 카운터에서 2개 이상의 단계가 서로 별도의 클록 신호를 받는다면, 입력 핀은 CLK1과 CLK2 또는 1CLK와 2CLK, CKA와 CKB, CP1과 CP2 등의 약어를 사용해 구별한다.

클록 입력이 에지 트리거되면, 작은 삼각형을 사용해 이를 표시한다. 삼각형 표시는 [그림 13-3]에서 보여 주고 있다.

CLR은 카운트를 초기화하고, 0으로 다시 리셋할 핀을 지정한다. 이 신호는 보통 LOW일 때 활성화되며, 약어 위에 짧은 선을 그려 표시한다.

회로도에서 작은 동그라미bubble는 LOW일 때 활성화되는 모든 입력 앞에 붙인다. 클록 입력에

서 동그라미는 하강 에지에서 활성화된다는 뜻이다. 플립플롭 회로도에서 기호의 여러 적용 방법을 나타낸 [그림 11-16]을 참조한다.

CLR 연산은 동기식synchronous(다음 클록 펄스가 들어올 때 핀 상태 인식)이나 비동기식asynchronous(핀 상태가 클록보다 우선하며 즉시 카운터를 리셋)으로 이루어진다. MR은 '마스터 리셋'을 뜻하며, CLR과 같은 역할을 한다.

2개 이상의 카운터(또는 하나의 카운터에서 여러 단계)를 개별로 리셋할 때, 1개 이상의 클리어 입력이 나타난다. 약어로는 CLR1과 CLR2, 또는 MR1과 MR2라고 표시한다.

출력 핀의 식별자는 Q0, Q1, Q2… 또는 QA, QB, QC…처럼 숫자나 알파벳을 모듈러스의 최대치까지 하나씩 증가시키는 방식으로 표시한다. 하나의 칩에 2개 이상의 카운터가 있는 경우, 해당 숫자를 출력 앞에 붙여 표시한다(예, 2Q3은 두 번째 카운터의 세 번째 출력을 뜻한다). 하나의 칩에 여러 카운터를 사용하는 경우, 숫자 1부터 시작해 구별한다.

내부 플립플롭을 나타낼 때는 FF1, FF2 같은 식별자를 사용한다. 각 플립플롭에는 C나 CD(clear data)라는 자체 클리어 기능이 있다. D 유형 플립플롭에서는 입력을 D1, D2, D3…로 나타내고, JK 플립플롭에서는 J와 K로 나타낼 수 있다. 플립플롭의 입력과 출력에 관한 자세한 설명은 11장을 참조한다.

카운터의 입력은 항상 왼쪽에서 시작한다. 따라서 실제 2진수에서는 가장 오른쪽에 있는 수가 최하위 비트least significant bit지만, 내부 회로도에서는 가장 왼쪽 플립플롭이 카운터의 현잿값에서 최하위 비트가 된다.

카운터가 병렬 데이터를 입력으로 받는다면(위에서 설명), 병렬 입력을 활성화하는 PE(parallel enable) 핀도 존재한다. 카운트를 활성화하는 CE(count enable)나 CET 핀이 있는 경우도 있다.

논리 칩처럼 VCC나 V+는 보통 양의 전원 핀을 나타낼 때 사용하고, GND나 V-는 음의 접지 핀을 나타낼 때 사용한다. NC는 내부 연결이 전혀 없는 핀이며, 따라서 외부 연결도 필요하지 않다.

다양한 유형

모든 카운터 칩은 내부적으로 2진 코드를 사용하며, 카운터의 모듈러스에서 비트의 수(2진 숫자)는 내부 플립플롭의 수와 같다. 4비트 카운터(흔히 사용하는 유형 중 최소)의 모듈러스는 2^4인 16이다. 21비트 카운터(흔히 사용하는 유형 중 최대)의 모듈러스는 2^{21}인 2,097,152이다. 모듈러스를 높이려면 카운터를 서로 사슬처럼 연결해서 각 카운터의 캐리 신호를 다음으로 전송한다. 이 방식을 캐스케이드cascade라고 한다.

여러 대의 카운터에서 각각 모듈러스가 다를 때, 이들을 하나의 칩에서 사슬처럼 연결할 수 있다. 예를 들어, 미 가정용 전원인 60Hz 주파수를 시간 기준으로 시, 분을 나타내는 디지털 시계에서, 카운팅의 첫 단계에서는 모듈러스를 60으로 두어 초를 카운트한다. 다음 카운팅 단계에서는 60, 10, 6으로 두어 00분에서 59분까지 카운트한다. 칩에 단계를 추가하면 카운팅하는 총 시간을 늘일 수 있다.

병렬 입력parallel input을 사용하는 카운터는 초깃값(2진 코드)을 기준으로 카운팅해 올라가거나 내려가게 사전에 로딩할 수 있다. 병렬 활성paral-lel-enable 핀은 클록 상태에 관계없이 숫자가 카운터로 밀려 들어가는 잼 로딩jam loaded 모드를 발생시킬 수 있다. 다른 유형의 카운터는 동기식으로 로딩된다.

리플 vs. 동기식 카운터

리플 카운터ripple counter에서 내부의 각 플립플롭은 다음 플립플롭의 클록 입력을 활성화해, 상태를 입력에서 출력으로 순서대로 빠르게 증가시킨다. 리플 카운터는 비동기식 카운터asynchronous counter라고도 한다. 클록 펄스가 카운터(와 캐스케이드 방식으로 추가 연결된 카운터)를 통해 퍼져 나가지(ripple) 않으면 최종 상태가 유효하지 않기 때문에, 리플 카운터에서 최대 1μs의 전달 지연propagation delay이 발생할 수 있다. 리플 카운터에서는 스파이크나 일시적으로 유효하지 않은 카운트 값count value이 발생할 수 있다. 따라서 리플 카운터는 빠른 속도로 다른 논리 칩과 접속하는데 사용하기보다 수치 표시 장치를 작동하는 응용에 더 적합하다.

동기식 카운터synchronous counter에서 모든 플립플롭은 동시에 클록을 입력받는다. 동기식 카운터는 빠른 속도로 작동할 때 적합하다.

현재 판매 중인 카운터의 절반은 동기식이고, 나머지 절반은 비동기식이다.

링, 2진, BCD 카운터

한 번에 하나의 출력 핀을 순서대로 활성화하는 카운터를 흔히 링 카운터ring counter라고 하며, 이 카운터는 디코드 출력decoded output을 갖는다. 출력 핀의 개수는 모듈러스와 같다. 대표적인 예가 4017B 칩이다.

더 많이 사용하는 부품은 2진 카운터binary counter다. 2진 카운터는 일반적으로 1, 2, 4, 8 등의 (10진수) 값을 갖는 2진 가중 출력weighted output을 통해, 2진 코드에서 전체 카운팅을 해나가는 인코드 출력encoded output을 갖는다. MOD-8 카운터(흔히 8진 카운터octal counter라고 한다)는 3개의 출력으로 2진수 000, 001, 010, 011, 100, 101, 110, 111(10진법으로 0~7)을 나타내며, 111까지 수를 세고 나면 다시 000으로 돌아가 카운팅을 반복한다.

MOD-16 카운터는 16진 카운터hexadecimal counter 또는 16나눔 카운터divide-by-16 counter라고도 하는데, 4개의 출력 핀으로 0000~1111(십진법으로 0에서 15)까지 카운팅하는 2진 출력이 있다. 네 자리의 2진 카운터는 매우 흔하며, 출력은 2진수 입력을 링 카운터 형태의 출력으로 변환하는 디코더decoder 같은 다른 부품과 호환이 가능하다.

10진 카운터는 MOD-10의 2진 카운터다. 2진 코드화된 10진 출력binary-coded decimal output(흔히 약어로 BCD)을 갖는데, 2진 가중 출력 핀 4개를 사용해 반복하기 전에 0000, 0001, 0010, 0011, 0100, 0101, 0110, 0111, 1000, 1001(10진법으로 0~9)을 나타낸다. 이 카운터는 2진수 1010에서 1111(십진수 10~15)의 출력은 건너뛰기 때문에 '짧아진 모듈러스shortened modulus'라고 한다.

다음 페이지 [그림 13-4]는 JK 플립플롭을 사용하는 동기식 10진 카운터의 회로도다. 그림을 보면 J와 K의 입력이 모두 양의 전원과 연결되어 있는데, 이렇게 해야 클록 입력이 출력을 HIGH와 LOW 상태로 토글하기 때문이다. 이때 주요 입력

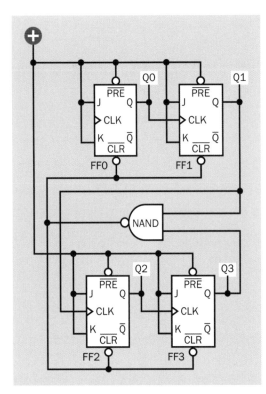

그림 13-4 JK 플립플롭을 사용하는 동기식 10진 카운터의 내부 논리 회로

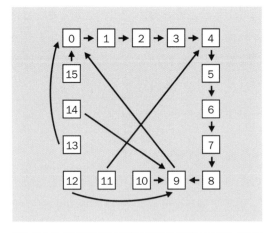

그림 13-5 한 숫자에서 다음 숫자(10진법으로 표기)로 넘어가는 카운터의 변환을 보여 주는 상태 다이어그램으로, 카운터가 거부 상태에서 빠져나오는 변환이 포함된다. 여기서는 74HC192 칩을 예로 들었다.

은 항상 부품 왼쪽 끝에 위치하고, 최하위 출력 비트(Q0)는 가장 왼쪽에 위치한다는 점에 특별히 주의한다.

2진수 1010(10진수 10)을 가로막기 위해 내부에 NAND 게이트를 사용했다. NAND 게이트의 출력은 2개의 입력 Q1, Q3이 HIGH일 때 LOW가 된다. NAND 게이트의 출력은 즉시 모든 플립플롭에서 CLR 기능을 활성화해, 10진 카운터가 1010(십진수 10)에 다다르는 순간 0으로 리셋한다.

이 특정 칩에서 각 플립플롭의 사전 로딩은 양의 전원과 연결되어 있기 때문에 언제나 활성화되지 않은 상태다. 어떤 카운터에서는 칩 밖에 있는 핀으로 각 플립플롭을 사전에 로딩할 수 있다.

이 경우 보통은 건너뛰어야 하는 수(예로 10진 카운터일 때 10진수 11)로 카운터를 사전 로딩하는 위험이 생긴다. 이를 무효 수invalid number 또는 거부 상태disallowed state라고 한다(여기서 '상태'는 카운터 플립플롭에 저장된 2진수를 의미한다. 2진수를 0과 1로 나타낼 때 사용하는 전압의 HIGH, LOW 상태와는 아무런 관계가 없다).

카운터의 데이터시트에는 카운터가 이 상황을 처리하는 방법을 보여 주는 상태 다이어그램state diagram이 포함된다. 최대 2단계가 지난 후에 유효 값으로 리셋할 수도 있지만, 이때도 어떻게 적용하느냐에 따라 혼란이 생길 수 있다. [그림 13-5]는 74HC192의 상태 다이어그램이다.

클록 공급원

클록 입력은 타이머timer 칩이나 RC 네트워크RC network로 공급할 수 있다. 이 방법을 사용하면 상대적으로 낮은 속도에서 카운터를 작동할 수 있다. 아니면 훨씬 높은, 즉 1MHz 정도의 주파수에서 진동하는 수정 진동자quartz crystal로 클록 입력을 공급할 수도 있다. 응용 방식에 따라서는 클록 입력값을 줄이기 위해 연속으로 연결된 카운터가 필요할 수도 있다.

　일부 카운터는 클록이 칩에 내장된 부품도 있다. 클록 속도를 결정하기 위해 외부의 레지스터와 커패시터를 칩 내부의 논리 게이트와 함께 사용하는 좀 더 흔한 방식도 있다. 이 유형의 부품 데이트시트에는 레지스터와 커패시터 값으로 클록 주파수를 계산하는 공식이 포함되어 있다. 대표적인 예로 4060B 칩이 있다.

상승 에지와 하강 에지

카운터는 클록 입력의 상승 에지나 하강 에지, 또는 클록 입력의 HIGH 또는 LOW 논리 상태에서 활성화되도록 설계할 수 있다. 일반적으로 리플 카운터는 하강 에지를 사용하기 때문에 한 카운터의 최종 출력이 다음 카운터의 클록 입력이 될 수 있다. 다시 말해 첫 번째 카운터 최상위 수의 상태가 HIGH 에서 LOW 논리 상태로 바뀌면, 이 변환이 두 번째 카운터의 최하위 비트를 토글한다.

　동기식 카운터는 보통 클록 입력의 상승 에지를 사용한다. 동기식 카운터 여러 개를 캐스케이드로 연결한다면 모든 카운터가 같은 클록 신호를 공유해야 하며, 각 카운터는 플립플롭 상태를 동시에 바꾸어야 한다.

다단 카운터

카운터 칩에 다른 모듈러스를 가진 단계stage가 2개 이상 포함되는 일은 흔하다. 그 예로 2나눔 단계와 5나눔 단계는 단일 칩에 포함될 수 있는데,

외부 핀과 연결해 10진 카운터를 만드는 데 사용할 수 있다. 개별적으로 사용하는 추가 단계가 있다면, 모듈러스를 선택하는 데 사용할 수 있다.

싱글 및 듀얼

카운터 칩에는 모듈러스가 같은 카운터를 2개 포함할 수 있다. 이를 듀얼 카운터dual counter라고 한다. 4비트 듀얼 카운터 칩을 보통 사용한다. 각각의 카운터는 개별 또는 캐스케이드 방식으로 사용하며, 이때 전체 모듈러스는 개별 모듈러스를 곱해 구한다.

HIGH 상태, LOW 상태, 3상태

대다수 카운터는 HIGH 상태일 때 1, LOW 상태일 때 0을 나타내는 양의 논리를 사용한다. 카운터 중에는 HIGH 임피던스 출력 상태가 추가로 있는 것도 있다. HIGH 임피던스는 개방 회로를 의미한다. 이 기능은 2개 이상의 칩이 같은 출력 버스를 사용할 때 유용하다. 이에 관한 설명은 시프트 레지스터shift registor를 설명한 12장 153쪽의 '3상태 출력'을 참조한다.

감소 출력

대다수 카운터는 증가 카운트를 생성한다. 출력은 각각의 2진 상태가 인버터를 통과해 지나가면 감소 카운트로 변환되지만, 모듈러스가 해당 2진 상태와 동일한 경우에만 제대로 작동한다. BCD 카운터에서 반전된 출력은 10진수 9에서 0이 아닌 15에서 6까지 카운팅한다.

　정확한 감소 카운트를 생성하도록 설계된 카운터도 일부 판매되고 있다. 또 다른 카운터는 사용

자가 카운팅 모드를 증가 또는 감소로 설정하도록 허용한다. 대표적인 예로 74x190이나 74x192가 있다(문자 x는 칩의 제품군을 나타내는 문자 대신 사용하였다).

감소하는 출력은 병렬 입력과 함께 사용하면 유용하다. 이때 사용자가 초깃값을 설정하면, 카운터가 그 값부터 0이 될 때까지 수를 카운팅해 내려간다. 이 방식에서는 적합한 논리가 바탕이 된다면 사용자가 지연 시간을 설정할 수 있다.

프로그램이 가능한 카운터

일반적으로 프로그램이 가능한 카운터는 보통 2~10,000 이상 범위의 모듈러스를 허용한다. 프로그램이 가능한 카운터는 처음 수를 2진 입력으로 미리 설정된 값으로 반복해 나누면서 수를 카운팅해 내려간다. 대표적인 예로 4059B 칩이 있다.

예시

다수의 카운터에서 사양의 기원은 4000 시리즈 논리 칩으로 거슬러 올라간다. 4000 시리즈 제품들은 이후에 74xx 시리즈에서 사용할 수 있게 되었으며, 흔히 구형 4000 부품 번호 앞에 74x(문자 x는 논리 칩의 제품군을 나타내는 문자 대신 사용)가 추가되었다. 4518B 듀얼 BCD 칩 모델 중 하나인 74HC4518칩이 그 예다. 논리 칩이 대부분 그렇지만, 부품 번호 앞에는 특정 제조사를 나타내는 문자를, 뒤에는 칩 유형을 구별하기 위한 문자를 덧붙인다. 74xx 시리즈는 속도가 빠르며, 출력 핀에서 전류를 전원으로 공급하거나 끌어오는 성능이 뛰어나다.

4518B와 같은 초기 CMOS 칩은 대부분 지금도 구할 수 있으며, 표면 장착형도 판매한다. 이들 부품은 더 높은 전압을 전원으로 사용할 수 있다는 장점을 지닌다.

카운터 중에는 외부 핀 연결로 다른 모듈러스 값을 선택하는 등 여러 옵션을 제공하는 부품이 많다. 일부 칩은 느린 클록 주파수를 잘 견디지만, 그렇지 않은 칩도 있다. 대부분 에지 트리거 방식이지만, 레벨 트리거되는 카운터도 소수 존재한다. 위에서 말한 4518B 같은 부품은 핀이 다를 때, 클록 입력을 상승 에지에서 활성화할지 하강 에지에서 활성화할지 선택할 수 있다. 특별히 원하는 방식이 있다면, 적합한 칩을 선택할 수 있도록 다양한 데이터시트를 읽어 보아야 한다.

부품값

다른 논리 칩과 마찬가지로 스루홀 74xx 시리즈의 카운터는 대부분 5VDC 전원에서 사용하도록 고안된 반면, 기존의 4000 시리즈는 최대 18VDC의 전원을 견딜 수 있다. 표면 장착형 74xx 모델은 최소 2VDC의 전압을 사용할 수 있다.

허용되는 HIGH/LOW 논리 입력 상태에 관해서는 10장의 논리 게이트를 참조한다. 4000 시리즈 칩의 출력부는 5VDC에서 1mA 미만의 전류를 전원으로 사용하거나 끌어올 수 있지만, 74HCxx 시리즈는 약 20mA의 전류를 사용할 수 있다.

일부 카운터는 LED를 구동하는 출력 단계를 추가해 더 많은 전력을 전달할 수 있다. 4026B 10진 카운터는 여전히 생산되고 있는데, 소형 7 세그먼트 디스플레이에 전력을 공급할 수 있다. 4033B는 여러 자릿수를 나타내는 표시 장치에서, 유효 숫자 앞에 있는 0을 끄는 옵션을 추가로 제공한다. LED 숫자에 직접 연결하도록 설계된 그 외의 칩은 이러한 용도로 사용하는 일이 줄면서 구식이 되었다. 74C925, 74C926, 74C927, 74C928 이 그 예다. 지금도 전자부품 도매상에서는 구할 수 있겠지만, 새 회로를 설계할 때 이 부품을 사용하도록 구체적으로 명시하지 않는다.

주의 사항

앞서 시프트 레지스터에 영향을 미치는 문제를 다룰 때(156쪽의 '주의 사항' 참조), 카운터에도 영향을 미치는 문제들을 함께 다루었다. 논리 칩을 다룬 장(129쪽의 '주의 사항' 참조)에서는 모든 논리 칩에 영향을 미치는 문제들에 관해 설명했다. 그 외 아래에 나열한 잠재적인 문제들은 카운터에 한정된 것이다.

잠금 상태

잠금 상태는 모듈러스가 짧아진 카운터가 범위를 벗어나는 2진 상태로 로딩될 때 발생한다. 데이터 시트를 확인하고 상태 다이어그램을 검토해, 이 문제가 발생하면 생길 수 있는 가장 가능성 있는 결과를 확인한다.

비동기식 카운터의 부작용

비동기식(리플) 카운터의 플립플롭은 동시에 바뀌지 않기 때문에 클록 펄스가 확산되는 동안 아주 짧은 출력 오류를 생성한다. 4비트 카운터에서 2진수 0111(10진수 7) 다음으로 1000(10진수 8)이 와야 하지만, 가장 오른쪽 수(즉, 최하위 비트)가 처음에 0으로 바뀌면서 2진 출력이 일시적으로 0110(10진수 6)이 된다. 그리고 받아올림 연산으로 인해 다음 자릿수가 0으로 바뀌면서 0100(10진수 4)이 된다. 받아올림 연산이 반복되어 그다음 자릿수가 0으로 바뀌면서 0000이 된다. 이 과정을 거쳐서 마침내 연산은 원하는 값인 1000을 출력하고 끝난다.

출력 핀의 이러한 중간 상태를 보통 글리치 glitch라고 한다. 글리치는 매우 짧은 순간 발생하기 때문에 카운터가 표시 장치를 작동하기 위해 사용될 때는 이를 알아챌 수 없다. 그러나 카운터의 출력이 다른 논리 칩과 연결되면 중대한 문제가 발생할 수 있다.

비동기식 카운터의 또 다른 문제는 상태 변화가 마지막 플립플롭까지 완전히 퍼져 나가기 전에, 첫 번째 플립플롭에서 새로운 펄스를 받을 정도로 클록 속도가 지나치게 빠를 때 발생한다. 이로 인해 출력 핀에 유효하지 않은 다른 값이 잠시 나타난다.

잡음

74LSxx 시리즈 같은 구형 TTL 카운터는 특히 잡음에 민감하다. $0.1\mu F$이나 $0.047\mu F$의 바이패스 커패시터를 가급적 전원 핀 가까이에 추가하는 방법을 권장한다. 이 유형의 카운터를 브레드보드로 만들면 높은 주파수 클록을 사용할 때 오류가 발생할 수 있는데, 패치 코드patch-cords 같은 전도체가 잡음을 쉽게 감지하기 때문이다. 신형 74HCxx의 사용을 권장한다.

14장

인코더

본 백과사전에서 인코더encoder는 10진값의 입력을 2진 코드의 출력으로 변환하는 디지털 칩을 뜻한다.

인코더라는 용어는 로터리 인코더rotational encoder를 뜻하기도 하는데, 로터리 인코더는 본 백과사전 1권에서 별도로 다루었다. 인코더는 또한 자동차의 무선 도어 잠금 시스템keyless entry system에서 암호 장치로 사용하는 코드 호핑 인코더code hopping encoder를 뜻하기도 한다.

관련 부품

- 디코더(15장 참조)
- 멀티플렉서(16장 참조)

역할

인코더는 최소 4개의 입력 핀 중 1개에서 활성 논리 상태의 입력을 받는 논리 칩logic chip인데, 이때 입력 핀은 10진값을 0부터 1씩 증가시킨다. 인코더는 활성화된 핀이 나타내는 숫자를 2진값으로 변환해 최소 2개의 출력 핀에 논리 상태로 표현한다. 이 작동 방식은 디코더decoder와는 정반대다.

인코더는 입력과 출력이 구별되며, 예는 다음과 같다.

- 4입력 2출력 인코더(입력 핀 4개, 출력 핀 2개)
- 8입력 3출력 인코더(입력 핀 8개, 출력 핀 3개)
- 16입력 4출력 인코더(입력 핀 16개, 출력 핀 4개)

인코더는 컴퓨터 사용 초기에 인터럽트(컴퓨터 작동 중에 예기치 않은 문제가 발생했을 때 이에 대응하는 것 - 옮긴이)를 처리할 때 사용했다. 인터럽트 처리 방식은 지금은 흔치 않으며, 극히 소수만 이런 목적을 위해 생산한다. 소형 장치에서는 여전히 이 방식이 유용하다. 예를 들어, 각각의 핀으로 들어오는 데이터를 개별로 처리할 수 있을 정도로 핀 개수가 충분하지 않은 마이크로컨트롤러에서 많은 입력을 처리하려면, 인터럽트 방식의 인코더가 필요하다.

회로 기호

인코더는 다른 논리 기반 부품과 마찬가지로 특별히 정해진 회로 기호가 없으며, [그림 14-1]처럼 직

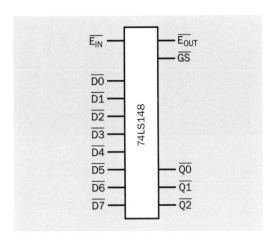

그림 14-1 인코더를 나타내는 특정 회로 기호는 없지만, 이 유형을 흔히 사용한다. 이 그림에서 설명하는 인코더는 입력과 출력이 LOW일 때 활성화되는 '16입력 4출력 인코더'다.

사각형으로 나타낼 수 있다. 직사각형 왼쪽에는 입력이, 오른쪽에는 출력이 위치한다. 일부 약어 위에 표시된 짧은 선은 입력이나 출력이 LOW 상태에서 활성화된다는 의미다. 칩 74LS148에서 모든 입출력은 LOW 상태에서 활성화된다.

보통 D0, D1, D2…로 표시되는 입력은 데이터 입력에 사용하지만, 식별에 필요한 문자 없이 숫자만 사용하기도 한다. 인코딩된 출력은 보통 Q0, Q1, Q2…나 A0, A1, A2…로 나타내며, Q0나 A0는 2진수에서 최하위 비트를 나타낸다.

E와 GS로 표시된 핀은 다음 섹션에서 설명한다.

비슷한 장치

인코더, 디코더, 멀티플렉서, 디멀티플렉서의 유사점과 차이점으로 인해 혼동이 생길 수 있다.

인코더

인코더encoder에서는 4개의 입력 중 하나에 활성 논리 상태가 걸리고, 나머지 논리 상태는 비활성 상태로 유지된다. 입력 핀이 나타내는 숫자는 2진 코드로 변환되며, 이는 2개 이상의 출력 핀에서 논리 상태 패턴으로 표현된다.

디코더

디코더decoder에서 논리 상태 패턴으로 2진수가 2개 이상 입력 핀에 걸린다. 이 값은 4개 이상의 출력 핀 중 어느 핀이 활성 논리 상태를 가질지 결정하며, 나머지 핀은 비활성 상태로 유지된다.

멀티플렉서

멀티플렉서multiplexer는 데이터 전송을 위해 다중 입력 중 하나를 선택해 단일 출력으로 연결할 수 있다. 활성 핀의 논리 상태, 또는 다중 제어 핀의 논리 상태 패턴에 걸리는 2진수 값에 따라 어떤 입력이 출력 핀과 연결될지 결정된다. 멀티플렉서 대신 데이터 선택기data selector라는 용어가 이 장치의 기능을 좀 더 명확히 나타낸다.

디멀티플렉서

아날로그 멀티플렉서의 입력과 출력을 서로 바꾸면 이는 디멀티플렉서demultiplexer가 된다. 디멀티플렉스는 데이터 전송을 위해 하나의 입력을 여러 출력 중 하나와 연결할 수 있다. 사용할 출력은 활성 핀의 논리 상태 또는 다중 제어 핀의 논리 상태 패턴에 걸리는 2진수 값에 따라 결정된다. 멀티플렉서 대신 사용하는 데이터 분배기data distributor라는 용어가 이 장치의 기능을 좀 더 명확히 설명한다.

작동 원리

인코더는 논리 게이트logic gate를 포함한다. [그림 14-2]는 8입력 3출력 인코더의 내부 논리로서, 짙은 파란색 사각형이 칩을 나타낸다. 그림의 스위치는 칩 외부에 있으며, 단지 개념을 분명히 보여 주기 위한 용도로 포함했다. 열린 스위치는 공급하는 논리 입력이 비활성화 상태임을 보여 주며, 하나의 스위치를 닫으면 논리 입력이 활성화된다 (우선순위 인코더priority encoder를 사용해 여러 개의 입력을 활성화할 수 있는데, 자세한 내용은 아래에서 설명한다).

각 입력 스위치에는 값이 1부터 7까지인 수의 상태numeric status가 있다. 값이 0인 스위치는 칩 내부와 연결되지 않는다. 그 이유는 OR 게이트에서 출력의 디폴트 값이 000이기 때문이다.

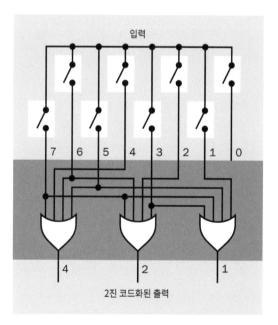

그림 14-2 8입력 3출력 인코더의 내부 논리를 단순화한 시뮬레이션. 짙은 파란색 사각형은 칩의 내부 공간을 나타낸다. 외부에 위치한 스위치는 단지 개념을 분명히 보여 주기 위해 포함했다. 인코더 칩은 활성 선으로 출력을 활성화한다.

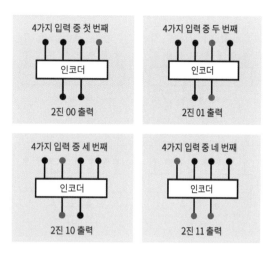

그림 14-3 4입력 2출력 인코더에서 가능한 4개의 입력(각 그림의 위)과 인코딩된 출력(아래)

각 OR 출력의 논리 상태는 2진수로 나타나며, [그림 14-2] 하단에서 보듯이 10진수 값인 1, 2, 4로 가중된다. 5번 스위치를 눌렀을 때 연결을 따라가 보면 4번과 1번 OR 게이트의 출력이 활성화되며, 2번 게이트의 출력은 비활성 상태로 유지된다는 것을 분명히 알 수 있다. 따라서 활성화된 출력값은 합산해 10진수 5이다.

[그림 14-3]은 4입력 2출력 인코더 출력에서 발생할 수 있는 모든 입력 상태다. 다음 페이지 [그림 14-4]는 8입력 3출력 인코더 출력에서 발생할 수 있는 모든 입력 상태다. 두 다이어그램에서 입력 또는 출력은 논리 상태가 HIGH일 때 활성화된다. 이 방식이 가장 일반적이다.

리플 카운터와 달리 인코더는 2~3나노초(ns) 내에 반응한다. 리플 카운터에서는 전달 지연이 부품의 전체적인 반응 시간을 줄일 수 있다.

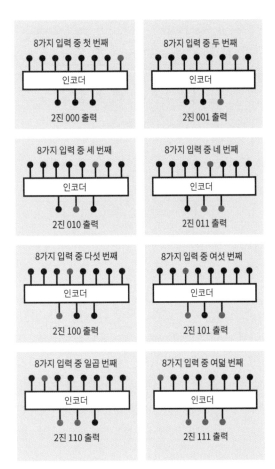

태 출력이란 일반적인 HIGH와 LOW 논리 상태 외에도 HIGH 임피던스 또는 '부동' 출력이 가능한 경우를 말한다. 임피던스가 HIGH 상태면 여러 칩이 출력 버스를 공유할 수 있는데, HIGH 임피던스 모드에 있는 칩들이 서로 연결이 끊어진 것처럼 보이기 때문이다. 이 방식은 많은 수의 입력을 처리하기 위해 2개 이상의 인코더가 캐스케이드로 연결되어 있을 때 유용할 수 있다.

부품값

다른 논리 칩과 마찬가지로 스루홀 유형의 74xx 시리즈 인코더는 대부분 5VDC 전원에서 사용하도록 고안된 반면, 기존의 4000 시리즈는 최대 18VDC의 전원을 견딜 수 있다. 표면 장착형 제품은 최소 2VDC의 전압을 사용할 수 있다.

허용되는 HIGH/LOW 입력에 관해서는 10장의 논리 게이트logic gate를 참조한다. 4000 시리즈 칩의 출력부는 5VDC에서 1mA 미만의 전류를 전원으로 사용할 수 있지만, 74HCxx 시리즈는 보통 약 20mA의 전류를 사용할 수 있다.

사용법

마이크로컨트롤러가 위치가 8개인 로터리 스위치에 반응한다고 가정하자. 로터리 스위치는 한 번에 한 위치 이상 회전하지 못하기 때문에 8개의 모든 접합을 인코더의 입력과 연결할 수 있으며, 이때 인코더는 3개의 입력이 있는 마이크로컨트롤러에 3비트의 2진수를 전달한다. 그러면 마이크로컨트롤러 내부 코드가 핀 상태를 해석한다.

[그림 14-5]에서 위 설명을 그림으로 나타내었다. 인코더의 입력 핀에 풀다운 저항을 달아야 입

그림 14-4 8입력 3출력 인코더에서 가능한 8가지 입력(각 그림의 위)과 인코딩된 출력(아래). 인코더 입력 1개의 논리 상태가 항상 HIGH여야 한다는 점에 주의한다. 모든 입력의 논리 상태가 LOW인 경우는 유효하지 않다.

다양한 유형

단순 인코더simple encoder에서는 한 번에 하나의 입력 핀만 논리적으로 활성화한다고 가정한다. 우선순위 인코더priority encoder는 활성화된 입력을 하나 이상 받을 때, 값이 가장 높은 입력에 우선순위를 주며 그 외의 낮은 입력 값은 모두 무시한다. 예로는 8입력 3출력 인코더 칩인 74LS148이 있다.

소수지만, 3상태 출력three-state output(tri-state output이라고도 한다)이 있는 인코더도 있다. 3상

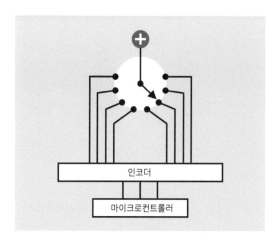

그림 14-5 입력이 8개인 로터리 스위치의 출력은 8입력 3출력 인코더를 통해 핀 개수가 줄어든 마이크로컨트롤러 입력으로 연결될 수 있다. 풀다운 저항은 그림이 복잡해지지 않도록 생략했다.

력 핀이 로터리 스위치와 연결되지 않아 부동값이 되는 것을 막을 수 있다. [그림 14-5]에서는 풀다운 저항은 단순함을 위해 생략했다. 스위치의 디바운싱은 마이크로컨트롤러에서 담당한다.

로터리 스위치 대신 다른 입력 유형을 사용할 수 있다. 예를 들어 비교기 8개나 포토트랜지스터 8개의 출력을 인코더로 통과시킬 수 있다.

캐스케이드 인코더

인코더에는 보통 여러 칩을 통해 추가 입력을 쉽게 처리하기 위한 기능이 제공된다. 보통 두 번째 활성 핀에는 이전 칩의 활성 입력과 연결되는 출력으로 제공된다. 이로 인해 우선순위 기능이 유지되므로, 두 번째 칩의 입력은 첫 번째 칩에 추가되는 입력이 출력에 영향을 미치지 못하도록 한다. 데이터시트에서 활성 핀은 E_{IN}, E_{OUT}이나 E_I, E_O로 나타낼 수 있다.

또한 '그룹 선택(Group Select)'을 뜻하는 GS 핀도 포함된다. GS 핀은 인코더가 작동되어 적어도

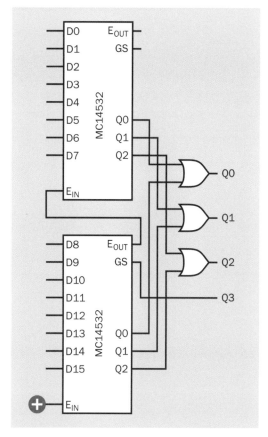

그림 14-6 8비트 인코더 2개를 캐스케이드로 연결해 16개의 개별 입력을 처리한다. 이 예에서 인코더는 HIGH 상태일 때 활성화된다.

하나의 입력이 활성화되면 논리적으로 활성화한다. 최상위 인코더의 GS 핀은 추가로 2진 숫자를 제공한다.

2개의 인코더에서 나온 출력은 [그림 14-6]처럼 OR 게이트로 연결될 수 있다. 이때 아래 칩의 GS 출력은 4비트 2진수의 최상위 비트가 된다.

주의 사항

디지털 칩 전반에 공통으로 적용되는 문제는 논리 게이트의 129쪽, 인코더에 영향을 미치는 문제는 디코더의 177쪽 '주의 사항'을 참고한다.

15장

디코더

본 백과사전에서 디코더decoder는 2진 코드를 입력받아, 나열 핀 중 하나에 논리 상태를 적용해 10진 출력으로 변환하는 디지털 칩을 뜻한다. 이때 각각의 핀에는 0부터 1씩 증가한 정숫값이 할당된다.

'디코더'라는 용어는 오디오나 비디오 형식을 디코딩하는 기능이 있는 부품이나 장치를 뜻하기도 한다. 이 기능은 이 책에서 다루지 않는다.

관련 부품

· 인코더(14장 참조)
· 멀티플렉서(16장 참조)

역할

디코더는 2개 이상의 입력 핀에서 2진 코드로 변환된 수를 받는다. 디코더는 2진 코드를 디코딩한 다음, 4개의 출력 핀 중 최소 1개를 활성화해 나타낸다.

[그림 15-1]은 2비트 2진 코드를 입력으로 받는 디코더의 작동을 4개의 연속된 상태로 나타낸 것이다. 이때 입력의 최하위 비트는 각 다이어그램 가장 오른쪽에 위치하며, 출력은 오른쪽에서 왼쪽으로 이동한다.

다음 페이지 [그림 15-2]는 [그림 15-1]의 작동 순서와 비슷하지만, 이때 디코더는 3비트 입력의 다양한 값을 디코딩해 8핀 출력을 생성한다.

[그림 15-3]은 4비트 디코더 상태 중 하나다.

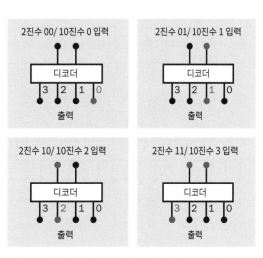

그림 15-1 입력 핀이 2개인 디코더는 2진수 값을 해석해서 4개의 출력 핀 중 하나에 활성화된 논리 상태를 생성한다.

이들 숫자는 모두 HIGH 상태일 때 입력이나 출력이 활성화된다고 가정한다. 많지는 않지만

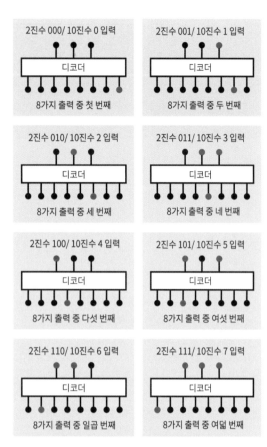

그림 15-2 입력 핀이 3개인 디코더는 2진수 값을 해석해 8개의 출력 핀 중 하나에 활성화된 논리 상태를 생성한다.

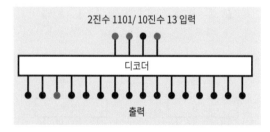

그림 15-3 입력 핀이 4개인 디코더는 2진수 값을 해석해 16개의 출력 핀 중 하나에 활성화된 논리 상태를 생성한다. 이 그림에서는 16가지 상태 중 하나의 경우만 나타냈다.

LOW 상태일 때 출력이 활성화되는 칩도 있다.

입력 핀이 각각 2, 3, 4개인 디코더는 흔하다. 1111(10진수 15)보다 큰 2진 코드 입력을 처리하

기 위해서 디코더를 아래에서 설명하는 것처럼 사슬 형태로 연결할 수 있다.

제조사 데이터시트에서는 입력과 출력으로 디코더를 설명하며, 예는 다음과 같다.

- 2입력 4출력 디코더(입력 핀 2개, 출력 핀 4개)
- 3입력 8출력 디코더(입력 핀 3개, 출력 핀 8개)
- 4입력 10출력 디코더(2진 코드화된 10진수binary-ry-coded decimal를 10진 코드 출력으로 변환하는 데 사용)
- 4입력 16출력 디코더(16진 디코더hex decoder라고도 한다).

입력 장치

디코더의 입력 핀은 2진 코드를 출력하는 카운터로 작동할 수 있다. 또 디코더는 마이크로컨트롤러로도 작동할 수 있는데, 이때 마이크로컨트롤러에는 다양한 장치 제어에 쓰이는 출력 핀의 수가 부족할 수도 있다. 한 번에 하나씩 디코더를 통과한 2진수가 장치를 활성화할 때, 이 2진수를 나

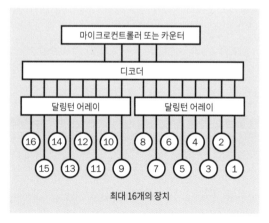

그림 15-4 2진 카운터나 마이크로컨트롤러에서 나온 4개의 출력은 디코더에서 최대 16개 출력 장치 중 하나를 활성화하는 데 사용할 수 있다.

타내기 위해 2, 3, 4개의 출력을 사용할 수 있다. 아마도 부하를 처리하기 위해 트랜지스터나 달링턴 어레이Darlington arrays를 사용할 수도 있다. 이는 [그림 15-4]에서 볼 수 있다.

시프트 레지스터shift register는 유사한 목적으로 사용할 수 있으나, 입력 핀이 하나뿐이다. 이 입력 핀은 원하는 출력 핀의 HIGH/LOW 상태와 일치하는 직렬 패턴의 비트를 하나씩 순차적으로 공급받아야 한다. 이 시스템의 상대적인 장점은 시프트 레지스터가 임의의 출력 상태 패턴을 생성할 수 있다는 점이다. 입력이 하나일 때 출력이 여러 개인 디코더는 한 번에 하나의 출력만 활성화할 수 있다.

LED 드라이버

특별한 경우로 7세그먼트의 숫자 LED 디스플레이를 작동하도록 설계된 7세그먼트 디코더7-segment decoder가 있다. 입력 핀 4개로 2진 코드화된 10진수는 10진수 0~9를 표시하는 세그먼트를 켤 수 있게 적절한 출력 패턴으로 변환된다.

회로 기호

디코더는 다른 논리 기반 부품과 마찬가지로 특별히 정해진 회로 기호는 없으며, [그림 15-5]처럼 직사각형으로 나타낸다. 왼쪽에는 입력이, 오른쪽에는 출력이 위치한다. 약어인 E(Enable)와 LE(Latch Enable) 위에 표시된 짧은 선은 LOW 상태일 때 활성화됨을 뜻한다. 여기에 나타난 74HC4514 칩에서 모든 출력은 HIGH 상태에서 활성화되지만, 비슷한 74HC4515 칩은 모든 출력이 LOW 상태일 때 활성화된다. 이 두 칩 모두 출력을 활성화하기

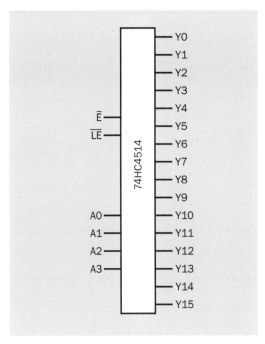

그림 15-5 디코더 칩을 표시하는 특정 회로 기호는 없지만, 이 유형을 흔히 사용한다. 이 그림에서는 '4입력 16출력 디코더'를 나타낸다.

위해 활성(Enable) 핀을 LOW 상태로 유지한다. 래치 활성(Latch Enable) 핀은 LOW 상태로 유지될 때 출력의 전류 상태를 고정한다(즉, 출력을 잠근다).

[그림 15-6]은 74HC4514 디코더 칩의 사진이다. 보통 데이터시트에서 A0, A1, A2…로 표시되

그림 15-6 24핀 74HC4514 디코더 칩은 4비트 입력을 처리하며, 16개의 출력 핀 중 하나를 HIGH 상태로 활성화해 그 값을 나타낸다.

는 핀은 2진 입력이며(A, B, C…를 사용할 수도 있다), A0는 2진수에서 최하위 비트를 표시한다. 출력은 보통 Y로 나타내며, 2진 입력으로 카운팅을 증가시킬 때 Y0부터 순서대로 활성화된다.

비슷한 장치

인코더, 디코더, 멀티플렉서, 디멀티플렉서의 유사점과 차이점으로 인해 혼동이 생길 수 있다.

디코더

디코더decoder에서 2진수는 2개 이상의 입력 핀에서 논리 상태의 패턴이 적용된다. 이 값은 4개 이상의 출력 핀 중 어느 핀이 활성화된 논리 상태를 가질지 결정하며, 나머지는 비활성 상태로 유지된다.

멀티플렉서

멀티플렉서multiplexer는 데이터 전송을 위해 다중 입력 중 하나를 선택해 단일 출력으로 연결할 수 있다. 활성 핀의 논리 상태, 또는 다중 제어 핀의 논리 상태 패턴에 걸리는 2진수 값에 따라 출력 핀과 연결되는 입력이 결정된다. 멀티플렉서 대신 데이터 선택기data selector라는 용어가 이 장치의 기능을 좀 더 명확히 설명한다.

디멀티플렉서

아날로그 멀티플렉서의 입력과 출력을 서로 바꾸면 디멀티플렉서demultiplexer가 된다. 디멀티플렉스는 데이터 전송을 위해 하나의 입력을 여러 출력 중 하나와 연결할 수 있다. 사용할 출력은 활성 핀의 논리 상태나 다중 제어 핀의 논리 상태 패턴에 걸리는 2진수 값에 따라 결정된다. 멀티플렉서

대신 데이터 분배기data distributor라는 용어가 이 장치의 기능을 좀 더 명확히 설명한다.

작동 원리

디코더는 논리 게이트를 포함하며, 각 논리 게이트는 입력 고유의 2진 패턴에 반응하도록 만들어졌다(7세그먼트 디코더는 내부 논리가 이보다 더 복잡하다). [그림 15-7]은 2입력 4출력 디코더의 논리를 보여 준다. 짙은 파란색에는 칩 내부의 부품이 표시된다. 외부 스위치는 디코더의 기능을 분명히 보여 주기 위한 용도로 포함했다. 열린 스위치는 LOW 상태의 논리 입력을 공급하며, 닫힌 스위치는 각각 HIGH 상태의 논리 입력을 제공한다.

리플 카운터와 달리 디코더는 2~3나노초(ns) 내에 반응한다. 리플 카운터에서는 전달 지연이 부품의 전체적인 반응 시간을 줄일 수 있다.

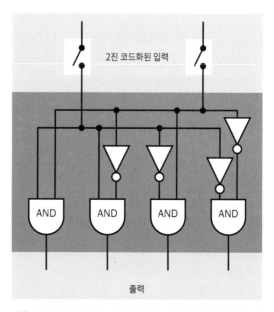

그림 15-7 디코더의 내부 논리를 단순화한 시뮬레이션. 실제 칩에는 출력을 활성화하기 위한 활성 선이 있다. 짙은 파란색 사각형은 칩의 내부 공간을 의미한다.

다양한 유형

디코더 중에 오랜 기간 널리 사용된 유형은 없으며, 판매 중인 제품도 상대적으로 적다. 대부분 3입력 8출력, 4입력 16출력의 2진 코드화된 10진 디코더다.

7447과 74LS47은 7세그먼트 디코더로서, 7세그먼트 디스플레이를 직접 구동할 수 있는 개방 컬렉터 출력이 있다. 7448은 이와 비슷하지만 레지스터를 내장하며, 디스플레이에서 유효 숫자 앞에 나타나는 0을 소등할 수 있다. 그러나 공급업체 중 일부는 74LS48을 구형으로 취급한다. 74LS48은 여전히 판매되지만, 새 회로에서는 이 부품의 사용법을 구체적으로 명시하지 않는다.

74LS47은 여전히 생산되며 스루홀과 표면 장착형으로 제공되지만, 널리 사용하는 74xx 칩의 HC 제품군에서는 사용하지 않는다. 74LS47을 74HCxx 칩과 함께 구동할 때는 입력 전압 요건을 충족하도록 주의를 기울여야 한다.

부품값

다른 논리 칩과 마찬가지로 스루홀 유형의 74xx 시리즈 디코더는 대부분 5VDC 전원에서 사용하도록 고안된 반면, 기존의 4000 시리즈는 최대 18VDC의 전원을 견딜 수 있다. 표면 장착형 제품은 최소 2VDC의 전압을 사용할 수 있다.

적절한 상태의 HIGH와 LOW 입력에 관해서는 10장의 논리 게이트를 참조한다. 4000 시리즈 칩의 출력부는 5VDC에서 1mA 미만의 전류를 전원으로 사용하지만, 74HCxx 시리즈는 보통 20mA의 전류를 사용할 수 있다.

사용법

디코더를 컴퓨터 회로에서 이전 방식대로 사용하는 경우는 줄었지만, 카운터counter나 마이크로컨트롤러로 다중 출력을 제어해야 하는 소형 장치에서는 여전히 유용하다.

최대 출력 수가 보통 16이지만, 그보다 확장해 설계한 칩도 있다. 74x138(x 문자 대신에 LS나 HC 같은 칩 제품군의 식별자로 대체 가능)은 LOW 상태일 때 활성화되는 활성 핀 2개와 HIGH 상태에서 활성화되는 활성 핀 1개를 갖는 3입력 8출력 디코더다. 8의 값을 가지는 2진 비트열(1000)을 LOW 상태에서 활성화되는 칩과 HIGH 상태에서 활성화되는 다른 칩에 입력한다고 할 때, 첫 번째 칩은 2진수 1000이 도착했음을 알리는 첫 비트(1) 입력으로 HIGH 상태가 되어 비활성화되고, 두 번째 칩은 거기에서 같은 하위 비트 입력 3개(1 뒤의 000)를 공유해서 그 값에서부터 계속해서 수를 위로 카운팅한다. 이 방식으로 칩을 최대 4개까지 연결할 수 있다.

주의 사항

디지털 칩 전반에 공통으로 적용되는 문제점들은 논리 게이트 장 129쪽의 '주의 사항'에 정리되어 있다.

글리치

디코더가 리플 카운터보다 대체로 빠르게 작동하지만, 공통적으로 출력에 짧은 글리치glitch가 발생하기 쉽다는 단점이 있다. 글리치란 조금 느린 칩 내부에 있는 프로세스가 조금 더 작업을 빨리 끝낸 다른 프로세서를 따라잡으려고 할 때, 일시적으로 발생하는 유효하지 않은 순간을 뜻한다. 출력이 안정되고 유효한 상태가 되도록 짧은 정착 시간settling time이 필요하다. 짧은 과도 전류가 나타나지 않는 LED 인디케이터LED indicator 같은 장치에 전원을 공급할 때는 글리치가 발생해도 상관없다. 디코더의 출력을 다른 논리 칩의 입력으로 사용하면 문제가 더 심각해질 수 있다.

디코더가 리플 카운터에서 입력을 받으면 입력에 글리치가 생길 수 있으며, 이로 인해 디코더 출력에 오류가 발생할 수 있다. 이를 피하기 위해서는 디코더 입력부에 동기식 카운터를 사용하는 편이 좋다.

방해가 되는 분류 체계
보통 온라인 부품 공급업체에서는 디코더를 인코더, 멀티플렉서, 디멀티플렉서와 같은 범주에 포함하는 경향이 있어 원하는 제품을 검색하기 어렵다. 분류 주제가 광범위할 때(포함된 칩이 수천 개일 때)는 원하는 출력 수에 따른 입력 수를 선택해 검색하면 검색 범위를 크게 줄일 수 있다.

LOW 상태 활성화와 HIGH 상태 활성화
외형이 같고 부품 번호가 비슷한 칩이더라도 출력이 LOW 또는 HIGH 상태에서 활성화될 수 있다. 부품 중에는 래치 활성 핀이 포함되어 있는 칩도 있고, 활성 핀을 LOW나 HIGH 상태로 바꾸어야 출력을 발생시키는 칩도 있다. 실수로 핀을 바꿔 사용하는 일이 혼동을 일으키는 주된 요인이다.

16장

멀티플렉서

약어로 먹스mux(대문자로 표기하기도 한다) 또는 데이터 선택기data selector라고도 한다. 멀티플렉서multiplexer는 채널이 2개 이하인 반면, 데이터 선택기data selector는 채널이 더 많다고 주장하는 자료도 있지만 이에 대한 어떠한 합의도 이루어진 적이 없다. 데이터시트에서는 줄곧 '멀티플렉서'라는 용어를 사용했다.

아날로그 멀티플렉서는 보통 양방향이며, 따라서 디멀티플렉서demultiplexer로도 똑같이 잘 작동한다. 그러므로 본 백과사전에서는 디멀티플렉서를 별도의 장에서 다루지 않는다.

관련 부품

· 인코더(14장 참조)
· 디코더(15장 참조)

역할

멀티플렉서는 2개 이상의 입력 핀 중 하나를 선택한 뒤, 출력 핀과 내부적으로 연결한다. 분명히 반도체 장치이지만 SPST 스위치와 직렬로 연결된 로터리 스위치rotary switch를 포함한 것처럼 작동한다([그림 16-1] 참조). 하나 이상의 선택 핀에 걸리는 2진 코드는 입력을 선택하며, 활성 핀은 출력과 연결을 만든다. 선택 핀과 활성 핀의 기능은 디코더decoder라고 불리는 내부 영역에서 처리되는데, 이때 디코더는 본 백과사전에서 다루는 디코더decoder 칩과 구별해야 한다.

멀티플렉서는 모두 디지털 제어 장치이지만, 입력 신호를 처리하는 방식에 따라 디지털 또

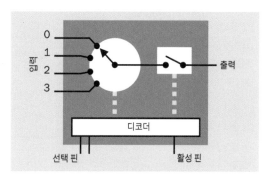

그림 16-1 로터리 스위치를 포함한 것처럼 작동하는 멀티플렉서. 스위치의 위치는 외부의 선택 핀에 걸리는 2진수 값으로 결정된다. 활성 핀에 신호를 걸어 주면 내부 연결이 마무리된다.

는 아날로그 멀티플렉서로 부를 수 있다. 디지털 멀티플렉서는 논리 제품군의 허용 한도 내에서 HIGH 또는 LOW 논리 상태로 조정되는 출력을

생성한다. 아날로그 멀티플렉서는 전압에 아무런 처리도 하지 않아서 어떤 전압 변동이라도 그냥 통과시킨다. 따라서 아날로그 멀티플렉서는 교류에서 사용할 수 있다.

아날로그 멀티플렉서는 단순히 전류의 흐름을 스위칭하기 때문에, 양방향bidirectional일 수 있다. 즉 디멀티플렉서demultiplexer로 기능할 수 있는데, 이때 입력은 (가상의) 내부 스위치의 극에 적용되고 단자에서 출력이 발생한다.

차동 멀티플렉서

차동 멀티플렉서differential multiplexer는 서로 차동화된 여러 개의 스위치를 포함한다(즉 전기적으로 절연되지만, 같은 선택 핀으로 제어된다). 차동 멀티플렉서는 개념상 단일 샤프트single shaft로 제어되는 2개 이상의 와이퍼를 지닌 로터리 스위치와 비슷하다. [그림 16-2]를 참조한다.

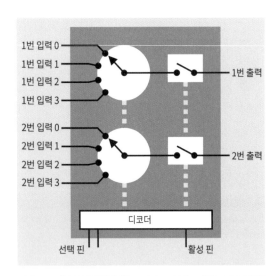

그림 16-2 차동 멀티플렉서(differential multiplexer)에는 서로 차동화된 전자 스위치가 2개 이상 포함되어 있으며, 이는 로터리 스위치의 와이퍼와 비슷하다. 각 스위치의 채널 번호는 보통 0에서 시작해 증가하지만, 스위치 번호는 1부터 시작해 하나씩 증가한다.

그림 16-3 2개의 4채널 차동 아날로그 멀티플렉서를 포함하는 CMOS 칩.

[그림 16-3]은 양방향 듀얼 4채널의 차동 아날로그 멀티플렉서다.

최근의 멀티플렉서는 보통 오디오, 통신, 비디오 응용 장치에서 사용하며, 고주파 데이터 스트림을 스위칭한다.

비슷한 장치

혼동이 생기지 않도록 멀티플렉서, 디멀티플렉서, 인코더, 디코더의 유사점과 차이점에 대해 살펴보자.

멀티플렉서

멀티플렉서multiplexer는 데이터 전송을 위해 다중 입력 중 하나를 선택해 단일 출력으로 연결할 수 있다. 활성 핀의 논리 상태, 또는 다중 제어 핀의 논리 상태 패턴에 걸리는 2진수 값에 따라 출력 핀과 연결되는 입력이 결정된다. 멀티플렉서 대신 데이터 선택기data selector라는 용어가 이 장치의 기능을 좀 더 명확히 나타낸다.

디멀티플렉서

아날로그 멀티플렉서의 입력과 출력을 서로 바꾸면 디멀티플렉서demultiplexer가 된다. 디멀티플렉스는 데이터 전송을 위해 하나의 입력을 여러 출력 중 하나와 연결할 수 있다. 사용할 출력은 활성 핀의 논리 상태나 다중 제어 핀의 논리 상태 패턴에 걸리는 2진수 값에 따라 결정된다. 디멀티플렉서 대신 데이터 분배기data distributor라는 용어가 이 장치의 기능을 좀 더 명확히 설명한다.

인코더

인코더encoder에서는 4개의 입력 중 하나에 활성 논리 상태가 걸리고, 나머지 논리 상태는 비활성 상태로 유지된다. 입력 핀이 나타내는 수는 2진 코드로 변환되며, 이는 2개 이상의 출력 핀에서 논리 상태의 패턴으로 표현된다.

디코더

디코더decoder에서 2진수는 2개 이상의 입력 핀에서 논리 상태의 패턴이 적용된다. 이 값은 4개 이상의 출력 핀 중 어느 핀이 활성화된 논리 상태를 가질지 결정하며, 나머지는 비활성 상태로 유지된다. 디지털 멀티플렉서는 입력과 출력을 바꾸도록 허용하지 않지만, 디코더는 디지털 디멀티플렉서와 같은 역할을 한다.

작동 원리

멀티플렉서로 들어가는 여러 개의 입력을 채널channel이라고 한다. 멀티플렉서의 채널 수는 대부분 1, 2, 4, 8, 16개 중 하나다. 1채널 멀티플렉서는 ON 또는 OFF 모드만 가능하며 SPST 스위치와 비슷하게 작동한다.

채널이 2개 이상이라면 2진수에 따라 내부에서 연결되는 채널이 결정된다. 채널 수는 보통 선택(Select) 핀의 수로 구별할 수 있는 최댓값이 되는 것이 보통이다. 따라서 핀이 2개면 4채널, 핀이 3개면 8채널, 핀이 4개(보통 최대)면 16채널을 제어한다.

3개 이상의 채널을 가진 멀티플렉서에서 활성(Enable) 핀은 보통 모든 채널을 동시에 활성화하거나 비활성화하는 데 사용한다. 활성 핀은 다른 말로 "스트로브strobe 기능이 있다"거나, "금지(Inhibit) 핀과 기능이 반대다"라고 할 수 있다.

로터리 스위치가 멀티플렉서의 기능에 대한 개념을 잡는 데 도움이 되지만, 멀티플렉서의 기능

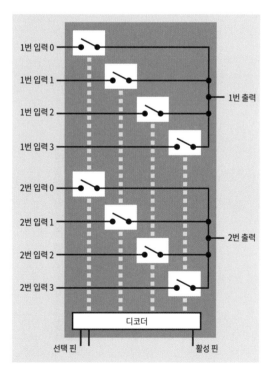

그림 16-4 듀얼 멀티플렉서의 내부 기능. SPST 스위치 어레이로 흔히 표현되며, 각 스위치는 디코더의 논리에 따라 제어된다.

을 구현하는 보다 일반적인 방식은(때로 데이터 시트에서) 디코더 회로로 열리거나 닫히는 SPST 스위치 어레이다. [그림 16-4]는 대표적인 듀얼 차동 멀티플렉서의 예다. 내부 디코더는 한 번에 각각의 채널에서 하나의 스위치만 닫을 수 있다는 사실에 주의한다.

멀티플렉서를 스위치로 비유하는 것은 멀티플렉서의 입력이 내부적으로 연결되어 있지 않을 때(즉, 스위치가 '열려'있을 때), 효과적으로 개방 회로가 된다는 점에서 적절하다. 그러나 일부 멀티플렉서는 각 출력을 정의된 상태로 만들기 위해 풀업 저항pullup resistor을 포함하기도 한다. 이는 멀티플렉서가 특정 응용에 적합한지를 결정하는 중요한 요인이 될 수 있다.

디지털 멀티플렉서는 논리 게이트 네트워크를 포함한다. [그림 16-5]에서 이를 단순화해 나타냈다.

[그림 16-6]은 단순하게 표현한 디멀티플렉서의 내부 논리다.

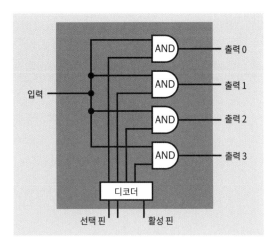

그림 16-6 단순하게 표현한 디지털 디멀티플렉서의 논리 게이트

회로 기호

멀티플렉서와 디멀티플렉서는 회로도에서 사다리꼴 기호를 사용하며, 이때 평행한 두 변 중 길이가 긴 쪽이 연결 수가 많다. 이를 나타낸 회로 기호가 [그림 16-7]이다. 그러나 사다리꼴 기호는 점점 사용 빈도가 줄고 있다.

[그림 16-8]에서 볼 수 있듯이, 논리 부품과 마찬가지로 멀티플렉서나 디멀티플렉서의 회로도에서 더 자주 사용하는 것은 직사각형 기호이며, 왼쪽에 입력, 오른쪽에 출력을 둔다. 그러나 데이터의 흐름이 뒤집힐 수 있는 아날로그 멀티플렉서

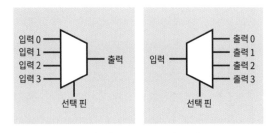

그림 16-7 멀티플렉서(왼쪽)와 디멀티플렉서(오른쪽)의 전통적인 기호. 평행한 두 변 중 길이가 더 긴 쪽이 연결 수가 많다. 이 기호는 사용 빈도가 점점 줄고 있다.

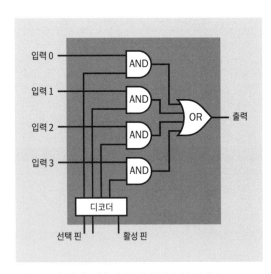

그림 16-5 단순하게 표현한 디지털 멀티플렉서의 논리 게이트

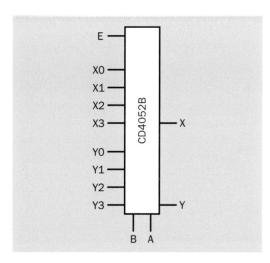

그림 16-8 멀티플렉서의 회로 기호로 단순한 직사각형을 가장 많이 사용하지만, 핀 기능으로 할당된 약어는 표준화되지 않았다. 자세한 내용은 본문 참조.

에서는 입력과 출력의 구분이 문제가 될 수 있다.

핀 식별자

핀 기능 식별자가 표준화되어 있지 않은 것은 논리 칩도 마찬가지지만, 멀티플렉서가 조금 더 심한 편이다.

출력 활성 핀은 E나 EN, 때로는 OE로도 표시한다. 금지 핀(inhibit pin)이라는 의미로 INH로 표시하기도 한다. 금지 핀은 스트로브strobe라고 부르기도 한다. 그러나 각각의 경우에 기능은 동일하다. 즉 논리 상태 중 하나로 내부 스위치를 활성화하고, 나머지 논리 상태로 내부 스위치가 닫히지 않게 막는다.

스위치 입력은 S0, S1, S2…나 X0, X1, X2…, 또는 단순히 숫자만으로 나타내기도 한다. 숫자는 거의 대부분 0에서 시작해 하나씩 증가한다. 2세트 이상의 스위치가 한 패키지 안에 함께 있으면, 입력의 각 세트는 1S0, 1S1, 1S2…나 1X0, 1X1,

1X2…처럼 식별자 앞에 스위치를 지정하는 숫자나 문자를 붙여 구별한다(스위치를 표시할 때 숫자는 보통 1부터 하나씩 증가하는 반면, 입력은 0부터 증가한다). 출력은 입력과 같은 방식으로 나타낼 수 있는데, 아날로그 멀티플렉서의 입력과 출력은 보통 서로 바꿀 수 있다는 점을 염두에 두자. 그러나 일부 제조사는 멀티플렉서의 각 출력 앞에 문자 Y를 붙여 구별하는 쪽을 선호한다. 그렇지 않으면 1번, 2번, 3번 스위치의 출력을 Z1, Z2, Z3로 구별하기도 한다. 다행히 데이터시트에는 여러 약어들을 이해할 수 있는 정보가 일반적으로 포함되어 있다.

제어(Control) 핀은 보통 A, B, C로 표시하며, 이때 A는 핀에 걸리는 2진수의 최소 유효 비트를 나타낸다.

멀티플렉서에서 전압은 혼동을 불러일으킬 수 있다. 디지털 입력과 함께 사용하는 멀티플렉서는 아주 단순해서 공급 전압을 V_{CC}로 표시하는데, 스루홀 패키지에서 그 크기는 보통 5VDC(표면 장착형일 때는 이보다 전압이 작은 경우가 많다), 음의 접지는 0VDC로 가정한다. 그러나 멀티플렉서에서 0V를 기준으로 전압에 양과 음의 AC 입력을 사용하면, 공급 전압 역시 0V를 기준으로 양과 음의 값이 된다(예: +7.5VDC와 -7.5VDC). 이 용도로 전원 핀이 3개 제공된다. 양의 전원은 보통 V_{DD}로 나타난다(D는 내부 MOSFET에서 드레인(Drain)을 의미한다). V_{EE} 핀은 0VDC이거나 V_{DD}와 크기는 같고 부호는 반대인 음의 전압값이다. 멀티플렉서에는 이미터가 있는 양극성 트랜지스터를 포함하지는 않지만, 약어 중 E는 이미터 전압emitter voltage에서 유래되었다. 관행상 V_{SS} 핀(여기서 S는 내부

MOSFET의 전원(Source)을 의미한다)은 0VDC이며, 다른 전압은 이를 기준으로 양과 음으로 측정된다. 그 대신 접지 핀은 GND로 표시한다.

논리 칩의 관행처럼 LOW 상태일 때 활성화되는 제어 핀은 식별자 위에 짧은 선을 그려 나타내거나 서체에서 짧은 선을 지원하지 않으면 식별자 뒤에 작은따옴표를 붙여 나타낸다. 그렇지 않으면 멀티플렉서 기호의 입력이나 출력 부분에 작은 동그라미를 붙여 LOW 상태일 때 활성화되는 핀임을 표시할 수도 있다. 아날로그 입력과 출력은 HIGH와 LOW 상태 어느 쪽에서도 활성화되지 않으며, 단지 전압을 통과시킨다는 점에 주의한다.

다양한 유형

멀티플렉서는 대부분 다음 입력을 연결하기 전에, 하나의 입력과 연결을 끊어야 하는 장치다. 그러나 일부 예외도 있는데, 이는 데이터시트에서 확인해야 한다. 연결을 끊기 전에 연결하는 스위칭 방식은 칩을 통해 외부 장치 간에 짧은 연결을 만들기 때문에 심각한 문제가 될 수도 있다.

많은 멀티플렉서가 논리 회로의 일반적인 HIGH 값보다 높은 제어 전압(일부의 경우 최대 15VDC)을 견딜 수 있다. 멀티플렉서가 스위칭하는 전압은 제어 전압과 같거나 그보다 높을 수 있다.

아날로그 멀티플렉서 중에는 권장 최고 전압보다 2, 3배 높은 입력 전압도 견디도록 과전압 보호 기능overvoltage protection이 있는 제품도 있다.

데이터시트에는 스위칭할 채널을 명시하는 2진수 입력이 칩 내부에서 디코딩됨을 뜻하는 '내부 주소 디코딩internal address decoding'이라는 표현을 사용하기도 한다. 현재 사실상 모든 멀티플렉서는 온 칩 주소 디코딩on-chip address decoding 기능이 있으며, 데이터시트에 명시하지 않아도 멀티플렉서에는 이 기능이 있다고 가정한다.

부품값

스위칭되는 전압은 보통 입력 전압input voltage, 즉 V_{IN}이라 한다.

아날로그 멀티플렉서는 스위칭이 가능한 설곗값을 넘는 전류에 노출되어서는 안 된다. 이 값을 최대 채널 전류channel current라고 한다. 이 값은 보통 10mA이지만, 최근 표면 장착형 멀티플렉서는 마이크로암페어(µA) 범위의 전류용으로 설계된다.

ON 저항on-resistance은 아날로그 멀티플렉서가 그 내부를 통과해 지나가는 신호에 부과하는 저항이다. 현대의 특수 아날로그 멀티플렉서는 최소 5Ω의 ON 저항을 가지기도 하지만, 이는 상대적으로 드물다. 100~200Ω의 ON 저항이 더 흔하다. ON 저항은 멀티플렉서 내에서 전원 전압과 스위칭 전압에 따라 달라진다. ON 저항은 V_{IN}이 0V의 위(또는 아래)로 벗어나면 약간 증가하고, 공급 전압이 낮아지면 크게 증가한다. 또 온도에 따라서도 크게 증가한다.

[그림 16-9]의 그래프는 입력 전압을 ±2.5VDC (그래프에서는 '전압 차'가 5VDC), ±5VDC('전압 차' 10VDC), ±7.5VDC('전압 차' 15VDC) 3가지로 달리했을 때, 아날로그 멀티플렉서의 ON 저항을 보여 준다. 이 그래프의 출처는 MC14067B 아날로그 멀티플렉서의 데이터시트이다. 다른 칩의 그래프는 이와 다를 수 있지만 기본 원칙은 같다.

스위칭 시간switching time은 빠른 속도가 필요한 작업에서 중요한 고려사항이다. 데이터시트에 명

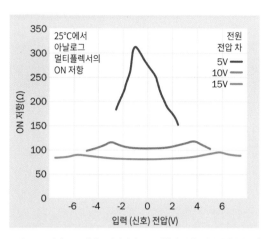

그림 16-9 아날로그 멀티플렉서에서 ON 저항의 변화. 각각의 '전압 차'는 양의 공급 전압과 그와 크기는 같고 부호는 반대인 음의 접지 전압 간의 차를 뜻한다. 따라서 10VDC의 '전압 차'는 ±5VDC를 뜻한다(그래프 출처: 온세미컨덕터(On Semiconductor) 사에서 출시한 MC14067B 아날로그 멀티플렉서의 데이터시트).

시된 ON/OFF 시간(흔히 t_{ON}과 t_{OFF}로 표시)은 제어 입력부터 스위치의 토글링까지의 전달 지연propagation delay 함수이며, 일반적으로 제어 입력의 상승 또는 하강 에지의 중간 지점부터 출력 신호의 90% 수준에 해당하는 지점까지로 측정한다.

누설 전류leakage current는 반도체 스위치가 OFF 상태일 때 통과하는 소량의 전류(흔히 pA 단위로 측정, 1pA=10^{-12}A)를 뜻한다. 누설 전류는 아주 높은 임피던스의 부하를 사용할 때를 제외하면 그다지 중요하지 않다.

멀티플렉서 내부의 개별 스위치는 서로 조금씩 다른 특성이 있다. 인접한 스위치 간에 ON 저항의 차는 병렬 아날로그 신호를 스위칭할 때 중요할 수 있다. 데이터시트에는 스위치가 어느 정도까지 특성을 만족시키는지 명시해야 하며, 약어 R_{ON}을 사용해 서로 간의 최대 편차를 정의할 수도 있다. 단, 개별 스위치의 ON 저항을 나타낼 때도 같은 약어를 사용하고 있어 혼동이 생길 수 있다.

사용법

멀티플렉서는 오디오 스테레오 시스템에서 입력 잭의 선택처럼 여러 입력 중 하나를 선택하는 단순한 스위치로 사용할 수 있다. 듀얼 차동 멀티플렉서는 이런 응용에 유용하게 사용할 수 있는데, 하나의 선택 신호로 2개의 신호 경로를 동시에 스위칭할 수 있기 때문이다.

멀티플렉서는 디지털 포텐셔미터digital potentiometer처럼 다양한 저항 사이에서 오디오 신호를 스위칭해 디지털 음량을 조절하는 장치로 사용할 수 있다. 이 응용에서는 멀티플렉서 안에 풀업 저항을 사용할지 고려해야 한다

마이크로컨트롤러가 다수의 입력(예를 들어 온도 센서나 동작 센서의 범위)을 추적해야 하는 경우, 멀티플렉서는 필요한 입력 핀 수를 줄일 수 있다. 마이크로컨트롤러는 멀티플렉서의 데이터 선택 핀이 가능한 2진 상태를 모두 지나가도록 해서 차례대로 각 데이터 입력을 선택하는 한편, 단선 출력single-wire output으로 아날로그-디지털 변환을 수행하는 마이크로컨트롤러의 개별 핀에 아날로그 데이터를 전달한다.

반대로 마이크로컨트롤러는 여러 부품을 끄고 켜는 데, 디멀티플렉서(즉, 디멀티플렉서 모드에서 사용할 수 있는 4067B 칩 같은 아날로그 멀티플렉서)를 사용할 수 있다. 마이크로컨트롤러의 출력 4개는 16채널 디멀티플렉서의 제어 핀과 연결되어, 2진수 0000부터 1111까지 카운팅해 0번 출력 핀부터 15번 출력 핀까지 선택한다. 각 핀을 선택하면 마이크로컨트롤러는 HIGH/LOW 펄스를 보낸다. 이 과정은 다시 반복된다(디코더decoder도 같은 방식으로 사용할 수 있다).

기타 응용

멀티플렉서는 입력에 대한 출력비inputs-to-outputs ratio를 높이기 위해 캐스케이드cascade 방식으로 연결할 수 있다.

최근의 멀티플렉서는 비디오 출력 포트를 선택하는 컴퓨터 보드에 사용하거나 PCI 익스프레스 스위치로 사용한다.

멀티플렉서는 여러 채널을 선택해 직렬 데이터 스트림으로 전환하기 때문에 병렬-직렬 컨버터로 사용할 수 있다.

통신에서 멀티플렉서는 여러 개의 개별 입력에서 음성 신호를 선택해, 단일 채널로 빠르게 전송할 수 있도록 디지털 스트림으로 결합한다. 그러나 이러한 응용은 여기서 설명한 멀티플렉서의 단순 사용법과는 상당히 거리가 멀다.

주의 사항

디지털 칩 전반에 공통으로 적용되는 문제점은 논리 게이트 장 129쪽의 '주의 사항'을 참조한다.

풀업 저항

풀업 저항은 부동 연결을 방지하는 데 필요하지만, 멀티플렉서에 풀업 저항이 내장된 사실을 사용자가 모른다면 원치 않는 결과가 발생할 수 있다.

연결 전 연결 끊기

대부분의 응용에서 각각의 내부 반도체 스위치는 새로운 연결을 만들기 전에 먼저 연결을 하나 끊는 것이 바람직하다. 이렇게 하면 별도의 외부 부품이 멀티플렉서를 통해 짧게나마 서로 연결되는 일을 방지할 수 있다. 연결 전 연결 끊기 모드에서 멀티플렉서가 작동하는지 확인하기 위해 데이터시트를 살펴보아야 한다. 만약 작동하지 않는다면, 활성 핀으로 새 연결을 만들기 전에 모든 연결을 잠시 비활성화할 수 있다.

신호 왜곡

멀티플렉서가 아날로그 신호를 통과시킬 때, 전압이 바뀜에 따라 내부 다중 스위치의 ON 저항이 크게 변하면 신호 왜곡이 발생할 수 있다. 아날로그 멀티플렉서의 데이터시트에는 보통 전체 신호 범위에서 ON 저항을 보여 주는 그래프가 포함된다. 그래프가 평탄할수록 멀티플렉서로 인한 왜곡이 적다. 데이터시트에서는 이를 흔히 R_{ON}의 편평도 flatness라고 한다.

CMOS 스위칭의 한계

대다수 멀티플렉서가 CMOS 트랜지스터 기반으로 구현되지만, 스위칭 속도는 비디오 신호에 충분하지 않으며 ON 저항은 왜곡을 일으킬 정도로 변할 수 있다. 따라서 멀티플렉서를 초고속 응용 방식에 사용하려면 상호 보완적인 양극성 스위칭 bipolar switching을 함께 사용해야 한다. 멀티플렉서를 이렇게 사용하면 비용이나 전력 소비에서 손해가 발생한다.

과도 신호

멀티플렉서 내부의 스위치 커패시턴스는 스위치가 상태를 바꿀 때 출력에서 과도 신호를 발생할 수 있다. 정착 시간settling time을 고려할 필요가 있으며, 이에 관한 정보는 데이터시트에서 명시한 스위칭 속도에 추가될 수 있다.

17장

LCD

정식 명칭은 액정 디스플레이liquid-crystal display이지만, 이 말은 현재 거의 사용되지 않으며 약어인 LCD가 더 많이 사용되고 있다. LCD 디스플레이라는 중복 표현도 쉽게 찾아볼 수 있다. 이 세 용어는 모두 하나의 장치를 가리킨다. LCD는 비슷한 약어인 LEDlight-emitting diode와 쉽게 혼동하기도 한다. 두 장치 모두 정보를 표시하는 장치이지만 작동 방식은 완전히 다르다.

관련 부품

- LED 디스플레이(24장 참조)

역할

LCD는 소형 디스플레이 패널 또는 스크린에 하나 이상의 세그먼트segment를 이용해 정보를 표시하는 장치이며, AC 전압을 가해 세그먼트의 모양을 바꾼다. 디스플레이 패널에는 알파벳 문자, 기호, 아이콘, 점, 픽셀 등이 비트맵bitmap 형태로 나열된다.

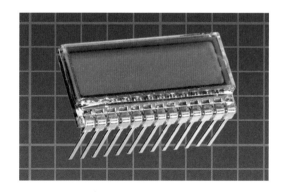

그림 17-1 기본형 소형 흑백 LCD.

기본 흑백 LCD는 전력 소모가 적기 때문에 디지털 시계나 계산기처럼 배터리 전원을 사용하는 장치에서 숫자를 표시할 때 사용한다. 이러한 유형의 소형 기본 LCD가 [그림 17-1]에 나와 있다.

최근에는 휴대전화, 컴퓨터 모니터, 게임기, TV, 항공기 조종석의 디스플레이 등 거의 대부분의 비디오 디스플레이에서 백라이트backlight가 있는 컬러 LCD를 사용하고 있다.

작동 원리

빛은 전기장과 자기장으로 이루어진 전자기파다. 전기장과 자기장은 서로 수직으로 만나고, 빛은 전기장과 자기장의 수직 방향으로 진행한다. 그러나 가시광선의 경우 대부분 장의 극성field polarities은 임의로 혼합된다. 이러한 빛을 결어긋난incoher-

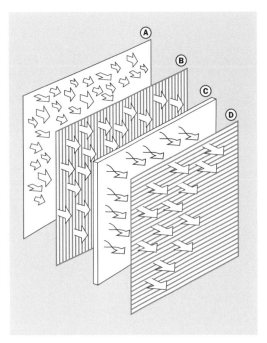

그림 17-2 편광 필터 2개와 액정 패널의 조합은 전압이 걸리지 않으면 투명하게 보인다. 자세한 내용은 본문 참조.

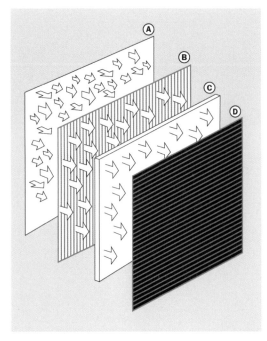

그림 17-3 전압이 걸리면 LCD는 검은색으로 변한다. 자세한 내용은 본문 참조.

ent 빛이라고 한다.

[그림 17-2]는 백라이트를 사용하는 LCD 도면을 단순화한 것이다. 걸어긋난 빛이 백라이트 패널(A)에서 나와 수직 방향의 편광 필터polarizing filter(B)로 입사된다. 필터 B는 여러 방향의 전기장 벡터 중 한 방향의 전기장만 통과시킨다. 편광된 빛은 이후 액정 패널(C)로 입사한다. 액정 패널은 분자로 구성된 액체로, 전압이 가해지지 않은 상태에서는 빛의 극성을 90도 회전시키는 나선 구조를 형성하고 있다. 액정 패널을 통과한 빛은 수평 편광 필터(D)를 거쳐 사용자의 눈에 보이게 된다.

> 액정 그 자체는 빛을 발하지 않으며, 액정 구조를 통과하는 빛의 극성만 바꿀 수 있다.

[그림 17-3]에서는 투명 전극(그림에는 포함되지 않음)을 통해 액정에 전압을 가할 때 무슨 일이 일어나는지 보여 주고 있다. 분자 구조가 전압에 반응해 재배열되면, 빛의 극성이 바뀌지 않고 통과할 수 있게 된다. 이에 따라 수직으로 편광된 빛은 바로 앞의 수평 편광 필터로 인해 차단되어 디스플레이는 검은색을 띤다.

액정은 이온 결합 화합물을 포함하고 있다. 여기에 DC 전압을 장시간 가하면 액정 분자가 전극 쪽으로 당겨진다. 이로 인해 디스플레이의 성능이 영구적으로 저하될 수 있다. 따라서 액정 패널에는 AC 전압을 사용해야 한다. 50~100Hz의 AC 전압이 주로 사용된다.

다양한 유형＿＿＿＿＿＿＿＿＿＿＿＿＿

투과형 LCD

투과형transmissive LCD를 보기 위해서는 백라이트가 필요하다. [그림 17-2]의 LCD가 투과형 LCD이다. 흑백 LCD가 가장 단순한 형태이며, 빨강, 초록, 파랑 필터를 추가해 원색을 표시할 수도 있다. 백색 백라이트 대신 픽셀 크기의 빨강, 초록, 파랑 LED를 사용하기도 하는데, 이때는 색 필터를 사용할 필요가 없다.

최근까지 비디오 모니터와 TV의 기본 시스템으로 대부분 음극선관cathode-ray tube(CRT)을 사용했으나, 백라이트 LCD가 CRT를 대체하고 있다. LCD는 가격이 더 저렴할 뿐 아니라 대형 크기로도 제작할 수 있다. 또한 CRT의 경우 오랜 시간 지속적으로 화면 이미지가 바뀌지 않을 때 관 내부의 형광판 위에 영구적인 흔적이 남는 번인burn-in 현상을 일으키지만, LCD는 이런 문제가 발생하지 않는다. 그러나 대형 LCD는 제조 과정에서 데드 픽셀dead pixel 또는 스턱 픽셀stuck pixel 등의 결함이 발생할 수 있다. 이에 대해 제조사마다 불량 화소의 최대 허용 개수에 관한 서로 다른 정책이 있다.

반사형 LCD

반사형reflective LCD의 구조는 기본적으로 [그림 17-2]와 동일하지만 백라이트 대신 반사면이 있다는 점이 다르다. 디스플레이 주위의 빛이 전면에서 입사되면, 편광 필터와 결합된 액정에 일부 차단되거나 뒷면 반사면에 도달하여, 반사면에서 반사된 빛이 액정 패널을 통과해 사용자가 볼 수 있게 된다. 반사형 LCD는 주위 환경이 밝을 때는 잘

보이지만, 주위가 어두울 때는 보기가 어렵고 암흑에서는 아예 보이지 않는다. 따라서 디스플레이의 측면에, 사용자가 직접 광원을 장착하는 보조 조명을 사용할 수도 있다.

반사 투과형 LCD

반사 투과형transreflective LCD는 반투명한 후면 편광판을 포함하고 있어 주위의 빛을 일부 반사하며, 동시에 백라이트도 사용할 수 있다. 반사 투과형 LCD는 반사형 LCD만큼 밝지 않고 명암의 대조contrast도 크지 않지만, 디스플레이를 볼 수 있을 만큼 주위가 충분히 밝으면 백라이트가 자동으로 꺼지기 때문에 활용도가 넓고 에너지 효율도 높다.

능동형과 수동형

능동 매트릭스형

능동 매트릭스형active matrix LCD는 기본 액정 어레이liquid-crystal array에 박막 트랜지스터thin film transistor(TFT)의 매트릭스를 추가해, AC 전압이 양에서 음으로 전이되는 동안 각 세그먼트 또는 픽셀의 상태를 능동적으로 저장한다. 이는 인접한 픽셀 간의 누화crosstalk 현상을 감소시키므로, 더 밝고 선명한 영상을 만들 수 있다. 능동 매트릭스 LCD에는 TFT가 들어가기 때문에 'TFT 디스플레이'라고도 하지만, '능동 매트릭스'라는 명칭도 함께 사용한다.

수동 매트릭스형

수동 매트릭스형passive matrix LCD는 제조 비용이

저렴하지만, 디스플레이의 크기가 클 경우 반응이 늦어 빛 세기의 섬세한 조정에는 적합하지 않다. 수동 매트릭스 LCD는 중간 회색 단계가 없는 단순한 흑백 디스플레이에 주로 사용한다.

여러 가지 액정 유형

꼬인 네마틱

꼬인 네마틱twisted nematic(TN)은 가격이 저렴하고 단순한 형태의 LCD로, 시야각이 좁고 명암 대조는 보통 수준이다. 외관은 회색 바탕에 검정색 문자 형태로 제한적이다. 반응 속도는 상대적으로 늦다.

초꼬인 네마틱

초(超)꼬인 네마틱super twisted nematic(STN)은 1980년대 수동형 LCD로 개발되었으며, 섬세한 화면과 넓은 시야각, 빠른 반응 속도가 특징이다. 작동하지 않을 때의 외관은 초록색 바탕에 짙은 보라나 검정색 문자, 또는 은회색 바탕에 진청색 문자다.

필름 보상 초꼬인 네마틱

필름 보상 초꼬인 네마틱film-compensated super twisted nematic(FSTN)은 추가로 코팅된 필름을 사용해 흰색 디스플레이에 순수한 검정색 문자를 구현할 수 있다.

이중 초꼬인 네마틱

이중 초꼬인 네마틱double super twisted nematic(DSTN)은 명암 대비와 반응 시간을 강화하고, 주위 온도에 대응하는 자동 명암 보상 기능을 제공

한다. 외양은 흰색 바탕에 검정색 문자다. DSTN 디스플레이는 백라이트가 필요하다.

컬러 초꼬인 네마틱

컬러 초꼬인 네마틱color super twisted nematic(CSTN)은 STN 디스플레이에 필터를 추가해 자연색을 재생한다.

7세그먼트 디스플레이

시계, 계산기 등 여러 장치에서 사용된 초창기 흑백 LCD는 7개의 세그먼트를 사용해 0부터 9까지의 숫자를 표시한다. 아직도 저가 제품에서는 이러한 유형의 LCD를 사용하고 있다. 컨트롤 선 또는 전극은 각각의 세그먼트에 하나씩 연결되는 반면, 백플레인backplane은 모든 세그먼트가 공유하며 공통common 핀과 연결되어 회로를 완성한다.

[그림 17-4]는 가장 보편적인 7세그먼트 디스플레이seven-segment display다. 데이터시트에서는 보

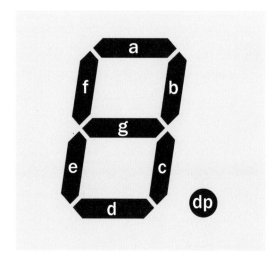

그림 17-4 LCD 숫자 표시를 위한 기본적인 숫자 디스플레이 형식(LED에서도 같은 배열을 사용한다). 각 세그먼트를 구분하기 위해 일반적으로 알파벳 소문자를 사용한다.

통 각각의 세그먼트를 구분하기 위해 알파벳 소문자를 a부터 g까지 사용한다. 소수점은 일반적으로 'dp'라고 하는데, 일부 디스플레이에서는 생략하기도 한다. 세그먼트는 살짝 기울어져 있어 숫자 7의 대각선 획을 표시할 때 좀 더 자연스럽게 표현할 수 있다.

7세그먼트 디스플레이는 우아하지는 않지만, 기능성이 좋고 읽기 쉽다([그림 17-5] 참조). 16진수를 표시하기 위해서 알파벳 A, B, C, D, E, F를 추가할 수 있다(디스플레이에서는 세그먼트 개수가 적어 제약이 있기 때문에 A, b, c, d, E, F로 표시한다).

전자레인지 같은 가전제품에서는 7세그먼트 디스플레이의 제한 내에서 사용자 편의를 위한 아주 기본적인 문자 형식의 메시지를 표시할 수 있다. 이에 대한 예를 [그림 17-6]에서 제공한다.

7세그먼트 디스플레이 시스템은 비용이 저렴하다는 장점이 있다. 즉, 제조비가 적게 들고, 최소한의 연결과 디코딩으로도 문자와 숫자를 표시할 수 있기 때문이다. 그러나 숫자 0, 1, 5는 알파벳 O, I, S와 구분되지 않고, K, M, N, W, X, Z와 같이 대각선 획을 포함하는 알파벳 문자는 표시가 불가능하다.

추가 세그먼트

문자-숫자 표시alphanumeric LCD는 14 또는 16세그먼트를 이용해 알파벳 문자를 더 보기 좋게 표시

그림 17-5 7세그먼트 디스플레이로 표시한 숫자와 알파벳의 첫 여섯 글자.

그림 17-6 7세그먼트 디스플레이로 만든 기본 문자 메시지. 대각선 획이 필요한 알파벳 문자는 표시할 수 없다.

그림 17-7 14세그먼트 LCD(왼쪽)와 16세그먼트 LCD(오른쪽)는 숫자뿐만 아니라 알파벳 전체를 표시하기 위해 개발되었다. 이 제품 중에는 숫자 7을 표시하기 위해 문자를 기울일 필요가 없음에도 불구하고, 이전의 7세그먼트처럼 기울어진 디자인도 있다.

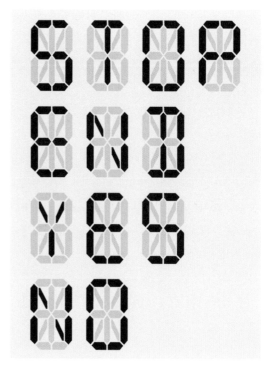

그림 17-8 앞서 7세그먼트 LCD를 이용해 표시한 문자를 여기에서는 16세그먼트 디스플레이를 이용해 표현했다.

하도록 개발되었다. 간혹 이런 디스플레이 중에는 7세그먼트 디스플레이처럼 살짝 기울어져 있는 제품도 있었다. 대각선 획 세그먼트가 추가되어 굳이 기울임꼴로 표시할 필요가 없지만, 사람들이 여전히 기울임 스타일에 더 익숙해서였을 것이다. 어떤 제품에서는 14 또는 16세그먼트를 직사각형 안에 배치하기도 했다([그림 17-7] 참조).

[그림 17-6]에서 표현한 단어를 [그림 17-8]에서는 16세그먼트 LCD를 이용해 표시했다. 대각선 획을 활용해 얻을 수 있는 장점도 있지만, 글자 간의 간격이 넓어져 글자체가 예쁘지 않고 읽기 어렵다는 단점이 있다.

[그림 17-9]는 16세그먼트 LCD를 이용해 문자 세트를 구현한 것이다. 이것은 부분적으로 ASCII 코딩 시스템을 따르고 있다. ASCII 시스템에서는 각각의 문자를 개별적으로 구분하는 숫자 코드가 있으며, 이 숫자 코드에는 공백(스페이스)에 해당하는 16진수 20부터 알파벳 z에 해당하는 16진수 7A까지 할당되어 있다(하지만 문자 세트에서는 대문자와 소문자를 구분하지 않는다). ASCII는 미국 정보 교환용 표준 부호American Standard Code for Information Interchange의 약자다.

16세그먼트 디스플레이가 도입될 당시 백라이트 LCD가 일반적으로 사용되고 있었기 때문에, 문자는 그림과 같이 어두운 배경에 밝은 문자를 표시하는 '네거티브' 형식이었다. LED는 발광 소자이기 때문에, 항상 어두운 배경에 밝은 문자 형태로 정보를 표시한다.

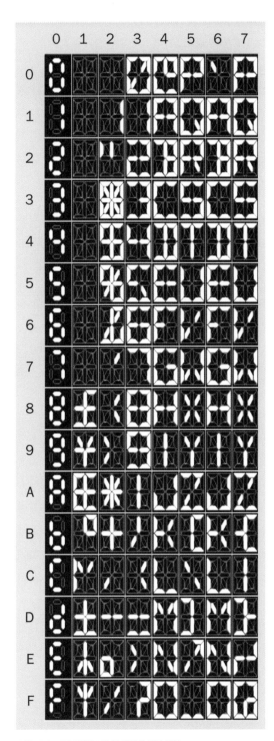

	0	1	2	3	4	5	6	7
0								
1								
2								
3								
4								
5								
6								
7								
8								
9								
A								
B								
C								
D								
E								
F								

그림 17-9 16세그먼트 LCD를 이용한 문자 세트.

도트 매트릭스 디스플레이

16세그먼트 디스플레이는 대중에게 전혀 인기를 얻지 못했고, 마이크로프로세서와 ROM 저장 장치의 가격 그리고 LCD 제조 비용이 저렴해지자, 초기 마이크로컴퓨터에서 사용했던 읽기 쉬운 5× 7 도트 매트릭스dot-matrix 알파벳 디스플레이를 제작하는 쪽이 더 경제적이었다. 다음 페이지 [그림 17-10]은 여러 LCD에서 보편적으로 사용되는 도트 매트릭스 문자 세트를 보여 준다.

기존 ASCII 코드는 16진수 20 미만과 16진수 7A 이상에는 표준화가 되지 않았기 때문에, 제조사는 외국어 문자, 그리스 문자, 일본어, 액센트 기호가 있는 문자 또는 기호를 표시할 때는 00부터 1F, 7B부터 FF까지의 코드를 사용해 왔다. 낮은 숫자의 코드들은 공백으로 두어, 사용자 지정 기호로 사용하게 했다(예: 문장에서 새로운 행을 시작하는 명령어). 이 영역에는 표준화된 내용이 없으므로, 사용자는 제조사의 데이터시트를 확인해야 한다.

일반적으로 도트 매트릭스 LCD는 8개 이상의 열과 2개 이상의 행으로 된 패키지로 구성된다. 열 개수는 항상 행 숫자 앞에 표시되는데, 일반적인 8×2 디스플레이의 경우 8개의 문자가 2개의 수평 행에 나열된다. 문자 어레이를 '디스플레이 모듈display module'이라고 해야 하는데, 간혹 '디스플레이display'라고 해서 단일 7세그먼트 LCD와 구분되지 않아 혼란을 일으키기도 한다. 16×2 디스플레이 모듈 앞면은 다음 페이지 [그림 17-11], 뒷면은 [그림 17-12]에 나와 있다.

다중 문자 디스플레이 모듈multiple-character display modules은 오디오나 자동차처럼 단순한 상태

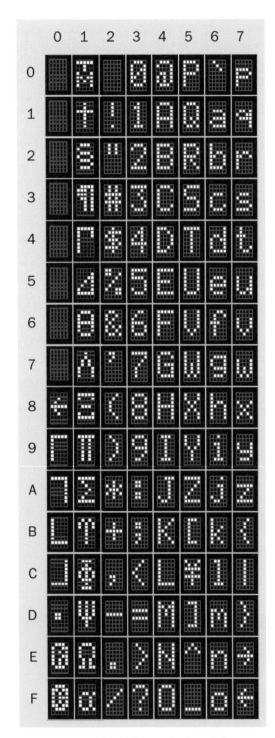

그림 17-10 일반 LCD에서 사용하는 도트 매트릭스 문자 세트. 5×7 도트 매트릭스를 표시할 수 있다.

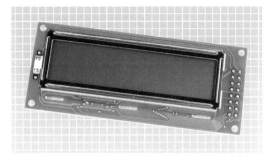

그림 17-11 16×2 LCD 디스플레이 모듈 앞면.

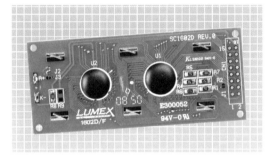

그림 17-12 [그림 17-11]의 16×2 LCD 디스플레이 모듈 뒷면.

메시지와 지시문이 필요한 제품에서 널리 사용되고 있다. 예를 들어 스테레오 라디오의 볼륨 조정이나 방송국 주파수 같은 정보를 표시할 때 사용된다. 거의 모든 모듈에서 백라이트를 사용한다.

휴대전화의 대량 생산으로 인해 다목적 고해상도 소형 컬러 LCD 스크린의 가격이 급격히 떨어지고 있어, 컬러 모니터가 흑백 도트 매트릭스 LCD 디스플레이 모듈을 대체하고 있다. 이와 비슷하게 터치 스크린도 푸시 버튼과 촉각 스위치를 대체하게 될 것이다. 터치 스크린은 본 백과사전의 범위를 벗어난다.

컬러

[그림 17-13]에서는 필터를 추가해 총천연색을 구현하는 디스플레이의 단순 도면을 보여 준다.

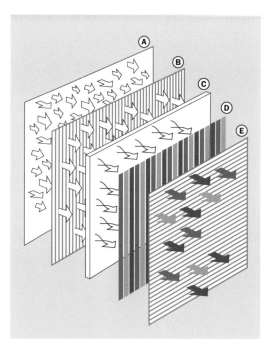

그림 17-13 빨강, 초록, 파랑 색 필터를 추가하고, 가변 밀도(variable density) 액정 픽셀을 함께 사용해 컬러 LCD 디스플레이를 구성할 수 있다.

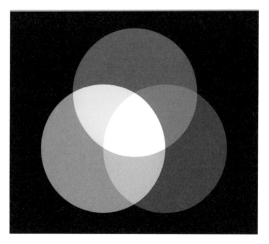

그림 17-14 빨강, 초록, 파랑이 직접 눈에 입사되면, 가산 혼합의 삼원색 쌍은 2차 색상으로 사이안, 마젠타, 옐로를 만들어 낸다. 가산 혼합의 삼원색 세 가지를 모두 합치면 대략 백색에 가까운 빛을 만들 수 있다. 돋보기로 컬러 모니터를 보면 이를 확인할 수 있다.

빨강, 초록, 파랑은 투사광transmitted light의 3원색으로 사용된다. 이 RGB 원색의 강도를 조절해 조합하면, 가시광선 스펙트럼 대역의 수많은 색깔을 만들 수 있다. 이 세 가지 색깔은 더할수록 더 밝은 색상이 만들어지기 때문에 가산 혼합의 삼원색additive primaries이라고 한다(색광의 삼원색이라고도 한다). 색상 조합의 원리는 [그림 17-14]에 나와 있다.

빨강, 초록, 파랑을 부를 때 '원색'이라는 용어를 사용하면 혼란이 있을 수 있다. 컬러 인쇄물에서는 다른 종류의 삼원색, 즉 안료의 삼원색reflective primaries인 사이안cyan, 마젠타magenta, 옐로yellow를 사용하기 때문인데, 이들을 모두 합하면 검정색이 나온다. CMYK 시스템에서 안료 박막을 추가하면 더 많은 색상을 흡수하거나 제거한

다([그림 17-15] 참조).

완전한 색상 범위는 색역gamut이라고 하는 원색의 조합으로 만들 수 있다. 다양한 RGB 색상 표준이 개발되었으며, 그중 sRGB(인터넷 작업용으

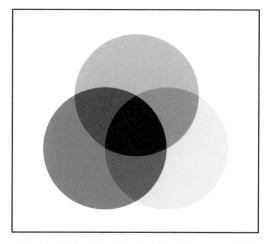

그림 17-15 사이안, 마젠타, 옐로 잉크를 백지 위에서 겹치고 백색광을 반사시켰을 때, 안료의 삼원색(감법 혼색의 삼원색이라고도 한다)이 둘씩 겹쳐지면 2차 색상으로 빨강, 초록, 파랑이 나타난다. 안료의 삼원색을 모두 겹쳐 인쇄하면 검정에 가까운 색상이 만들어지며 안료의 반사 특성에 따라 제한적인 결과를 확인할 수 있다. 명암 대비 효과를 더하기 위해 보통 검은색 잉크를 추가한다.

로 표준화됨)와 어도비Adobe1998(포토샵을 위해 어도비 시스템Adobe Systems이 도입한 시스템으로, 보다 폭넓은 색역을 제공함)이 가장 널리 활용되고 있다. 색 재현color reproduction에 사용할 수 있는 시스템 중에서 인간의 눈이 감지할 수 있는 색역에 가깝게 완전히 조합할 수 있는 것은 없다.

백라이트 옵션

흑백 LCD의 경우, 전기장 발광 백라이트electroluminescent backlighting가 사용된다. 이 제품은 전류 소모량이 적고 열을 거의 발생하지 않으며 출력이 균일하다. 그러나 밝기가 상당히 제한적이어서 인버터를 꼭 사용해야 하는데, 인버터에서 전류를 상당히 많이 소모한다.

컬러 LCD의 경우, 원래는 형광등fluorescent lights을 사용했다. 형광등은 수명이 길고 열이 거의 발생하지 않으며 전력 소비량이 적다. 그러나 상대적으로 전압이 높아야 하고, 낮은 온도에서는 제대로 작동하지 않는 문제가 있다. 노트북 컴퓨터와 데스크톱 모니터에서 사용하던 초창기 평면 스크린은 냉음극 형광 패널cold-cathode fluorescent panel을 이용했다.

이후 백색 LED가 허용 가능한 수준의 주파수 범위를 생성할 수 있을 정도로 세밀하게 개선되었다. LED에서 발생한 빛은 광확산판(디퓨저diffuser)을 통과해 스크린 전체에 상당히 고른 조명을 비춘다. LED는 형광등 패널보다 가격이 저렴하며 스크린의 두께를 얇게 만들 수 있다는 장점이 있다.

고사양 비디오 모니터에서는 백색 LED 백라이트 대신 빨강, 초록, 파랑 LED를 개별적으로 사용한다. 이 때문에 색 필터를 사용할 필요가 없으며, 보다 광범위한 색역을 제조할 수 있다. 흔히 말하는 RGB LCD 모니터는 가격이 비싸지만, 정밀한 색 재현이 생명인 전문가용 비디오나 인쇄 매체용으로 선호된다.

제로-전력 디스플레이

LCD 제조 기술 중에는 투명 상태와 불투명 상태 사이로 전환될 때만 전력을 사용하는 기술이 있다. 이러한 기술을 쌍안정bistable 디스플레이라고 하는데, 그렇게 널리 사용되지는 않는다. 이 기술은 e-잉크 또는 전자 종이electronic paper 디스플레이 개념과 유사하나, 작동 원리는 다르다.

사용법

LCD에 표시할 숫자가 하나뿐이라면, 이를 구동하기 위해서는 디코더 칩 하나면 충분하다. 디코더 칩으로 2진 코드 입력 신호를 해당 숫자의 세그먼트를 켜기 위해 필요한 출력 신호로 변환하면 되기 때문이다. 그러나 기술의 발달로 여러 개의 숫자 또는 문자를 표시하는 디스플레이와 도트 매트릭스 디스플레이, 그래픽 디스플레이 등이 등장하면서 예전보다 상황이 복잡해졌다.

숫자 디스플레이 모듈

숫자 하나만 표시하는 LCD는 이제 찾아보기 힘든데, 하나의 숫자만을 출력하는 회로가 거의 없기 때문이다. 이보다는 2~8개의 숫자가 작은 직사각형 패널 위에 함께 올라가는 경우가 일반적이며, 그중에서도 3~4개의 숫자를 표시하는 제품이 가장 대중적이다. 디지털 알람 시계는 보통 4자리 숫자 디스플레이 모듈을 사용하는데, 여기에 콜론

(:)과 오전/오후, 알람 온/오프를 표시하는 표시자 indicators가 통합되어 있다. 마이너스(-) 기호가 포함된 숫자 디스플레이 모듈도 있다.

어떤 모듈이 3.5 또는 4.5자리 숫자를 갖는다는 식으로, 자릿수를 소수점으로 표현하기도 한다. 그 의미는 숫자 3개 또는 4개와 맨 앞에 두 개의 세그먼트로 이루어진 숫자 1로 구성되었다는 뜻이다. 3자리 모듈은 000부터 999까지 표시할 수 있지만, 3.5자리 디스플레이는 000부터 1,999까지 숫자를 표시할 수 있어 2배가량 표시 범위가 넓어진다.

여기서 설명하는 유형의 숫자 디스플레이 모듈에는 디코더 논리 회로나 드라이버가 포함되어 있지 않다. 마이크로컨트롤러 같은 외부장치를 이용할 경우, 숫자를 디스플레이의 해당 세그먼트를 켜는 출력 신호로 변환할 수 있도록 색인표lookup table를 포함하고 있어야 한다. 이때 소수점과 마이너스 기호는 포함될 수도, 되지 않을 수도 있다. 프로그래머는 공연한 헛고생을 피하기 위해, 일반적으로 사용되는 숫자 디스플레이 모듈 구동용 마이크로컨트롤러의 코드 라이브러리를 다운로드받아 사용하는 것이 좋다. 그러나 흑백 LCD 세그먼트는 교류 전원을 사용해야 하며, 특히 30~90Hz 주파수의 사각파square wave를 사용해야 함을 꼭 기억해야 한다.

다른 대안으로 4543B 또는 4056B와 같은 디코더 칩을 사용하는 방법이 있다. 이 칩은 2진수 입력(예: 4자리 입력으로 2진수 0000~1001)을 받아, 7세그먼트 디스플레이의 세그먼트와 연결된 7개의 핀에 대한 출력 신호로 변환한다. 4543B의 '위상phase' 핀에는 사각파를 입력해야 한다. 이 사각

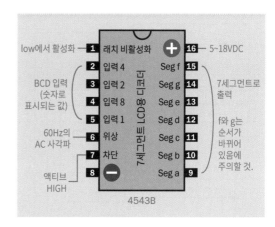

그림 17-16 4543B 디코더 칩의 핀 배치. 7세그먼트 숫자 LCD를 구동하기 위해 제작되었다.

파는 LCD의 백플레인backplane에도 동시에 입력되는데, LCD 백플레인은 데이터시트에서 '공통(common)' 핀으로 표시되는 경우가 많다. 4543B의 핀 배치는 [그림 17-16]에서 확인할 수 있다.

4543B에는 '디스플레이 차단'이라는 기능이 있다. 이 기능은 다중 숫자 디스플레이에서 맨 앞자리의 0을 끌 때 사용할 수 있다. 그러나 4543B에는 마이너스 기호나 소수점을 제어하는 출력이 없어, 양의 정수만 표시할 수 있다는 제약이 있다.

4543B의 공급 전압은 5~18VDC이지만, 논리 상태가 HIGH인 출력 전압이 공급 전원의 전압과 거의 같기 때문에 LCD의 전압 조건(대체로 5VAC인 경우가 많다)에 맞게 선택해야 한다.

3자리 숫자 디스플레이 모듈을 구동할 때 각 자리의 숫자를 개별적으로 제어하려면, 디코더 칩을 3개 이용한다. 이 시스템은 디코더 하나당 세 개의 신호를 입력해야 하며, 이에 따라 3자리를 표시하기 위해 마이크로컨트롤러에서 9개의 출력을 받아야 한다는 단점이 있다.

이 문제를 해결하기 위해 다중 숫자 디스플레

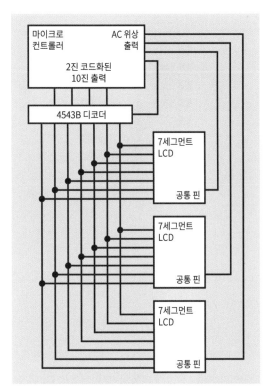

그림 17-17 두 개 이상의 숫자 디스플레이 모듈이 다중화 방식으로 연결되어 있을 때, 컨트롤 장치(보통은 마이크로컨트롤러를 사용한다)는 공통 버스를 거쳐 적절한 데이터를 보내 백플레인(공통 터미널)을 통해 순서대로 디스플레이를 활성화한다.

이를 다중화multiplex 방식으로 이용하는 것이 일반적이다. 이는 디코더 각각의 출력이 LCD 숫자가 같은 세그먼트 사이에서 서로 공유된다는 의미다. 따라서 각각의 LCD 숫자는 공통 핀에 AC 전압을 가함으로써 순차적으로 활성화된다. 동시에 디코더는 해당 LCD에 적합한 데이터를 보낸다. 모든 숫자가 동시에 활성화된 것처럼 보이려면, 이 모든 과정이 충분히 빨라야 하므로 마이크로컨트롤러로 제어하는 것이 최선이다. [그림 17-17]은 이 같은 내용을 단순한 회로도로 표현한다. [그림 24-13]의 LED 디스플레이 구동 회로와 비교해볼 수 있다.

문자-숫자 디스플레이 모듈

숫자 디스플레이와 마찬가지로 문자와 숫자를 표시할 수 있는 도트 매트릭스 LCD의 배열은 미리 결정된 문자 패턴(대체로 ROM에 저장됨)이 있어야 하며, 데이터 스트림data stream에 내장되는 명령을 처리할 명령 해석기command interpreter가 필요하다. 이 기능은 보통 LCD 모듈 내에 장착되어 있다.

공식적 또는 실질적 표준은 없으나, 많은 디스플레이에서 히타치Hitachi 사의 HD44780 컨트롤러에서 사용하는 명령어 세트를 사용하고 있으며, 코드 라이브러리도 아두이노나 여러 마이크로컨트롤러 웹사이트에서 다운로드받을 수 있다. 백지 상태에서 코드를 작성해 문자-숫자 디스플레이의 모든 측면을 제어하는 일은 결코 만만한 작업이 아니다. 햄트로닉스Hamtronix 사의 HDM08216L-3-L30S는 HD44780이 포함된 디스플레이다.

어떠한 표준을 선택하든 문자-숫자 디스플레이의 다음 특성은 항상 공통이다.

- 레지스터 선택 핀. 디스플레이에 입력되는 데이터가 명령인지, 표시할 숫자인지를 알려 준다.
- 읽기/쓰기 핀. 마이크로컨트롤러에서 입력받을 것인지, 아니면 마이크로컨트롤러로 출력할 것인지를 알려 준다.
- 활성/비활성 핀
- 문자 데이터 입력 핀. 표시할 문자 각각의 8비트 ASCII 코드를 동시에 받을 수 있도록 8개의 핀이 있다. 보통은 이 중 4개의 핀만 이용하는 옵션이 있어, 디스플레이를 구동하기 위해 필요한 마이크로컨트롤러의 출력 수를 줄일 수 있다. 핀이 4개만 사용될 경우, 각각의 8비트

문자는 2개의 세그먼트로 보내진다.

- LED 백라이트 핀. 두 개가 있으며, 하나는 LED 후방 조명의 아노드anode에, 다른 하나는 캐소드cathode에 연결된다.
- 리셋 핀.

내장된 명령 코드는 조금 복잡할 수 있다. 이 명령에는 화면의 특정 위치로 커서 이동, 백스페이스와 삭제, 화면 스크롤, 화면의 모든 문자 삭제 등이 포함된다. 또한 화면 밝기 조정과 어두운 바탕에 밝은 문자(네거티브)와 밝은 바탕에 어두운 문자(포지티브)로의 화면 전환 코드도 포함된다.

일부 디스플레이 모듈은 그래픽 기능이 있어 사용자가 화면의 개별 픽셀을 지정할 수 있다.

제어 코드는 표준화되어 있지 않기 때문에, 문자-숫자 디스플레이 모듈의 사용법을 익히려면 제조사의 데이터시트를 참조해야 한다. 데이터시트 외에도 온라인 사용자 포럼 등에서 문서에 나오지 않는 기능이나 돌발 상황에 관한 중요 정보를 얻을 수 있다.

주의 사항

온도 감수성

낮은 온도와 높은 온도의 허용치는 액정마다 다르다. 그러나 일반적으로 낮은 온도에서 충분히 조밀한 이미지를 만들려면 그만큼 더 높은 전압이 필요하다. 이와 반대로 고온에서 고스팅ghosting 현상(결함으로 인해 화면에 이중으로 상(像)이 맺히는 현상 – 옮긴이)을 피하기 위해서는 낮은 전압이 필요하다. 안전한 작동 온도 범위는 섭씨 0~50도 사이지만, 사용 전 제조사의 데이터시트를 참조해야 한다. 특정 목적의 LCD는 극한의 온도에서도 사용할 수 있다.

과도한 다중화

TNtwisted nematic 디스플레이는 사용률duty cycle이 1:4 이상일 때는 성능이 현저하게 저하된다. 다시 말하면 하나의 컨트롤러에 4개 이상의 디스플레이를 연결해 다중화해서는 안 된다.

DC 손상

LCD에 DC 전류를 걸어 주면 그 즉시 영구적인 손상이 발생한다. 예를 들어, 타이머 칩으로 AC 펄스 스트림을 생성하는데, 우연히 타이머의 연결이 끊어지거나 RC 네트워크와 부정확하게 연결되면 이런 손상이 발생할 수 있다. LCD의 공통 핀을 연결하기 전에는 반드시 측정기를 AC 전압 측정 옵션으로 맞춘 후 타이머의 출력을 확인한다.

조악한 통신 프로토콜

문자-숫자 디스플레이 모듈 중에서 공식적인 통신 프로토콜을 사용하지 않는 종류가 많다. 이중 직렬duplex serial 또는 I2C 연결은 적용이 불가능할 수 있다. 디스플레이가 명령을 완결할 시간을 충분히 주기 위해 내장된 명령을 실행하고서 수 밀리초millisecond의 공백을 허용하도록 해야 하며, 특히 화면의 모든 문자를 삭제하라는 명령문을 시행할 때는 주의를 기울여야 한다. 만일 쓰레기 문자garbage character가 화면에 나타나면 데이터 전송 속도가 정확한지 또는 휴지 시간이 부족하지 않은지 확인해야 한다.

연결 오류

연결 오류는 정확한 문자를 표시하지 못하거나 화
면에 이미지가 아예 뜨지 않는 경우, 제조사에서
가장 흔한 원인으로 지목하는 문제다.

18장

백열등

백열등, 백열전구, 알전구 등의 용어가 사용된다. 본 백과사전에서는 그중에서 가장 일반적인 용어인 '백열등incandescent lamp'을 사용한다. 패널 장착용 인디케이터panel-mounted indicator는 백열등이 포함된 부품인 경우가 많다.

백열등의 일종으로 분류되는 아크등carbon arc은 2개의 탄소 전극 사이에서 자체적으로 지속되는 스파크로 빛을 생성하는데, 현재는 매우 드문 제품이며 본 백과사전에서는 다루지 않는다.

관련 부품

· LED 조명(23장 참조)

· LED 인디케이터(22장 참조)

· 네온전구(19장 참조)

· 형광등(20장 참조)

역할

백열등의 '백열incandescent'이라는 단어는 어떤 물체가 뜨거워지면 그 결과로 가시광선을 방출한다는 뜻이다. 백열등incandescent lamp은 이 원리를 적용해 도선 필라멘트filament에 전류를 통과시켜 그 결과로 온도가 올라가면 빛을 방출한다. 필라멘트의 산화를 방지하기 위해, 필라멘트를 봉인된 유리구 또는 내부를 진공 상태로 유지하거나 낮은 압력의 불활성 기체를 주입한 튜브 안에 넣는다.

백열등은 상대적으로 효율이 낮기 때문에 넓은 면적을 밝히는 조명area lighting으로 사용하는 것은 환경 면에서 바람직하지 못하다. 일부 지역에서는 이 같은 이유로 사용을 금지하기도 한다. 그러나 소형 저전력 패널 장착형 백열등은 여전히 널리 사용되고 있다. 발광 다이오드light-emitting diodes(LED)와 비교해 꼬마 백열전구의 장점에 대

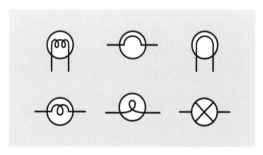

그림 18-1 백열등을 표시하는 여러 기호. 아래 맨 오른쪽 기호는 소형 패널 장착형 인디케이터를 표시할 때 흔히 사용된다.

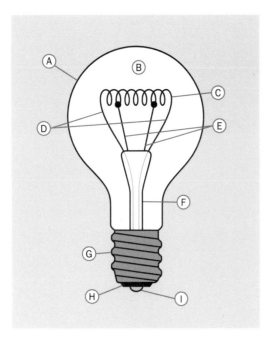

그림 18-2 일반적인 백열등의 부분(자세한 내용은 본문 참조).

- G: 황동 베이스 또는 캡
- H: 유리 재질의 절연체
- I: 중앙 접점.

역사

전기를 이용해 금속에 열을 발생시켜 빛을 만든다는 개념은 영국인 험프리 데이비Humphrey Davy가 처음 내놓은 생각이었다. 그는 1802년 거대한 배터리와 백금 도선을 이용해 이 아이디어를 시연했다. 백금은 상대적으로 녹는점이 높기 때문에 적합한 재질로 선택되었다. 결과적으로 전등은 작동했으나, 밝기가 그다지 밝지 않고 수명이 짧아 실용성이 떨어졌다. 게다가 백금은 도선으로 사용하기엔 지나치게 비쌌다.

백열등과 관련된 최초의 특허는 영국에서 1841년에 출원되었지만, 이때까지도 여전히 백금 필라멘트가 사용되었다. 이후 영국의 물리학자이자 화학자인 조셉 스완Joseph Swan은 실용적인 탄소 필라멘트를 개발하기 위해 수년간 연구를 거듭한 끝에, 1880년 탄화 종이 필라멘트parchmentized thread의 특허를 등록했다. 그의 집은 세계 최초로 전등으로 불을 밝힌 장소가 되었다.

1878년 토머스 에디슨Thomas Edison은 전구의 개량화 작업에 착수했고, 1879년 탄소 필라멘트 실험에서 성공을 거두었다. 전구는 13시간 이상 수명이 지속되었고, 이후 해당 기술에 관한 특허권 소송이 진행되었다. 탄소 필라멘트는 이후에 계속 사용되다가, 1904년 독일/헝가리 발명가인 알렉산더 유스트Alexander Just(이후 헝가리로 귀화하면서 Just Sándor Frigyes로 개명)와 크로아티아의 발명가 프란조 하나만Franjo Hanaman이 개발한

해서는 211쪽의 '상대적 장점'을 참조한다.

백열등의 회로 기호는 [그림 18-1]에 나와 있다. 이 기호들은 아래 맨 오른쪽을 제외하고는 기능적으로 모두 동일하다. 아래 맨 오른쪽 기호는 소형 패널 장착형 인디케이터small panel-mounted indicators를 표시할 때 자주 사용된다.

[그림 18-2]에 나와 있는 백열등 각 부분에 대한 설명은 다음과 같다.

- A: 유리구
- B: 낮은 기압의 불활성 기체
- C: 텅스텐 필라멘트
- D: 접촉 도선(내부적으로 황동 베이스와 중앙의 접점을 연결한다.)
- E: 필라멘트 지지 도선
- F: 내부 유리 지지대

텅스텐 필라멘트의 특허가 출원되면서 대체되었다. 텅스텐 필라멘트 전구는 진공 상태 대신 내부에 불활성 기체를 채워 사용한다.

그 밖에 여러 개척자들이 실용적인 전깃불을 개발하기 위한 노력에 참여했다. 따라서 '토머스 에디슨이 전구를 발명했다'는 명제는 정확하지 않다. 하나의 장치는 대단히 오랜 절차를 거치며 점진적으로 개선된다. 에디슨이 이룬 가장 의미 있는 성취는 전력 분배 시스템power distribution system을 개발한 것으로, 상대적으로 높은 저항을 가진 필라멘트를 사용해 전구를 병렬로 연결해 사용할 수 있도록 했다. 에디슨이 저지른 오류는 직류direct current(DC)를 고집한 것이었는데, 그의 라이벌인 웨스팅하우스Westinghouse는 혁신적으로 교류alternating current(AC)를 도입함으로써 변압기transformers를 이용해 전력을 더 먼 거리까지 전송하는 방법을 개발했다. 교류 사용으로 인해 테슬라의 브러시 없는 유도 모터brushless induction motor가 개발될 수 있었다.

1900년대 중반까지 백열등은 대부분 텅스텐 필라멘트를 사용했다.

작동 원리

모든 물체는 온도의 함수에 따른 전자기파를 방출한다. 이를 흑체 복사black body radiation라고 하는데, 이 개념은 물체가 모든 파장의 빛을 전혀 반사하지 않고 완전히 흡수한 후 방출하는 것을 의미한다. 온도가 증가하면 복사의 강도도 증가하며 파장은 감소하는 경향이 있다.

온도가 충분히 높으면 복사의 파장이 가시광선 영역(380~740nm)에 들어간다(nm는 10^{-9}m이다).

텅스텐의 녹는점은 섭씨 3,442도지만, 전구의 필라멘트는 일반적으로 2,000~3,000도 사이에서 작동한다. 이 범위 중 높은 온도 영역에서는 필라멘트의 금속이 증발되어 전구 유리구 내부에 검은 그을음으로 쌓이고, 필라멘트의 부식은 더욱 가속화된다. 이 현상이 지속되면 필라멘트가 끊어진다. 낮은 온도에서는 빛의 색깔이 노란색을 띠며, 빛의 세기가 떨어진다.

스펙트럼

흑체 복사black body radiation의 색은 켈빈 온도 눈금Kelvin temperature scale(절대온도 눈금이라고도 한다)을 이용해 측정한다. 켈빈 온도 눈금에서 1도의 증가는 섭씨 1도와 동일하지만, 켈빈 눈금의 0은 절대영도이다. 이 온도는 이론적으로 최저 온도이며, 이 온도에서는 열이 완전히 소멸된다. 이 온도는 섭씨 온도로 약 -273도이다.

이로부터 켈빈 온도와 섭씨 온도 사이의 관계는 수식으로 명확히 표현될 수 있다.

K = (약) C + 273

사진에서는 광원의 온도를 켈빈 온도로 환산해 사용하는 것이 일반적이다. 대다수 디지털 카메라에는 사용자가 실내 조명의 색온도color temperature를 지정하는 기능이 있는데, 카메라는 지정된 색온도에 대해 광원이 순수한 흰색으로 보이도록 보상하여 가시광선 영역의 모든 색상이 동일하게 재현되도록 한다.

일부 컴퓨터 모니터에도 켈빈 온도로 백색값을 지정하는 기능이 있다.

색온도는 천문학에서도 사용된다. 별들의 스펙트럼이 이론상의 흑체 스펙트럼과 비교가 가능하기 때문이다.

1,000K의 색온도는 짙은 오렌지색을 띠며, 15,000K 이상의 온도는 청명한 파란 하늘의 색깔과 유사한 푸른색을 띤다. 태양의 색온도는 대략 5,800K이다. 실내 조명은 보통 3,000K 정도며, 이 조도에서 상쾌하고 선명한 톤을 만들기 때문에 많은 사람들이 이 온도를 선호한다. 제조사에서 '부드러운 하얀색' 또는 '따뜻한 색'이라고 묘사하는 백열등은 '순백색' 또는 '백색' 전구보다 색온도가 낮다.

[그림 18-3]은 다양한 색온도 파장의 방출을 보여 주는 그래프다. 무지개처럼 보이는 부분은 왼쪽의 자외선과 오른쪽 적외선 사이의 대략적인 가시광선 파장 대역을 나타낸다. 이해를 돕기 위해

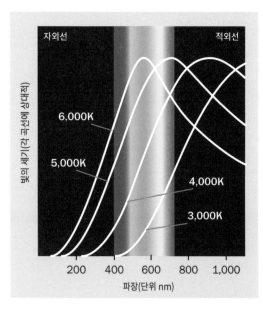

그림 18-3 다양한 색온도(K)의 흑체 복사에 대한 대략적인 최대 파장. 그래프의 곡선은 최댓값이 동일하도록 조정된 것이다(참고 서적 E. Fred Schubert의 《Light Emitting Diodes》에서 발췌하여 수정함).

각 색온도의 최대 강도는 동일하게 했다. 현실에서는 온도가 증가하면 방출되는 빛도 증가한다.

백열등 외의 광원

가열된 필라멘트에서 빛이 방출될 때, 파장에 대한 빛 세기를 그래프로 그리면 비연속점이 없는 부드러운 곡선 형태로 나타난다. 켈빈 온도가 높아지면 특정 온도까지는 기본 형태의 변화 없이 최댓값이 이동하고, 곡선의 모양이 좌우 방향으로 수축하는 형태로 바뀌게 된다.

그러나 이후에 출현한 형광등과 발광 다이오드(LED)는 이러한 단순한 시나리오를 따르지 않는다. 이 광원들은 백열성incandescent이 아닌 냉광성luminescent이기 때문에 균일하고 연속적인 파장을 방출하지 않는다.

LED는 단색광을 방출한다. 그 말은 그래프의 모양이 하나의 색상 주위로 좁게 모인다는 뜻이다. '백색' LED는 실제로는 청색 LED이며, 그 안에서 반도체 다이semiconductor die(반도체 물질의 작은 사각형 조각. 이 위에 회로가 올라감 – 옮긴이) 위에 코팅된 인광 물질이 들뜬 상태가 되면서 보다 넓은 영역의 빛을 방출한다. 형광등의 스펙트럼은 일부 파장에서 뾰족한 피크 형태로 나타나며, 이 파장은 유리구 안의 수은으로 결정된다. [그림 18-4]는 이 내용을 표현한 것이다.

인간의 눈은 백열등에서 강조되는 노란색과 다른 광원에서 방출되는 스펙트럼의 비연속성을 보상하려는 경향이 있다. 또한 인간의 눈으로는 가시광선 영역의 모든 파장이 혼합되어 만들어진 '백색' 광과 형광등의 일부 파장으로 인해 흰색으로 보이는 백색광을 구분하지 못한다.

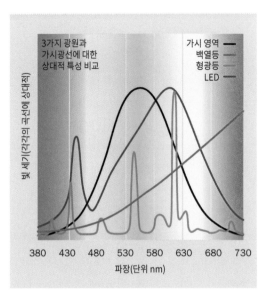

그림 18-4 3가지 광원의 상대적 특성을 가시광선에 대한 육안의 감도와 비교한 것. 본 그림에서 가로축의 파장 범위는 앞 그림의 범위와 동일하지 않다는 점에 주의한다. 각각의 그래프에 할당된 색상은 임의로 정한 것이다. VU1 Corporation에서 발췌.

그러나 형광등처럼 스펙트럼에 공백이 있는 광원으로 비춘 색상을 보면, 일부 색상이 부자연스럽게 탁하거나 어두운 것처럼 보인다. 이 현상은 비디오 모니터의 색상을 조성하기 위한 백라이트로 불완전한 광원을 사용할 때도 확인할 수 있다. [그림 23-7]과 이후 그림에서 다양한 광원으로 만든 색상을 볼 수 있다.

사진은 이와 반대로 LED나 형광등을 광원으로 사용할 때 영향을 받는다. 예를 들어 빨간색을 백색 LED로 비추면 어둡게 보이고, 푸른색 계열은 지나치게 진해 보일 수 있다. LED나 형광등은 색 방출 곡선이 백열등의 빛과 유사하지 않기 때문에 디지털 카메라의 자동 화이트 밸런스auto-white balance 기능으로 문제가 해결되지 않을 수 있으며, 상황에 맞는 켈빈 숫자Kelvin number를 수동으로 입력해도 해결되지 않을 수 있다.

광원이 가시광선 스펙트럼을 모두 재현할 수 있는 충실도를 연색 지수color rendering index(CRI)라고 한다. 보통 100을 완전한 수준으로 보며, 0 이하로 떨어질 수도 있다(가로등으로 사용되는 나트륨 등의 CRI가 음수다). 지수 계산을 위해서는 표준 기준 색상 샘플이 필요한데, 계산된 지수가 주관적 평가와 잘 연관되지 않는다는 지적을 받고 있다.

백열등의 CRI는 약 100이며, 보정하지 않은 '백색' LED 지수는 80 정도로 낮다.

전력 소비

백열등의 전력 중 약 95%는 가시광선이 아니라 열로 소비된다. 실내 조명의 에너지 낭비는 열 손실뿐만 아니라 밀폐된 공간의 실내 온도를 낮추기 위한 냉방 장치의 전력 소비량까지 더해진다. 추운 환경에서는 백열등의 열로 인해 난방의 필요성이 감소되기도 하므로, 이러한 용도로 설계된 시스템을 사용해 열을 보다 효율적으로 이동시킬 수 있다. 결과적으로 주위 온도와는 관계없이 열 발생이 적은 광원을 이용할 때 에너지 효율이 높아진다.

다양한 유형

꼬마전구

LED가 개발되기 전에는 네온전구neon bulbs나 백열등을 패널 장착형 발광소자 인디케이터로 사용했다. 네온전구는 상대적으로 높은 전압이 필요하기 때문에 사용에 제한이 있다.

배터리를 전원으로 사용하는 광원으로는 꼬마

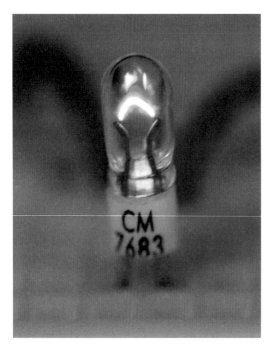

그림 18-5 높이 0.4″(1cm) 미만의 꼬마전구. 두 핀의 간격은 0.05″(0.15cm)이다.

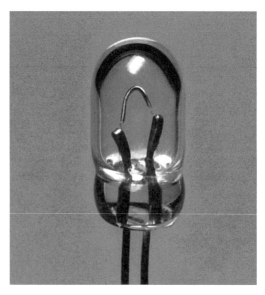

그림 18-6 이 전구는 높이가 0.25″(0.6cm)이며, 도선 단자로 마감되어 있다.

백열전구miniature incandescent가 가장 일반적인 선택이었고, 이 책을 쓰는 시점에도 저가의 플래시에서는 여전히 꼬마전구를 사용하고 있다. 이 밖에 5mm LED처럼 기대 수명이 유사한 광원도 있지만, 전력의 상당량이 적외선 파장에서 소모되기 때문에 같은 빛 세기를 생성할 때는 전류를 더 많이 사용한다.

[그림 18-5]는 0.05″(0.15cm) 간격의 핀으로 연결한 꼬마전구의 사진이다. 세라믹 베이스가 포함된 전구의 총높이는 0.4″(1cm) 미만이며, 반지름은 0.1″(0.25cm)를 약간 넘는다. 정격 전력은 60mA/5V이며, 정격 수명은 25,000 시간이다.

[그림 18-6]은 비슷한 크기와 소비 전력을 갖는 전구의 사진이다. 그러나 도선 단자로 마무리되어 있고, 수명은 100,000시간이다. 광선속은 0.63루

멘이다.

[그림 18-7]의 전구는 크기가 조금 더 크고, 유리구의 반경은 약 0.25″(0.6cm)이다. 이 전구는 [그림 18-6]의 전구보다 수명이 약 절반 정도밖에 안 되지만 밝기는 3배 더 밝다. 전형적인 '맞바꾸기'인 셈이다. 다양한 베이스의 제품이 출시되어 있다.

미국에서는 꼬마 백열전구의 빛을 측정할 때

그림 18-7 이 전구의 유리구 높이는 약 0.35″(0.9cm)이다. 나사산 베이스로 되어 있어 LED보다 교체가 더 쉽다.

루멘 단위를 사용하기도 하지만, 평균 구면 광도 mean spherical candlepower(MSCP)라는 단위를 더 많이 사용한다. 빛의 측정에 대한 설명은 210쪽의 'MSCP'를 참조한다. 꼬마 백열전구에 렌즈를 추가하면 손쉽고 빠르게 색상을 추가할 수 있다. 렌즈 lamp lense는 일반적으로 끝에 반구형 캡이 달린 원통 모양이며, 작은 전구 위로 푸시핏push-fit 또는 스냅핏snap-fit의 형태로 제작되어 있다. 캡이 반투명 재질로 제작되었을 경우에도 여전히 렌즈라고 부른다.

패널 장착형 인디케이터 전구

이 용어는 곧바로 설치할 수 있는 꼬마전구가 포함된 관 모양의 조립 부품을 가리킨다.

외부 케이스는 스냅핏으로 제작되어, 패널 구멍에 삽입할 수 있다. 케이스 내부의 백열등을 교체할 수 없는 제품은 '전구 교체 불가(non-relampable)'라고 표시한다. [그림 18-8]은 12V 패널 장착형 인디케이터 전구다.

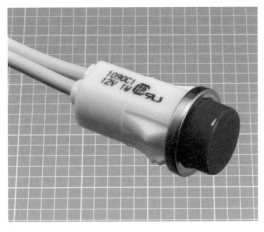

그림 18-8 이 패널 장착형 인디케이터 전구는 푸시핏 형태로 제작되었으며, 반경 0.5"(1.3cm)의 구멍에 삽입할 수 있다. 내부의 전구는 교체가 불가능하므로, 이 조립 부품은 '전구 교체 불가'로 구분된다.

할로겐 또는 쿼츠-할로겐

할로겐 전구halogen bulb는 기체를 주입한 백열등의 일종으로, 요오드나 브롬 같은 할로겐 물질을 주입해 증발된 텅스텐 원자가 필라멘트에 다시 침적되도록 한 것이다. 따라서 할로겐 전구는 백열등에 비해 더 높은 온도에서 작동할 수 있으며, 노란색이 덜한 더 밝은 빛을 낼 수 있다. 전구의 크기도 더 줄일 수 있지만, 일반 유리 대신 붕규산 유리borosilicate-halide glass(흔히 용융 수정fused quartz이라고 한다)라고 하는 내열 유리를 사용해야 한다. 할로겐 전구는 같은 전력의 백열등보다 효율이 조금 더 높고 수명이 더 오래 지속된다.

현재 다양한 형태의 할로겐 전구가 출시되어 있다. [그림 18-9]의 소형 전구는 75W를 소비하

그림 18-9 길이가 2"(3cm)가량인 할로겐 전구. 115VAC용이다.

고, 3,000K에서 1,500 루멘을 방출한다. 빛 세기는 100W의 백열등과 동일하다고 알려져 있다. 에디슨 소켓mini-candelabra base 형태로 되어 있다.

오븐 램프

오븐 램프oven lamp는 오븐 안의 높은 온도를 견디도록 고안된 제품이다. 보통 주위 온도가 최고 섭씨 300도일 때도 사용할 수 있다. 일반적인 정격전력은 15W이다.

베이스의 종류

꼬마전구는 연결 조건에 따라 도선 단자, 단일 접점형 꽂는bayonet 베이스, 이중 접점형 꽂는 베이스, 미니 나사산 베이스, 혼합 형태 등 다양한 종류가 있다. 이 중 대부분은 이에 맞는 소켓이 있어야 한다.

나사형 베이스

실내 조명에서 사용되는 나사형 베이스screw-in lamps 제품은 미국과 여러 나라에서 가정용 조명으로 널리 사용된다(그러나 영국은 꽂는 베이스를 주로 사용한다). 미국의 소켓 크기는 알파벳 E와 그 뒤의 숫자로 표시하며, 숫자는 소켓의 반경을 밀리미터로 표시한 것이다. 가장 일반적인 소켓은 E10, E14, E27이다.

꽂는 베이스

꽂는 베이스bayonet base는 180도 방향으로 소형 돌출부가 두 개 나와 있는 형태로 되어 있다. 전구를 안으로 밀어 넣고 회전시키면 소켓 안의 슬롯에 돌출부가 맞춰지면서 고정된다. 꽂는 베이스는 진동으로 전구가 헐거워질 위험이 덜하다는 장점이 있다.

핀 베이스

핀 베이스pin base는 한 쌍의 핀이 들어 있어, 소켓 내의 작은 구멍에 푸시핏으로 고정된다.

플랜지 베이스

플랜지 베이스flange base는 테두리가 소켓 안으로 들어가면서 유연한 부분이 이를 지탱하는 구조다.

쐐기 베이스

쐐기 베이스wedge base는 두 접점 사이에 고정되며, 마찰력으로 전구가 유지된다.

일부 인디케이터 전구는 길고 가는 도선 단자로 마감되어 있어 납땜할 수 있다.

부품값

일반 백열등의 전력 소모 규격은 W로 표시되지만, 소형 인디케이터용 전구의 규격은 밀리앰프(mA)와 전압(V)으로 표시된다. 꼬마전구는 2V에서 24V 사이의 낮은 전압을 사용한다. 이보다 높은 전압을 사용하려면 필라멘트가 더 길어야 하며, 이에 따라 전구 크기도 커져야 한다.

전구가 발산하는 빛을 측정하는 방식은 두 가지인데, 전구의 에너지(소비 전력이 아니라 방출 전력)나 특정 거리에서 특정 면적에 전달되는 빛의 형태로 측정한다. 반사구reflector bulb 또는 LED의 경우는 전구가 빛을 빔의 형태로 집중시키기 때문에 이 두 측정 방식이 서로 다를 수 있다.

에너지

선속flux은 에너지 흐름의 측정 단위로 초당 줄 joule, 즉 와트(W)로 표시된다. 모든 파장과 모든 방향에 대한 전구의 총 방사 에너지는 복사선속 radiant flux이라고 한다. 전등의 밝기를 측정할 때 비(非)가시광선 대역의 파장은 크게 관심을 두지 않는 부분이기 때문에, 광선속luminous flux이라는 용어는 가시광선 스펙트럼에 해당되는 빛의 밝기를 설명하는 데 사용된다. 광선속의 단위는 루멘 lumen이다.

인간의 눈은 가시광선 스펙트럼의 가운데 색인 연두색에 가장 잘 반응한다. 따라서 광선속 측정은 파장 555nm인 초록색 빛에 비중을 둔다. 빨간색과 보라색은 광선속이 낮은 편이며, 적외선과 자외선의 광선속은 0이다.

루멘으로 표시되는 값에서는 다음의 사항을 유의한다.

- 루멘은 광원에서 방출되는 총 방사 에너지를 가시광선 대역에 한정하여 모든 방향에서 측정한 것이며, 인간 눈의 특성에 비중을 둔다.
- 루멘으로 표시된 광원의 숫자에는 빛이 비치는 방향이나 균일성에 관한 정보가 포함되지 않는다.
- 루멘의 약어는 lm이다.

보통 100W를 소비하는 백열등은 약 1,500루멘의 빛을 발산한다. 40W 형광등의 빛은 약 2,600루멘이다.

조도

광원의 조도Illuminance는 단위 면적당 광선속으로 정의된다. 이는 광원에 의해 비쳐지는 표면 밝기로 생각할 수 있다.

조도는 룩스lux 단위로 측정하며, 1룩스 = 1루멘/m²이다. 정확한 측정을 위해 빛이 비치는 표면은 구형이고, 광원에서 1미터 떨어진 곳에 위치해야 한다. 그리고 광원은 구의 기하학적 중앙에 놓여야 한다.

피트feet 단위를 사용할 경우, 조도는 피트촉광 foot-candle이라는 단위로 측정할 수도 있다. 1피트촉광은 1루멘/(30cm×30cm)이다.

- 루멘/m², 즉 룩스의 숫자에는 조명의 면적에 관한 정보를 포함하지 않으며, 단위 면적의 밝기만 정의한다.
- 좁은 영역에 집중된 조명등은 룩스 값이 높다. 작업을 위한 전등을 선택할 때, 룩스 규격과 함께 빛의 분산각angle of dispersion을 고려해야 한다.

빛 세기

칸델라candela로 분산각 내의 광선속을 측정한다. 이 각도는 3차원적이며, 원뿔 형태의 뾰족한 모양을 연상하면 된다. 즉 광원은 원뿔의 꼭짓점에 위치하며, 원뿔은 빛의 분산을 나타낸다.

분산의 3차원 각은 스테라디안steradians으로 측정한다. 반지름이 1m인 구의 중앙에 광원이 놓여 있고, 구의 표면 중 1제곱미터에 빛을 비춘다면 이때의 분산각은 1스테라디안이다.

- 1루멘의 광원이 1스테라디안의 분산각을 통해 모든 빛을 투사한다면 이를 1칸델라라고 한다.
- 칸델라 숫자는 분산각에 관한 정보를 포함하지 않으며, 분산각 내의 빛 세기intensity만 정의한다.
- 1,000칸델라 규격의 광원은 0.01스테라디안 내에 10루멘의 에너지를 집중시킬 수 있다. 또는 1루멘의 에너지를 0.001스테라디안 안에 집중시킬 수 있다.
- 1칸델라는 1,000밀리칸델라다. 칸델라의 약어는 cd이며, 밀리칸델라의 약어는 mcd이다.
- LED의 규격은 흔히 mcd로 표시한다. 이 값은 분산각 안의 빛의 세기를 알려 준다.

MSCP

'촉광candlepower'이라는 용어는 구식이지만, 이 용어는 1칸델라와 동일하도록 재정의되었다. 평균 구면 광도Mean spherical candlepower(MSCP)는 하나의 전등에서 모든 방향으로 방출되는 빛을 측정하는 단위다. 빛은 무지향성이라고 간주되기 때문에, 하나의 광원은 4π(약 12.57)스테라디안의 공간을 채운다. 따라서 1MSCP는 약 12.57루멘이다. 미국에서 MSCP는 꼬마전구의 총 빛 출력light output을 측정하는 데 여전히 널리 사용되고 있다.

효능

복사 발광 효능radiant luminous efficacy 또는 luminous efficacy of radiation(약어로는 LER)은 전등이 다른 파장 영역(특히 적외선 영역)에 에너지를 낭비하지 않고, 얼마나 효과적으로 가시광선 스펙트럼 영역의 빛을 출력하는지 측정하는 단위다. LER은 가시광선 스펙트럼 내에서 방출되는 에너지(광선속)를 전체 파장에서 방출되는 에너지로 나눈 값이다.

따라서, VP를 가시광선 스펙트럼에서 방출되는 에너지, AP를 모든 파장에서 방출되는 에너지라 하면, 다음과 같은 수식이 성립한다.

LER = VP / AP

LER은 루멘/W로 표시된다. LER은 40W 백열등의 12lm/W 낮은 값부터 퀴츠 할로겐 전등의 24lm/W에 이르기까지 늘어놓을 수 있다. 형광등은 평균 50lm/W이다. LED의 LER은 다양하지만, 100lm/W까지 도달할 수 있다.

효율

전등의 복사 발광 효율radiant luminous efficiency 또는 luminous efficiency of radiation(약어는 LFR)은 가상의 이상적인 전등과 비교해, 복사 발광 효능이 얼마나 우수한지를 측정한다('효율'과 '효능'의 차이에 주의할 것). LFR은 복사 발광 효능(LER)을 최대 이론 LER 값인 683lm/W로 나누어 결정하며, 여기에 100을 곱해 퍼센트로 표시한다. 따라서 다음의 수식이 성립한다.

LFR = 100 * (LER / 683)

LFR의 범위는 40W 전구의 2%부터 퀴츠 할로겐 전등의 3.5% 사이다. LED는 15% 정도이고, 형광등은 10%에 가깝다.

사용법

LED가 처음 도입되었을 때는 가격이 비싸고 최대 빛 출력이 낮으며 청색과 백색은 표현할 수 없어 사용에 제약이 있었다. 이제는 LED 가격도 소형 인디케이터와 큰 차이가 없으며, 색 영역에서 공백이었던 백색도 채워졌다(그러나 LED의 연색 지수는 여전히 좋지 않다).

대형 백열등은 LED에 비해 상대적으로 밝다는 장점이 있으며, 조도를 높여도 난조scalable가 발생하지 않는다. 그러나 형광등과 진공 전구는 대형 상점이나 주차장에서 사용할 수 있을 만큼 대단히 밝은 빛을 방출할 수 있다. 따라서 백열등의 활용 범위는 점차 줄고 있으며, 특히 일반형 전구는 여러 국가에서 가정용 조명으로 사용하는 것을 불법으로 정하고 있다.

상대적 장점

백열등과 LED를 놓고 선택해야 할 때는, 다음과 같은 백열등의 장점을 고려할 수 있다.

- 트라이액 기반의 조광기triac based dimmer로 광도를 조절할 수 있다. 일반적인 형광등은 광도 조절이 불가능하며, LED는 별도의 조광기 회로가 있어야 한다.
- 가감 저항기rheostat로도 광도를 조절할 수 있다. 형광등은 불가능하다.
- 화이트 밸런스 보정이 쉽다. LED와 형광등은 가시광선 스펙트럼에서 연속적인 빛을 자연적으로 방출하지 못한다.
- 넓은 범위의 전압에서 바로 작동할 수 있게 설계할 수 있다(최저 2V부터 최고 300V까지). 이

보다 더 높은 전압을 사용할 때는 필라멘트 도선이 더 길어야 하며, 따라서 전구 크기가 커야 한다. LED에서 더 높은 전압을 사용하기 위해서는 부품과 회로를 추가해야 한다.
- 백열등은 LED보다 전압 변동을 더 잘 견딘다. 배터리를 사용할 경우, 백열등은 전압이 크게 감소하더라도 어두워지기는 하지만 어느 정도의 빛은 낼 수 있다. LED는 문턱값threshold 이하의 전류에서는 아예 작동하지 않는다.
- 백열등은 극성이 없어 소켓에 꽂아 사용할 수 있다. 따라서 사용자가 쉽게 교체할 수 있다. LED는 극성이 있으며 대개는 납땜으로 고정해 사용한다.
- 별도의 변경 또는 추가 회로 없이 AC와 DC를 모두 사용할 수 있다. LED는 DC를 사용해야 하며, AC 전원이 1차 전원일 경우에는 변압기나 정류기 또는 이와 유사한 전자부품으로 전원을 제공해야 한다.
- 시야각이 넓어 동일하게 볼 수 있다. LED는 시야각에 제한이 있다.
- 백열등에서 발생하는 열이 가끔 유용할 때가 있다(예를 들면 식물을 키우는 유리 용기나 조류용 인큐베이터).
- 스위칭할 때 문제가 발생하지 않는다. 형광등은 전원이 가해졌을 때 잠시 지연과 깜박거리는 경향이 있어, 동력을 공급하기 위해 안정기ballast가 필요하다. 형광등의 수명은 잦은 스위칭으로 줄어든다.
- 저온으로 인한 문제가 없다. 백열등은 낮은 온도에 특별히 영향을 받지 않는다. 형광등은 추운 환경에서는 쉽게 동작하지 않으며, 온도가

어느 정도 올라가 적절히 가동할 수 있을 때까지 10분 이상 깜박거리거나 어둡게 빛난다.

- 폐기가 간편하다. 형광등은 소량의 수은을 포함하고 있어 환경에 유해하기 때문에 일반 쓰레기와 섞여서는 안 된다. 실내 조명에 사용되었던 소형 형광등compact fluorescent light bulbs (CFL)과 LED는 전자부품에 싸여 있기 때문에 재활용하는 게 가장 이상적이지만, 그 방법이 별로 실용적이지 않다. 백열등은 폐기하더라도 환경에 부담이 적다.

그러나 백열등은 단점도 확실하다.

- 상대적으로 효율이 낮다.
- 진동에 더 민감하다.
- 깨지기 쉽다.
- LED, 형광등, 네온전구에 비해 기대 수명이 짧다. 그러나 소형 패널 인디케이터의 수명은 색온도가 낮게 허용될 경우 LED와 동일하다.
- 색광colored light을 생성하기 위해서는 필터나 색유리로 감싸야 한다. 이로 인해 전구의 효율이 더 떨어진다.
- LED 인디케이터와 같은 크기로 소형화할 수 없다.

저출력 사용

전구 수명은 정격 전류가 높은 제품을 선택하거나 낮은 전압에서 사용할 경우 대폭 늘어날 수 있다. 전압이 낮아지면 빛 출력이 감소하고 색온도가 낮아질 수 있지만, 어떤 상황에서는 이러한 '맞바꾸기'가 허용될 수도 있다.

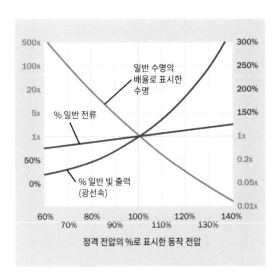

그림 18-10 가상의 꼬마전구의 기대 수명은 전압에 크게 영향을 받는다. 정격 전압의 60%를 가하면 전구 수명은 일반 수명의 500배까지 증가하지만, 빛 출력은 대폭 감소한다. 그래프에서 수직축은 같은 색상의 그래프에 적용됨을 주의한다. 이 그래프는 Toshiba Lighting and Technology Corporation의 '꼬마전구의 특성'에서 발췌한 것이다.

[그림 18-10]의 그래프를 보면 가상의 꼬마전구의 전압을 제조사의 권장값보다 80% 낮출 경우, 전구 수명이 20배가량 늘어날 수 있음을 알 수 있다. 그러나 이 경우 빛의 광도는 일반적인 경우보다 50% 저하된다.

이와 반대로, 일반 전압의 130%를 사용하면 일반 빛 출력의 250%를 생성하지만, 전구의 수명은 일반적인 경우보다 1/20로 감소된다. 이 값들은 물론 대략적인 것이며, 특정 제품에 정확히 적용되지 않는다.

주의 사항

고온 환경

백열등을 섭씨 100도 이상의 환경에서 사용하면, 전구 수명은 '물의 순환'으로 인해 감소되는 경향을 보인다. 유리구 내의 물 분자가 깨지면서 산소가 텅스텐 필라멘트와 결합해 산화텅스텐을 생성한다. 여기서 산소가 떨어져 나가면 텅스텐은 유리구 내에 침적되고, 다시 새로운 주기가 시작된다.

화재 위험

백열등의 유리구 내부에서는 부분 진공 상태로 필라멘트를 분리시켜 열로부터 보호한다. 그러나 전구의 열이 복사나 대류를 통해 발산되지 못하면, 전구의 온도는 가연성 물질이 점화될 수 있는 온도까지 상승하게 된다.

할로겐 전구는 더 높은 온도에서 작동하고 크기도 작아, 열을 발산할 표면적이 적기 때문에 화재 위험이 더 커진다. 또한 할로겐 전구 내부에는 7~8기압의 기체가 들어 있다. 열응력thermal stress으로 인해 할로겐 전구가 산산조각날 수 있는데, 유리에 지문이 묻으면 위험이 증가할 수 있다.

돌입 전류

백열등을 처음 켤 때, 필라멘트의 저항은 뜨거울 때 표시하는 저항값의 1/10 정도밖에 되지 않는다. 그 결과 백열등에는 대량의 초기 서지 전류surge of current가 유입되고, 50밀리초가 지나면 안정화된다. 이 같은 상황은 논리 칩처럼 전압 변동에 민감한 부품과 하나 이상의 꼬마전구가 하나의 DC 전원 공급기를 공유할 때 고려해야 할 문제다.

교체 문제

백열등은 수명의 제한이 있기 때문에 쉽게 교체할 수 있게 설치해야 한다. 패널에 부착하는 인디케이터의 경우 전구에 접근하려면 장치의 조립을 풀어야 하므로, 교체가 문제가 될 수 있다.

소형 백열전구의 범위는 점차 줄어들고 있으며, 앞으로도 계속 줄 것이다. 따라서 회로를 설계할 때는 교체용 전구를 구하는 문제도 고민해야 한다. 소량으로 장비를 제작할 때는 향후 용도를 위해 여분의 전구를 사 두어야 한다.

19장

네온전구

네온전구neon bulb, 네온 인디케이터neon indicator, 네온등(燈)neon lamp과 같은 용어가 함께 사용된다. 본 백과사전에서 네온전구는 네온 기체(또는 네온과 기타 기체의 혼합)를 채운 유리 캡슐 안에 두 개의 전극이 있는 부품으로 정의한다. 네온등은 네온전구가 포함된 조립 부품이며, 대개 색을 입힌 투명한 캡을 한쪽 끝에 씌운 플라스틱 관을 사용한다. 네온 인디케이터neon indicator는 미니 네온등으로 패널 장착형으로 많이 사용한다.

전광판으로 주로 사용되는 대형 네온관은 본 백과사전에서 다루지 않는다.

관련 부품

· 백열등(18장 참조)

· 형광등(20장 참조)

· LED 인디케이터(22장 참조)

역할

네온전구neon bulb 내부의 두 전극에 전압이 걸리면, 전구 내부의 불활성 기체가 부드러운 빨간색 또는 주황색 빛을 방출한다. 이 색깔은 네온등neon lamp에서 색을 입힌 투명한 플라스틱 캡(렌즈lens)을 이용해 바꿀 수 있다.

네온전구는 보통 110V 이상의 전원 공급기에서 사용하도록 설계되었다. 네온전구는 직류와 교류에 상관없이 잘 작동한다.

[그림 19-1]의 회로 기호는 네온전구나 네온등을 표시하기 위해 사용된다. 이 기호는 모두 기능적으로 동일하다. 기호 중 점이 찍힌 두 개는 전구 내부에 기체를 채웠다는 표시다. 원 안의 점의 위치는 임의로 정해진다. 네온전구는 거의 모두 내부에 기체를 채우지만, 기호의 점은 생략되는 경우가 많다.

다음 페이지 [그림 19-2] 사진은 네온전구며, 한

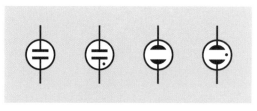

그림 19-1 이 기호는 모두 네온전구 또는 네온등을 표시한다. 이중 점이 찍힌 기호 두 개는 전구 내부에 기체가 채워져 있음을 의미한다. 모든 네온전구에는 기체가 채워져 있지만, 기호에서 점은 종종 생략된다.

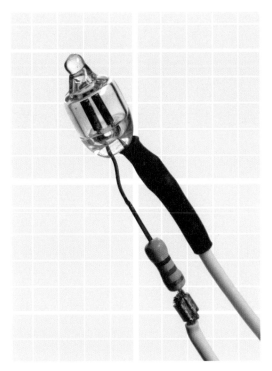

그림 19-2 한쪽 단자에 직렬 저항이 부착된 일반적인 네온전구.

그림 19-3 [그림 19-2]의 네온전구를 115VAC의 전원에 연결한 모습.

쪽 단자에 직렬 저항이 달려 있다. 대다수 전구들이 이러한 구조로 판매되는데, 그 이유는 전구를 통과하는 전류를 제한하기 위해서는 저항을 꼭 사용해야 하기 때문이다. 전구는 극성이 없으며 AC 또는 DC 전원 공급기를 모두 사용할 수 있다. [그림 19-3]에서는 [그림 19-2]의 전구에 동력이 공급된 상태를 보여 준다.

작동 원리

제조

[그림 19-4]에서는 네온전구의 부품들을 보여 주고 있다. 전구의 제작은 유리관에서 시작된다. 단자는 듀밋dumet으로 만드는데, 듀밋은 니켈 철 코어 주위를 구리 피복으로 감은 것이다. 듀밋은 열팽창 계수coefficient of expansion가 유리와 같아서, 유리가 도선 주위에서 가열되어 녹으면 전구는 밀봉되어 이후의 온도 변동에 영향을 받지 않게 된다. 이 부분을 유리관에서 핀치pinch라고 한다.

단자를 관 안에 넣기 전에 니켈 전극을 납땜으로 단자에 붙인다. 전극은 낮은 최소 동작 전압minimum operating voltage에서도 전자의 방출을 용이하게 해주는 방출 코팅emissive coating을 한다. 유리관에는 네온과 아르곤 혼합 기체를 주입하며, 빛 출력light output을 높이기 위해 순수한 네온만 주입하기도 한다(이때 부품의 수명은 줄어든다). 유리관의 끝은 녹을 때까지 열을 가해 뾰족한 모양을 만든다. 이러한 독특한 돌출부 모양을 핍pip이라고 한다.

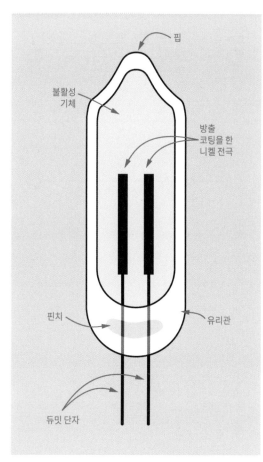

그림 19-4 네온전구의 구조. 자세한 내용은 본문 참조. 기체가 이온화되면 전류가 기체를 통해 흐른다. 이 상태는 전원이 10~20V로 감소되어도 계속 유지된다. 이를 유지 전압(maintaining voltage)이라고 한다.

이온화

전구의 두 단자 사이에 전압을 가하면, 내부의 기체가 이온화되면서 전자와 이온은 전기장에 의해 가속된다. 이들이 다른 원자와 부딪히면, 이 원자들 역시 이온화되면서 이온화 수준이 유지된다. 원자들은 충돌로 들뜨게 되고, 전자를 더 높은 에너지 레벨로 이동시킨다. 전자가 높은 레벨에서 바닥 상태로 떨어지면 광자가 배출된다.

이 과정은 시동 전압starting voltage에서 시작된다

(또는 점등 전압striking voltage, 항복 전압breakdown voltage이라고도 한다). 표준형 전구의 경우 시동 전압은 일반적으로 45~65V 사이이며, 조도가 높은 제품은 70~95V 사이다.

전구가 작동할 때는 파장이 600~700nm 범위의 부드러운 빛을 방출하는데, 이를 글로 방전glow discharge이라고 한다.

내부 기체가 이온화되면서 전류가 흐를 수 있게 된다. 이 과정은 전원 공급기의 전압이 10~20V 떨어져 '유지 전압' 수준까지 내려가더라도 지속된다.

음성 저항

시동 전압보다 낮은 전압에서 글로 방전이 지속되면 이는 히스테리시스hysteresis의 한 형태이며, 네온전구가 현재 상태를 '고수'하려 한다는 뜻이다. 전구는 전원이 유지 전압maintaining voltage으로 떨어질 때까지 켜져 있지만, 일단 스위치가 꺼지면 전원이 다시 유지 전압을 넘어 시동 전압으로 증가할 때까지 꺼진 상태를 '고수stick'하려 한다. 히스테리시스의 개념은 비교기comparator의 도입부에서 논의했다([그림 6-2] 참조).

네온전구는 음성 저항negative resistance을 가지고 있다고 말한다. 만일 전압이 아무런 제약 없이 계속 증가한다면, 저항은 전류의 증가에 따라 궁극적으로 감소한다. 이런 통제되지 않은 행동이 계속되면 전구는 저절로 파손된다.

이는 일반적으로 기체 방전관gas-discharge tubes의 특징이다. 이러한 동작을 보여 주는 그래프가 다음 페이지 [그림 19-5]에 나와 있다. 이때 x축과 y축은 로그 스케일이며, 그래프의 곡선은 전압에 따른 측정 전류를 보여 준다. 전압이 증가했다 다

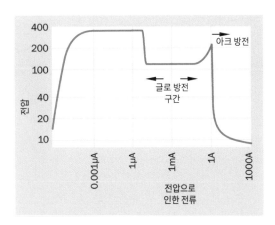

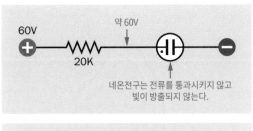

그림 19-5 네온전구와 같은 기체 방전관은 음성 저항을 가지고 있다고 말한다. 전류가 통과하면서 기체가 이온화되어 전도성을 띠게 되면, 통제할 수 없을 정도로 증가하는 경향이 있기 때문이다(데이빗 나이트가 측정한 자료에서 도출함. 홈페이지 이름은 그의 라디오 햄 호출 신호에서 딴 'G3YNH'이다).

그림 19-6 네온전구에 흐르는 전류를 제한하는 데 있어 직렬 저항이 필수적이다.

R = 20 / 0.001

시 감소하면 그래프에서 보이는 과도기 단계가 역방향 과정에서는 일어나지 않는다. 특히 아크 방전이 시작될 경우에는 더욱 그러한데, 이때는 부품이 파손될 가능성이 매우 크기 때문이다.

네온전구는 단순히 직렬 저항을 연결해 기체 방전 상태를 유지하게 하는 것으로 제어할 수 있다. 저항의 동작을 이해하기 위해 전구와 저항의 연결을 분압기voltage divider로 간주한다([그림 19-6] 참조). 전구가 전류를 통과시키기 전까지 기체는 거의 무한대의 저항을 갖는다. 따라서 저항 양단의 전위차는 같으며, 전류는 전구를 통과하지 못하고 불도 켜지지 않는다.

전구에 전류가 흐르기 시작하면, 이제 직렬 저항은 전압을 공급 수준(대략 110V)에서 유지 수준(약 90V)으로 낮춰야 한다. 이는 필요한 전압 강하가 20V라는 뜻이며, 제조사의 사양에서 전구가 1mA(즉 0.001A)를 통과시켜야 한다고 하면, 직렬 저항의 값은 옴의 법칙에 따라 결정된다.

따라서 R은 20K이다. 실제로 네온전구와 함께 제공되는 저항은 10K에서 220K 사이로, 전구의 특성과 사용하는 전원 전압의 특성에 따라 값이 결정된다.

이제 전구의 실효 내부 저항effective internal resistance이 급격히 떨어지더라도 저항은 여전히 전류를 제한한다. 최악의 시나리오를 가정해 전구의 저항이 계속 떨어져 0이 된다고 하면, 저항은 이제 110V의 전압 강하를 일으키고 전류 I는 옴의 법칙에 따라 결정된다.

I = 110 / 20,000

따라서 I는 5mA, 즉 0.005A이다.

전광판으로 사용되는 네온관neon tubes은 보다 섬세한 전압 제어 회로가 필요하다. 이 내용은 본 백과사전에서 다루지 않는다.

사용법

네온전구를 인디케이터로 사용하는 것은 가정용
전원 전압(115VAC 또는 220VAC)을 사용하는 경
우에 한정되어 있다. 램프 스위치는 네온 인디케
이터가 AC를 사용하는 좋은 예다. [그림 19-7]의
스위치는 전원이 켜지면, 내부의 네온전구로 인해
불이 들어온다. [그림 19-8]의 직사각형 인디케이
터는 가정용 전압에서 작동하도록 설계되었으며,

그림 19-7 램프 스위치는 내부의 네온전구로 불이 밝아진다.

그림 19-8 인디케이터 내부의 네온전구와 직렬 저항이 보인다.

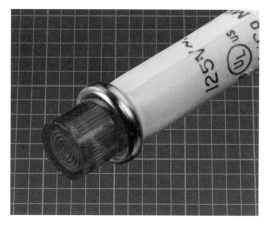

그림 19-9 상대적으로 소형인 네온 인디케이터. 반경 0.5″(1.3cm)의 구
멍에 삽입할 수 있도록 제작되었다.

초록색 플라스틱 케이스를 보면 내부의 전구와 저
항이 뚜렷하게 보인다. [그림 19-9]의 조립 부품은
반경이 약 0.5″(1.3cm)인데, 이 정도 크기가 네온
인디케이터의 하한선이다.

빛 출력 제한

네온전구의 빛 출력은 소비 전력의 mA당 약 0.06
루멘(표준 밝기 타입) 또는 0.15루멘(밝은 타입)
정도다.

이 값을 LED 인디케이터의 빛 세기와 비교하
는 것은 어렵다. LED의 빛 출력은 관례적으로 밀
리칸델라millicandelas(mcd)로 측정하는데, 그 이유
는 LED 인디케이터에는 빛을 모으는 렌즈가 포함
되어 있으며, 칸델라는 분산각 내에서 광선속을
측정하는 단위이기 때문이다. 뿐만 아니라 대다수
응용에서 네온 인디케이터의 빛 세기는 관심의 대
상이 아니기 때문에 데이터시트에서 빛 세기 데이
터를 제공하는 일은 드물다.

우회적으로 비교할 수 있는 방법은 복사 발
광 효능radiant luminous efficacy(LER) 표준을 이용하

는 것이다. LER은 백열등의 도입부에서 정의했다(210쪽의 '효능' 참조). 표준 밝기의 네온전구는 LER이 약 50lm/W 정도다. 발광 다이오드의 LER은 100lm/W에 이른다. 그러나 네온전구는 일반적으로 1mA 정도로 작동하지만, LED 인디케이터는 20mA를 사용한다. 따라서, 일반 LED 인디케이터는 일반 네온전구보다 30~50배는 밝은 것처럼 보인다.

결과적으로 주위 불빛이 밝은 환경에서 네온을 사용하는 것은 별로 좋지 않은 선택이다. 직사광선이 네온 인디케이터의 불빛을 덮어 완전히 보이지 않기 때문이다.

효율

네온전구는 에너지를 많이 사용하지 않고 열이 거의 발생하지 않아, 전류 소비를 고려해야 하는 경우라면 선택하는 게 좋다(예: 오랫동안 인디케이

그림 19-11 플로리다 관광 기념품점에서 판매하는 야간 조명. 손으로 그린 네온 민속 공예가 현재까지 남아 있다.

터를 켜야 할 경우). 네온전구는 내구성과 낮은 전력량, 그리고 가정용 전원과의 편리한 호환성으로 인해 과거 야간 조명이나 진기한 디자인 조명으로 대중의 인기를 얻었다. [그림 19-10]은 장식용 전극이 들어 있는 골동품 전구이며, [그림 19-11]은 네온전구를 이용한 민속 공예품이다. 이 제품은 반경이 약 1″(2.5cm) 정도로, 네온전구가 포함된 플러그 방식의 플라스틱 캡슐에 장착되어 있다.

견고성

네온전구는 진동이나 갑작스런 물리적 충격, 과도전압voltage transient, 잦은 전원 ON/OFF 등에 영향을 받지 않기 때문에 거친 환경에서도 활용할 수 있다. 네온전구의 동작 온도operating temperature 범위는 보통 섭씨 -40~+150도 사이지만, 100도 이상의 온도에서는 전구의 수명이 줄어든다.

그림 19-10 예전에는 특별한 디자인 전극이 들어 있는 장식용 네온전구가 인기였다.

전원 테스트

네온전구를 DC 전류로 가동하면, 전구의 음극 전극(캐소드)에서만 빛이 난다. 전구에 AC 전류를 통과시키면 두 전극이 모두 빛난다.

직렬 저항이 연결된 전구를 가정용 AC 전원의 '살아 있는' 콘센트 구멍과 그라운드 사이에 연결하면 전구에 불이 들어온다. 전구를 전원의 중립 구멍과 그라운드 사이에 연결하면 불이 들어오지 않는다.

이 특성을 이용하면, 네온전구로 간단하게 전원 테스트를 할 수 있다.

기대 수명

네온전구를 매일 사용하면 전극의 금속이 차츰 증발하여 유리 캡슐 안에 쌓이게 된다. 이러한 현상을 박막 증착sputtering이라고 하고, 증발된 금속이 유리 캡슐 안쪽에 쌓여 검어지는 현상으로 관찰할 수 있다. DC 전압을 사용하면 박막 증착이 캐소드에만 영향을 미치기 때문에 전극의 수명이 더욱 짧아지게 된다. AC를 사용할 경우에는 전극이 번갈아 캐소드 역할을 하며, 증발 현상도 두 전극에 배분되어 나타난다.

박막 증착에 따른 전극 부식으로 인해, 유지 전압이 증가해 전원 전압에 이르면 네온전구는 고장난다. 이 시점에 이르면 전구는 비정상적으로 깜박거리게 된다.

유리구 내의 금속 침전물이 계속 쌓이면서 밝기가 빛 출력 규격의 50%까지 점진적으로 감소하는 경우에도 고장으로 정의한다. 침적이 전구의 측면에 더 많이 쌓이므로, 전구 끝 쪽에서 바라보는 방향으로 설치하면 더욱 긴 수명을 기대할 수 있다.

네온전구의 정격 수명은 대체로 15,000~25,000시간이다(지속적으로 사용할 경우 2~3년). 그러나 전압을 조금만 낮춰도 수명은 비약적으로 증가하는데, 직렬 저항을 조금 높은 값으로 바꾸면 전압을 낮출 수 있다.

전구의 수명과 저항값 사이의 관계는 다음의 수식으로 표현된다. LA가 일반적인 수명, LB가 연장된 수명, RA를 일반 저항값, RB가 조금 더 큰 저항값이라고 하면, 다음의 수식이 성립한다.

$$LB = LA * (RB / RA)^{3.3}$$

예를 들어 일반 저항값이 20K이고 이를 22K로 증가시키면, 전구의 수명은 약 1.4배가량 증가한다.

다양한 유형

일반적인 네온전구는 단자로 마감되어 있고, 조립용 전구는 납땜용 돌출부가 있다. 그러나 소켓에 맞게 나사산screw thread, 플랜지flange, 꽂는 형태 bayonet 베이스를 가진 전구도 있다. 베이스를 사용하지 않는 조립용 전구는 스냅핏snap-fit 형태로 크기와 모양이 맞는 구멍에 밀어 넣거나, 아니면 램프 원통형 구멍의 플라스틱 나사산에 너트로 고정할 수도 있다.

일부 네온전구나 조립용 전구는 핀으로 마감되어 있어 PCB에 직접 삽입할 수도 있다.

거의 모든 네온전구는 100~120V 또는 220~240V 범위 안에서 작동한다.

빛 세기는 '표준' 또는 '밝음'으로 표시되지만, 대체로 데이터시트에서는 이러한 용어를 따로 정의하지 않는다.

닉시관

닉시관nixie tube은 1955년에 최초로 등장한 제품으로, LED 디스플레이가 출시되기 전 0부터 9까지 숫자를 표시하기 위해 사용되었다. 현재는 더 이상 생산되지 않는다.

각각의 숫자들은 금속을 이용해 물리적으로 모양을 갖춘 후 관 속에 들어가 전극으로서 작동한다. 관에는 네온 기반 혼합 기체가 주입되어 있다. 숫자의 우아한 디자인과 미적으로 보기 좋은 반짝임으로, 닉시관은 꽤 오랫동안 대중의 인기를 얻었다. 수명이 긴 빈티지관vintage tubes은 여전히 사용할 수 있으며, 이베이eBay 같은 사이트에서 저렴하게 판매되고 있다. 닉시관 디스플레이는 대부분 러시아에서 온 제품들이며, 1980년대에 제조된 것이 많다. 러시아제 관들은 숫자 5를 표시할 때 숫자 2를 뒤집은 모양으로 쓰기 때문에 쉽게 알아볼 수 있다.

닉시관은 대개 170VDC를 사용한다. 이 때문에

그림 19-12 닉시관을 이용한 24시 시계. 출처: 위키피디아, 퍼블릭 도메인.

전원 공급기와 스위칭 사용이 까다로우며, 안전상에 문제가 있을 수도 있다.

[그림 19-2]는 여섯 개의 닉시관을 재사용해 24시 디지털 시계를 만든 것이다.

주의 사항

전원 표시 오류

네온전구는 전력 소모량이 매우 적기 때문에 회로의 다른 곳에서 유도된 전압으로도 쉽게 켜질 수 있다. 특히 변압기와 같은 유도성 부품이 사용되는 경우에는 더 그렇다. 이 같은 문제를 방지하기 위해, 꼭 사용해야 하는 직렬 저항 말고도 높은 값의 저항을 전구와 병렬로 연결하는 것이 좋다.

어두운 환경에서 오작동

네온전구는 자체적인 광자 방출을 시작하려면 소량의 빛이 필요하기 때문에, 아주 어두운 환경에서 빛을 내기 위해서는 다소 시간이 필요하며 완전한 암흑에서는 아예 불이 켜지지 않을 수도 있다. 전구 중 일부는 방사능 물질을 소량 포함하고 있어, 주위 환경이 완전한 암흑일 때도 자체 시동이 가능한 제품도 있다.

DC에 의한 수명 단축

네온전구의 데이터시트에서 정의하는 기대 수명은 대개 AC 전원을 사용할 경우를 가정한 것이다. DC를 사용하면 전극의 증발이 빨라지기 때문에 기대 수명이 50%로 감소하게 된다.

전압 변동에 따른 수명 단축

네온전구의 수명은 전류로 인해 급속도로 저하되므로, 일관된 전압에서 약간의 요동으로 소량의 전류가 더 흐르면 근본적으로 기대 수명이 감소될 수 있다.

교체

패널 인디케이터에서 전구에 접근하려면 장치의 조립을 해체해야 하기 때문에 교체가 쉽지 않다. 그러나 쉽게 교체할 수 있는 전구는 외부인의 조작에 취약하다는 점을 명심해야 한다.

20장

형광등

이 장에서는 형광등fluorescent tubes('형광 램프fluorescent lamps'라고 하는 경우도 간혹 있다)과 백열등incandescent lamps의 대체 상품인 소형 형광 전구compact fluorescent lamps(CFL)에 대해 설명한다. 냉음극 형광등cold-cathode fluorescent lamps(CCFL)도 함께 다룬다.

진공 형광 장치vacuum fluorescent는 본 백과사전의 별도의 장으로 설명한다. 형광등 또는 CFL의 내부는 진공 상태가 아니다. 백색 LED 조명 장치에 포함된 다이오드는 형광 인광 물질fluorescent phosphors로 코팅되어 있지만, 형광등으로 분류하지 않고 별도의 장에서 설명한다.

네온전구neon bulb는 기체 방전관의 일종이라는 점에서 형광등과 유사하지만, 대개는 유리관 내부를 형광 인광 물질로 코팅하지 않으므로 별도의 장에서 설명한다.

관련 부품

- 백열등(18장 참조)
- LED 조명(23장 참조)
- 진공 형광 장치(25장 참조)
- 네온전구(19장 참조)

역할

형광등fluorescent tubes과 소형 형광 전구compact fluorescent lamps(CFL)는 주로 공간 조명으로 사용된다. [그림 20-1]은 부분적으로 분해한 CFL의 외관이다. 사진에서 보면 제어 장치는 베이스 내부에 숨겨져 있다.

회로도에서 형광등을 표시하는 표준화된 기호는 없다. 다음 페이지 [그림 20-2]의 기호는

그림 20-1 소형 형광 전구. 내부의 세어 회로를 보여 수기 위해 베이스를 절단했다.

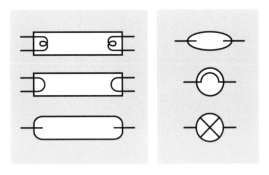

그림 20-2 형광등과 형광 전구의 회로 기호는 표준화되어 있지 않다. 자세한 내용은 본문 참조.

일반적으로 많이 사용하는 기호로, 왼쪽 세 개는 형광등, 오른쪽 세 개는 CFL을 의미한다. CFL 기호 중 2개는 [그림 18-1]의 백열등incandescent lamp 기호와 동일하다는 점에 주목한다.

작동 원리

루미네선스luminescence, 즉 냉광은 열을 생성하지 않으면서 빛을 방출하는 현상을 뜻한다(이와 반대되는 현상이 백열incandescence인데, 이는 열을 생성한 결과로 빛을 방출하는 것을 말한다. 18장의 백열등에 관한 설명 참조).

형광fluorescence은 냉광의 한 형태다. 형광은 물질 내의 전자가 들뜬 상태가 되었다가 다시 기준 준위로 떨어질 때, 가지고 있던 에너지를 빛의 형태로 방사하는 현상이다. 전자를 들뜨게 만드는 에너지는 외부에서 다른 빛이나 더 높은 주파수 형태로 유입된다. 거미류나 어류 같은 생물체 중에서도 자외선을 쬐면 형광빛을 발하는 종이 있다.

형광등이나 형광 전구 내부에는 극소량의 수은 증기가 들어 있어, 들뜬 상태가 되면 자외선 빛을 방출한다. 이 자외선 빛은 유리관 내부 표면에 코팅된 얇은 인광 물질phosphor 막에 부딪힌다. 자외선 빛으로 인해 인광 물질이 형광을 발하며, 가시광선 대역에서 확산된 빛을 방출한다.

형광등 또는 형광 전구는 하나 이상의 불활성 기체를 포함한다. 기체의 종류는 아르곤, 제논, 네온, 크립톤으로, 그 양이 일반 공기의 0.3%가량이 되도록 혼합한 것이다. 유리관 내부의 전극 두 개는 주로 텅스텐으로 제작되며, 기체의 이온화를 촉발하기 위해 예열된다. 두 전극은 종종 캐소드cathode라고 불리어 혼동을 일으킨다.

기체의 기능은 빛을 방출하는 게 아니라 전류를 흐르게 하는 데 있다. 이로 인해 자유전자가 수은 원자와 충돌하게 되고, 전자의 에너지 준위를 조금 높인다. 이러한 전자가 불안정한 에너지 상태에서 이전의 안정 상태의 에너지 준위로 떨어질 때, 전자는 자외선 파장의 광자를 방출한다.

[그림 20-3]에서 형광등의 내부 구조를 간략히 보여 준다.

안정기와 스타터

텅스텐 전극의 가열은 필요하지만, 이온화를 촉발하기엔 충분하지 않다. 또한 불을 켤 때에는 고전압 펄스도 필요하다. 일반적인 48″(121cm) 형광등에서는 200~300V 사이의 펄스가 필요하다.

전류가 형성되고 나면 기체는 플라스마plasma 상태가 되고, 음성 저항의 위상으로 들어간다. 따라서 전압이 감소하더라도 관 내부를 통과하는 전류는 증가하는 경향을 띤다. 이러한 상태를 제어하지 않으면 아크arc가 형성되면서 전극을 파괴한다(네온전구neon bulbs와 같은 기체 방전관에서도 이와 비슷한 과정이 일어난다. [그림 19-5]의 그래프에서 이 내용을 설명하고 있다).

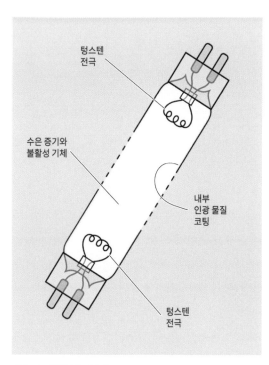

그림 20-3 형광등의 기본 구조

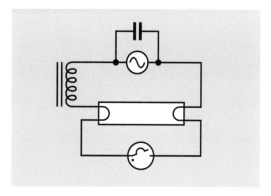

그림 20-4 스타터와 안정기를 사용하는 형광등에서 기체의 이온화를 촉발하기 위한 전통적인 회로. 아래 보이는 스타터는 네온전구의 일종으로 바이메탈 스트립을 포함하고 있어 스위치 역할을 한다. 안정기는 회로도 왼쪽의 유도성 부하로 표시되어 있다.

전극을 가열하고 기체를 이온화한 다음 전류를 제어하기 위해, 형광등 고정 설비에는 유리관과 별도로 분리된 장치가 포함되어 있다. 스타터 starter와 안정기ballast로 구성된 설비가 가장 단순하면서도 오래 사용해 온 방식이다. 스타터는 네온전구의 일종으로, 두 종류의 금속 띠, 즉 바이메탈 스트립bimetallic strip을 상시 닫힘 스위치로 포함하고 있다. 스타터는 전극 사이에 직렬 전류를 흘려 전극을 가열한다. 기본적인 회로는 [그림 20-4]에 나와 있다.

형광등을 켜면 곧바로 켜지지 않을 수도 있다. 그러면 스타터는 몇 차례 동작을 반복하는데, 그 결과 형광등은 방전이 안정화될 때까지 깜박거린다. 주위 온도가 낮으면 형광등을 켜기가 더 어려워진다.

형광등의 관이 전도성을 띠면 전극 사이의 전류가 스타터를 우회한다. 이 시점에서 안정기는 아크 형성을 막기 위해 전류를 제한한다. 안정기 중에서 인덕터inductor 기능을 하는 코일이 가장 단순한 형태라 할 수 있다.

보다 현대적인 시스템에서는 전자식 안정기 electronic ballast가 스타터-안정기의 조합을 대체한다. 전자식 안정기는 초기에 순간적으로 높은 전류를 흐르게 할 뿐만 아니라, 전압의 주파수(50 또는 60Hz) 또한 10kHz 이상으로 증가시킨다. 이로 인해 형광등의 효율이 높아지고, 눈에 보이는 빛의 깜박거림을 제거한다.

모든 소형 형광 전구(CFL)에는 전자식 안정기가 들어 있다. [그림 20-1]에서 보이는 소형 부품들이 안정기다.

깜박임

형광등이 일반적인 안정기와 50Hz 또는 60Hz의 AC 전원을 사용하면, 전류가 AC 주기에서 영점을 통과할 때 글로 방전glow discharge이 멈춘다. 실제로 유리관 내의 이온화된 기체는 최대 전압에 근접할 때까지는 전도성이 없는데, 전압이 완전히 떨어지면roll off 전류가 통과하지 않는다. 그 결과 유리관 양단에 걸린 전압은 사각파 형태로 변하며, 방출되는 빛은 갑작스럽게 켜졌다 꺼지는 현상이 반복된다. 이 현상은 공급 전원의 주파수가 50Hz일 때 초당 100회, 60Hz일 때는 초당 120회 발생하는데, 일부 사람에게는 이런 깜박거림이 불편하게 느껴질 수도 있고 두통을 유발할 수도 있다.

회전하는 부품을 밝히는 조명으로 형광등을 사용할 경우, 속도가 빠른 ON/OFF 방전은 위험할 수 있다. 스트로보 효과stroboscopic effect(짧은 샘플이 연속적으로 반복되어 움직일 때 샘플링 주기와 일치하면 정지한 것처럼 보이는 시각적 효과 – 옮긴이) 때문에 부품이 움직이지 않는 것처럼 보이기 때문이다. 스트로보 효과를 완화하려면 인접한 위치에 고정한 형광등에 위상이 반대인 별도의 전원을 연결해 사용한다. 이는 3상 전원을 사용하거나 형광등 중 하나의 전원에 LC 회로를 추가하면 가능하다.

다양한 유형

기존 방식의 안정기는 신속 점등식 안정기rapid-start ballast다. 이 유형의 안정기는 전극을 예열하기 때문에 시동 과정에서 발생하는 손상을 최소화한다. 신속 점등식 안정기와 함께 사용하는 형광등은 양쪽 끝에 두 개의 접점이 있어 바이핀 형광등bi-pin tube이라고 한다.

전자식 안정기는 인스턴트 스타트형 안정기instant start ballast라고도 한다. 전자식 안정기는 전극을 예열하지 않으며, 여기에 사용하는 형광등은 각 끝에 하나의 핀만 있다.

CCFL

냉음극 형광등cold cathode fluorescent lamp(CCFL)은 소형 형광등과 유사하며, 반경은 대개 2mm에서 5mm 정도다. 유리관은 반듯한 모양과 굽은 모양 등 다양한 형태로 되어 있다. CCFL은 일반 형광등과 같은 원리로 작동하며, 내부에 수은 증기와 하나 이상의 불활성 기체가 들어 있고, 형광 방출을 위한 인광 물질이 내부에 코팅되어 있다. CCFL은 다양한 색상과 여러 종류의 백색으로 출시되어 있다.

그 이름에서 알 수 있듯이, CCFL의 전극은 이온화를 위해 가열되지 않는다. 그 대신 고전압(1,000VAC 이상)이 걸리고, 전류가 흐르고 나면 전압은 500VAC 또는 600VAC로 떨어진다. CCFL은 노트북 컴퓨터 화면의 백라이트로 많이 사용되기 때문에, 3~20VDC의 입력에서 높은 전압의 고주파 출력을 만드는 인버터 회로가 주로 사용된다. 인버터 회로에는 펄스 폭 변조pulse-width modulation를 사용해 CCFL의 조도를 조절하는 기능도 포함되어 있다.

일부 CCFL은 좁은 공간(예: 상점의 디스플레이 공간)의 조명으로 사용되기도 한다. CCFL 중 소수는 CFL과 완전히 똑같은 모양이며, 조명 장치에 끼워 사용할 수 있다. 또 일부는 백열등용 조광기와 호환되기도 한다.

CCFL은 일반적인 형광등과 비교할 때 빛 출력에 제한이 있지만, 낮은 온도에서 더 잘 작동한다는 장점이 있다. 일부는 추운 지역에서도 사용할 수 있는 도로 표지판과 외부 조명용으로 제작되기도 한다.

CCFL은 상대적으로 수명이 긴 편인데, 최대 60,000시간까지 사용할 수 있다. 열 음극관, 즉 일반 형광등의 수명은 3,000~15,000시간 정도다.

기체를 이온화하는 데 냉음극을 사용하는 형광등이나 형광 전구는 기술적으로 냉음극 장치이지만, 형광빛을 내기 위한 인광 물질 코팅이 내부에 없으면 CCFL로 분류하지 않는다.

조명 장치 안에 설치된 안정기와 형광등의 타입을 일치시키는 일은 매우 중요하다. CFL은 내부에 적합한 안정기가 설치되어 있기 때문에 크게 고민할 필요가 없다.

크기
미국에서 직선형 바이핀 형광등은 다음의 표준 규격으로 판매되고 있다.

- T5: 반지름 5/8″(1.6cm). 현대식 형광등이지만 여전히 텅스텐 전극이 가열된다.
- T8: 반지름 1″(2.55cm). 길이는 24″(61cm) 또는 48″(122cm)가 가장 일반적이며, 각각 18W와 36W를 소비한다.
- T12: 반지름 1.5″(3.8cm)
- T17: 반지름 2.125″(5.4cm)

시판되고 있는 CFL의 규격은 대단히 다양하다.

비교
형광등은 중요한 장점과 단점이 있다. 장점은 다음과 같다.

- 안정기가 포함된 조명기를 설치하면, 형광등의 가격은 상대적으로 저렴하다. CFL이나 LED 조명은 전자회로가 내장되어 있어, 수명이 다하거나 고장 나면 모두 폐기해야 하기 때문에 비용이 많이 든다.
- 형광등은 백열등보다 수명이 길다.
- 형광등은 폭넓은 범위의 백색을 만들 수 있다.
- 형광등은 확산되는 빛을 생성하므로, 천장에 고정하는 일반 조명으로 이상적이다. 형광등은 눈에 거슬리는 그림자를 만들지 않는다.

그러나 다음과 같은 단점도 있다.

- 그동안 형광등의 에너지 효율은 다른 광원에 비해 좋았지만, 현재는 LED 조명 장치의 효율이 더 좋다. LED 효율은 앞으로 더 좋아질 것으로 예상된다.
- 예전 방식의 안정기와 함께 사용하는 형광등은 깜박임으로 인해 불만이 생길 수 있다. 다른 조명과 비교했을 때, LED는 DC를 사용하고 백열 전구는 전원 주기 사이에 충분한 열을 유지하기 때문에 깜박임이 발생하지 않는다.
- 형광등의 깜박거림 때문에 동영상을 촬영할 때 문제가 발생한다.
- 형광등의 방출 스펙트럼은 특정 파장에서 뾰족한 피크를 보이기 때문에 조명이 부자연스럽게 보인다.
- 경계가 뚜렷한 빛줄기가 필요한 작업에서는 형광등을 사용할 수 없다.
- 기존의 안정기는 무선 간섭을 일으키는데, 특히 AM 주파수 대역에서 간섭이 심하다.

- 형광등과 형광 전구는 수은을 포함하고 있어 적절한 절차를 통해 폐기해야 하며, 이때 비용이 발생할 수 있다.
- 인스턴트 스타트형 형광등이라고 해도 스위치를 켠 후 약간의 지연이 있다.
- 자주 껐다 켰다 하면 형광등의 수명이 크게 감소한다. 백열등은 전원 주기에 영향을 덜 받으며, LED 조명은 아예 영향을 받지 않는다.
- 주위 온도가 낮을 때는 형광등이 쉽게 켜지지 않는다.

부품값

조도

형광등의 조도는 와트당 루멘lumens per watt(lm/W)으로 측정한다. 비(非)가시광선 파장이 조도 측정의 대상이 아니기 때문에, 광선속luminous flux을 사용해 가시광선의 조도를 측정한다. 광선속의 단위는 루멘lumen(lm)이다. 빛 측정에 관한 자세한 정보는 백열등 장에서 찾아볼 수 있다(209쪽의 '에너지' 참조).

스펙트럼

형광등 내 수은 증기에서 방출되는 광자의 스펙트럼은 파장 253.7nm와 185nm에서 피크를 보인다(나노미터는 nm으로 표기하며, 10^9m이다). 이 파장은 눈에 보이지 않으며 자외선 영역에 속하지만, 빛이 인광 물질 코팅막으로 인해 가시광선으로 바뀌어도 자외선 영역의 '스파이크'는 여전히 존재한다. 백열등, 형광등, LED 조명의 광 출력 곡선을 비교하는 그래프는 [그림 18-4]에 나와 있다.

인간의 눈에 적합한 특성의 빛을 만들기 위해 형광등과 CFL 내의 인광 물질을 다양하게 조성해 왔지만, 그중 어떤 것도 백열등만큼 '자연스러운' 빛을 재현하지 못했다. 그 이유는 백열등의 특성이 태양 빛과 대단히 유사하기 때문일 것이다.

주의 사항

불안정한 시동

주위 온도가 낮으면 형광등 내부의 수은이 서서히 증발한다. 온도가 매우 낮으면 증발이 아예 일어나지 않는다. 수은이 증발되기 전까지 형광 발현은 일어나지 않는다.

마지막 깜박임

형광등을 오래 사용하면 전류가 한 방향으로만 흐르게 되고, 이로 인해 깜박임이 심해진다. 이 단계를 넘어 사용하면, 기체 방전이 불안정해지고 불규칙한 깜박임이 생긴다. 결국 기체 방전이 더 이상 일어나지 않는데, 이 상태가 되면 형광등을 켜도 양 끝 텅스텐 전극 근처에서 부연 빛만 보인다.

조도 조절 불가

구식 안정기와 현대 전자식 안정기 모두 백열전구용 조광기에서는 사용할 수 없다. 백열전구를 CFL로 교환할 때는 이 문제를 중요하게 고려해야 한다.

전극 소모

백열등의 텅스텐 필라멘트처럼, 형광등의 텅스텐

전극도 점진적인 부식이 일어난다. 형광등의 한쪽 끝 또는 양 끝에 검은 텅스텐이 침적되는 것이 보이면, 부식이 일어난다는 것을 알 수 있다.

자외선 위험

일부 CFL에 반대하는 사람들은 코일 또는 지그재그로 된 유리관의 복잡한 모양이 내부 인광 물질 코팅에 작은 결함을 일으킬 수 있으며, 잠재적으로 자외선이 관 외부로 새어나올 수 있다고 주장한다. 이런 현상이 발생할 경우, CFL을 책상 위 스탠드처럼 사용자와 가까운 곳에 두고 사용한다면 자외선으로 인해 피부암 위험이 증가할 수 있다.

21장

레이저

메이저maser라는 말은 1950년대 마이크로파를 증폭하는 유도 방출stimulated emission 장치를 설명하기 위해 만들어졌다. 1960년대에 같은 원리를 이용해 가시광선을 증폭하는 장치가 개발되자, 이 장치를 광학 메이저optical maser라고 했다. 그러나 이 이름은 이제 구식이 되었고 레이저laser로 대체되었다. 레이저는 주로 소문자로 쓰지만, 실제로는 '유도 방출에 의한 빛의 증폭Light Amplification by Stimulated Emission of Radiation'의 약어다.

lase라는 동사는 레이저에서 파생된 말로, 레이저를 생성하는 과정을 설명할 때 사용하며 과거형은 lased, 현재 진행형은 lasing을 사용하기도 한다.

현재는 수천 종의 레이저가 존재한다. 이 장에서는 지면 제약으로 인해 가장 작고, 일반적으로 많이 사용되며, 적절한 가격의 레이저 다이오드laser diode를 주로 다룬다.

관련 부품

· LED 인디케이터(22장 참조)

역할

레이저laser는 보통 강하고 가는 빛줄기를 방출하는데, 대개 가시광선 스펙트럼 대역에 속한다. 파장 대역이 좁기 때문에 단색성monochromatic으로 간주된다. 레이저의 빛은 결맞은coherent 빛이라고도 하는데, 이 특성에 대해서는 아래에서 설명한다.

레이저의 빛 출력에는 다음 세 가지 중요한 특성이 있다.

빛 세기(Intensity)

고출력 레이저는 매우 작고 경계가 선명한 영역에 에너지를 전달할 수 있는데, 이러한 특성으로 인해 태우기, 절단, 용접, 구멍 뚫기 등의 작업을 할 수 있다. 대형 레이저는 무기나 에너지 전달 수단으로 사용할 수 있다.

줄 맞춤(collimation)

레이저의 빛줄기는 평행한 경계를 갖기 때문에 공기, 유리, 진공의 투명한 매질을 통과하면서 확산되지 않는데, 이를 줄 맞춤collimation이라고 한다. 레이저 빔은 줄 맞춤 특성이 매우 우수해 정밀 측정 장치에서 사용하며, 대단히 먼 거리를 이동할 수 있다. 예를 들어 아폴로 임무 때 우주인들이 달에 반사경을 가져다 놓았는데, 레이저 빛을 지구에서 쏘면 이 반사경에 반사되어 지구와 달 사이를 왕복할 수도 있다.

제어성(Controllability)

레이저는 전기 에너지를 이용해 생성하기 때문에, 상대적으로 단순한 전자회로로 빛 세기를 신속하게 변조할 수 있다. 이 특성으로 인해 CD롬 또는 DVD 플라스틱 표면의 미세한 구멍을 태우는 작업이 가능하다.

레이저 다이오드는 현재 레이저 중에서도 가장 일반적으로 사용되는 소자다. 레이저 다이오드는 레이저 포인터, 프린터, 바코드 판독기, 스캐너, 컴퓨터의 마우스, 광통신, 탐사 장비, 무기 조준경, 지향성 광원에서 찾아볼 수 있으며, 고출력 레이저powerful laser의 트리거용 광원으로도 사용된다.

회로도에서 레이저를 표시하는 표준 기호는 없지만, 레이저 다이오드는 LED와 같은 기호로 흔히 표현된다. LED 인디케이터LED indicators 장의 [그림 22-2]를 참조한다.

작동 원리

레이저를 발진하기 위해서는 이득 매질gain medium이 필요하다. 이득 매질이란 빛을 증폭할 수 있는 물질을 말한다. 매질은 고체, 액체, 기체, 플라스마도 될 수 있는데, 레이저 유형에 따라 선택된다.

맨 먼저 외부에서 에너지가 들어오면 이득 매질의 원자 일부가 들뜬 상태가 된다. 이 과정을 '레이저를 펌핑pumping한다'고 한다. 에너지는 강력한 외부 광원이나 전류 형태로 유입될 수 있다.

들뜬 원자는 원자에 결합된 전자의 양자 에너지 준위를 높인다. 이후 전자가 다시 처음의 에너지 상태로 떨어지면서 광자를 배출한다. 이 과정을 자발 방출spontaneous emission이라고 한다.

이 광자 중 하나가 외부 에너지원으로 인해 방금 전 들뜬 상태가 된 원자와 부딪히면, 원자는 두 개의 광자를 배출할 수 있다. 이를 유도 방출stimulated emission이라고 한다. 문턱값을 넘어서면 방출되는 광자의 개수는 기하급수적으로 증가한다.

이득 매질 양 끝에 서로 마주보도록 반사경 두 개를 평행하게 놓으면, 공진 공동resonant cavity이 형성된다. 빛은 두 반사경 사이를 왕복하고, 한 번 왕복할 때마다 펌핑과 유도 방출로 인해 빛이 증폭된다. 두 반사경 중 불투명한 반사경에서 증폭된 빛의 일부가 레이저 빔의 형태로 탈출한다. 불투명한 거울을 출력 결합output coupler 거울이라고 한다.

레이저 다이오드

레이저 다이오드에는 LED가 들어 있다(LED 기능에 대한 자세한 설명은 243쪽의 '작동 원리'를 참조할 것). 다이오드의 p-n 접합은 레이저에서 공진 공동의 역할을 한다. 순방향 바이어스는 접합 영역에 전하를 주입해 광자를 자발적으로 방출시킨다. 이에 따라 광자는 다른 전자와 정공electron-hole을 결합시키고, 유도 방출 과정에서 더 많은 광자를 생성한다. 이 과정이 문턱값을 넘으면 다이오드를 통해 흐르는 전류가 레이저를 발진lase시킨다.

레이저 다이오드의 최초 특허는 1962년 제너럴

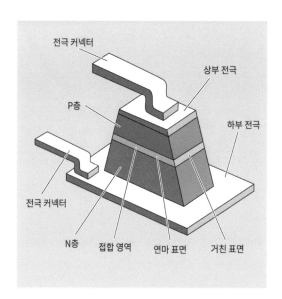

그림 21-1 레이저 다이오드의 최초 디자인. 1962년 출원된 특허에서 발췌.

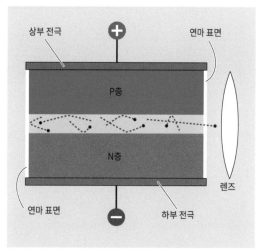

그림 21-2 레이저 다이오드의 단면을 단순화한 도면.

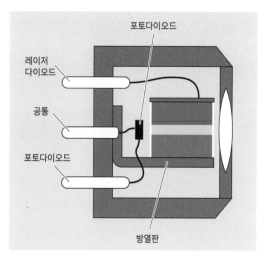

그림 21-3 레이저 다이오드는 일반적으로 포토다이오드와 함께 장착되어 드라이버 회로에 피드백을 제공한다. 이로써 레이저가 소비하는 전류를 제어할 수 있다.

일렉트릭General Electric 사의 로버트 N. 홀Robert N. Hall이 출원했다. [그림 21-1]의 다이어그램은 특허에 있던 그림을 바탕으로 제작했으며, 명확한 이해를 위해 색상을 추가한 것이다.

그림에서 노란색으로 표시된 접합 영역이 레이저 발진이 일어나는 공진 공동을 형성한다. 접합 영역의 두께는 겨우 0.1마이크로미터밖에 되지 않는다(다이어그램은 실측 크기로 그려지지 않았다). 수직 앞면과 뒷면은 서로 평행하게 놓여 있으며 고연마highly polished 처리를 했다. 광자는 이 두 수직면에 반사되어 그 사이를 왕복한다. 그림에서 보이는 양쪽 경사면은 내부 반사를 최소화하는 각도로 기울어져 있고 표면은 거칠다.

[그림 21-2]는 레이저 다이오드의 단면을 단순하게 그린 것이다.

[그림 21-3]은 레이저로 판매되는 부품 안에 장착된 다이오드의 단면을 보여 준다. 여기에는 포토다이오드photodiode가 들어 있어, 레이저 다이오드의 연마된 뒷면을 통해 방출되는 빛의 세기를 감지한다. 외부 회로는 레이저의 세기를 조절하기 위한 용도이며, 포토다이오드에서 피드백을 받는다.

이 부품에는 세 개의 핀이 있는데(그림에서 옅은 노란색으로 표시), 하나는 포토다이오드가, 두

그림 21-4 파장 650nm의 빛을 방출하는 Lite-On 505T 레이저 다이오드. 전력 소모는 2.6VDC 전압에서 5mW이다. 배경 눈금에서 알 수 있듯이, 이 부품의 반경은 0.2″(0.5cm)밖에 되지 않는다.

그림 21-5 이 레이저는 자체 제어 회로를 포함하고 있으며, 전원도 5VDC밖에 되지 않는다. 유입 전류는 30mA이고 출력은 5mW이다.

번째 핀은 레이저 다이오드의 p층이, 세 번째 핀은 레이저 다이오드의 n층과 포토다이오드의 그라운드가 공통으로 사용한다.

[그림 21-4]는 레이저 다이오드의 사진이다. [그림 21-3]에서 본 것처럼 실제 부품에도 핀이 세 개있으며, 이 부품에는 외부 제어 회로가 필요하다는 사실을 알 수 있다

[그림 21-5]에서, 파란색 도선에 연결된 납땜 패드solder pad에 인접한 표면 장착형 칩으로 보이는 것이 레이저다. 이 칩과 두 개의 도선으로 미루어 볼 때, 이 부품에는 자체 제어 회로가 있으며 DC 전원을 필요로 한다는 것을 알 수 있다.

결맞은 빛

레이저에 의한 결맞은 빛의 방출은 흔히 '파장이 서로 동조되었다synchronized'고 설명하기도 한다. 결맞음coherence에는 공간 결맞음spatial coherence과 파장 결맞음wavelength coherence 두 가지 형태가 있다.

고개를 들어 구름이 낀 하늘을 올려다 보면, 다양한 거리와 방향에서 무질서하게 뻗어 나오는 빛을 볼 것이다. 따라서, 이 빛은 공간상에서 결이 맞지 않다고 할 수 있으며, 또한 수많은 파장의 빛으로 구성되어 있으므로 파장도 결이 맞지 않다.

백열등incandescent lamp의 필라멘트는 훨씬 더 작은 광원이지만, 공간적으로 결맞지 않는 빛을 방출하기에 충분할 만큼의 크기다. 이 빛 역시 수많은 파장을 포함하고 있다.

백열등 앞에 아주 작은 구멍이 있는 장애물이 세워져 있다고 가정하자. 그 구멍이 아주 작으면, 멀리 서 있는 관찰자 눈에는 빛이 점광원point source처럼 보일 것이다. 그 결과, 구멍에서 나오는 빛은 이제 공간상에서 결이 맞으며 무질서하게 중첩된 파동을 갖지 않는다. 만일 그 빛이 필터를 거치면 파장 역시 결맞게 될 것이다. 이러한 내용을

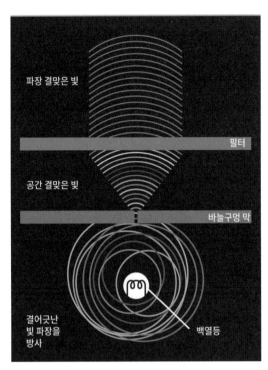

파장 결맞은 빛

필터

공간 결맞은 빛

바늘구멍 막

결어긋난
빛 파장을
방사

백열등

그림 21-6 백열등(그림 아래쪽)은 수많은 파장의 결이 어긋난 빛을 방출한다(그림에서는 명확한 이해를 위해 과장되게 그렸다). 빛이 바늘구멍을 통과하면, 빛은 공간적으로 결맞은 빛이 된다. 이 빛이 색 필터를 거치면, 파장의 결맞은 빛이 된다.

[그림 21-6]에서 재현했는데, 그림에서 광원은 넓은 대역의 파장을 방출하는 백열등이다.

바늘구멍을 통해 나오는 소량의 빛은 원래 광원의 빛보다 훨씬 어둡다. 그러나 레이저는 빛 출력을 증폭함과 동시에 점광원과 유사한 특성을 갖는다. 공진 공동의 평행한 반사면에서 생기는 이른바 '거울의 방' 효과는 출력 결합 거울을 통해 빠져나가기 전에 수많은 빛을 앞뒤로 왕복하게 한다. 그러다가 레이저의 축에서 상당히 벗어난 빛은 반사를 일으킬 때마다 편향이 누적되기 때문에 전혀 외부로 빠져나가지 못한다. 따라서 레이저 빛은 무한대의 거리에서 보더라도 점광원에서 나오는 것처럼 보인다.

발광 다이오드의 특별한 기하학적 구조로 인해, 레이저 다이오드의 출력 빛은 자연적으로 줄맞춤collimation이 되지 않고 약 20도 각도로 퍼지는 경향이 있다. 이 빛줄기를 모으기 위해 렌즈를 사용해야 한다.

다양한 유형

레이저는 대부분 특정 목적을 위해 완전히 조립된 제품으로 판매된다. 여기서는 CO_2 레이저, 광섬유 레이저, 결정crystal 레이저에 대해 간략히 설명한다.

CO_2 레이저

이득 매질은 주로 이산화탄소이지만 헬륨과 질소도 포함되어 있으며, 간혹 수소, 수증기, 제논이 포함되는 경우도 있다. CO_2 레이저는 전기적으로 펌핑되어 기체 방전이 일어난다. 질소 분자는 방전으로 들뜬 상태가 되어 CO_2 분자와 충돌하면서 에너지를 전달한다. 헬륨은 질소가 기저 에너지 상태로 돌아가는 것을 도우며, 혼합 기체의 열을 제거한다.

CO_2 레이저는 적외선이며, 일반적으로 의료 용도, 특히 안과에서 많이 사용한다. 고출력 레이저는 산업 현장에서 다양한 물질의 절단용으로 사용한다.

광섬유 레이저

빛은 다이오드를 통해 펌핑되고, 특정 목적을 위해 제작된 광섬유에서 증폭된다. 그 결과 빛줄기는 매우 작은 반경을 가지며, CO_2 레이저보다 훨씬 더 센 빛을 제공한다. 광섬유 레이저는 금속 조각(彫刻)과 금속 강화 작업에 사용할 수 있으며, 플라스틱에서도 사용이 가능하다.

결정 레이저

광섬유 레이저와 마찬가지로 결정 레이저도 다이오드로 펌핑된다. 이 소형 레이저는 파장의 폭이 넓어 모든 가시광선 대역, 적외선, 자외선의 빛을 만들 수 있다. 결정 레이저는 홀로그래피, 생의학, 간섭 측정, 반도체 검사, 재료 가공 등에서 활용된다.

부품값

레이저의 출력은 와트(W) 또는 밀리와트(mW)로 측정한다. 이를 레이저가 소비하는 전력과 혼동해서는 안 된다.

미국에서는 레이저 포인터로 판매되는 모든 제품의 출력을 5mW로 제한한다. 그러나 레이저 포인터와 비슷하게 패키징된 레이저 다이오드는 출력이 200mW가 넘어도 우편으로 주문할 수 있다. 이러한 레이저들의 법적 상태는 주(州)별 규제에 영향을 받는다.

기록이 가능한 CD-RW 드라이브 내부의 다이오드 출력은 약 30mW 정도다. CD롬에 장착된 레이저는 [그림 21-7]에서 볼 수 있다.

레이저는 파장 폭이 매우 좁아서, 출력값은 나노미터(nm)로 주어진다. 광 마우스optical mouse의 레이저 파장은 848nm이다. CD 드라이브는 785nm이고, 바코드 판독기는 670nm, 최신형 레이저 포인터는 640nm, 블루레이 디스크 플레이어는 405nm이다.

그림 21-7 CD롬 판독용 레이저가 장착된 부품.

사용법

고출력 레이저가 실험실 환경에서 실험 용도로 사용되고 있지만, 일반적인 저출력 레이저 다이오드는 가격대가 상대적으로 저렴하기 때문에(이 글을 쓰는 시점에서 $5 미만의 제품도 찾아볼 수 있었다), 다양한 작업에서 응용할 수 있다. 경계가 뚜렷한 빛줄기를 사용해야 할 때 유용하며, 움직이는 기계 부품의 위치를 감지하거나 침입자의 존재를 포착하는 용도로도 이상적이다.

발광 다이오드는 시야각(즉 분산각angle of dispersion)이 3도 이하가 되도록 제작되지만, 다이오드의 빛줄기 경계면은 레이저 빔의 정확한 경계면과 비교할 때 조금은 불분명하며, 센서와 결합해 수 센티미터 이상의 거리에서 사용할 때는 신뢰도를 보장할 수 없다.

부품으로 판매되는 레이저 다이오드는 전류 제한 제어 회로가 내장된 제품도 있고 그렇지 않은 제품도 있다. 레이저 다이오드에 직접 전원을 가하면 열 폭주thermal runaway가 일어나 부품이 급격히 손상될 수 있다. 레이저 다이오드의 드라이버는 브레이크아웃 보드breakout board에 미리 조립된 소형 회로 형태로 별도로 구할 수 있다.

대체로 규격 제품의 레이저 다이오드를 사는 것이 훨씬 쉽고 저렴한 방법이다. 레이저 포인터로도 손쉽게 레이저 광원을 얻을 수 있는데, 1.5V 배터리 두 개가 들어가는 제품이라면 5V 어댑터에 3.3V 전압 조정기voltage regulator로 전원을 공급할 수 있다.

일반 응용

레이저 포인터는 파워포인트 프레젠테이션이나 위치 센서와 결합해 사용하는 것 말고도 다양하게 응용된다.

- 천문학. 고출력 레이저 빔은 공기 분자와도 상호작용하므로 맑은 공기에서도 육안으로 확인할 수 있다. 이러한 현상을 레일리 산란Rayleigh scattering이라고 한다. 이 현상을 다른 사람에게 별(또는 행성)을 가리켜 알려 주는 데 활용할 수 있다. 천체는 매우 멀리 있기 때문에, 나란히 서서 빛줄기를 보는 두 사람이 시차 오차parallax error를 감지할 수 없다. 레이저 포인터를 망원경에 장착하면, 관측 대상을 향해 조준할 때 보조적인 역할을 할 수 있다. 이 방법을 이용하면 접안 렌즈로 천체를 찾는 것보다 훨씬 쉽다.

- 목표 포착. 일반적으로 레이저는 목표를 조준하는 무기로 사용되는데, 어두운 곳에서 특히 유용하다. 적외선 레이저는 적외선 고글과 함께 사용할 수 있다.

- 생존용. 신호 탐색팀의 비상 용품으로 소형 레이저를 포함하기도 한다. 레이저는 또한 맹수를 쫓는 데에도 사용될 수 있다.

주의 사항

부상 위험

레이저는 잠재적으로 위험하다. 적외선 또는 자외선 출력을 하는 레이저는 가시광선 레이저보다 훨씬 위험하다. 이유는 레이저가 활성화되어 있다는 시각적인 경고가 없기 때문이다. 레이저는 망막에 상처를 입힐 수 있지만, 레이저 출력을 위험한 것으로 간주해야 하는지에 대해서는 논란이 있다.

레이저를 사용하는 프로젝트에서는 장치 제작과 시험 과정에서 레이저의 전원을 꺼야 한다. 레이저의 전원이 꺼져 있다고 판단되는 경우에도 레이저 빛을 차단하기 위한 보호 안경을 쓰는 게 바람직하다.

활성화된 레이저는 사람이나 자동차, 동물(위험한 동물 말고), 또는 자기 자신에게 절대 겨누어서는 안 된다.

부적절한 방열판

레이저는 간헐적인 사용 용도로 규격이 정해져 있다. 예를 들어 CD롬 드라이브를 위한 기록용 레이저는 연속 출력이 아닌 펄스 출력을 사용하게 되어 있다. 데이터시트를 주의 깊게 읽고, 적절한 방열판을 장착하도록 한다.

제어되지 않은 전원

다이오드 레이저에 전류 흐름을 제어하기 위한 피드백 시스템이 없는 경우 자체 손상이 발생할 수 있다.

극성

발광 다이오드와 3핀 레이저 패키지 안에 들어 있는 포토다이오드는 전원과 극성이 맞지 않으면 손상될 수 있다. 핀 기능은 데이터시트에서 주의 깊게 확인해야 한다.

22장

LED 인디케이터

본 백과사전에서 LED 인디케이터LED indicator는 반경 10mm 이하의 부품으로, 투명하거나 반투명한 에폭시 수지 또는 실리콘 케이스 안에 발광 다이오드light-emitting diode 1개를 포함한 부품으로 정의한다. LED 인디케이터는 광원보다는 장치의 상태 표시용으로 주로 사용되는데, '표준 LEDstandard LED'라고 하는 경우도 있다.

이 장에서는 적외선과 자외선을 방출하는 LED 인디케이터에 대해 설명한다. 넓은 면적의 실내 또는 실외 조명용으로 사용되는 LED는 LED 조명LED area lighting이라는 별도의 장에서 다룬다. 이러한 제품은 고휘도 LEDhigh-brightness LED라고 하며, 언제나 백색광을 방출한다.

발광 다이오드라는 용어보다는 일반적으로 LED라는 약자를 쓴다. 약자 중간에는 보통 점을 찍지 않는다.

'light emitting(발광)'이라는 단어는 하이픈으로 연결하는데, 이 표현이 형용사로 사용되기 때문이다. 그러나 일상생활에서 하이픈은 종종 생략되는데, 분명한 규칙이 있는 것 같지는 않다.

원래 표준 LED에는 다이오드가 한 개만 들어가지만, 최근에는 더 센 빛을 방출하거나 다양한 색을 나타내기 위해 여러 개의 다이오드가 들어가기도 한다. 본 백과사전에서는 내부 다이오드 개수와는 상관없이 에폭시 또는 실리콘 캡슐 하나를 LED 인디케이터 하나로 간주한다. 이와는 별도로 여러 개의 독립적인 발광 다이오드를 포함하는 부품, 예를 들면 7세그먼트 숫자 디스플레이, 14 또는 16세그먼트 문자-숫자 디스플레이, 도트 매트릭스 또는 다중 문자 디스플레이 등은 LED 디스플레이LED display라는 별도의 장에서 다룬다.

관련 부품

- LED 조명(23장 참조)
- LED 디스플레이(24장 참조)
- 백열등(18장 참조)
- 네온전구(19장 참조)
- 레이저(21장 참조)

LED˙ 인디케이터LED indicator는 5VDC 이하의 전압에서 20mA 이하의 적은 전류에 대응하여 빛을 방출한다. LED 인디케이터에는 일반적으로 무색투명, 무색 반투명, 유색 투명, 유색 반투명 형태의 에폭시 수지 또는 실리콘 캡슐이 사용된다.

빛의 색은 처음에 내부에 주입되는 화합물과 그 도판트dopant로 결정된다. 따라서 무색투명한 LED가 색깔이 있는 빛을 방출할 수 있다.

자외선 LED는 일반적으로 무색투명하다. 적외선 LED는 검은색으로 보이는 경우가 많은데, 그 이유는 가시광선에는 불투명하고 적외선에는 투명하기 때문이다.

LED 인디케이터 중 스루홀through hole 타입은 회로 기판 구멍에 삽입할 수 있는 단자가 있다. 스루홀이 인디케이터 자체를 패널 구멍에 밀어 넣는다는 의미는 아니지만, 이 방식으로 사용하는 제품도 있다. LED는 원기둥 형태로 되어 있으며, 위의 반구형 덮개가 렌즈 역할을 한다. 상대적으로 굵은 도선은 부품의 열을 외부로 전달하는 역할을 한다. [그림 22-1]은 일반적인 5mm 반경의 LED 각 부분을 표시한 것이다.

스루홀 유형이 아닌 LED 인디케이터는 대개 표면 장착형 부품이다. 표면 장착형 LED는 대부분 직사각형 모양이며, 크기는 1mm×0.5mm 정도로 작다. 이런 부품들은 방열판heat sink을 함께 사용해야 한다.

회로 기호

[그림 22-2]는 LED를 표현하기 위해 사용하는 여러 기호들이다. 기호에서 가운데 삼각형은 (양에

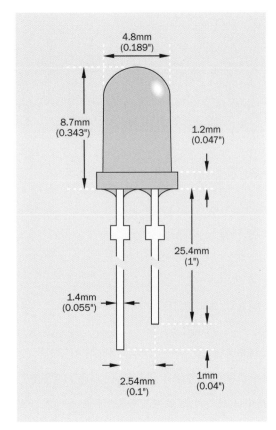

그림 22-1 일반적인 5mm LED의 규격. 길이가 더 긴 도선이 아노드, 짧은 쪽이 캐소드에 연결된다. Lite-On Technology Corporation 사의 데이터시트에서 발췌.

서 음으로) 전류가 흐르는 방향, 즉 아노드에서 캐소드 방향을 가리킨다. 다이오드에서 뻗어 나가는 화살표 쌍은 방출되는 빛을 나타낸다. 구불구불한 화살표는 적외선(열) 방사를 표현하는 데 사용된다. 그러나 적외선 LED와 가시광선 LED는 같은 기호로 표현될 때가 많다. 구불구불한 화살표를 제외하고 여러 스타일의 회로 기호는 기능적으로 동일하며, 부품 크기나 색상 같은 특성 정보는 담고 있지 않다.

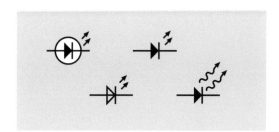

그림 22-2 LED를 표현하기 위해 사용되는 여러 기호. 자세한 내용은 본문 참조.

일반 사용법

LED 인디케이터는 장치 상태를 보여 주는 용도로 사용되는 네온전구neon bulbs와 꼬마 백열전구miniature incandescent lamps를 대부분 대체하는 중이다. 이들은 산업용 제어 패널, 가정용 오디오 시스템, 배터리 충전기, 세탁기/건조기, 그 밖에 각종 가전제품에서 사용되고 있다. 고출력 제품은 손전등, 신호등, 자동차의 미등, 사진 촬영의 대상을 비추는 조명 등으로 사용된다. LED 인디케이터는 크리스마스 전구 같은 디스플레이용 제품에도 사용할 수 있다.

빨강, 주황, 노랑, 초록, 파랑은 기본 표준 색상이다. 백색광을 방출하는 것처럼 보이는 LED가 많이 사용되는데, 방출하는 파장 스펙트럼의 빛은 고르지 않다. 이 주제에 관해서는 204쪽의 '백열등 외의 광원'을 참조한다.

작동 원리

여느 다이오드처럼 LED도 반도체 PN 접합PN junction이 있고, 이 영역에서 순방향으로만 전류를 통과시킨다(즉, 전원 공급기의 양의 방향에서 음의 방향으로). 다이오드는 N층의 전자와 P층의 정공을 서로 결합시키기에 충분하도록 문턱 전압

threshold voltage 이상의 전압이 걸려야 전도성을 띤다. 전자와 정공이 결합되면 에너지가 방출되며, 하나의 전자와 정공이 결합하면 광자photon 또는 빛의 양자quantum가 1개 생성된다.

배출되는 에너지 양은 띠틈band gap에 따라 좌우된다. 띠틈은 반도체 물질의 특성으로, 정공 쌍을 만들 수 있는 최소한의 에너지를 말한다. 에너지는 빛의 파장, 즉 색을 결정한다.

띠틈은 LED의 문턱 전압도 결정한다. 이러한 이유로 다양한 색깔의 LED는 문턱 전압값의 범위도 넓다.

LED를 사용하는 장치에서 DC 전원이 최대 순방향 전압을 초과하는 경우가 많기 때문에, 다이오드를 통과하는 전류를 제한하기 위해 직렬 저항series resistor을 연결해 사용한다.

색깔이 있는 LED 인디케이터에서 방출되는 빛은 좁은 파장 폭을 갖는 경향이 있다. 그러나 다이오드 내부에 인광 물질을 코팅해 출력의 파장 폭을 넓힐 수 있다. 이 기술은 청색 LED를 흰색으로

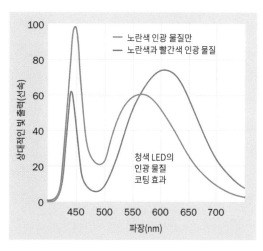

그림 22-3 청색 LED에 인광 물질을 첨가해 방출되는 파장의 영역을 증가시킬 수 있다. 출처: Philips Gardco lighting.

보이게 만드는 데 사용된다([그림 22-3] 참조). 대다수 백색 LED는 실제로는 청색 LED에 색깔을 띤 인광 물질 막을 추가한 것이다. 23장의 LED 조명 LED area lighting에서 이 주제에 대해 자세히 다룬다.

다색 LED와 색상 혼합

빨간색, 초록색, 파란색 광원을 아주 가깝게 붙여 장착하면, 사람의 눈은 세 광원의 상대적인 빛 세기에 의해 결정되는 색상의 단일 광원으로 인지한다. 이러한 가산 혼합additive color mixing 시스템은 [그림 17-14]의 LCD 장에서 설명한다. 이 방식은 빨강, 초록, 파랑 발광 다이오드를 하나의 에폭시 또는 실리콘 캡슐 안에 포함하는 LED 인디케이터에서도 활용된다.

비디오 모니터는 대부분 LCD 비디오 화면의 백라이트로 백색 LED 또는 형광등fluorescent lights을 사용하지만, 일부 고사양 모니터는 극소형의 빨강, 초록, 파랑 LED 매트릭스를 사용한다. 그 이유는 이러한 개별 색상의 조합이 보다 넓은 색상 파장의 색역gamut을 형성하기 때문이다. 색역의 개념은 LCD 장의 '색상' 섹션에서 설명한다. 백라이트용 소형 LED는 인디케이터로 볼 수는 없지만, 인디케이터는 광고판 비디오 디스플레이에서 이와 같은 용도로 사용된다.

다양한 유형

LED 인디케이터의 크기, 모양, 세기, 시야각, 빛의 확산, 빛의 파장, 최대 및 최소 순방향 전압, 최대 및 최소 순방향 전류는 매우 다양하다.

크기와 모양

둥근 LED 인디케이터의 크기는 반경 3mm, 5mm, 그리고 드물게 10mm 제품까지 있다. 오늘날 스루홀 LED는 중간 사이즈 제품이 많이 판매되지만, 여전히 3mm와 5mm가 가장 널리 사용된다.

기존의 둥근 LED 인디케이터는 현재 사각형과 직사각형 모양으로 보완되었다. 부품 카탈로그에서 1mm×5mm 같은 식으로 표현되는 LED는 직사각형 모양이라는 것을 알 수 있다.

빛 세기

LED의 빛 세기는 일반적으로 밀리칸델라(mcd)로 측정된다. 1칸델라는 1,000mcd이다. 빛의 측정 단위에 관한 자세한 내용은 209쪽의 '빛 세기'를 참조한다.

칸델라는 광선속luminous flux 또는 가시광선의 복사선속(단위 시간당 전파되는 복사 에너지 - 옮긴이)을 측정하는 단위이며, 특정 분산각angle of dispersion 내에 포함되는 에너지를 말한다. 분산각은 시야각view angle이라고도 한다. 원뿔 모양을 상상할 때 원뿔의 꼭지점에 광원이 있고, 원뿔면은 '확산'되는 빛으로, 분산각은 원뿔의 꼭지각으로 생각하면 된다.

다이오드가 고정된 광선속의 빛을 방출하면, 빛 출력(mcd)은 시야각의 제곱에 반비례해 증가한다. 이는 LED 전면으로 전파되는 빛이 각도가 작아짐에 따라 세기가 더 세지기 때문이다. LED의 밝기를 mcd를 이용해 정의할 때, 시야각에 대한 내용이 고려되지 않으면 오해의 소지가 있을 수 있다.

예를 들어 어떤 LED의 정격 빛 출력이 1,000

mcd, 시야각이 20도라고 하자. 그리고 동일한 다이오드가 다른 종류의 에폭시 또는 실리콘 캡슐에 들어 있고, 캡슐의 렌즈는 시야각이 10도라고 가정하자. 이때 LED의 빛 출력은 4,000mcd가 되지만, 총 출력 에너지는 변하지 않는다.

> 두 LED 인디케이터의 밝기를 비교해 유의미한 결과를 얻으려면, 시야각을 같은 값으로 정해야 한다.

[그림 22-4]는 다양한 규격의 스루홀 LED 인디케이터 4종을 보여 주고 있다. 가장 왼쪽은 무색투명한 백색 일반형 10mm 제품이고, 그 오른쪽은 비쉐이Vishay 사의 TLCR5800 5mm(캡슐은 무색투명하지만 빨간색 빛이 방출된다)로 35,000mcd와 시야각 4도인 제품이다. 그다음은 에버라이트Everlight 사의 HLMPK150 5mm 적색 분산형으로, 2mcd와 시야각 60도의 제품이다. 맨 오른쪽은 시카고Chicago 사의 4302F5-5V 3mm 초록색 제품으로, 8mcd에 시야각이 60도이고 자체 직렬 저항이 있어 5VDC 전원 공급기에 직접 연결할 수 있다.

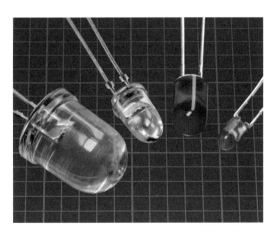

그림 22-4 서로 다른 규격의 LED 인디케이터 4종. 자세한 내용은 본문 참조.

효능

백열전구의 복사 발광 효능radiant luminous efficacy(LER)은 다른 파장 대역, 특히 적외선 영역에서 출력을 낭비하지 않고 가시광선 파장 대역 내에서 출력을 얼마나 효율적으로 전달하는지 비교하는 척도다. 효능efficacy과 효율efficiency이 다른 의미를 가진다는 점에 주의해야 한다. LER이라는 약어를 사용하면 혼동을 피할 수 있다.

LER은 와트당 루멘(lm/W)으로 표시되며, 백열등에서는 가시광선 대역에서 방출되는 에너지를 전체 파장에서 방출되는 에너지로 나눈 값으로 계산된다. 이 내용은 백열등incandescent lamps 장 210쪽의 '효능'에서 자세히 다루고 있다.

LED 인디케이터에서는 거의 모든 복사가 가시광선 스펙트럼 내에서 이루어지지만, 일부 에너지는 내부에서 발생하는 열로 인해 소비된다. 효능은 LED 유형에 따라 다르다. 적황색 인디케이터는 98%의 효능이 있지만, 청색 LED는 대략 40% 이하로 떨어진다.

분산

일부 LED 인디케이터는 에폭시 또는 실리콘을 사용해 투명한 케이스 대신 반투명 또는 '뿌연' 케이스를 사용한다. 이 제품은 빛을 분산diffusion시키는데, 빛줄기의 경계가 뚜렷하지 않아 부드러운 효과를 연출하고 넓은 시야각에서 볼 때도 빛 세기가 거의 동일하다.

온라인 카탈로그에서 LED를 선택할 때 '선명함'과 '분산' 조건을 꼼꼼히 따져야 한다. 잘못 선택하면 투명 LED를 사포로 문질러 분산형 LED로 개조해야 하는 사태가 벌어진다.

파장과 색온도

빛의 파장은 나노미터(nm), 즉 10^{-9}m 단위로 측정한다. 가시광선의 파장은 대략 380~740nm이다. 이보다 더 긴 파장은 스펙트럼의 빨간색 끝 쪽이고, 짧은 파장은 반대편 파란색 끝 쪽이다.

일반적인 LED는 대단히 좁은 폭의 파장을 방출한다. 한 예로 [그림 22-5]는 라이트온Lite-On 사에서 생산하는 표준 적색 LED 인디케이터의 파형이다. 이러한 유형의 그래프는 대개는 제조업체의 데이터시트에 포함되어 있다.

적색 LED는 인간의 눈에서 빨간색 빛에 반응하는 원추 세포를 자극하기 때문에, 자연계의 빨간색(예: 노을의 붉은색)과 크게 비슷하지 않음에도 불구하고 '빨간색으로 보인다'. 자연 상태의 색상은 실제로 파장의 폭이 더 넓다.

다음 목록은 가장 흔히 사용되는 기본 LED 인디케이터의 최대 출력값의 범위를 나노미터 단위로 나타낸 것이다(이 외의 파장을 방출하는 LED도 있지만 드물다).

- 적외선 LED: 850 ~ 950
- 적색 LED: 621 ~ 700
- 주황색 LED: 605 ~ 620
- 황색 LED: 590 ~ 591
- 노란색 LED: 585 ~ 590
- 초록색 LED: 527 ~ 570
- 청색 LED: 470 ~ 475
- 자외선 LED: 385 ~ 405

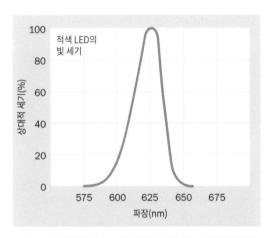

그림 22-5 일반적인 적색 LED 인디케이터가 방출하는 파장의 좁은 범위.

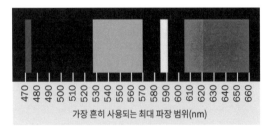

그림 22-6 가장 흔히 사용되는 LED의 최대 파장 범위(출처: *www.mouser.com*에서 판매되는 약 6,000 개의 스루홀 LED에 대한 조사).

[그림 22-6]은 이 목록을 그래프 형식으로 표현한 것으로, 적외선과 자외선 LED는 생략했다.

지난 30여 년간 청색 LED가 과연 실용적인 가치가 있을지에 대해 연구 차원의 궁금증이 있었다. 청색 LED의 효율이 약 0.03% 정도밖에 되지 않았기 때문이다. 10% 이상의 효율을 지닌 제품은 1995년에서야 제작되었다. 그 직후 청색 LED 제품이 시장에 출시되었다.

그러나 백색광처럼 보이게 하려고 노란색 인광 물질을 첨가해 출력을 전체 가시광선 파장으로 확산시켰지만, 500nm 주위의 파장은 여전히 잘 재현되지 않는다([그림 22-3] 참조).

형광등은 백색 LED보다 성능이 더 떨어진다. 18장 백열등incandescent lamps의 [그림 18-4]를 통해 확인할 수 있다.

백색 LED가 단일 파장을 방출하지 않기 때문에, LED의 색상은 나노미터보다는 색온도로 표시한다. 색온도 개념은 203쪽의 '스펙트럼'에서 설명하고 있다. 백색 LED는 2,800~9,000K를 방출할 수 있다. 자세한 내용은 본 백과사전의 LED 조명 LED area lighting에서 다룬다.

내부 저항

LED를 통과하는 전류 제한용 직렬 저항을 추가하는 번거로움을 피하기 위해, 일부 인디케이터는 내부에 직렬 저항이 포함된 상태로 판매된다. 이 제품은 5VDC 또는 12VDC에서 사용하도록 규정되어 있지만, 외관상으로 사용 전압을 구분할 수 없으며, 직렬 저항이 들어 있지 않은 LED와도 외적으로 구분되지 않는다. [그림 22-7]에는 두 개의 3mm LED가 나와 있는데, 오른쪽 제품은 직렬 저항이 포함되었고 왼쪽은 일반 LED로서 저항이 포함되지 않았다.

다이오드의 비선형적 반응 때문에 LED의 내부

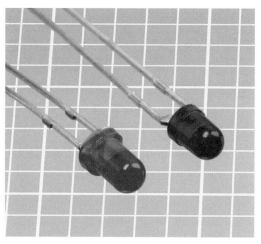

그림 22-7 직렬 저항이 포함되지 않은 LED(왼쪽)는 저항이 들어 있는 제품(오른쪽)과 일반적으로 잘 구분되지 않는다.

저항 유무는 멀티미터로 확실히 구분할 수 없다. 멀티미터의 저항 측정 옵션을 선택하면, 모든 유형의 LED에 대해 '측정 범위 초과'라는 오류가 표시되기 때문이다. 다이오드 옵션을 선택하면, 측정값만으로는 LED에 저항이 포함되어 있는지 없는지 알 수 없다.

LED에 내부 직렬 저항이 있는지 확인하는 한 가지 방법은 가변 전원 공급기에 LED를 연결한 다음, 멀티미터를 직렬로 연결하고 mA 측정 옵션으로 설정하는 것이다. 그 후 멀티미터의 눈금이 20mA가 될 때까지 공급 전압을 0부터 조심스럽게 증가시킨다. 만일 LED에 직렬 저항이 포함되어 있지 않다면, 공급 전원은 해당 LED 유형의 권장 순방향 전압값에 근접할 것이다(적색 LED는 1.6V 이상, 백색 LED는 3.6V 미만이다). 만일 LED에 직렬 저항이 포함되어 있다면, 공급 전원은 이보다 더 높을 것이다. 이 과정은 시간이 필요하지만, 여러 종류의 LED를 확인해야 할 경우에는 유용한 구분 방법이다.

다중 색상

두 개 이상의 다이오드를 포함하는 LED 인디케이터용 단자는 몇 가지 방법으로 설정할 수 있다.

- 단자 2개, 2가지 색상. 다이오드 2개가 내부적으로 병렬로, 반대 극성으로 설치되어 있다.
- 단자 3개, 2가지 색상. 다이오드 2개가 공통 아노드 또는 공통 캐소드를 공유한다.
- 단자 4개, 3가지 색상(RGB). 다이오드 3개가 공통 아노드 또는 공통 캐소드를 공유한다.
- 단자 6개, 3가지 색상. 다이오드 3개가 각각의

단자로 서로 분리되어 있다.

적외선

적외선 방출기는 대부분 800nm보다 긴 파장을 방출하는 LED이다. 이 부품은 텔레비전과 스테레오 시스템 같은 가전제품의 리모컨에서 찾아볼 수 있으며, 일부 보안 시스템에서도 사용된다. 하지만 보안용으로는 사람이나 자동차 같은 물체의 적외선 방사를 측정하는 수동형 적외선 동작 탐지기가 더 일반적으로 사용된다.

적외선 방출기와 함께 적외선 센서도 필요하며, 센서는 적외선에 민감해야 한다. 오류로 센서가 켜지는 문제를 예방하기 위해, 에미터emitter는 출력을 10~100kHz 사이의 반송 주파수carrier frequency로 변조한다. 리모컨의 반송 주파수는 대부분 30~56kHz 사이다. 수신부에서 신호는 변조 주파수와 매칭되는 대역 통과 필터band-pass filter로 처리된다. 다양한 펄스 신호 체계가 사용되며, 특별한 표준은 없다.

자외선

자외선 복사는 눈을 손상시킬 수 있기 때문에, 자외선을 방출하는 LED 인디케이터는 위험한 부품으로 간주되며 주의 깊게 다루어야 한다. 짧은 파장을 차단하기 위해 노란색 보안경을 쓰는 것이 바람직하다.

자외선 빛은 접착제와 치아용 충전재를 굳히는 데 사용된다. 또한 살균 작용이 있으며, 지폐의 형광 인쇄를 감지해 위조지폐 검사에도 사용될 수 있다. 전갈 같이 자외선에 반응해 형광 물질을 내는 해충을 검출하기 위해 자외선 손전등을 이용하

기도 한다.

LED 규격에는 방출하는 빛의 파장, 빛 세기, 최대 순방향 전압과 순방향 전류, 최대 역방향 전압과 역방향 전류, 작동 전압과 작동 전류가 포함된다. 이 부품값들은 특정 목적을 위한 인디케이터를 선택할 때 중요한 지표가 된다.

실내 조명 또는 외부 조명을 위한 백색 LED는 다르게 보정된다. 23장의 LED 조명을 참고한다.

순방향 전류

전체 수천 종의 LED 인디케이터에서 절반 정도가 20~25mA 사이의 순방향 전류로 규격이 정해져 있다. 최대 정격 절댓값absolute maximum rating(AMR)이 이보다 두 배 정도 되는 부품도 있지만 일반적으로 사용되지는 않는다.

[그림 22-8]은 순방향 전류에 대한 일반적인 5mm LED 인디케이터의 빛 세기를 그래프로 표

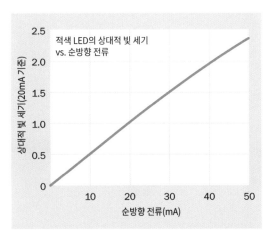

그림 22-8 일반적인 5mm LED의 순방향 전류와 빛 세기는 동작 전류인 20mA까지는 선형 관계를 보이고, 최대 전류인 50mA까지도 거의 선형성을 유지한다.

현한 것이다. 전류와 빛 세기는 평균 동작 전류인 20mA까지는 대략적인 선형 관계라는 것을 알 수 있다. 이 지점을 넘더라도 최대 정격 절댓값인 50mA에 이르러서 빛 세기는 소폭 감소한다.

LED 인디케이터를 통과하는 전류를 제어해 밝기를 조절할 수 있지만, 전류와 전압의 관계는 선형적이지 않으며, 전압이 다이오드의 문턱값 아래로 떨어지면 인디케이터는 아예 작동을 멈춘다. 따라서 LED의 밝기 조절은 일반적으로 펄스 폭 변조를 이용한다.

경우에 따라 순방향 전류를 간헐적으로만 적용할 수 있다. 이는 일련의 LED를 매우 빠르게 연속으로 켜기 위해 다중화multiplexing를 사용하는 경우와 연관이 있다. 권장 시간 간격은 데이터시트를 주의 깊게 확인해야 하는데, 보통 밀리초(ms)로 표시된다. 권장 사용률 역시 함께 확인해야 한다.

저전류 LED

순방향 전류가 매우 낮은 인디케이터는 출력 핀을 논리 칩이나 기타 집적회로에 직접 연결할 수 있어 편리하다. HChigh-speed CMOS 계열 칩의 단일 출력은 칩을 손상하지 않고 20mA를 공급할 수 있지만, 전류가 출력 전압을 끌어내리기 때문에 다른 칩의 입력은 물론 안정적으로 LED를 밝히는 용도로도 사용할 수 없다.

2mA 또는 1mA를 사용하는 여러 종류의 LED 인디케이터가 출시되어 있으며, 빛 세기는 일반적으로 1.5~2.5mcd이다. 이렇게 낮은 빛 출력도 실험실 작업 환경에서는 충분히 밝다. 저전류 청색 LED는 현재 출시되어 있지 않다. 적색 LED가 가장 효율이 높기 때문에, 1mA 정도의 저전류를 사용하는 LED는 적색뿐이다.

일반 LED에 더 큰 직렬 저항을 사용하면, 당연히 LED의 전류 소모량이 줄어든다. 그리고 LED를 가로지르는 순방향 전압이 최소 수준 이상으로 유지되는 한, 빛이 방출된다.

순방향 전압

적색은 최소한의 순방향 전류와 순방향 전압을 사용하는 색상이다. 1.6~1.7VDC 범위의 모든 LED는 적색이다. 여러 색상의 순방향 전압을 아래에서 확인할 수 있다.

- 적외선 LED: 1.6V~2V
- 적색 LED: 1.6V~2.1V
- 주황색 LED: 1.9V~2.1V
- 황색 LED: 2V~2.1V
- 노란색 LED: 2V~2.4V
- 초록색 LED: 2.4V~3.4V
- 청색 LED: 3.2V~3.4V
- 자외선 LED: 3.3V~3.7V
- 백색 LED: 3.2V~3.6V

연색 지수

연색 지수color rendering index(CRI)는 광원이 전체 가시광선 스펙트럼을 재현하는 충실도를 평가하는 지수다. 연색 지수는 100점이 만점이며 0점 또는 그 이하의 점수도 있다(나트륨 가로등의 연색 지수는 음수다). 연색 지수를 계산할 때는 표준 참조 색상 샘플이 필요한데, 생성한 값이 주관적인 평가와 잘 연관되지 않는다는 비판을 받아 왔다.

백열등의 CRI는 100이고, 보정되지 않은 백색

LED는 80 정도로 낮다.

기대 수명

LED의 빛 출력은 시간에 따라 매우 느리게 감소하는 경향이 있기 때문에, 기대 수명은 처음 출력의 70%로 떨어지는 데 걸리는 시간으로 정의된다. 기대 수명은 고휘도 백색 LED의 데이터시트에서는 명시되지만, LED 인디케이터에서는 생략되는 경우가 많다.

　　LED는 백열등 또는 형광등과 달리 자주 껐다 켰다를 반복하더라도 수명이 단축되지 않는다.

빛 출력과 열

LED의 빛 세기는 수 mcd에서 최대 40,000mcd까지 변한다. 30,000mcd를 초과하는 빛 세기는 시야각을 15도 이하로 제한할 때 가능하다. 칸델라는 가시광선 스펙트럼의 중앙인 초록색 부분의 비중이 높으므로, 초록색 LED가 상대적으로 높은 mcd 규격을 갖는 경향이 있다. 20,000~30,000mcd에 30도 시야각 규격을 갖는 LED는 대부분 초록색이다.

　　데이터시트에는 최저 한계를 보여 주는 저출력 사용 곡선derating curve이 포함되는 경우가 많다. 이 최저 한계는 주위 온도가 증가할 때, LED 인디케이터의 순방향 전류에 적용되어야 한다. [그림 22-9]의 LED는 초록색 경계선 안쪽 영역에서만 작동시켜야 한다.

시야각

투명한 에폭시 또는 실리콘으로 제작된 (무색투명 또는 색을 입힌) LED는 시야각이 좁게는 4도에

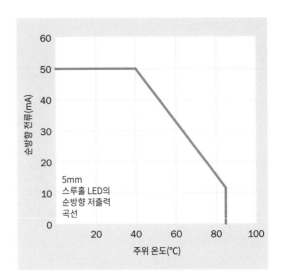

그림 22-9 온도가 증가하면 순방향 전류를 제한해야 안전하게 LED를 작동할 수 있다. 초록색 선은 해당 부품 작동의 경계선을 보여 주고 있다.

서 넓게는 160도(매우 드물다)에 이르기까지, 윤곽선이 뚜렷한 빛줄기를 만들어낸다. LED 인디케이터의 가장 일반적인 시야각은 30도와 60도다.

　　LED 인디케이터의 데이터시트에는 흔히 LED 축에서 보는 각의 각도가 달라질 때 상대적인 빛 세기를 보여 주는 공간 분포 그래프spatial distribution graph가 포함된다. [그림 22-10]의 공간 분포 그

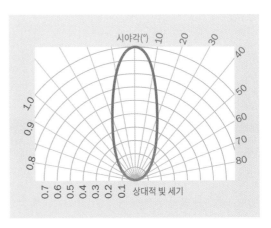

그림 22-10 공간 분포 그래프에서 여러 각도에서 본 LED의 상대적인 빛 세기를 볼 수 있다.

래프는 시야각이 40도로 정의된 LED의 특성을 보여 준다. 이 각도에서는 상대적인 빛 세기가 50% 감소한다.

손전등처럼 빛줄기의 확산이 중요한 장치에서는 시야각을 특별히 고려해야 한다.

사용법

모든 반도체 장치들과 마찬가지로 LED 역시 과도한 순방향 전류로 인해 손상될 수 있으며, 과도한 역방향 전압으로 복구 불능의 손상을 입을 수 있다. 역방향 전압의 한계는 정류 다이오드rectifier diode의 역방향 전압보다 훨씬 낮다. LED는 또한 열에 약하지만, 정전기에는 특별히 약하지 않다.

극성

스루홀 LED의 두 단자는 서로 길이가 다르다. 긴 단자는 내부적으로 다이오드의 아노드anode와 연결되어 있고, 외부적으로는 전원의 '양극'과 연결되어야 한다. 짧은 단자는 내부적으로 다이오드의 캐소드cathode와 연결되어 있어, 외부 전원의 '음극'과 연결되어야 한다.

단자의 기능을 기억하기 위해서는, 더하기(+) 기호의 두 획을 나란히 이으면 빼기(-) 기호 길이의 두 배라는 사실을 기억하면 편리하다.

플랜지flange 형태의 베이스를 갖는 둥근 LED는 플랜지의 평평한 면이 캐소드에 가까운 접촉 부위다.

직렬 저항값

다이오드의 실효 내부 저항은 변하는 전압에서 값이 일정하지 않기 때문에, 시행착오를 거쳐 LED 인디케이터의 이상적인 직렬 저항값을 찾아야 한다. 이를 위해 샘플 LED에 트리머 포텐셔미터trimmer potentiometer를 사용해 흐르는 전류와 전압 강하를 측정하고, 이후에 고정값의 저항으로 대체한다. 값이 약간 큰 저항과 낮은 저항 사이에서 선택해야 한다면 값이 큰 쪽을 사용한다.

대략적인 값은 아주 단순한 공식을 이용해 찾을 수 있다. R을 저항, V_{CC}를 공급 전압, V_F를 LED에 특정된 순방향 전압, I를 원하는 전류라고 하면, 다음의 공식이 성립한다.

$$R = (V_{CC} - V_F) / I$$

일반적으로 0.25W 규격의 직렬 저항이 쓸만하고, 0.125W는 5VDC 회로에서 사용할 수 있다. 그러나 9V 이상의 전원 공급기를 사용할 때는 주의가 필요하다. LED의 규격이 20mA에서 1.8V 순방향 전압으로 정해져 있다고 가정해 보자. 5V 회로에서 직렬 저항에 의한 전압 강하는 다음과 같다.

$$V = 5 - 1.8 = 3.2$$

따라서 저항은 3.2V * 20mA = 64mW를 소비해야 한다. 이는 규격인 125mW 이하이므로 안전하다. 그러나 9V 전원 공급기의 경우, 직렬 저항에 따른 전압 강하가 다음과 같다.

$$V = 9 - 1.8 = 7.2$$

이 경우 저항은 7.2V * 20mA = 144mW를 소비해야 한다. 이는 125mW 제한을 넘어서는 값이다.

LED의 병렬 연결

여러 개의 LED를 병렬로 연결해 구동하고 이 중 어느 것도 개별적으로 스위칭할 필요가 없다면, 모든 LED를 하나의 직렬 저항에 사용해 시간을 절약하고 싶은 마음이 드는 것은 당연하다. 이런 경우에는 최대 전류를 주의 깊게 계산하고, 여기에 각각의 LED로 인한 전압 강하를 곱해 직렬 저항의 전력을 결정해야 한다.

규격이 다른 LED를 병렬로 연결하는 것은 그다지 좋은 방법은 아니다. 온도가 증가함에 따라 문턱 전압이 감소하기 때문이다. 이런 상황에서 가장 뜨거운 LED가 가장 많은 전류를 끌어당기게 되며, 따라서 점점 더 뜨거워진다. 그 결과 열 폭주가 일어날 수 있다.

자체 직렬 저항을 포함하는 LED는 병렬로 연결해도 안전하다.

다중 직렬 LED

직렬 저항은 전류를 열로 소모한다. 두 개 이상의 LED 인디케이터가 동시에 빛을 발하는 회로에서 LED는 값이 낮은 저항을 직렬로 연결해 사용할 수 있는데, 세 개의 LED를 직렬로 연결하면 전원 공급기의 전압에 따라서는 저항을 사용할 필요가 없을 수도 있다. 다시 말하지만 직렬 저항이 필요한 경우에는 트리머 포텐셔미터를 사용해 이상적인 값을 찾을 수 있다.

기타 발광 장치와 비교

LED 인디케이터가 네온전구와 꼬마 백열전구를 거의 대체했기 때문에, 이 시점에서 비교는 크게 중요하지 않다. LED 조명의 상황은 좀 다른데, LED 조명이 여전히 백열등, 할로겐 등과 경쟁하고 있기 때문이다. 고출력 백색 LED의 장점과 단점 목록은 262쪽의 '비교' 섹션에서 다루고 있다. 백열등의 장점은 211쪽의 '상대적 장점'에서 다룬다.

기타 응용

LED는 옵토 커플러optocoupler와 무접점 릴레이solid state relay에서 사용된다. 일반적으로 적외선 LED는 내부에 칩이나 플라스틱 모듈을 포함하며, 포토트랜지스터phototransistor를 활성화해 내부 채널을 통해 빛을 방출한다. 이 구조는 스위칭 신호와 스위칭 전류 사이의 전기적 절연을 제공한다.

일부 센서는 U자 모양 플라스틱 구조의 양 끝에 LED와 포토트랜지스터를 결합해 사용하기도 한다. 이 유형의 센서는 산업용 공정을 모니터하는 용도로 사용되며, 복사기 내부에서 종이의 유무를 감지하는 부품으로도 사용된다.

주의 사항

과다 순방향 전압

어느 다이오드와 마찬가지로 LED도 순방향 문턱 전압threshold voltage이 있다. 이 문턱값을 넘으면 LED의 실효 내부 저항은 급격히 떨어진다. 적절한 직렬 저항으로 보호하지 않으면 전류가 동일하게 급격히 치솟고, 부품이 빠르게 손상된다.

과다 전류와 열

순방향 전류의 권장값을 초과하거나 LED가 과열되면, 수명이 단축되고 빛 출력도 수명에 비해 일찍 감소하는 문제가 발생한다. 보통 LED는 어느

정도의 전류 제한 또는 제어가 필요하다(대개는
직렬 저항을 이용한다). LED를 전압 공급원에 직
접 연결해서는 안 되며, 배터리의 전압이 다이오
드의 전압과 일치해서도 안 된다. 이 규칙은 배터
리의 내부 저항이 전류를 제한할 정도로 충분히
클 때는 예외인데, 단추형 전지button-cell batteries가
이에 해당된다.

보관에서 주의할 점

LED는 구분하기 어려운 경우가 많다. LED와 포토
다이오드photodiodes, 포토트랜지스터도 서로 구분
하기가 어려울 수 있다. 따라서 보관에 주의해야
하며, 브레드보드에서 사용했던 LED를 재사용할
때 규격을 잘못 확인하면 문제가 발생할 수 있다.

극성

LED 인디케이터의 단자를 잘라서 사용했거나 평
평한 면이 캐소드와 연결되어 있는 인디케이터의
플랜지가 없어진 경우, 부품의 극성을 반대로 연
결해 사용할 우려가 있다. 전류 제한이 가능한 부
품과 연결할 경우(예: 디지털 칩의 출력 핀)에는
LED가 고장을 피할 수도 있다. 그러나 최대 역방
향 전압은 대체로 5VDC 정도로 낮다. 브레드보
드나 기판용으로 단자 길이를 조정하는 경우, 오
류의 위험을 줄이기 위해 아노드 단자의 길이를
캐소드 단자보다 약간 길게 남겨 두는 것이 안전
하다.

내부 저항

앞서 언급한 바와 같이 LED는 내부 저항이 들어
있는 것과 그렇지 않은 것을 구분하기 어렵다. 두
유형은 따로 보관하고, 재사용할 때는 신중히 사
용한다.

23장

LED 조명

본 백과사전에서는 방, 사무실, 실외 공간의 조명으로 사용하기에 충분히 밝은 백색 LED 광원을 LED 조명LED area lighting 이라는 용어로 설명한다. 작업 환경에서 사용되는 데스크 조명 또는 테이블 램프도 여기에 속한다. 조명용 LED는 고휘도 high-brightness, 고출력high-power, 고빛출력high-output, 고광도high-intensity로 분류된다.

LED의 정식 명칭인 발광 다이오드light-emitting diode는 일반적으로 공간 조명용 LED에는 사용하지 않으며, LED라는 약어 를 더 많이 사용한다. 약어 사이에는 마침표를 찍지 않는다.

LED 조명 패키지는 하나 이상의 다이오드를 포함하지만, 여기서는 단일 광원으로 분류한다. 이에 반해 여러 발광 다이오 드를 포함하고 있는 부품들, 이를테면 7세그먼트 숫자, 14 및 16세그먼트 문자-숫자, 도트 매트릭스 문자, 다중 문자 디스 플레이 등은 LED 디스플레이LED display 장에서 따로 설명한다.

OLED는 유기 발광 다이오드organic light-emitting diode의 약자로, 두 개의 평평한 전극 사이에 유기 화합물이 들어 있는 얇은 패널의 명칭이다. 기능 면에서는 LED의 한 형태로 볼 수 있지만, 디자인은 박막 전기장 발광 소자thin-film electroluminescent light source와 유사하다. 따라서 OLED는 전기장 발광electroluminescence 장에서 논의한다.

관련 부품

- LED 인디케이터(22장 참조)
- 백열등(18장 참조)
- 형광등(20장 참조)
- 네온전구(19장 참조)
- 전기장 발광(26장 참조)

역할

고휘도 백색 LED는 작업 공간과 가정에서 사용 하는 백열등incandescent lamps, 할로겐 조명halogen lighting, 형광등fluorescent lights과 같은 플러그를 그

대로 사용할 수 있다.

이 글을 쓰는 시점에서, LED 조명 제품들은 빠 르게 발전하고 있다. 모든 제조업체들의 공통 목 표는 고휘도 LED의 효율을 높이고 가격을 낮춰,

그림 23-1 할로겐 전구를 닮은 소형 LED 반사 전구. 가운데 작은 노란색 형광체가 다이오드 위를 덮고 있다.

저렴한 조명 기구로 사용되는 형광등을 대체하는 것이다.

　[그림 23-1]은 할로겐 전구와 유사한 모양의 LED 반사 전구reflector-bulb로, 벽에 고정해서 사용하는 제품이다. [그림 23-2]는 소형 실외용 LED 투광 조명floodlight이다. [그림 23-3]의 제품은 개발 초기에 LED를 기존 형태의 전구 패키지에 넣으려

그림 23-2 실외용 투광 조명. 노란색 형광면 뒤에 LED 아홉 개가 모여 있다. 강철 프레임의 크기는 4" x 3"(10.2cm×7.6cm)이다.

그림 23-3 LED 전구. 이 제품은 백열전구가 아닌 반사 전구처럼 빛이 한 방향으로 집중된다. 소비 전력은 6W이지만 40W 백열전구와 동일한 세기의 빛을 낸다고 한다.

했던 시도를 보여 주고 있다. LED 조명이 계속 발전하면 앞으로 10년 안에 이들 제품은 골동품으로 여겨질지도 모른다. LED 사양도 계속 발전하고 있어 추후 결과는 지켜봐야 한다.

가격과 효율에 대한 경향

광원의 광선속luminous flux은 가시광선 대역 내에서 모든 방향으로 방사하는 총 에너지를 말한다. 광선속을 측정하는 단위는 루멘lumen이다. 이 내용에 관한 자세한 설명은 209쪽의 '에너지'를 참조한다. 1965년부터, 하나의 색상 LED를 놓고 볼 때 빛의 루멘당 가격은 10년마다 10분의 1가량 감소했으며, 마찬가지로 하나의 LED 패키지에서 방출하는 루멘의 최댓값은 10년마다 20배가량 증가했다. 이 내용은 애질런트 테크놀러지Agilent Technol-ogies 사의 롤랜드 하이츠Dr. Roland Haitz의 이름을 따서 '하이츠의 법칙Haitz's Law'이라고 한다. [그림 23-4]는 이 내용을 그래프로 표현한 것이다.

　회로도에서 LED를 표시하는 기호는 [그림 23-5]에 나와 있다. 이 기호는 부품 크기나 출력과

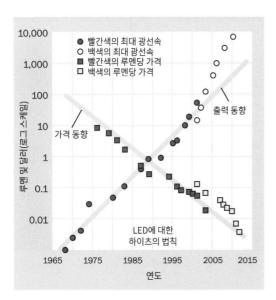

그림 23-4 1965년 이후 매해 단일 LED의 루멘당 가격 감소 경향을 빛 출력 증가(광선속, 단위 루멘) 경향과 비교한 그래프. 수직축의 로그 스케일은 가격과 루멘을 모두 표시한다. 출처: Philips Gardco 사의 자료에 국제반도체 장비재료협회(Semiconductor Equipment and Materials International)에서 2013년에 발간한 '빛 보고 전략' 데이터를 추가한 것임.

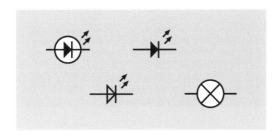

그림 23-5 LED를 표시하는 기호는 크기나 출력에 관계없이 모두 동일하지만, 건축 설계 도면에서는 모든 종류의 조명에 대하여 원 안의 X 표시 기호(아래 오른쪽)를 사용한다.

관계없이 동일하지만, 건축 설계 도면에서는 모든 종류의 조명을 오른쪽 아래와 같이 원 안의 X 기호로 표현한다.

작동 원리

고휘도 LED의 작동 원리는 LED 인디케이터LED indicators 장에서 다룬 내용과 기본적으로 동일하

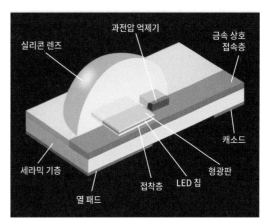

그림 23-6 고휘도 백색 LED의 단면도. Philips Lumileds Technical Reference 문서에서 발췌.

다. 전자가 충분히 에너지를 받아 들뜨면 PN 접합을 통과해 정공과 결합하면서 광자가 방출된다.

백색 또는 황백색을 띠는 LED는 실제로 파란색 LED에서 방출하는 파란 빛이 칩에 코팅된 노란색 형광체로 인해 넓은 파장에 걸쳐 재방출되는 것이다. [그림 23-6]은 실리콘 렌즈 아래에 장착되어 있는 LED 칩(다이die라고 부른다)의 단면도다.

LED의 대량 생산은 실리콘 칩처럼 크리스털에 에칭etching하고 웨이퍼wafer로 자른 후, 다시 다이die로 나누는 과정이다. 백색 조명용 파란색 LED는 대부분 사파이어 크리스털을 웨이퍼로 사용한다. 크리스털의 반경은 2~6″(5~15.3cm)이다. 대형 사파이어 웨이퍼는 흠집에 강해 카메라 렌즈 커버나 휴대전화의 전면 커버로 사용되기도 한다.

LED 인디케이터용 다이는 0.3mm×0.3mm인 반면, 고휘도 LED의 다이는 대개 1mm×1mm이다. 다이의 크기는 발생하는 빛의 총 내부 반사도와 관련된 기술적 문제로 인해 제약을 받는다.

빛의 색깔은 빨간색과 노란색 형광체를 첨가해 조절할 수 있다. 이 과정으로 인해 LED의 전체 효

율이 약 10%까지 떨어지지만, '따뜻한' 빛을 만들 수 있다. 이 원리는 LED 인디케이터LED indicators 장의 [그림 22-3]에서 그래프로 확인할 수 있다.

백색 또는 황백색 빛의 색온도color temperature 는 켈빈으로 측정하며, 일반적으로 2,500~6,500K 이다. 이보다 낮은 색온도 빛은 더 붉고, 색온도 빛이 높으면 푸른빛을 띤다. 이 측정 시스템은 원래 백열전구incandescent bulb에서 필라멘트의 온도를 정의하는 방법이었는데, 온도에 따라 색깔도 함께 결정되기 때문에 색 측정 방식으로 사용하게 되었다. 자세한 설명은 203쪽의 '스펙트럼'을 참조한다.

가시적 차이

[그림 23-7]은 여러 가지 조명 효과를 비교한 것이다. 이 그림의 제작 방법은 다음과 같다. 먼저 포토샵의 컬러 차트를 준비하고, 캐논Canon의 Pro9000 Mark II 잉크젯 프린터로 고광택 사진 인화지에 인쇄했다. 프린터의 보유 색상은 빨강, 초록, 사이안, 옅은 사이안, 마젠타, 옅은 마젠타, 노랑, 검정이다.

이후 캐논의 5D Mark II를 이용해 컬러 차트를 고정 화이트 밸런스 4,000K에서 촬영했다. 최초 노출은 '일광 스펙트럼' LED 조명을 이용했고(색온도 6,500K), 두 번째 노출은 할로겐 조명에서 이루어졌다(색온도 2,900K). 촬영된 사진은 포토샵으로 '레벨(level)'만을 조정해 가능한 256개의 값을 채워 넣었다. 두 사진은 같은 차트를 서로 다른 빛 아래서 볼 때, 이를 전혀 조정하지 않는다면 인간의 눈에 어떻게 보일지 보여 주고 있다. LED에 노출된 사진은 넓은 영역에서 푸른색 또는 보라색

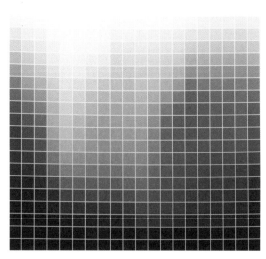

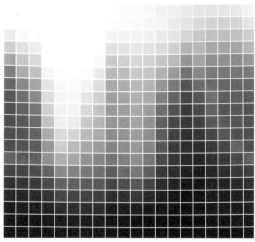

그림 23-7 '일광 백색' LED(위)와 할로겐 조명(아래)을 통해 본 동일한 색 차트. 보정 절차를 전혀 거치지 않은 것이다. 두 사진 모두 고정 화이트 밸런스 4,000K에서 촬영했다.

기운이 돌고, 탁한 붉은 빛을 띤다는 것을 알 수 있다. 이로써 '일광 스펙트럼' LED가 차가운 보랏빛을 띠는 반면, 백열등은 따뜻한 노란빛을 띤다는 일상의 믿음을 확인해 준다.

다음으로 같은 카메라로 두 장의 노출 사진을 더 촬영했다. LED 조명에는 화이트 밸런스 6,500을, 할로겐 조명에는 2,900을 사용했다. 이 값은 표준 절차로 권장되는 값으로, 인간의 눈에서 일

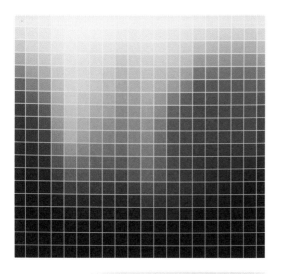

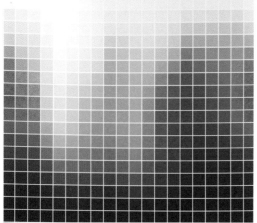

그림 23-8 앞서 같은 색 차트를 적절한 색온도인 6,500K(위, '일광 스펙트럼' LED 사용)와 2,900K(아래, 할로겐 사용)로 촬영한 것이다.

병치 비교

인간의 눈은 나란히 놓인 색상 차이를 더 잘 비교하기 때문에, 6개의 색상만으로 색 차트를 제작했다. 사용된 색상은 빨강, 노랑, 초록, 사이안, 파랑, 마젠타로, 채도 높은 원색과 더불어 하나는 더 옅고 하나는 더 진한 색을 위아래로 나란히 놓았다.

색상 사이에는 흰색 틈을 두어 구분했다. 색 차트는 먼저 화이트 밸런스 6,500에서 '일광 백색' LED 조명을 비춘 후 촬영하고, 다시 화이트 밸런스를 2,900으로 바꾸고 할로겐 조명을 비추어 촬영했다. 포토샵을 실행한 후, 할로겐 조명으로 촬영한 색 차트를 복사해 LED 버전과 쉽게 비교할 수 있도록 나란히 배치했다. 그 결과가 [그림 23-9]에 나와 있다.

각각의 색깔 쌍에서, 왼쪽이 LED 조명으로 촬영한 것이고 오른쪽이 할로겐 조명을 이용한 것이다. 그림에서 보면 LED 조명으로 촬영한 사진은 스펙트럼의 빨간색 끝 쪽이 과장되어 보이고 노란색의 재현성이 좋지 않다는 사실을 확인할 수 있

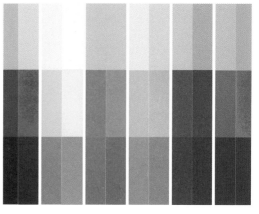

그림 23-9 여섯 개의 원색과 그 위로 옅은 색, 아래로 짙은 색을 나란히 놓고, '일광 스펙트럼' LED와 할로겐 조명을 비춰 촬영했다. 이후 편리한 비교를 위해 두 버전을 나란히 짝지어 놓았다. 각 쌍에서 왼쪽이 LED 버전이다.

어나는 주위 빛에 대한 보상을 반영한 것이다. 그 결과는 [그림 23-8]에서 확인할 수 있다. LED의 경우는 조금 개선되었지만, 빨강과 노랑 계열 색들은 여전히 탁하다. 할로겐 버전 역시 이전보다 조금 나아졌지만, 마젠타 스펙트럼의 끝부분이 지나치게 노란빛을 띤다. 이러한 이미지를 통해 실내 사진의 화이트 밸런스 보정은 한계가 있음을 알 수 있다.

다. 그러나 초록색과 마젠타의 재현성은 더 우수하다. 다만 색을 짙게 한 경우(아래)는 예외다. 옅은 색 처리를 했을 때는 LED 조명의 파란색, 초록색, 사이안이 밀도가 낮아 보인다(즉 더 밝게 보인다는 의미다). 색 밀도가 낮으면 사진을 찍을 때 사물의 옅은 색이 강조되고, 사진은 전반적으로 콘트라스트가 과도해 보이는 경향이 있다. 이러한 현상 때문에 우리 눈에는 '일광 백색' LED 조명이 '강렬한' 인상을 주는 것처럼 보이게 된다.

할로겐은 카메라의 화이트 밸런스를 적절하게 설정했을 때도 스펙트럼의 파랑-보라색 쪽이 부족해 보이는 느낌을 준다. 이는 촬영 후 이미지 편집 소프트웨어를 이용해 보정할 수 있다. '일광 스펙트럼' LED 조명으로 촬영한 사진은 보정하기가 훨씬 더 어렵다. '따뜻한' 빛으로 분류되는 LED는 빨간색을 더 잘 재현하지만, 파란색은 그만큼 잘 재현하지 못한다.

물체의 사진을 찍기에 가장 이상적인 조명은 균일하게 구름 낀 하늘에서 확산되는 빛이지만, 인공 조명 아래에서 작업하는 (또는 사진을 찍는) 사람들에게는 별로 도움이 되지 않는다. 개별적인 빨강, 초록, 파랑 LED가 포함된 LED 조명은 성능이 더 우수하지만 또 다른 문제를 일으킨다. 서로 다른 색을 띠는 LED 간의 미세한 오프셋offset으로 인해 그림자에 색 윤곽color fringing이 생길 가능성이 있기 때문이다.

열 소실

LED의 효율은 100% 이하인데, 그 이유는 모든 전자가 정공과 결합하지 않기 때문이다. 일부는 반도체 접합 부위를 우회하고, 일부는 정공과 결합하면서도 광자를 방출하지 않기도 하고, 또 일부는 에너지를 다른 원자에 전이시킨다. 이 경우에는 모두 열이 발생한다. 백열전구에서 발생한 열은 대부분 복사 형태로 소실되는 반면, LED는 전도로 인해 열 전부를 방열판heat sink으로 제거해야 한다. 이 경우 LED 전구 또는 LED 관을 교체할 때 열을 배출하기 위한 경로를 완전하게 유지해야 하기 때문에, LED 조명 장치의 구조가 복잡해진다.

효능

백열전구의 복사 발광 효능radiant luminous efficacy(LER)은 다른 파장 대역, 특히 적외선 영역에서 출력을 낭비하지 않고 가시광선 파장 대역에서 출력을 얼마나 효율적으로 전달하는지 비교하는 척도다. LER의 단위는 와트당 루멘(lm/W)이다. 백열등은 가시광선 대역에서 방출되는 에너지를 전체 파장에서 방출되는 에너지로 나누어 계산한다.

LED 인디케이터에서는 거의 모든 복사가 가시광선 스펙트럼 내에서 이루어지므로 효능이 거의 100%에 달한다. 그러나 내부적으로는 열이 일부 발생하기 때문에 실제로 100%가 되지는 않는다. LED의 효능을 계산할 때는 빛 출력(루멘)을 LED에 유입되는 에너지(W)로 나눈다(루멘은 W로 바로 변환될 수 있으므로 나눗셈을 통해 비슷한 단위들의 비교가 이루어진다).

LED 조명기기에 높은 AC 전압을 낮은 DC 전압으로 변환하는 자체 회로가 포함된 경우, 기기의 전력 소모는 다이오드가 아닌 회로 내부에서 측정한다. 따라서 전자회로의 비효율성으로 인해 조명기기의 효능값이 감소하는 효과가 발생한다.

밝기 조절

백열전구는 전력이 줄어들면 매우 민감하게 반응한다. 전원을 40%로 줄여도 빛 출력은 정상 빛 출력의 약 1%에 불과하기 때문에 이는 매우 비효율적이다.

LED는 공급 전력에 대한 대응 특성이 거의 선형적이다. 일반적으로 트라이액triac 기반의 조광기는 LED 조명과는 잘 맞지 않으므로, LED용으로 설계된 펄스 폭 변조 조광기를 사용해야 한다.

자외선 방출

형광등의 기체 플라스마는 자외선 파장을 방출하며, 이 자외선 파장이 유리관 내부에 코팅한 형광체로 인해 가시광선 대역으로 이전된다. 형광체의 코팅이 불완전하면 자외선이 관 밖으로 샐 가능성이 있는데, 일부 연구자들은 이로 인해 CFL(소형 형광 전구)를 책상 위에 가까이 놓고 조명으로 사용할 경우 피부암을 일으킬 위험이 있다고 주장한다(이 주장은 아직 논쟁 중이다).

LED 제조업체들은 재빨리 백색 LED가 자외선을 아예 생성하지 않는다는 점을 지적하고 나섰다. [그림 23-10]은 컬러 키네틱스Color Kinetics 사의 고휘도 LED 조명기기 제품 3개(LED는 필립스 Philips 사 제품을 사용한다)의 스펙트럼 파워 분포 곡선이다. 제조업체는 "컬러 키네틱스의 LED 기반 백색 및 컬러 조명 기구는 가시광선 외의 빛은 방출하지 않는다"라고 밝히고 있다. 방출되는 적외선도 무시할 만한 수준이다.

색상 변화

상관 색온도correlated color temperature(CCT)는 일반

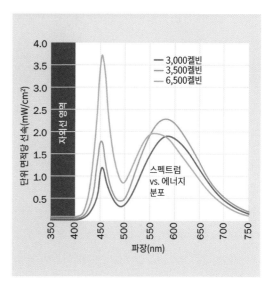

그림 23-10 고휘도 백색 LED 조명의 스펙트럼 대 에너지 분포 곡선. 자외선 방출은 없다(Color Kinetics Incorporated 사가 발간한 백서의 그래프에서 발췌).

적인 백열등의 색온도에서 백색 LED의 빛과 가장 유사한 빛의 색온도를 찾아 결정한다. 불행히도 CCT의 표준은 정확도가 떨어지고 제조 과정에서 작은 결함이 발생할 수 있기 때문에, CCT가 같은 LED 2개를 나란히 놓고 보더라도 여전히 다르게 보일 수 있다. 인간의 눈은 전반적인 색온도에 맞춰 조정하는 경향이 있어, 인접한 광원 간의 차이에 민감하다. 만일 하나의 조명 기구 안에 들어 있는 2개 이상의 백색 LED에서 스펙트럼의 차이가 있으면, 그 차이가 눈에 보인다.

이 문제를 해결하기 위해 제조업체들은 '비닝 binning'이라는 개념을 도입했다. 이 개념은 빛을 좀 더 조밀하게 하위 분류하고 측정한 특성에 따라 빈 넘버bin number를 할당한다. 한 예로 필립스 Philips 사의 옵티빈Optibin 시스템에서는 직각을 포함해 다양한 각도에서 빛을 측정한다. 이러한 빛 측정 방식은 건물 로비처럼 백색으로 칠한 넓은

공간에 고휘도 LED 조명을 사용해 색온도를 균일하게 구현하고자 할 때 특히 중요하다.

다양한 유형

LED 조명 제품은 흔히 백열전구, 할로겐 반사 전구, 형광등의 폼 팩터form factor와 유사하게 설계된다. LED 전구에서 사용하는 표준 나사형 베이스, 12V 소형 LED 반사 전구의 핀 베이스나 튜브 형태 LED에서 사용하는 핀은 새로운 기술이 등장하더라도 쉽게 사용할 수 있다.

스트립라이트strip light는 LED 조명 시스템 중에서도 독특한 제품이다. 이 제품은 두껍고 유연한 플라스틱 리본 안에 LED가 일렬로 들어 있다. 공간 조명용 LED는 백색이며, 스트립 안에는 AC 전원 변환에 필요한 제어 회로가 들어 있다. 스트립라이트는 창틀이나 몰딩 뒤에 설치해 부드러운 빛을 낼 수 있으며, 천장용 조명으로도 사용할 수 있다.

스트립라이트는 12VDC 전원에서도 사용이 가능하여 자동차와 트럭에 맞는 조명 효과를 낼 수도 있다. 스트립라이트는 백색 외에도 다양한 색상의 제품이 출시되어 있다.

비교

백열등의 장점은 211쪽의 '상대적 장점'에서 정리했고, 형광등의 장점은 229쪽의 '비교'에서 정리했다. 앞서 다뤘던 목록을 다음 LED 조명의 장점과 비교할 수 있다.

- 실내 조명용 백열등의 수명이 약 1,000 시간밖에 되지 않는데 반해, LED 조명의 수명은 보통 50,000 시간에 이른다.

- 백열등의 수명은 완전히 작동을 멈추기 전 빛을 방출할 수 있는 평균 시간으로 정한다. LED의 수명은 빛이 서서히 어두워져 규격 출력의 70%가 될 때까지 작동하는 평균 시간이다. LED는 수명이 다하더라도 완전히 불이 꺼지는 것이 아니며 곧바로 교체하지 않아도 돼 편리하다.
- 형광등이나 백열등과는 달리 LED에는 텅스텐 전극이 들어 있지 않다. 텅스텐은 부식으로 인해 끊어지거나 훼손된다.
- 형광등과는 달리 LED에는 수은이 들어 있지 않다. 따라서 특별한 재활용 절차가 필요하지 않아, 관련 비용을 절약할 수 있다.
- 형광등이 낮은 온도에서 시동이 잘 걸리지 않을 수 있지만, LED는 추운 환경에 민감하지 않다.
- 밝은 LED는 특별한 필터 없이도 다양한 범위의 색상을 재현할 수 있다. 백열전구를 교통 신호등이나 자동차의 후미등으로 사용하면, 필터로 인해 효율이 크게 낮아진다.
- 고휘도 LED는 조도 조절이 가능하다. 형광등은 일반적으로 밝기 조절이 안 되며, 조절이 된다 하더라도 성능이 좋지 않다.
- 다이die에서 평면의 90도 방향으로 빛을 방출하기 때문에, LED의 빛은 본질적으로 지향성이다. 따라서 천장에 고정해 조명으로 사용하면 최대한 많은 빛을 아래 방향으로 향하게 하는 데 이상적이다. 형광등이나 백열등은 반사기를 사용해야 하기 때문에 전반적인 효율이 떨어진다.
- LED는 켜고 끄는 주기에 민감하지 않다. 백열등과 특히 형광등은 켜고 끄기를 반복하면 기대 수명이 짧아진다.
- 깜박임이 없다. 형광등은 사용 기간이 길어질

수록 깜박거린다.

- 전기적인 간섭이 없다. 형광등은 AM 라디오 수신이나 기타 오디오 장비로 인해 간섭받을 수 있다.
- 파손에 안전하다. LED 조명은 유리를 사용할 필요가 없다.

그러나 고휘도 LED도 극복해야 할 문제가 있다.

- 가격. 현재는 미국에서 60W 백열등은 법적으로 퇴출되었지만, 이전의 백열등 가격은 개당 1달러 미만이었다. 반경 1″(2.54cm), 길이 48″(122cm) 규격의 T8 형광등은 현재 소비자가로 5~6달러 정도지만 기대 수명은 약 25,000시간이며, 백열등의 20% 전력만을 사용해도 빛의 세기는 2~3배에 달한다. 형광등의 시동을 위해 조명 기구 내에 포함하는 전자회로의 비용을 감안하더라도 분명히 형광등이 더 경제적인 선택이다. 한편 현재 LED 튜브의 소비자 가격은 형광등의 3배다. 수명은 2배가량 지속되지만, 형광등의 LER이 90루멘/W인데 반해 LED의 LER은 100루멘/W로 효율이 특별히 더 좋지도 않다. 고휘도 LED의 시제품 중에는 200루멘/W를 넘는 제품도 있어 2020년까지는 형광등에 대해 경쟁력을 갖출 것으로 예상하지만, 그렇다고 해도 LED가 지배적인 조명 기구가 되기에는 시간이 걸릴 것이다.
- 열에 대한 민감성. 열은 LED 조명의 빛 출력과 기대 수명을 감소시킨다.
- 배치 문제. LED는 열에 민감하기 때문에 과한 열을 받을 수 있는 위치에 설치해서는 안 되며,

방열 장치를 정확하게 설치해야 한다. 적절한 환기도 필요하다.

- 색 전이. LED 색상은 흔히 두 종류의 형광체로 만들기 때문에, 열과 노화로 인해 LED의 색온도가 약간 변할 수 있다.
- 불균일성. 제조상의 불일치로 인해 같은 종류의 LED라도 색온도가 조금 다를 수 있다. 형광등과 백열등은 훨씬 균일하다.
- 백열등보다 낮은 열 출력. 효율 면에서 보면 장점일 수 있으나, 교통 신호등이나 비행기 활주로 조명에서는 열이 조명에 붙는 눈이나 얼음을 제거하는 데 도움이 될 수 있다.

부품값

LED 조명의 출력은 지향성이고 백열등이나 형광등은 무지향성이지만, 빛 세기는 모두 동일하게 루멘lumen 단위를 이용해 측정한다. 루멘은 총 빛 방출량을 표현하며, 방향성은 고려하지 않는다(LED 인디케이터LED indicators의 빛 세기는 칸델라candela를 이용하는데, 이 단위는 분산각 내의 출력을 측정한다. 그러나 칸델라는 공간 조명 측정에는 사용되지 않는다).

소비 전력이 40W인 백열등의 출력은 450루멘이고, 60W의 경우 800루멘, 75W의 경우는 1,100루멘, 100W는 1,600루멘이다. 백열등은 출력 대부분이 비효율적인 반사기를 사용하거나 필요하지 않는 방향까지 빛을 비추느라 낭비되기 때문에, 실질적으로는 1,000루멘 규격의 고휘도 LED가 75W 백열등보다 더 밝게 보인다.

길이 48″(122cm), 반경 1″(2.54cm)인 T8 형광등은 새 제품인 경우 32W를 소비하며, 약 3,000루

멘의 빛을 방출한다. 이 출력은 서서히 감소하다가 형광등의 수명이 다하면 40%까지 떨어진다.

백열등은 대략 10~15루멘/W의 빛을 전달한다. 새 형광등은 약 80~90루멘/W를 전달하고, 이 글을 쓰는 시점에서 LED 조명은 실제 환경에서 100루멘/W를 제공한다.

주의 사항

잘못된 전압

고휘도 LED 조명 제품은 대부분 115VAC 또는 230VAC에서 사용할 수 있다. 그러나 예외가 있으므로, 사용 전에 사양을 꼭 확인해야 한다. 또한 12V LED 소형 반사 전구를 같은 크기의 12VAC 할로겐 전구 대신 교체하여 가정용 전압에 연결하는 실수를 피하는 것이 중요하다.

과열

고휘도 LED 조명 장치를 방열판과 함께 설치하면, 대기 중에 노출시켜야 한다. 방열기의 날개는 환기를 원활히 하기 위해 수직 방향으로 부착해야 하며, 닫힌 공간 안에 설치해서는 안 된다. 과열은 LED의 수명을 급격히 단축시킨다.

형광등 안정기 문제

형광등 조명기에는 안정기ballast가 포함되어 있어 형광등에 과도한 전류가 유입되는 것을 방지한다. 안정기는 형광등이 고정되는 프레임 뒤쪽의 플라스틱 상자 안에 들어 있다.

자기식 안정기magnetic ballast에는 코일이 포함되어 있으며, 전원이 켜질 때 1초 동안 제한되지 않은 전류를 가하는 추가적인 스타터starter를 우회하여 형광등을 예열하며 플라스마 방전을 일으킨다. 전자식 안정기electronic ballast는 별도의 스타터 없이도 같은 기능을 수행한다.

일부 LED 튜브는 형광등을 대체할 목적으로 설계되었기 때문에 자기식 안정기를 회로 안에 그대로 두어도 괜찮지만, 전자식 안정기는 함께 사용할 수 없다. LED 튜브 중에서는 모든 유형의 안정기를 회로에서 제거해야 하는 제품도 있다. 안정기를 분리하려면 와이어넛wire nut을 제거하고, 두 도선의 연결을 끊어야 한다(조명 기구가 미국 건축 규정을 준수하여 설계된 것이라 가정). 이후에 도선은 재연결하여 LED 튜브에 직접 전원을 공급하고, 빼 두었던 와이어넛으로 고정한다. 이렇게 하면 안정기는 조명 기구 안에 연결이 끊긴 채 남아 있게 된다.

형광등 조명기기에 LED 튜브를 설치하기 전, 안정기 또는 스타터를 제거해 전원을 LED 튜브에 직접 연결하지 못하면 LED 튜브가 손상될 수 있으며, 전원을 LED 튜브에 정확하게 연결하지 못하면 불이 켜지지 않는다. LED 튜브와 함께 제공되는 문서에는 안정기의 연결을 끊고 튜브를 연결하는 방법이 나와 있어야 한다. LED 튜브의 핀에 할당된 기능들이 현재 표준화되어 있지 않다는 사실에 주의한다.

색상 재현의 오인

백색 LED 스펙트럼은 모든 파장에 대해 동등하게 가중치를 주지 않기 때문에 일부 색상을 정확하게 재현하지 못한다. 이 문제는 LED 조명을 총천연색 사진 또는 예술 작품의 조명으로 이용하거나, 옷, 가구, 식품을 다루는 상점에서 조명으로 사용할 경우 중요한 문제가 될 수 있다.

24장

LED 디스플레이

본 백과사전에서 여러 개의 발광 다이오드를 포함하는 부품, 예를 들어 7세그먼트 숫자, 14 또는 16세그먼트 문자-숫자, 도드 매트릭스dot matrix 문자 또는 여러 문자를 포함하는 디스플레이 모듈을 LED 디스플레이LED display로 분류한다. LED 디스플레이를 설명할 때는 발광 다이오드light-emitting diode라는 용어를 거의 사용하지 않으며, LED라는 약어를 더 많이 사용한다. 약자는 글자 사이에 점을 포함하지 않는다.

이 책에서 LED 인디케이터LED indicator는 반경이 5mm 이하인 부품으로, 투명하거나 반투명한 에폭시 또는 실리콘으로 제작되고, 대개의 경우 하나의 발광 다이오드를 포함한 부품으로 정의한다. LED 인디케이터는 광원보다는 장치의 상태를 표시하는 도구로 사용되며, 간혹 표준 LEDstandard LED로 언급되는 경우도 있다.

넓은 실내 또는 작업 공간의 조명용으로 설계된 LED는 LED 조명LED area lighting이라는 별도의 장에서 논의한다. LED 조명은 고휘도 LEDhigh-brightness LED라고도 하며, 대부분은 백색광을 내는 제품이다.

OLED는 유기 발광 다이오드organic light-emitting diode의 약자로, 두 개의 평평한 전극 사이에 유기 화합물이 들어 있는 얇은 패널의 명칭이다. 기능 면에서는 LED의 한 형태로 볼 수 있지만, 디자인은 박막 전기장 발광 소자thin-film electroluminescent light source와 유사하다. 따라서 OLED는 전기장 발광electroluminescence 장에서 논의한다.

관련 부품

- LED 인디케이터(22장 참조)
- LED 조명 (23장 참조)
- 진공 형광 조명 (25장 참조)
- 전기장 발광(26장 참조)
- LCD(17장 참조)

역할

LED 디스플레이는 DC 전류와 2~5VDC 사이의 전압에 대응하여, 빛을 방출하는 여러 개의 세그먼트를 이용해 패널이나 스크린에 정보를 표현한다. LED 디스플레이는 숫자, 문자, 기호, 단순한 기하학적 모양, 점, 비트맵bitmap을 구성하는 픽셀 등을 포함한다.

액정 디스플레이liquid-crystal display, 즉 LCD도 LED 디스플레이와 동일한 용도로 사용되고 모양도 비슷하지만, 액정은 입사광을 반사시키는 반면 LED는 자체적으로 빛을 발한다는 차이가 있다. 백라이트의 사용이 늘면서 LCD의 모양은 점점 더 LED 디스플레이와 비슷해지고 있다.

LED 디스플레이를 표시하는 회로 기호는 따로 없다. 세그먼트 디스플레이를 회로에서 사용할 때는 외곽선을 그려 표시한다.

가장 단순하고 기본적이며 널리 알려진 LED 디스플레이의 예는 7세그먼트 숫자seven segment numeral일 것이다. [그림 24-1]는 7세그먼트 숫자 디스플레이다. 킹브라이트Kingbright 사의 HD-SP-313E로 높이는 0.4″(1cm)인 제품이다.

작동 원리

LED가 빛을 방출하는 원리는 LED 인디케이터LED indicators 장의 '작동 원리'(243쪽 참조)에서 설명하

그림 24-1 가장 기본적인 LED 디스플레이. 개별적으로 빛을 발하는 7개의 발광 세그먼트를 이용해 숫자 0~9까지 표시할 수 있다. 8번째 세그먼트는 소수점을 표시한다.

고 있다. LED 디스플레이를 구성하는 발광 다이오드들은 LED 인디케이터의 다이오드와 작동 원리가 같다.

LED에는 DC를 사용해야 한다. 이 점이 AC를 사용하는 LCD와 기본적인 차이점이다.

다양한 유형

LCD와 비교

LCD와 LED 디스플레이는 외양이 매우 비슷하다. 따라서 한 가지 분명한 문제를 고민하게 된다. 특정한 작업에서 어느 것을 사용하는 것이 더 적합할까?

(백라이트가 없는) LCD는 디지털 시계나 태양광 계산기처럼 전력 소모를 최소화해야 하는 제품에 적합하다. 이 같은 제품들은 단추 전지 하나면 수 년 동안 사용할 수 있다.

LCD는 주변에 밝은 빛이 있으면 쉽게 읽을 수 있지만, LED 디스플레이는 그렇지 않다. LCD는 복잡한 모양의 그림과 기호를 표시하도록 제작할 수 있지만, LED 디스플레이의 세그먼트는 단순한 모양만 표시해야 하는 제약이 있다.

LCD는 LED에 비해 온도의 영향을 더 많이 받는다. 또한 LCD는 전원 공급도 조금 불편한데, 회로의 나머지 부분에서는 필요하지 않은 AC 전원을 사용하기 때문이다. LED 백라이트를 사용하는 LCD 제품은 백라이트용으로 낮은 DC 전원을 따로 사용해야 한다. LED 디스플레이는 마이크로컨트롤러나 논리 칩에 직접 연결해 구동할 수 있어 사용이 간편하고, 직렬 저항을 사용해 전류를 제한할 수 있다. 필요한 경우에는 트랜지스터를 추

가해 전원을 추가로 공급할 수도 있다.

7세그먼트 디스플레이

LCD가 대중화되기 전 초창기의 7세그먼트 LED 디스플레이가 디지털 계산기에 사용되었으며, 이는 배터리 수명을 대폭 늘려주는 실용적인 대안이었다. 처음에는 다이오드의 크기가 그리 크지 않아, 정보를 읽기 위해 돋보기 렌즈가 필요한 경우도 있었다.

　LCD가 보편화된 지금도 저가 제품에서는 7세그먼트 디스플레이를 사용하고 있다.

　[그림 24-2]를 보면 각 세그먼트를 구분하기 위해 a부터 g까지 문자로 이름을 붙여준 것을 확인할 수 있다. 이 그림은 데이터시트에서 공통으로 사용되고 있으며, LCD에서도 사용된다. 소수점은 관례적으로 'dp'라고 부르는데, 일부 디스플레이에서는 생략되기도 한다. 세그먼트는 살짝 기울어져 있어 숫자 7의 대각선 획을 표시할 때 좀 더 자연스럽게 표현할 수 있다.

그림 24-3 7세그먼트 디스플레이로 표현한 숫자와 알파벳 첫 여섯 글자.

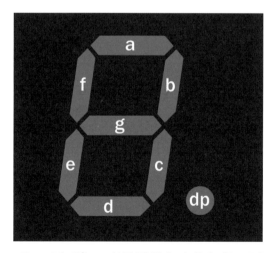

그림 24-2 7세그먼트 LED 디스플레이. 각 세그먼트를 대표하는 소문자들은 모든 데이터시트에서 공통으로 사용된다.

7세그먼트 디스플레이는 우아하지는 않지만 기능성이 좋고 읽기 쉽다. 16진수를 표시하기 위해서 알파벳 A, B, C, D, E, F를 추가할 수 있다. 디스플레이에서는 세그먼트 개수가 적어 제약이 있기 때문에 A, b, c, d, E, F로 표시한다([그림 24-3] 참조).

　전자레인지 같은 가전제품에서는 7세그먼트 디스플레이의 제한 내에서 사용자 편의를 위한 아주 기본적인 문자 형식의 메시지를 표시할 수 있다. 이에 대한 예를 다음 페이지 [그림 24-4]에서 제공한다.

　숫자 0, 1, 5는 알파벳 O, I, S와 구분되지 않고, K, M, N, W, X, Z와 같이 대각선 획을 포함하는 알파벳 문자는 표시가 불가능하다.

그림 24-4 기본 문자 메시지는 7세그먼트 디스플레이로 구현할 수 있다. 다만 대각선 획이 필요한 알파벳 문자는 표현할 수 없다.

그림 24-5 여러 문자를 표시하는 7세그먼트 LED 디스플레이는 하나의 부품으로 조립되는 경우가 많다. 위는 아바고(Avago) 사의 2.05VDC, 20mA 디스플레이. 시계에 많이 사용된다. 아래는 킹브라이트(Kingbright) 사의 2자리 디스플레이. 2.1VDC에서 20mA를 사용한다. 전면에 부착된 패널은 디스플레이가 켜졌을 때의 색깔과 색이 같아, 불이 켜지면 드러나는 숫자의 외곽선을 가려 준다.

다중 숫자 표시

숫자 하나만 표시하는 디스플레이는 이제는 보기 드문 부품이 되었다. 제품 중에 숫자 하나만 표시해야 하는 제품이 거의 없기 때문이다. 2~4자리 숫자를 표시하는 디스플레이가 보편적으로 많이 사용된다([그림 24-5] 참조).

추가 세그먼트

알파벳 문자를 더 보기 좋게 표시하기 위해 14 또는 16세그먼트를 이용하는 문자-숫자 디스플레이가 개발되었다. 이러한 제품의 세그먼트 배열은 LCD의 배열과 동일하다. [그림 24-6]은 14세그

먼트와 16세그먼트 디스플레이를 비교한 것이다. 간혹 이런 디스플레이 중 대각선 획 세그먼트가

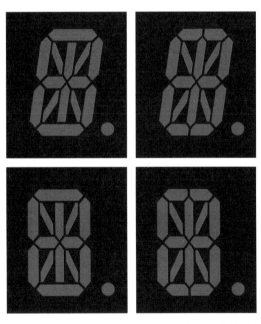

그림 24-6 14와 16세그먼트 문자-숫자 LED의 배치는 LCD 디스플레이의 배치와 동일하다.

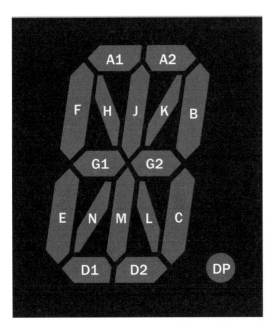

그림 24-7 16세그먼트 문자-숫자 LED 디스플레이의 세그먼트를 구분한 도면.

그림 24-8 16세그먼트 문자-숫자 LED 디스플레이가 N을 표시하고 있다.

추가되어 굳이 기울임꼴로 표시할 필요가 없는데도, 7세그먼트 디스플레이처럼 살짝 기울어져 있는 제품도 있었다.

[그림 24-7]의 도면은 16세그먼트 디스플레이의 세그먼트 명칭을 정의한 것이다. 이 명명 규칙은 모든 데이터시트에서 사용된다. 7세그먼트 디스플레이에서 관례적으로 사용하던 소문자들이 16세그먼트에서는 대문자로 바뀌었는데, 아마도 알파벳 L과 혼동을 피하기 위해서였을 것이다. 그런 측면에서 알파벳 I가 사용되지 않음에 주의한다.

LCD 장의 [그림 17-9]에서 16세그먼트로 구현한 완전한 숫자-문자 세트를 확인할 수 있다.

16세그먼트 문자-숫자 LED 디스플레이의 예는 [그림 24-8]에 나와 있다. 디스플레이는 브레드보드에 연결되어 글자 N을 표시하고 있다. 이 제품은 루멕스Lumex 사의 LDS-F8002RI로 높이는 0.8″ (2cm)이다. 이 글을 쓰는 시점까지도 판매되는 제품이지만 수량은 제한적이다.

일반적으로 말해서 16세그먼트 디스플레이는 한 번도 인기가 있었던 적이 없었다. 인접한 세그먼트를 구분하기 위한 공간이 가독성을 떨어뜨리기 때문이다. LED 디스플레이는 LCD 디스플레이보다 쉽게 구할 수 있지만, 도트 매트릭스 디스플레이는 단순한 그래픽을 추가할 수 있는 가능성이 더해져 더 보기 좋고 더 쉽게 읽을 수 있는 알파벳을 제공한다.

도트 매트릭스 디스플레이

1980년대 일부 PC에서 비디오 문자 세트를 사용했는데, 문자, 숫자, 문장 기호/마침표, 특수문자 등을 고정된 크기의 도트 매트릭스dot matrix로 구현해 화면을 구성했다. 이와 유사한 모양의 알파벳이 현재 LED 도트 매트릭스 디스플레이에서 사용되고 있다([그림 17-10]과 같이 LCD에서도 사용되고 있다).

문자-숫자 도트 매트릭스 디스플레이는 보통 2줄 이상을 그룹으로 묶고, 각 줄에 8개 이상의 문자가 들어간다. 문자의 개수는 항상 해당 줄 앞에 표시된다. 예를 들면 8×2 디스플레이는 8개의 문자 또는 숫자가 2개의 수직 줄에 들어간다. 이러한 유형의 부품을 디스플레이 모듈display module이라고 한다.

디스플레이 모듈은 스테레오 라디오의 볼륨 설정이나 방송국의 주파수처럼 단순한 상태 메시지와 안내 메시지가 필요한 가전제품에서 사용된다. 다목적 고해상도 소형 컬러 LCD 스크린은 휴대전화의 대량 생산으로 인해 가격이 급격히 떨어지고 있어, 이미 자동차에서는 도트 매트릭스 디스플레이 모듈을 거의 대체한 상태인데, 다른 기기도 이러한 대체가 이어질 것으로 보인다.

픽셀 어레이

[그림 24-9]의 LED 8×8 픽셀 어레이의 점들은 각 변의 길이가 60mm인 사각형 안에 들어 있으며, LED의 개수는 총 64개다. LED 각각의 반경은

5mm이다. 어레이의 크기와 LED 개수가 다른 유사 제품도 출시되어 있다. 같은 유형의 디스플레이를 나란히 붙여 조립하면, 문자나 단순 기호가 흘러가는 것처럼 표시할 수 있다.

다중 막대 디스플레이

막대 디스플레이는 소형 사각 LED를 하나의 패키지 안에 일렬로 늘어놓은 것이다. 막대 디스플레이는 아날로그 신호를 디지털 방식으로 표현하는 데 사용한다. 신호의 전압이 높아질수록 불이 들어오는 막대의 개수가 더 많아진다. 이를 이용한 가장 일반적인 응용은 오디오 레코더의 입력 신호 세기를 표시하는 것이다. [그림 24-10]의 디스플레이처럼 열 개의 바bars를 사용하는 경우가 보편적이지만, 부품 여러 개를 한 줄로 결합할 수 있다.

단일 라이트 바

라이트 바light bar는 하나의 사각형 또는 직사각형 구조를 갖는 단일 광원 LED로 생각할 수 있다. 이 부품을 단일 광원 LED 인디케이터 장이 아닌 본

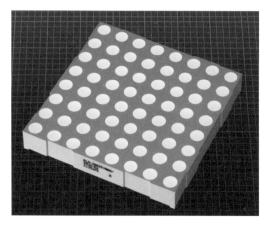

그림 24-9 8×8 LED 도트 매트릭스. 한 변의 크기는 2″(6cm)가 약간 넘는다.

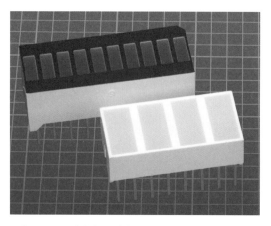

그림 24-10 LED 막대 디스플레이. 각각의 세그먼트는 개별적으로 켤 수 있다.

장에서 다루는 이유는 부품 유형에 따라 2, 3, 4개 이상의 부분으로 나뉠 수 있기 때문이다. 이러한 부품 유형들은 대부분 같은 데이터시트에 하나의 항목으로 포함된다.

　라이트 바는 반투명한 패널 뒤에 여러 개의 LED(흔히 4개 정도)가 들어 있어 균일하게 확산되는 빛을 낸다.

부품값

LED 디스플레이의 부품값은 색상, 밝기, 전류 소모, 전압 등 대체로 LED 인디케이터와 동일하다. 이 정보에 대해서는 248쪽의 '부품값'을 참조한다.

　여러 문자가 포함된 도트 매트릭스 LED 디스플레이 모듈은 모듈 내의 드라이버에 따라 순방향 전압과 순방향 전류에 대한 요구사항이 다를 수 있다. 이 모듈은 표준화가 되어 있지 않기 때문에 제조업체의 데이터시트를 참조해야 한다.

사용법

7세그먼트 기본형

7세그먼트 LED 디스플레이의 다이오드는 공통의 아노드 또는 캐소드를 공유한다. 이 중 캐소드 공유형이 더 많이 사용된다. 편의를 위해 내부 연결은 두 가지 형태로 제공되며, 외부에서 보는 디스플레이의 기능은 동일하다.

　[그림 24-11]은 일반적인 10핀형 공통 캐소드 디스플레이의 내부 연결과 핀 배열을 보여 주는 도면이다. 핀들은 위에서 본 대로 숫자가 매겨진다. 번호에 붙은 알파벳은 연결되어 있는 각 세그먼트의 기호다. 3번과 8번 핀은 모두 내부 LED의

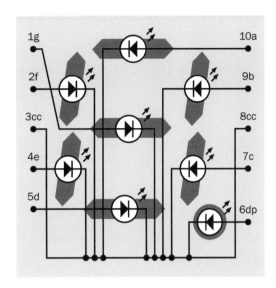

그림 24-11 공통 캐소드형 7세그먼트 LED 디스플레이의 내부 연결과 핀 배치를 보여 주는 도면. 숫자는 위에서 본 부품의 핀 위치다. 1번 핀은 식별을 위해 부품 핀 옆에 기호를 새기는 경우도 있다. 소수점은 항상 화면 오른쪽 아래에 위치하므로, 소수점으로 디스플레이의 방향을 유추할 수 있다.

캐소드와 연결되어 있다. 디스플레이의 방열판으로 기능하기 위해서는 이 두 핀을 모두 사용해야 한다.

　디스플레이 내부에는 직렬 저항이 없어 외부 저항을 추가해야 한다는 사실에 주의한다. 직렬 저항의 값은 LED의 순방향 전류와 순방향 전압이 제조업체가 지정한 범위 내로 들어오는 전원 공급기의 규격에 따라 결정된다.

　개별 저항 대신 SIP 또는 DIP 칩 안에 7~8개의 저항이 포함되어 있는 저항 어레이resistor array를 사용할 수도 있다. 7세그먼트 LED 디스플레이용으로 사용하는 저항 어레이는 각 저항의 양 끝에 접근할 수 있는 유형이어야 한다.

　하나의 패키지 안에 2개 이상의 숫자가 결합되는 디스플레이는 핀들이 두 줄로 나란히 배열되어 있다. 이 제품은 위에서 볼 때 1번 핀이 왼쪽 아래

에 있다. 핀 번호는 위에서 볼 때 반시계 방향으로
정해진다.

하나의 패키지 안에 3개 이상의 숫자가 결합된
경우, 각 숫자의 세그먼트에 개별로 연결하는 방
식이 아닌 다중화multiplexing 방식으로 핀을 배치한
다. 4자리 숫자의 시계 디스플레이를 예로 들면,
숫자의 각 세그먼트에 병렬로 연결되는 7개의 핀
이 있고, 여기에 4개의 핀을 추가해 각 숫자를 차
례대로 접지해 순차적으로 선택할 수 있게 한다.

드라이버 칩과 다중화

하나의 숫자에서 각 세그먼트는 마이크로컨트롤
러로 직접 켤 수도 있고, 아니면 잘 알려져 있고
널리 사용되는 4543B 같은 드라이버 칩을 이용할
수도 있다. 이 드라이버 칩을 사용하는 경우, 2진
코드화된 십진수 입력을 적절한 세그먼트 출력 패
턴으로 변환한다. 이러한 칩은 직렬 저항을 거쳐
각 세그먼트를 켜기에 충분한 전류를 공급할 수
있다. 핀 배치는 [그림 24-12]에 나와 있다.

일부 7세그먼트 디스플레이는 4543B와 마이크
로컨트롤러를 함께 사용해 다중화 방식으로 구동

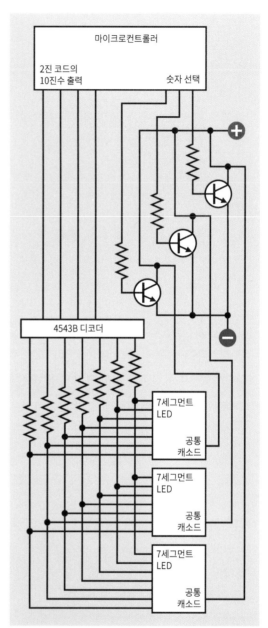

그림 24-13 다중화를 이용해 7세그먼트 LED 디스플레이의 여러 숫자를
구동하는 기본 회로.

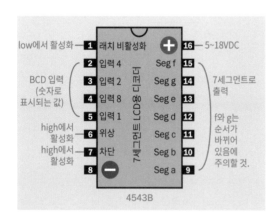

그림 24-12 7 세그먼트 LED 드라이버 칩 4543B의 핀 배치.

할 수 있다. 이를 위한 기본 도면은 [그림 24-13]에
나와 있으며, 경우에 따라 맨 앞자리 0을 끄는 조
건부 기능이나 소수점과의 연결은 생략했다. 마이

크로컨트롤러는 첫 숫자의 2진 코드를 보내고 동시에 트랜지스터를 통해 숫자의 공통 캐소드를 접지한다. 이는 7개의 세그먼트가 모두 병렬로 전류를 전달하기 때문에 필요한 과정이다. 다음으로 마이크로컨트롤러는 두 번째 숫자의 2진 코드를 보내고, 이를 접지한다. 또 세 번째 숫자를 위한 2진 코드를 보내고, 접지한다. 이 과정이 계속 반복된다. 이 과정이 충분히 빠른 속도(적어도 50Hz)에서 진행되면, 잔상 효과로 인해 모든 숫자가 능동적으로 동시에 켜지는 것처럼 보이게 된다. 이를 구현하기 위한 회로는 LCD 구동 회로와 비슷하다([그림 17-17] 참조).

이 시스템의 단점은 마이크로컨트롤러가 다른 작업을 하는 동안 숫자를 꾸준히 업데이트해야 한다는 것이다. 이러한 부담을 줄이기 위해 MC14489 같은 '스마트' 드라이버를 사용할 수 있다. 이 드라이버는 7세그먼트 숫자 5개를 제어할 수 있다. 인터실Intersil 사의 ICM7218은 최대 8개의 7세그먼트 숫자를 제어할 수 있다.

MC14489 컨트롤러는 SPIserial peripheral interface 프로토콜을 이용해 데이터를 순차적으로 받으며, LED를 지정하는 세부 과정을 제어한다. MC14489 컨트롤러에는 표시된 데이터를 유지하는 래치 회로가 포함되어 있기 때문에, 마이크로컨트롤러는 표시 정보를 업데이트할 때 드라이버하고만 통신하면 된다.

ICM7218은 좀 더 복잡한 칩이며, 몇 가지 유형으로 출시되어 있다. 그중 하나는 8비트 버스로 데이터를 받을 수 있고, 7세그먼트 디스플레이를 16진수로 구동할 수 있다.

16세그먼트 드라이버 칩

맥심Maxim 사의 MAX6954는 찰리플렉싱Charlieplexing이라는 구동 방식을 이용해, 8개의 16세그먼트 문자-숫자 LED 디스플레이를 구동한다. 이 이름은 다중화에 필요한 핀의 개수를 줄이는 개념을 고안한 맥심 사의 엔지니어 찰리 앨런Charlie Allen의 이름에서 딴 것이다. 맥심 사의 다른 컨트롤러들도 이와 동일한 프로토콜을 이용한다. 프로토콜의 세부 사항은 사용자들에게 공개되어 있다.

마이크로컨트롤러는 I2C 프로토콜을 통해 데이터를 MAX6954로 순차적으로 보낸다. 여기에는 여러 정보가 포함되어 있다. MAX6954는 14세그먼트와 7세그먼트 디스플레이뿐 아니라 16세그먼트 디스플레이도 구동할 수 있으며, 각 디스플레이의 구동을 위해 104개의 문자 코드를 포함하고 있다. 필요한 여러 명령 코드를 MAX6954에 보내도록 마이크로컨트롤러를 설정하는 것은 결코 쉬운 일이 아니며, 16세그먼트 디스플레이의 수명이 다할 경우도 고려해야 한다. 따라서 제어 회로가 내장된 도트 매트릭스 LED 디스플레이를 사용하는 것이 더 나은 선택일 수도 있다.

도트 매트릭스 LED 디스플레이 모듈

도트 매트릭스 LED 디스플레이 모듈은 문자 세트를 정의하기 위한 데이터가 있어야 한다. 그리고 시리얼 데이터 입력에 포함된 지시 사항을 처리하기 위해 명령 해석기도 필요하다. 이러한 기능을 위한 별도 칩을 사용할 수도 있지만, 대부분 LED 디스플레이 모듈 내에 포함되어 있다.

SSD1306은 I2C나 SPI 시리얼 통신 또는 병렬 통신이 가능한 흑백 그래픽 컨트롤러다. 디스플레이 모듈 내에 이 기능이 포함된 경우에는 통신 방식 중 하나만 활성화된다.

SSD1331은 컬러 그래픽 컨트롤러로 위와 유사한 통신 능력을 갖추고 있다.

WS0010은 LCD를 제어하도록 설계된 HD44780과 호환되는 흑백 컨트롤러다.

일반적인 컨트롤러 기능은 198쪽의 '문자-숫자 디스플레이 모듈'에서 요약했다. 컨트롤러들은 표준화되지 않았기 때문에 자세한 내용은 제조업체의 데이터시트를 참조해야 한다.

픽셀 어레이

[그림 24-14]에서 8×8 픽셀 어레이 내부의 연결을 확인할 수 있다. 그림에서는 공간상의 제약 때문에 LED를 회색 원으로 표시했다. LED 하나를 켜기 위해서는 연결된 교차점에 전원을 가한다. 이 구조에서 각각의 수직 도선(A1, A2, … A8)은 8개 LED 열column의 아노드에 전원을 공급하고, 수평 도선(C1, C2, … C8)은 8개 LED 행의 캐소드를 접지할 수 있다. 하나의 수직 도선에 양의 전원이 연결되고 하나의 수평 도선이 접지되면, 두 도선의 교차점에 있는 하나의 LED만 켜진다.

LED를 두 개 켜려면 문제가 발생한다. 두 LED가 (A3, C2)와 (A6, C5)에 자리 잡고 있다고 가정하자. 불행히도 해당 도선에 전원을 가하면 (A3, C5)와 (A6, C2)의 LED도 함께 켜지는 결과가 발생한다. [그림 24-15]에서 노란색 원으로 표시된 원이 불이 들어오는 LED이다.

이 문제를 해결하는 답은 래스터화rasterize다. 다른 말로 하면 어레이에서 한 번에 한 라인에만 데이터를 공급하는 방법이다. 이 방식은 TV 화면을 재생할 때 사용된다. 이 과정을 빠른 속도로 진행하면, 잔상으로 인해 두 개의 LED가 동시에 켜지는 것처럼 보인다.

이를 구현하기 위해서 다중화 방식을 이용한다. LED의 한 행을 잠시 접지하고 그 동안 선택된

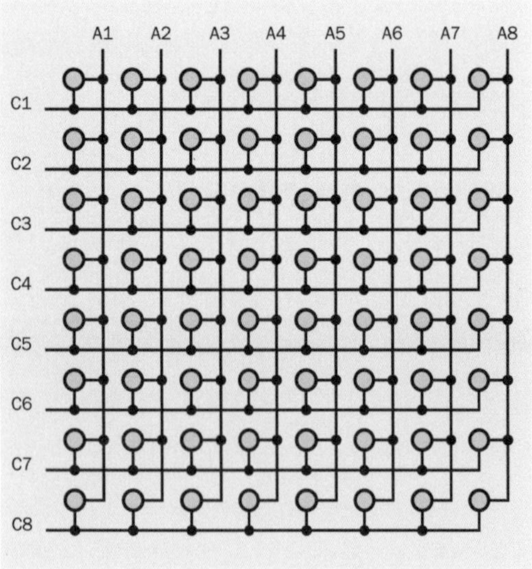

![그림 24-14 8×8 행렬의 내부 연결 회로도]

그림 24-14 8×8 행렬의 내부 연결. 회색 원은 LED를 나타낸다.

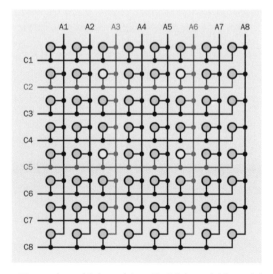

그림 24-15 (A3, C2)와 (A6, C5)의 LED를 켜면, (A3, C5)와 (A6, C2)의 LED도 함께 켜진다.

LED의 아노드에 순간적으로 전원을 가한다. 그 후 다음 행을 접지하고 해당 행에서 선택된 LED에 순간적으로 전원을 가한다. 이 과정을 8개 행에서 모두 반복한다.

만일 여러 개의 8×8 행렬을 나란히 조립했다면, 각 행렬의 수평 도선들을 모두 공통으로 연결할 수 있다. 이렇게 꾸미면 문자가 수평 방향으로 흐르는 디스플레이가 가능하다(이러한 디스플레이를 '전자 신문electric newspaper'이라고 고풍스럽게 부르기도 한다). 다만 회로 설계는 쉽지 않다.

다중 막대 디스플레이 드라이버

LM3914는 막대 디스플레이용 드라이버로, 아날로그 입력 신호를 기준 전압과 비교하여 다중 막대 디스플레이 세그먼트에 전원을 공급한다. 범위는 2~30mA이며, 사용하는 디스플레이의 사양에 맞춰 조절이 가능하다. LM3914는 아날로그 신호가 증가하면 더 많은 LED를 켜는 '온도계thermometer' 효과나 한 번에 한 개의 LED만 켜는 '움직이는 점moving dot' 효과를 연출할 수도 있다.

단일 16진수 도트 매트릭스

여러 문자를 표시하는 다중 도트 매트릭스 LED 디스플레이 모듈은 문자와 숫자 표시에서 다목적으로 사용할 수 있지만, 어떤 때는 이보다 단순한 부품으로도 충분할 때가 있다. 텍사스인스트루먼트Texas Instruments 사의 TIL311은 소형 도트 매트릭스 LED 디스플레이로 0000~1111 사이의 2진수를 4개의 입력 핀으로 받아, 0~9, A~F 사이의 16진수 형태로 출력한다. [그림 24-16]은 TIL311에서 구현할 수 있는 16개의 출력을 보여 준다. 이 부품은

그림 24-16 텍사스인스트루먼트 사의 TIL311은 4자리 2진수 입력을 받아 16진수를 출력할 수 있다.

더 이상 제조되지는 않지만 여러 곳, 특히 아시아 지역에서 많이 판매되고 있다. TIL311은 7세그먼트 디스플레이에서 사용하는 직렬 저항과 제어 칩을 생략했는데, 출력 모양은 더 보기 좋다.

다음 페이지 [그림 24-17]의 TIL311의 예는 숫자 2를 표시하고 있다.

TIL311을 2개 이상 합치면, 다중화를 이용해 여러 자리의 10진수 또는 16진수 정수를 표시할 수 있다.

이 칩의 특징은 소수점이 두 개 있다는 점이다. 하나는 표시되는 숫자 왼쪽에, 그리고 하나는 오른쪽에 있다. 소수점을 사용하려면 전류 제한을 위해 별도의 직렬 저항이 필요하다.

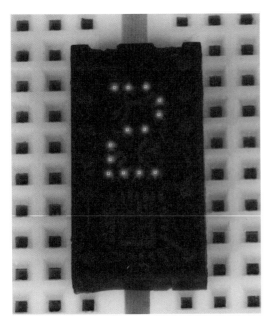

그림 24-17 텍사스인스트루먼트 사의 TIL311은 마이크로컨트롤러나 카운터 칩으로 직접 구동할 수 있으며 직렬 저항이 따로 필요하지 않다. 16진수 출력을 만들 수 있다.

주의 사항

공통 아노드 대 공통 캐소드

공통 캐소드형 LED 디스플레이는 대개 그 모양이 공통 아노드형 디스플레이와 동일한데, 부품 번호에서 숫자 또는 문자 한 자리가 다른 것 외엔 거의 차이가 없다. LED 디스플레이는 역방향 전압에서 허용 오차가 제한적이므로, 전원을 가하기 전에 부품 번호를 꼭 확인해야 한다.

부정확한 직렬 저항

사용자가 7세그먼트 LED 디스플레이를 사용하면서 자주 저지르는 실수는 공통 캐소드 핀과 그라운드 사이, 또는 공통 아노드(있는 경우)와 전원 공급기의 양극 사이에 직렬 저항이 하나만 있으면

충분하다고 생각한다는 점이다. 만일 저항이 하나의 LED에 적합한 값이면, 디스플레이의 7개 세그먼트 전체가 전류를 소비하거나 끌어당길 때 저항값이 너무 커서 문제가 된다. 만일 저항값을 줄이면 세그먼트 두 개만 사용하기에도 부족해진다 (예: 숫자 1을 만들 때).

모든 세그먼트에 동일한 전류를 제공하기 위해서는 세그먼트 각각에 직렬 저항을 달아야 한다.

다중화 문제

여러 개의 디스플레이를 다중화로 연결하면 당연히 더 어두워지고, 이를 보상하기 위해 전류를 높이려는 생각이 들게 된다. 전류는 각 디스플레이에 간헐적으로 공급되기 때문에 더 높은 전류를 사용해도 안전할 것이라고 가정하게 된다.

이 가정은 맞을 수도 틀릴 수도 있다. LED 장치를 펄스 전류로 구동할 경우, 성능을 결정하는 것은 평균 접합 온도average junction temperature가 아니라 최고 접합 온도peak junction temperature다. 재생률refresh rate이 1kHz 미만일 때는 최고 접합 온도가 평균 접합 온도보다 더 높고, 따라서 평균 전류는 감소한다.

해당 장치가 다중화를 염두에 두고 설계되었는지 여부는 데이터시트를 통해 확인해야 하고, 만일 그렇다면 권장 최고 전류가 얼마인지 확인해야 한다. 흔히 이 값은 최대 지속 시간duration(단위 ms)과 함께 표시된다. 재생률은 계산해서 구해야 하며, 이때 한 회로에서 다중화로 연결할 LED 디스플레이의 개수를 염두에 두어야 한다.

마구잡이식 다중화는 LED 디스플레이의 수명을 단축하거나 태워 버릴 수 있다.

25장

진공 형광 표시 장치

진공 형광 표시 장치vacuum-fluorescent display를 영어로 표기할 때 하이픈을 쓰는 경우가 드물지만, 첫 두 단어가 형용사구를 이루기 때문에 여기에서는 하이픈으로 연결한다. VFD로 표기하기도 하는데, 의미가 모호하고 가변 주파수 드라이브variable frequency drive의 약자와 혼동을 일으킨다는 단점에도 불구하고 사용 빈도가 점차 늘고 있다. 약어의 중간에는 마침표를 찍지 않는다.

형광등fluorescent lights 장에서 VFD를 다루지 않은 이유는 둘의 용도와 설계가 매우 다르기 때문이다. VFD는 정보 표시기로서 숫자와 문자를 보여 주는 반면, 형광등은 단순히 방이나 작업 공간의 조명으로 사용된다. VFD에서도 형광 물질을 사용하지만, 형광등처럼 유리관 내부 표면에 코팅하는 것이 아니라 디스플레이의 발광 세그먼트 위에 바른다.

관련 부품

· LED 인디케이터(22장 참조)

· LCD 디스플레이(17장 참조)

· 전기장 발광(26장 참조)

역할

진공 형광 표시 장치vacuum-fluorescent display(VFD)는 백라이트가 있는 흑백 LCD 또는 LED 디스플레이와 겉모양이 유사하다. VFD 역시 세그먼트segment 또는 도트 매트릭스dot matrix 방식을 이용해 문자와 숫자, 단순한 기호를 표현하기 때문이다. VFD는 표시된 이미지 안에 격자 형태의 가는 도선이 비쳐 보이긴 하지만, 다른 정보 표시 시스템보다 더 밝고 선명한 초록색 형광 이미지를 만들 수 있어 이를 아름답다고 느끼는 사람들도 있다.

진공 형광 표시 장치를 표현하는 회로 기호는 특별히 존재하지 않는다.

작동 원리

VFD는 높은 진공 상태의 밀봉 캡슐 안에 장착된다. 넓게 펼쳐지는 가느다란 도선들은 주로 텅스텐으로 만드는데, 이 도선들이 캐소드cathode의 역할을 한다. 이 도선이 열을 받으면 전자가 원활히 배출된다. 도선은 필라멘트filament라고도 한다.

형광등fluorescent light은 AC를 이용한다. 형광등

두 전극의 이름이 모두 캐소드여서 혼란을 일으킬 수 있다. VFD는 DC를 사용하며, 캐소드 어레이는 당연히 DC 전원 공급기의 음의 단자와 연결된다.

캐소드 반대쪽으로 몇 밀리미터 떨어진 곳에 아노드가 있으며, 이 아노드가 겉으로 보이는 문자-숫자 세그먼트, 기호, 또는 행렬 내의 점을 구성한다. 아노드의 각 세그먼트는 인광 물질 phosphor로 코팅되어 있으며, 각각의 세그먼트는 기판을 통해 에너지를 전달받는다. 전자가 양의 전하를 띠는 아노드 세그먼트에 충돌하면, '형광 fluorescence' 과정으로 인해 눈에 보이는 빛을 방출한다. 이 원리는 음극선관cathode-ray tube과 비슷하다. 그러나 VFD의 캐소드는 상대적으로 낮은 온도에서도 효율적으로 전자를 방출하지만, 음극선관의 캐소드는 상당히 가열된 후에야 작동한다.

아노드, 캐소드, 그리드

매우 가는 도선의 그물망으로 구성된 그리드grid는 캐소드의 필라멘트와 아노드의 세그먼트 사이 좁은 틈새에 장착되어 있다. [그림 25-1]은 이를 단순하게 표현한 것이다.

그리드는 전하의 극성에 따라 캐소드에서 나오는 전자를 제어하고 확산시킨다. 그리드가 음전하로 대전되어 있으면 전자를 튕겨 내어 아래에 있는 아노드에 닿지 못하지만, 양전하로 대전되어 있으면 전자가 아노드에 도달한다. 따라서 그리드의 기능은 3극 진공관의 그리드와 동일하지만, 도선의 굵기가 너무 가늘어서 눈에 거의 보이지 않는다.

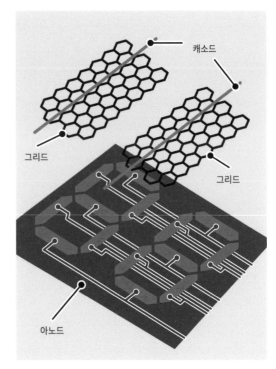

그림 25-1 진공 형광 표시 장치의 기본 요소

사용법

LED 디스플레이와 LCD가 경쟁력을 얻기 전인 1970년대에는 전자계산기에 진공 형광 표시 장치를 사용했다. 지금도 순수하게 숫자만 일렬로 표시되어 있는 VFD 모듈을 구할 수는 있지만 점점 찾기 어려우며, 독립된 기판과 유리 캡슐 안에 들어가는 낱개의 VFD 숫자는 문자-숫자 도트 매트릭스 모듈로 대체되었다.

[그림 25-2]는 1970년대 제품인 코모도어Commodore 사의 계산기 내부다. 9자리 숫자의 진공 형광 표시 장치가 하나의 유리 캡슐 안에 들어 있다.

[그림 25-3]은 [그림 25-2]의 숫자 3개를 클로즈업한 것이다. 각 숫자에서 내부의 그리드 선이 보인다.

그림 25-2 1970년대 코모도어 계산기의 진공 형광 표시 장치

그림 25-3 [그림 25-2]의 숫자들. 디스플레이의 ON/OFF를 제어하는 그리드 선이 보인다.

디스플레이 전면에는 같은 색상의 필터를 붙여 기기의 동작을 감춘다. 따라서 코모도어 계산기는 초록색 숫자판 전면에 초록색 필터를 사용했다. [그림 25-4]는 VFD의 7세그먼트 숫자에서 필터를 제거한 사진이다. 이 그림을 보면 그리드뿐만 아니라 캐소드 기능을 하는 수평 방향의 도선도 볼 수 있다. 숫자 세그먼트와 뒤 패널 사이의 연결도 눈에 띈다.

현대의 응용

현대식 VFD 모듈에서 사용하는 전압은 다소 높기 때문에(대개 50~60VDC), 5VDC를 높은 전압으로

그림 25-4 색 필터를 제거한 7 세그먼트 숫자들. 캐소드(수평 도선)와 그리드(도선 그물망)가 보인다.

변환하는 드라이버와 함께 사용한다. 내장된 논리 칩이 8비트 병렬 버스 또는 SPI 직렬 프로토콜을 통해 데이터를 받으며, 여러 개의 문자를 포함한다. 일반적인 해상도는 128×64 픽셀이다.

VFD는 그리드와 세그먼트로 나뉜 아노드가 결합되어 있어 다중화multiplexing로 제어할 수 있다. 7세그먼트 숫자가 4개인 디스플레이를 예로 들면, 각 숫자의 같은 위치에 있는 세그먼트들을 병렬로 연결하고, 각각의 그리드가 해당 숫자를 하나씩 제어한다. 그리드가 양의 전하로 대전되면, 대전된 아노드에 해당하는 숫자에서 ON/OFF 세그먼트 패턴이 적용된다. 이 과정을 각 숫자에 대해 순서대로 반복한다. 그러면 잔상 효과로 인해 숫자들이 동시에 켜지는 것처럼 보인다.

다양한 유형

색상

VFD로 총천연색을 재현할 수는 없지만, 아노드 세그먼트를 다양한 색상의 형광체로 코팅해 동시

그림 25-5 CD 플레이어의 진공 형광 표시 장치 중 왼쪽 섹션.

에 형광빛을 발하도록 할 수 있다. 대개는 2~3개의 색상을 사용한다. 이 기능은 CD 플레이어와 같이 다양한 기능을 색깔로 구별하는 장치에서 사용된다. [그림 25-5]는 CD 플레이어의 디스플레이 부분에서 색 필터를 제거하고 클로즈업한 것이다.

문자 세트와 그림 디자인

과거에는 하나의 VFD에 7세그먼트 숫자와 주문 제작형 아노드가 포함되어 있었다. 예를 들어 오디오 앰프의 반도체 이득 측정기solid-state gain meter는 아날로그 측정기와 비슷하게 생긴 표시기가 그림 형태로 이득 수준을 표시하고 그 옆에는 숫자가 있었다. 이러한 종류의 디스플레이의 모양과 배치는 제품에 따라 독창적으로 설계되었다.

현대식 VFD는 포괄적인 도트 매트릭스 디스플레이를 사용하는 경향이 있는데, 펌웨어firmware 내의 문자 세트에 따라 숫자, 문자, 기호, 아이콘을 표시하기 위한 점 패턴이 결정된다.

일반 세그먼트와 도트 매트릭스 어레이로 생성하는 문자 세트의 모양은 17장의 LCD 장에서 모든 내용을 설명한다. VFD 문자-숫자 모듈은 내부 회로는 다르지만, LCD 모듈의 시각적인 디자인과

동일하다.

비교

VFD의 두 가지 장점은 LCD와는 달리 낮은 온도에서 잘 작동한다는 점, LED 디스플레이와는 달리 태양 빛 아래서도 충분한 밝기와 콘트라스트를 제공한다는 점이다. 시야각도 넓어 거의 모든 방향에서 볼 수 있다.

보통 자동차의 디지털기기 장치, 오디오 및 비디오 가전제품의 정보 디스플레이, 자판기, 의료 기기, 디지털 시계의 숫자 표시 등으로 활용된다.

VFD는 사용 전압이 상대적으로 높고 전력 소모량이 많으며 색상은 제한적이다. 또한 LED 디스플레이나 LCD보다 가격도 상당히 비싸다. 이런 이유로 1990년대 말부터 점차 인기가 감소하고 있다.

주의 사항

빛 바램

VFD의 전극에서 전자 방출이 감소하거나 형광 코팅 물질의 성능이 떨어지면, 사용할수록 점점 희미해진다. 동작 전압을 증가시키면 디스플레이의 수명을 연장할 수 있다.

26장

전기장 발광

전기장 발광electroluminescence을 이야기할 때는 흔히 약어로 EL이라고 한다. 동일한 약어를 전기장 발광 장치에서 형용사처럼 쓰기도 한다. 예를 들면 'EL 패널' 같은 형식이다.

약어인 OLED로 더 잘 알려져 있는 유기 발광 다이오드organic light-emitting diode는 본 장에서 다룬다. 그 이유는 기술적으로 볼 때 OLED가 전기장 발광 장치이며, 설계 개념이 전기장 발광 패널과 유사하기 때문이다. 기술적 측면에서 보면 LED도 전기장 발광 소자지만 일반적으로 그렇게 설명하지는 않으며, 본 백과사전에서는 LED 인디케이터LED indicator, LED 조명LED area lighting, LED 디스플레이LED display 장에서 따로 LED를 설명한다.

관련 부품

· LED 인디케이터(22장 참조)

· LCD 디스플레이(17장 참조)

· 형광등(20장 참조)

· 진공 형광 표시 장치(25장 참조)

역할

전기장 발광electroluminescent 장치는 전기의 흐름에 대응해 빛을 발하는 형광체를 포함하고 있다. 패널panel, 리본ribbon, 로프 라이트rope light 형태로 구분된다.

패널은 LCD 디스플레이의 백라이트로 사용될 수 있으며, 우리 주위에서는 비상구 표지나 야간 조명처럼 항상 켜져 있어야 하는 저전력 장치에서 흔히 볼 수 있다. 리본과 로프 라이트(보다 정확한 명칭은 라이트 와이어light wire라고 한다)는 주로

오락이나 유흥을 위한 신기한 장난감으로 사용된다. 이 제품은 적절한 전압 변환기를 통해 배터리로 전원을 공급받을 수 있다. 배터리 전원을 사용하면 로프 라이트를 신체에 착용할 수도 있다.

박막thin-film OLED 전기장 발광 패널은 휴대용 소형 비디오 스크린에서 사용된다. 이 글을 쓰는 시점에서 크기가 50″ 이상인 OLED TV 화면이 시연되었는데, 아직은 대량 생산을 할 만큼 경제성을 갖추지 못했다.

전기장 발광 장치 또는 부품을 표시하는 회로

기호는 따로 없다.

작동 원리

발광luminescence은 열이 발생하지 않는 과정을 통해 빛이 방출되는 것을 말한다(이 반대의 현상을 백열incandescence이라고 하는데, 어떤 물체가 열로 인해 빛을 발하는 것이다. 18장 백열등incandescent lamps의 설명을 참조한다).

전기장 발광electroluminescence은 전기로 인한 들뜸의 결과로 빛을 발하는 것을 말한다. 이 정의는 그 범위가 매우 넓기 때문에 LED 같은 장치도 이에 속하지만, LED를 이 개념으로 설명하는 일은 거의 없다. 전기장 발광은 일반적으로 패널, 박막, 도선 등 전극이 발광 물체(예: 형광체)와 직접적인 접촉이 있는 경우를 뜻한다.

유기 발광 다이오드, 즉 OLED는 예외다. OLED는 전기장 발광 장치로 설명되는 경우가 많다. 이유는 아마도 얇고 평평한 판으로 이루어진 OLED의 샌드위치 구조가 전기장 발광 패널과 유사하기 때문일 것이다. 두 장의 판은 반도체로서 LED처럼 상호작용한다.

형광체

형광체phosphor는 다른 광원 또는 전기로 에너지를 유입하면 빛을 발한다(예: 황화아연zinc sulfide). 화합물은 일반적으로 구리나 은 같은 활성제activator와 혼합되어야 한다.

지난 수십 년 간 TV 세트와 비디오 모니터에는 음극선관cathode-ray tube이 들어갔다. 음극선관의 전면에는 형광체가 코팅되었고 다양한 세기로 요동치는 전자선이 스크린상에 일련의 선을 그려 영상을 만들어냈다.

어원

인광 물질phosphor이라는 말은 인광phosphorescence이라는 말에서 파생된 것이며, 원소 이름 인phosphorous에서 나왔다. 인은 습기를 머금은 대기에서 산화되면 빛을 발한다(이 용어들은 여러 가지 형태의 발광 현상을 발견하고 그 원리를 파악하기 전에 정해진 것이다. 인의 발광 기전은 실제로는 화학 발광chemiluminescence의 일종이다).

본 백과사전에서는 형광체를 형광 또는 전기장 발광이 가능한 물질을 가리키는 용어로 사용한다.

다양한 유형

패널

일정하고 균일하고 낮은 빛 출력의 경우, 형광체 분말phosphor powder(thick phosphor라고도 한다)을 이용하는 전기장 발광 패널을 많이 선택한다.

형광체 결정 막이 전극 역할을 하는 두 박막을 분리하는데, 이 사이에 전위차가 형성된다. 일부 제조업체에서는 이 구조를 발광 커패시터light-emitting capacitor라고도 한다. 용도는 다르지만 구조가 커패시터와 유사하기 때문이다. 전면 막은 투명해 빛이 빠져나갈 수 있다.

전기장 발광 패널의 전원은 AC와 DC를 모두 사용할 수 있지만, 적어도 75V의 전압이 필요하다. 전력 소모를 자체적으로 제한하기 때문에, 배터리 전원을 사용할 경우 전압 변환기 외에는 다른 제어 회로가 필요하지 않다.

형광체는 전체 공간에 균일하고 일정하게 분산

그림 26-1 전기장 발광 야간 조명의 내부 부품 2개. 발광 패널과 별도의 반투명 필터.

그림 26-2 빈티지 패널레센트의 야간 조명. 수십 년 전에 사용되던 제품이며, 꺼져 있는 상태다.

그림 26-3 위와 동일한 야간 조명. 주위가 어두우면 초록색 불빛이 보인다.

되는 빛을 발하지만, 빛 출력의 강도는 그리 세지 않다. 야간 조명, 비상구 신호, 손목시계의 백라이트 등이 활용 예이다.

실바니아Sylvania 사의 '페넬레센트panelescnet' 전기장 발광 조명은 크라이슬러 사라토가Chrysler Saratoga(1960~1963년 생산)와 다지 차저Dodge Charger(1966~1967년 생산) 같은 자동차 모델의 패널 디스플레이 장치로 사용되었으며, 지금도 야간 조명용으로 사용된다. 인디글로Indiglo 사의 전기장 발광 디스플레이는 손목시계에서 널리 사용된다.

[그림 26-1]은 전기장 발광을 이용한 야간 조명을 분해한 후, 내부 부품을 찍은 것이다. 패널은 자연스러운 옅은 초록색 빛을 발한다. 별도의 파랑 또는 초록 필터를 통해 발광된 빛을 통과시키고, 다른 색상의 입사광은 차단한다. 입사광이 필터에서 차단되지 않으면 패널에서 반사된다.

전기장 발광 야간 조명은 1970년대와 1980년대에 인기가 많았고, 어린이를 위한 만화 주인공 그림이 있는 경우가 많았다. [그림 26-2]와 [그림 26-3]은 동일한 야간 조명을 낮에 끈 상태와 밤에

켠 상태를 비교해 보여 준다.

전기장 발광 패널의 장점은 다음과 같다.

- 낮은 전류 소모. 한 미국 제조업체에 따르면 비상구 표지판 하나의 전기 사용료가 1년에 20센트 미만이며, 야간 조명의 1년치 전기 사용료는 3센트 미만이라고 한다.
- 긴 수명. 최대 50,000시간.
- 자체 제어. 제어 회로가 필요하지 않다.
- 무지향성 빛 출력.
- 작동 온도 범위가 넓다. 약 -60~+90℃.

• 가정용 전원에 직접 연결해 사용할 수 있다.

단점은 다음과 같다.

• 제한적인 빛 출력.
• 색상 선택이 대단히 제한적이다.
• 효율이 썩 좋지 않다. 2~6루멘/W(반면, 빛 출력이 낮으면 당연히 전력 소모량도 적다).
• 시간에 따라 형광체의 성능이 서서히 감소한다.
• 60~600V의 고전압이 필요하다. 벽 콘센트에 꽂는 가정용 전압 사용에 배터리 전원을 사용할 경우 변압기가 필요하다.

유연한 리본

야간 조명 내의 발광 막은 기본적으로 유연하며, 두께를 줄이면 더 유연하게 만들 수 있다. 따라서 신기하고 독창적인 발광 리본으로 제작해 자동차 튜닝 등에 사용할 수 있다. [그림 26-4]는 폭 1.5″ (3.8cm), 길이 12″(30.5cm) 리본이며, 전압 변환기를 이용해 12VDC에서 사용하도록 설계되었다.

로프 라이트

로프 조명 또는 와이어 조명은 야광봉glowstick과 비슷한 모양이다. 그러나 야광봉은 화학적 발광 (화학 반응으로 광자가 방출된다)으로 빛을 발하는 데 반해, 로프 조명은 전기를 이용한다.

[그림 26-5]의 로프 조명은 AA 배터리 2개를 변환기와 함께 연결해 전원으로 사용한다.

로프 조명 중앙에는 도체가 있는데, 이 도체가 두 전극 중 하나가 된다. 이 도체는 형광체로 코팅이 되어 있으며, 형광체 막은 투명한 피복으로 싸 보호한다. 하나 이상의 가는 도선이 나선 형태로 피복 주위를 감싸는데, 도선 사이의 간격은 넓다.

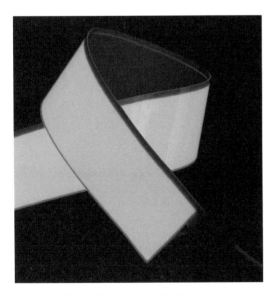

그림 26-4 12″(30.5cm) 길이의 전기장 발광 리본.

그림 26-5 빛을 발하는 로프 조명. 라이트 와이어(light wire)라고도 한다.

이 도선이 두 번째 전극이 된다. 도선은 외부 피복 역할을 하는 투명한 절연체로 감싼다.

두 전극 사이에 AC가 걸리면, 형광체 막에서 빛을 발하며 얇은 도선 사이의 틈으로 빛이 방출된다. 빛 색깔은 외부 피복에 색을 입혀 원하는 대로 수정할 수 있다.

OLED

OLED는 두 개의 얇고 평평한 전극을 사용한다. 구조적으로 형광체 분말을 이용한 전기장 발광 패널과 유사하지만, OLED의 막은 개수가 많고 더 밝은 빛을 낼 수 있다. OLED 안의 막들은 '유기물'로서, 탄소와 수소 원자를 포함하는 화학적 유기 분자 성분을 포함하고 있으며 중금속은 포함하지 않는다.

비디오 모니터나 TV 스크린용 LCD는 별도의 백라이트가 필요하지만, OLED는 자체적으로 빛을 낸다. 이로 인해 디스플레이 두께를 수 밀리미터 수준까지 줄일 수 있어, 잠재적으로는 효율이 더 높다.

반도체 막은 픽셀로 나뉘어져 있고, 각각 발광 다이오드처럼 작동한다. 여기에 추가되는 박막은 픽셀 지정pixel addressing을 위한 도체 매트릭스a matrix of conductor를 포함하고 있다. 능동형 유기 발광 다이오드AMOLED에서 도체는 능동 매트릭스active matrix를 형성하고, 수동형 유기 발광 다이오드PMOLED에서는 수동 매트릭스passive matrix를 형성한다.

능동 매트릭스에서 각각의 픽셀은 전압 전이voltage transition가 활성화하는 동안 박막 트랜지스터thin-film transistor(TFT)를 이용해 상태를 저장한

다. 이 장치를 TFT 디스플레이라고 한다. 이 용어는 '능동 매트릭스'와 함께 사용된다.

수동 매트릭스에서 각각의 도체 쌍은 단순히 전류를 픽셀에 공급하는 역할을 한다. 이 방식은 제작 비용이 저렴하고 더 간편하지만 반응성은 좋지 않다.

액정 디스플레이liquid-crystal display를 설명하기 위해 '수동 매트릭스', '능동 매트릭스'라는 용어를 사용할 때는 두 용어의 의미가 같다.

도트 매트릭스 문자가 포함된 흑백 OLED 디스플레이 모듈은 현재 중국에서 몇 달러면 살 수 있다. 흑백 OLED 디스플레이 모듈은 표면적으로는 LCD 모듈과 비슷해 보이지만 검은 바탕에 흰색 문자만 표시할 수 있다.

소형 천연색 OLED 스크린은 스마트폰과 카메라 뒷면에 장착하는 스크린에 사용되는데, 이 글을 쓰는 시점에서 대형 OLED 스크린 기술은 충분히 발달하지 못했다. 과도한 생산 단가도 발전을 막는 요인 중 하나다. 화학 물질과 박막 조성에서 매우 다양한 방법이 시도되었으며, 기판에 대한 픽셀 적용에서는 섀도 마스크shadow mask를 통한 진공 증착vacuum deposition, 잉크젯 프린터와 유사한 시스템 도입 등 여러 방법이 시험되고 있다. 빨강, 초록, 파랑 빛을 방출하는 픽셀과 필터가 부착된 픽셀도 시험 중이다. 단 하나의 지배적인 공정은 아직 등장하지 않았다.

지속성과 밝기 역시 문제다. 빨강, 초록, 파랑 다이오드를 사용할 경우, 각각의 다이오드는 성능의 감퇴 속도가 제각각 다르다. 인간의 눈은 전반적인 밝기의 감소는 허용하지만 픽셀 하나의 미세한 색깔 변화는 허용하지 않는다. 예를 들면 파

란색 픽셀은 빨간색 픽셀보다 밝기의 감소 속도가 더 빠르다.

OLED 스크린이 더 얇고 더 밝고 더 환한 특성을 가지고 있고, 깨지기 쉬운 유리 기판을 사용할 필요가 없기 때문에, 기술 개발에 대한 동기가 강하다. 따라서 미래에는 OLED가 지배적인 지위를 얻을 가능성이 있다.

OLED 제작의 실질적인 문제가 해결되고 가격이 대폭 떨어지면, 빛이 고루 확산되면서도 그림자를 만들지 않는 실내 또는 사무실 조명으로 사용될 수 있을 것이다.

27장

트랜스듀서

본 백과사전에서 말하는 트랜스듀서transducer는 외부 회로로 구동되어 소리를 만드는 장치noise-creating device를 뜻한다. 다음 장에서 등장하는 오디오 인디케이터audio indicator는 자체 회로가 내장되어 있으며, DC 전원을 사용한다. 트랜스듀서와 오디오 인디케이터는 구분 없이 비퍼beeper 또는 버저buzzer라고도 한다.

스피커speaker, 보다 정확하게는 라우드스피커loudspeaker는 전자 유도형 트랜스듀서electromagnetic transducer이지만 이런 용어를 사용하는 경우는 드물다. 본 백과사전에서는 스피커를 독립된 장에서 따로 설명한다. 스피커는 음향 재생 장치로 일반 트랜스듀서에 비해 크기가 크고 출력이 높으며 주파수 응답 특성도 선형적이다.

압전 트랜스듀서piezoelectric transducer는 이전에는 크리스털을 사용했다. 본 백과사전에서는 세라믹 웨이퍼를 이용하는 현대적인 압전 트랜스듀서 제품을 다룬다.

일부 트랜스듀서는 소리를 전기로 변환하기도 하는데, 이 유형은 센서sensor로 분류해 3권에서 다룬다. 본 장에서 다루는 트랜스듀서는 전기를 소리로 변환하는 부품이다.

관련 부품

- 오디오 인디케이터(28장 참조)
- 헤드폰(29장 참조)
- 스피커(30장 참조)

역할

오디오 트랜스듀서transducer는 경고음alert을 만들어 내는 장치로, 외부 회로에서 공급되는 AC 신호를 사용한다. 단순한 형태의 트랜스듀서는 버저buzzer 또는 비퍼beeper라고 한다.

경고음은 전자레인지, 식기 세척기, 식기 건조기, 자동차, 주유소 펌프, 보안 장치, 장난감, 전화기 등 여러 전자제품에서 사용된다. 또한 터치패드에서 촉각 스위치를 제대로 눌렀는지 알려 주는 용도로도 사용된다.

다음 페이지 [그림 27-1]의 회로 기호는 오디오 인디케이터indicator를 포함한 모든 종류의 오디오 경보기를 표시하는 데 사용된다. 오디오 인디케이터는 자체 회로가 내장되어 있어 단일 음이나 연

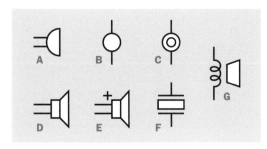

그림 27-1 트랜스듀서 또는 인디케이터를 표현하는 기호 모음. 자세한 내용은 본문 참조.

속 음들을 생성할 수 있다. A형은 가장 널리 사용되는 기호이며, B와 C는 정확한 확인을 위해 기호 아래에 '버저'라는 단어를 병기한다. D와 E는 실제로는 스피커speaker를 표시하는 기호지만, 오디오 경보기용으로도 사용한다. F는 결정 진동자crystal oscillator 기호인데, 최근에는 압전 소음 발생기piezoelectric noise maker를 표시하는 용도로 사용되기도 한다. G는 일반적으로 전자 유도형 트랜스듀서electromagnetic transducer 기호인데, 거의 사용하지 않는다.

작동 원리

원형 진동판diaphragm은 반경이 대략 0.5~1.5″ (1.3~3.8cm)인 플라스틱 원통 케이스 내부의 경계면에 접착되어 있다. 케이스 아래쪽은 밀봉되어 있고 위쪽은 뚫려 있어 소리는 진동판 위쪽을 통해 외부로 나가는데, 이때 진동판 아래쪽에서 형성되는 반대 위상 파동이 소리를 상쇄하지 않는다. 원통 케이스는 공진으로 소리를 증폭하는 역할도 하는데, 이는 기타나 바이올린의 몸통이 현에서 울리는 소리를 증폭하는 것과 같은 원리다.

진동판은 전자기적으로 또는 압전기적piezoelectrically으로 활성화된다. 이 내용은 다음 섹션에서 설명한다.

트랜스듀서와 오디오 인디케이터는 외관상 구분이 잘 구분이 가지 않는다. [그림 28-1]이 오디오 인디케이터다.

다양한 유형

전자 유도형 트랜스듀서

전자 유도형 트랜스듀서electromagnetic transducer에는 플라스틱으로 만든 진동판이 들어 있다. 그 위에 작은 강자성체 원판ferromagnetic disc이 올라가는데, AC가 코일을 통과할 때 발생하는 전기장의 변화에 따라 움직인다. 진동판이 진동하면 압력파pressure wave가 발생하고, 이것이 인간의 귀에 소리로 감지된다.

자동차 경적은 전자 유도형 트랜스듀서 중에서도 특히 소리가 큰 제품에 속한다.

압전 트랜스듀서

압전 트랜스듀서piezoelectric transducer에는 얇은 황동 디스크로 된 진동판이 들어 있고, 그 위에 세라믹 웨이퍼ceramic wafer가 올라가 있다. 압전 웨이퍼와 디스크 사이에 AC 신호가 걸리면, 디스크는 AC 신호의 주파수에 따라 진동한다.

압전piezo이라는 말은 그리스어인 piezein에서 유래한 것으로 '쥐어짜다' 또는 '누르다'라는 의미가 있다.

초음파 트랜스듀서

초음파 트랜스듀서ultrasonic transducer의 진동판은 인간의 가청 주파수보다 높은 주파수로 진동한다.

초음파 트랜스듀서의 유형으로는 전자 유도형, 압전형, 크리스털형이 있으며, 흔히 거리 측정 장치에서 초음파 수신기와 함께 사용된다. 초음파 트랜스듀서와 수신기는 브레이크아웃 보드breakout board에 조립된 제품으로 구매할 수 있다. 보드 출력은 펄스 열pulse train 형태며, 펄스 간격은 트랜스듀서의 소리를 반사하는 가장 근접한 물체와의 거리에 비례한다.

[그림 27-2]는 초음파 트랜스듀서의 외관이고, 내부 구조는 [그림 27-3]에서 확인할 수 있다.

수중 초음파 트랜스듀서는 세정 시스템cleaning system에서 액체를 진동시켜 먼지나 잔여물 등을 떨어내는 용도로 사용된다. 또한 수중 작업용 장비인 음향 측심기echo-sounding equipment와 수중 음파 탐지기sonar equipment에서도 사용된다.

그림 27-3 초음파 트랜스듀서의 내부 구조. 소형 알루미늄 콘(cone)이 소리를 발산한다. 흰색의 접착제가 가느다란 도선을 고정하고 있다.

형태

트랜스듀서 중에는 한 변의 길이가 0.5″(1.3cm)보다 작은 크기의 표면 장착형 모델로 출시된 제품도 있다. 공진 주파수resonant frequency는 부품 크기

그림 27-2 초음파 트랜스듀서의 외관.

와 밀접한 관계가 있으므로, 표면 장착형 트랜스듀서는 대체로 높은 음역대의 소리를 낸다.

부품값

주파수 대역

가청 주파수audio frequency는 헤르츠(Hz) 단위로 측정한다. 이 단위는 전자기파의 존재를 최초로 증명한 과학자인 하인리히 루돌프 헤르츠Heinrich Rudolf Hertz의 이름에서 따왔다. 실제 인물의 이름을 단위로 쓰는 것이기 때문에, Hz의 H는 대문자로 쓴다. 1,000Hz는 1kHz로 표시한다(k는 소문자로 써야 한다).

인간의 귀는 20Hz에서 20kHz 사이의 소리를 감지할 수 있다. 그러나 15kHz 이상을 듣는 경우는 상대적으로 드물며, 나이가 들면 고주파수의 소리를 듣는 능력은 자연스럽게 감퇴한다. 또한 시끄러운 소음에 장기간 노출되면 모든 주파수 대

역에 대하여 민감성이 떨어진다.

트랜스듀서에서는 3~3.5kHz의 주파수가 가장 많이 사용된다. 1kHz 이하의 저주파 대역 음을 만들 때, 압전 트랜스듀서의 효율은 썩 좋지 않으며 전자 유도형 트랜스듀서 쪽이 더 우수하다. 전자 유도형 트랜스듀서의 경우 100Hz까지는 응답 곡선이 거의 평탄하다.

음압

음압sound pressure의 단위는 단위 면적당 뉴튼(N/m²), 즉 파스칼Pascal이고, Pa로 표기한다. 뉴튼(N)은 힘의 단위이고, Pa는 파스칼의 약어이다.

소리의 음압 레벨sound pressure level(SPL)은 음압과는 다르다. SPL은 밑이 10인 로그 값이며 데시벨(dB) 단위로 표시한다. SPL은 임의로 정한 기준 값인 20마이크로파스칼(μPa)에 대한 음파의 상대적 압력이다. 20μPa은 인간이 들을 수 있다고 간주하는 최소 문턱값으로, 3미터 거리에 있는 모기가 내는 소리와 비슷하다. 이 값을 0dB로 정한다.

데시벨은 로그 스케일이기 때문에, 데시벨의 선형적인 증가와 실제 음압의 선형 증가는 서로 대응하지 않는다.

- SPL에서 6dB이 증가하면, 실제 음압은 대략 2배 증가한다.
- SPL에서 20dB이 증가하면, 실제 음압은 10배 증가한다.

따라서, 0dB이 기준 음압인 20μPa이므로, 20dB의 SPL은 200μPa(0.0002Pa)이 된다.

여러 가지 음원의 데시벨을 나열한 표는 많이

데시벨	소리의 예
140	제트 엔진에서 50미터 떨어진 곳
130	고통을 느끼기 시작
120	시끄러운 록 콘서트
110	1미터 떨어진 곳의 자동차 경적
100	1미터 떨어진 곳의 착암기 드릴
90	300미터 상공의 프로펠러 비행기
80	15미터 떨어진 곳의 화물 열차
70	진공청소기
60	사무실
50	대화
40	도서관
30	조용한 침실
20	낙엽이 바스락거리는 소리
10	1미터 떨어진 곳의 조용한 숨소리
0	소리가 들리는 최저 한계

그림 27-4 음원의 대략적인 데시벨 값(유사한 표 8개를 선택해 평균한 것임).

있다. 그러나 불행히도 이 표들은 서로 일치하지 않으며, 소리를 측정한 거리도 표시되어 있지 않다. [그림 27-4]는 비슷한 내용의 표 8개를 평균해서 정리한 것이다. 이 표를 대략적인 가이드로 삼을 수 있다.

10dB이 증가하면 소리가 '2배'로 커진다는 주관적인 경험을 주장하는 사람도 있다. 그러나 불행하게도 이 주장은 정량화할 수 없다.

주파수 가중

인간의 귀는 주파수에 대해 비선형적으로 반응하기 때문에, 소리를 주관적으로 측정하는 것은 매우 복잡하다. 인간의 귀는 서로 다른 주파수의 소리를 들을 때, 음압이 같아도 소리의 크기를 다르게 느낀다. 귀의 주파수 가중 현상을 측정하는 방법은 다음과 같다. 먼저 1kHz의 기준 음을 20dB 크기로 재생한 후 주파수가 다른 2차 음을 재생해 A-B 비교를 시행하면서, 실험 대상에게 두 소리가 똑같은 크기로 들릴 때까지 2차 음의 볼륨을 조정하도록 지시한다.

이 과정을 전체 주파수 대역에 대하여 시행한다. 이후 1kHz의 기준 음을 30dB 크기로 재생해 같은 과정을 반복한다. 테스트는 기준 음의 크기가 90dB이 될 때까지 계속한다.

이 테스트의 결과로 얻은 그래프를 등음 곡선 equal-loudness contour이라고 한다. 여러 음원을 이용해 측정한 평균 등음 곡선은 ISO 226:2003의 국제 표준으로 등록되어 있다. [그림 27-5]에 보이는 그래프는 이 표준에서 도출된 것이다. 그래프를 보면 낮은 주파수 음역은 1kHz와 비슷한 크기의 소리를 내려면 상당히 증폭해야 하며, 약 3kHz의 주파수는 다른 주파수보다 소리가 조금 크기 때문

에 볼륨을 약간 줄여야 한다.

등음 곡선은 정확성에서는 논란의 여지가 있지만, 소리 세기의 주관적 감지 표현을 위해 dB 값을 조절하는 주파수 가중 시스템의 기본으로 널리 사용되고 있다. 이 A 특성 보정 시스템A-weighting system은 짧게 지속되는 소리에 너무 적은 가중치를 할당한다는 지적을 받아왔지만, 여전히 미국 내에서 가장 보편적으로 활용되는 오디오 표준이다. dBA로 표현되는 소리는 A 특성으로 보정되었음을 뜻하는데, 귀에 가장 덜 민감한 소리에는 실제 측정한 값보다 더 낮은 값을 부여한다. 이러한 이유로 100Hz의 음을 dBA로 표시할 때는 실제 dB 값보다 약 20dB 정도 낮다. 인간의 귀는 상대적으로 낮은 주파수 소리에 덜 민감하기 때문이다. dBA는 작업장과 기타 여러 환경의 소음 제한 규정에 사용된다.

비가중 소음 레벨

소리의 세기를 dBSPL로 표시한다면, 이는 실제 음압 레벨로 측정한 것으로 A 특성으로 보정되지 않은 것이다. 보정하지 않은 dBSPL 그래프에서 낮은 주파수 소리는 귀로 듣는 값보다 더 세게 들리는 것처럼 표시된다. 실제로 인간이 주관적으로 느끼는 낮은 주파수 대역의 감쇠율rolloff은 그래프에서 표현되는 것보다 훨씬 더 심하다.

소리의 세기를 단순히 dB로 표현한다면 이는 보정되지 않은 값, 즉 dBSPL로 간주해야 한다.

실용적인 면에서 트랜스듀서를 위한 음을 선택할 때, 500Hz의 소리가 상대적으로 부드럽고 시끄럽지 않게 들린다. 인간의 귀가 3.5kHz 부근의 소리에 가장 민감하기 때문에 주의를 집중시키는

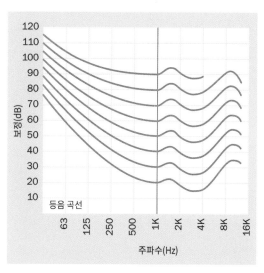

그림 27-5 ISO 226:2003에서 도출한 등음 곡선. 자세한 내용은 본문 참조.

신호로 3.5kHz의 소리를 선택하면 좋다.

트랜스듀서의 음압 범위는 대체로 65~95dBSPL
이다. 소리의 세기가 이보다 더 크거나 작은 제품
은 많지 않다.

측정 위치

소리 경보기의 음압은 측정 거리가 멀수록 감소한
다. 따라서 데시벨 측정값은 측정이 이루어진 기
준 거리와 함께 표시해야 한다.

측정 거리는 센티미터 또는 인치로 표시하며,
10cm에서 1m까지 다양하다. 같은 제조업체에서
발행하는 데이터시트에서도 제품마다 측정 거리
가 다르다. 측정 거리가 2배로 멀어지면 SPL은 약
6dB 감소한다.

제한

압전 트랜스듀서는 소리 재생 장치가 아니며 주
파수 응답 곡선이 매끄럽거나 평탄하지 않다. 이
런 관점에서 볼 때, 말로리Mallory 사의 PT-2040PQ

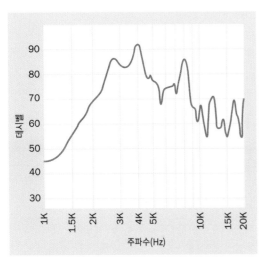

그림 27-6 일반적인 소형 압전 트랜스듀서의 주파수 응답 특성.

그래프는 전혀 특이한 것이 아니다([그림 27-6] 참
조). 이 부품의 반경은 0.75″(2cm), 정격 전원은
5VDC이며, 1.5mA만으로도 90dB의 소리를 낼 수
있다(10cm 위치에서 측정). 다른 여러 압전 음원
소자와 마찬가지로 3,500kHz 근처에서 최댓값을
내며, 그 외의 주파수에서는 감소한다. 특히 낮은
주파수로 내려갈수록 감소가 더 심하다. '신호'용
으로는 가장 완벽한 부품이지만, 음악 재생용으로
는 적절하지 않다.

전자 유도형 트랜스듀서는 압전 트랜스듀서보
다 낮은 주파수의 소리를 더 잘 생성하고, 임피던
스impedance가 낮아 일부 회로에 적합하다. 그러나
전자 유도형 트랜스듀서는 압전 트랜스듀서보다
약간 더 무겁고 전력을 훨씬 더 많이 소비하며, 코
일을 포함한 AC 소자이므로 회로에서 전자기 간
섭을 일으키거나 유도성 부하inductive load가 되어
변동을 유발하기도 한다. 또한 압전 트랜스듀서와
는 달리 외부에서의 자기 간섭magnetic interference
에 취약하다는 단점도 있다.

전자 유도형 트랜스듀서는 사람의 말이나 음악
을 재현하는 데 있어 압전 트랜스듀서보다는 낫지
만 성능은 여전히 불만족스럽다. 이런 용도로는
소형 스피커가 더 적합하다.

전압

트랜스듀서의 일반적인 전압 범위는 5~24VAC이
다. 압전 트랜스듀서의 세라믹 웨이퍼는 40VAC
이상의 전압을 견디지 못하며, 30VAC 이상에서는
소리의 출력도 크게 증가하지 않는다.

전류

일반적인 압전 트랜스듀서가 소모하는 전류는 10mA 이하이며, 발생하는 열은 무시할 수 있는 수준이다. 전자 유도형 트랜스듀서는 60mA까지 소비한다.

사용법

적합한 소리 세기

경보음은 사용하는 환경을 기준으로 선택해야 한다. 주위 배경 소음에 비해 적어도 10dB 이상은 커야 제대로 들릴 수 있다.

볼륨 조절

음압은 전압 변화로 조절할 수 있다. 트랜스듀서는 전류 소비량이 많지 않기 때문에 트리머trimmer를 볼륨 조절 용도로 사용할 수 있다. 다른 방식으로는 로터리 스위치를 고정 저항과 함께 사용해, 미리 정해둔 볼륨을 선택하게 할 수 있다.

AC 전원

트랜스듀서는 AC 장치이지만, 0V을 중심으로 양과 음으로 진동하는 전압과는 잘 맞지 않는다. 일반적으로 트랜스듀서는 전원 공급기의 0V(접지)와 양의 전압 사이에 있는 전압에 적합하며, 트랜스듀서의 핀, 도선, 단자 등은 그에 맞게 표기되어 있다. 트랜스듀서의 단자가 도선 형태면 빨간색 도선을, 핀 형태면 길이가 긴 핀을 전원 공급기의 양의 단자에 연결한다.

단순한 발진기oscillator나 비안정 멀티바이브레이터astable multivibrator 회로도 트랜스듀서에서 사용할 수 있다. 주어진 최대 전압에서 사각파가 사인파보다 더 큰 소리를 만들어 낼 수 있다. 단순한 555 타이머 회로도 이용이 가능하며, 필요한 경우 단안정monostable 타이머를 추가해 소리의 간격을 제한할 수 있다. 비안정astable 555 타이머는 트랜스듀서 테스트용으로 가장 좋은 소리를 내는 오디오 주파수를 찾을 때 사용된다.

자체 구동 트랜스듀서 회로

도선이나 핀이 세 개 있는 트랜스듀서는 자체 구동형self-drive일 가능성이 높다. 데이터시트에서는 핀의 입력을 M, G, F로 표기하는데, 이는 각각 메인(Main), 접지(Ground), 피드백(Feedback)을 의미한다. 피드백 단자는 진동판에 연결되고, 진동판은 메인 단자와 180도 반대 위상으로 진동한다. 이 구조로 인해 [그림 27-7]과 같이 단순한 외부 구동 회로가 가능해진다. 회로의 주파수는 트랜스듀서의 공진 주파수resonant frequency로 결정된다.

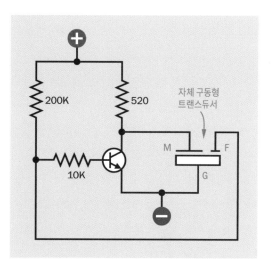

그림 27-7 자체 구동형 압전 트랜스듀서를 제어하기 위한 회로

주의 사항

과전압

주요 압전 경보기 제조업체인 말로리 소날러츠 Mallory Sonalerts 사에 따르면, 반품 제품의 대부분이 순간적인 전압 스파이크 형태의 과전압으로 인한 파손이라고 한다.

전류 누설

경보가 꺼져 있는 상태에서도 낮은 잡음이 작게 계속 들린다면, 전류가 일부 누설되고 있는 것이다. 1mA 이하의 전류로도 이 같은 문제가 일어날 수 있다. 한 제조업체에 따르면, 이 증상은 과도 전압 억제용 제너 TVStransient voltage suppressor 다이오드를 경보기와 직렬로 연결하거나 꼬마 백열 전구를 경보기와 병렬로 연결하면 해결할 수 있다고 한다.

경보기가 켜진 상태에서는 전구를 통해 전원 공급 전압을 확인할 수 있음을 기억하자.

부품 장착 문제

일부 경보기에는 부품 장착용 구멍이 있지만 대다수 제품은 그렇지 않다. 핀이 달린 제품은 기판에 납땜으로 장착할 수 있지만, 핀이 없는 제품은 원하는 위치에 접착제로 붙이거나 빈 공간에 삽입해야 하는데 이 경우 진동으로 인해 헐거워질 수 있다. 접착제로는 실리콘 접착제가 제일 낫지만, 경보기를 부착하기 전 실리콘 접착제가 조금이라도 새어 들어가지 않도록 주의해야 한다.

습기

습기에 취약한 장소에서 경보기를 사용할 때는 주위 습기를 차단하도록 밀봉 제품을 사용해야 한다. 밀봉 제품도 설치할 때 방향을 약간 아래로 기울이는 것이 좋다.

트랜스듀서-인디케이터 혼동

외관으로 볼 때 트랜스듀서와 인디케이터는 거의 동일하며, 일부 제품은 제조업체의 부품 번호가 표시되어 있지 않다. 트랜스듀서에 DC를 가하거나 인디케이터에 AC를 가하면 부품이 손상될 수 있다. 트랜스듀서와 인디케이터를 같은 공간에서 보관할 경우에는 라벨을 정확히 부착해야 한다.

마이크로컨트롤러와 연결

압전 트랜스듀서는 마이크로컨트롤러로 구동할 수 있으나 전자 유도형 트랜스듀서는 상대적으로 전류 소모량이 많고 유도성 부하처럼 작용하기 때문에 이러한 용도로는 적합하지 않다.

28장

오디오 인디케이터

본 백과사전에서 말하는 오디오 인디케이터audio indicator는 단음 또는 연속 음이 발생하는 장치로 정의한다. 트랜스듀서transducer는 가청 주파수를 결정하기 위해 외부 AC 전원을 사용하지만, 인디케이터는 자체 회로를 포함하고 있으며 DC 전원을 사용한다. 트랜스듀서와 오디오 인디케이터는 구분 없이 비퍼beeper 또는 버저buzzer라고도 한다.

예전에는 압전 경보기piezoelectric alert에서 크리스털을 사용했으나, 본 백과사전에서는 세라믹 웨이퍼ceramic wafer를 사용하는 현대식 압전 경보기만 다룬다.

관련 부품

· 트랜스듀서(27장 참조)

· 헤드폰(29장 참조)

· 스피커(30장 참조)

역할

가장 단순한 형태의 오디오 인디케이터에 DC 전원을 가하면, 고정 주파수의 연속 음 또는 간헐적인 음이 발생한다. 이를 경보음alert이라고 한다.

경보음은 전자레인지, 식기 세척기, 식기 건조기, 자동차, 주유소 펌프, 보안 장치, 장난감, 전화기 등 여러 전자제품에서 사용된다. 또한 터치패드에서 촉각 스위치를 제대로 눌렀는지 알려 주는 용도로도 사용된다.

이중 음을 내도록 프로그래밍할 수 있는 인디케이터는 많지 않다.

27장의 [그림 27-1]에 나온 회로 기호들은 경보기 또는 트랜스듀서를 모두 표현할 수 있다.

작동 원리

원형 진동판diaphragm은 반경이 대략 0.5~1.5″(1.3~3.8cm)인 플라스틱 원통 케이스 내부의 경계면에 접착되어 있다. 케이스 아래쪽은 밀봉되어 있고 위쪽은 뚫려 있으므로 소리는 진동판 위쪽을 통해 외부로 나가며, 이때 진동판 아래쪽에서 형성되는 반대 위상 파동이 소리를 상쇄하지 않는다. 원통형 케이스에는 회로도 함께 포함되어 있어 하나 이상의 음을 재생하며, 공진으로 소리를 증폭한다. 이는 기타나 바이올린 몸통이 현에서 연주되는 음을 증폭하는 것과 같은 원리다.

[그림 28-1]은 PUI XL453 압전 오디오 인디케이터의 사진이다. 오른쪽이 완전히 조립된 부품이고, 왼쪽은 회로 기판과 진동판을 제거한 것이다. 이 인디케이터는 3.5kHz 주파수에 음압 96dB의 펄스형 음을 만든다. 정격 전류와 전압은 각각 6mA와 12VDC이며, 반경은 약 1″(2.54cm)이다.

주파수와 음압 측정에 관한 자세한 정보는 27장 289~290쪽의 '주파수 대역'과 '음압' 섹션을 참조한다.

외관상으로 볼 때 오디오 인디케이터는 트랜스듀서와 구분이 불가능하다. 그러나 내부적으로 인디케이터는 거의 대부분 압전 소자로서, 얇은 황동 진동판 위로 세라믹 웨이퍼ceramic wafer가 올라가 있다. 압전piezo이라는 말은 그리스어인 piezein에서 유래한 것으로 '쥐어짜다' 또는 '누르다'라는 의미가 있다.

27장에서 설명한 트랜스듀서는 압전형 또는 전자 유도형 경보기로서 대부분 자체 회로를 포함하지 않으며 외부 AC 전원으로 구동된다. 전원의 주

그림 28-1 일반적인 압전 오디오 인디케이터.

파수에 따라 가청 주파수가 결정된다.

부품 카탈로그에서는 인디케이터와 트랜스듀서 간의 차이를 명확히 구분하지 않는다. 또한 비프 음beep을 내는 제품도 '비퍼beeper'가 아닌 '버저buzzer'로 표시하는 경우가 많다.

주파수

주파수에 대한 설명은 27장의 289쪽 '주파수 대역'을 참조한다.

역사

전기로 작동하는 경보기로서 최초로 등장한 모델은 아마도 초인종일 것이다. 초인종에는 솔레노이드와 스프링이 장착된 레버가 있고, 레버 끝에는 작은 해머가 달려 있다. 솔레노이드는 6VDC 배터리 전원을 사용한다. 외부의 푸시 버튼을 누르면 전원이 들어오면서 해머가 종을 때리는데, 레버의 움직임으로 인해 접점의 접촉이 끊어지고 솔레노이드에 걸리는 전원이 차단된다. 레버가 다시 원위치로 돌아가면 접점이 접촉하게 된다. 푸시 버튼을 눌러 전원이 공급되는 동안에는 이 과정이 계속 반복된다.

이후 모델은 강압 변압기stepdown transformer를 거쳐 가정용 AC 전원을 사용하는 소형 스피커를 사용했다. 이 초인종은 윙윙거리는buzzing 소리가 나서 버저buzzer라는 이름이 붙었다.

새로운 디지털 기기들이 출현하면서 사용자의 입력을 확인하거나 주의를 끌기 위해 단순하고 저렴한 방법이 필요해졌고, 이에 따라 비프 음을 내는 소형 부품이 널리 사용되었다.

다양한 유형

소리 패턴

오디오 인디케이터는 자체 회로를 내장하고 있기 때문에, 제조업체는 다양한 패턴의 소리 출력을 자유롭게 만들었다.

기본 파형은 단음이다. 그 밖에 일반적인 유형으로는 두 주파수를 매우 빠르게 변화시켜 간헐음과 이중 음을 만드는 것이다. 이러한 장치를 사이렌siren이라고도 한다. 그 밖에 여러 음을 연달아 생성하거나 새 소리 또는 합성 소리와 같은 효과를 내는 유형도 있는데, 경보 시스템에서 주로 사용된다.

구조

오디오 인디케이터 중에는 한 변의 길이가 0.5″(1.3cm)보다 작은 크기의 표면 장착형 모델로 출시된 제품도 있다. 공진 주파수resonant frequency는 부품 크기와 밀접한 관계가 있으므로 표면 장착형 경보기는 대체로 높은 음역대의 소리를 낸다.

패널 장착형과 기판 장착형의 반경은 0.5~1.5″(1.3~3.8cm)이다. 회로 기판에 장착할 수 있는 소형 오디오 경보기의 사진이 [그림 28-2]에 나와 있다. 사진에서는 위 덮개를 제거해 가장자리에 접착되어 있는 황동 진동판을 노출했다. [그림 28-3]은 같은 부품으로서 플라스틱 케이스를 완전히 제거한 사진이다.

그림 28-2 반경 약 0.5″(1.3cm)의 오디오 인디케이터. 오른쪽은 케이스를 일부 제거해 황동 진동판이 드러나 있다.

그림 28-3 앞의 사진과 같은 부품으로, 케이스를 완전히 제거했다.

오디오 인디케이터의 음압 범위는 대체로 65~95dBSPL이다. 소리의 세기가 이보다 더 크거나 작은 제품은 많지 않다. 120dB 이상의 제품들은 대부분 곧바로 설치가 가능한 경보 사이렌 형태로 조립되어 있으며, 소형 경적이 부착된 경우가 일반적이다. 이 제품의 소비 전력은 200mA 이상이며, 회로 기판에 장착해 사용하는 단순한 인디케이터와 비교하면 몇 배나 더 비싸다.

부품값

음압과 측정 단위 데시벨에 관한 설명은 27장의 290쪽 '음압' 섹션을 참조한다.

전압

자체 회로가 내장된 오디오 인디케이터의 정격 전압은 대부분 5~24VDC이다. 도난 경보기용 사이

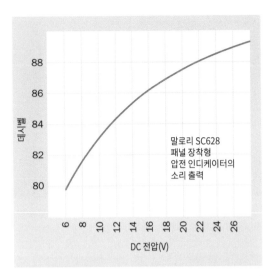

그림 28-4 전압에 따른 소리 출력의 변화. 흔히 사용되는 압전 인디케이터를 이용해 측정.

렌은 12~24VDC를 사용하도록 설계되었는데, 배터리를 백업 전원으로 사용하는 보안 장치에서 가장 많이 사용되는 전압 범위이기 때문이다. 그러나 데이터시트에서는 정격 전압 외에도 다양한 동작 전압operating voltage을 규정하고 있다. 예를 들어 정격 전압이 12VDC인 인디케이터의 동작 전압은 3~24VDC이다. 당연히 소리의 세기는 전압에 따라 변하지만, 실제로 사용자가 생각하는 정도로 변화의 폭은 크지 않다. [그림 28-4]는 경보기의 소리 출력을 데시벨로 표시한 그래프로, 전압이 거의 5배나 증가하는데도 소리는 겨우 8dB밖에 증가하지 않는다는 것을 확인할 수 있다. 물론 dB의 스케일이 선형적이지는 않지만, 인간이 소리를 감지하는 방식도 선형적이지 않다.

전류

일반적인 압전 인디케이터piezoelectric indicator는 10mA 미만의 전류를 사용한다(대개는 5mA 이하

다). 발생하는 열은 무시할 만한 수준이다.

주파수

인디케이터에서 가장 많이 생성하는 주파수는 3~3.5kHz이다. 압전 소자는 1kHz 이하의 소리 재생에서는 효율이 떨어진다.

사용률

압전 경보기는 열이 거의 발생하지 않아 100%의 사용률duty cycle로 가동할 수 있다.

경보기에 간단한 펄스 신호가 입력된다면, 소리를 낼 수 있는 최소 펄스 간격은 50ms이다. 이보다 간격이 짧으면, 제대로 소리가 나지 않고 클릭 음만 발생한다.

사용법

적합한 소리 세기

인디케이터는 사용할 환경을 고려해 선택해야 한다. 쉽게 들리게 하려면 주위 배경 소음보다 적어도 10dB 이상은 소리가 커야 한다.

볼륨 조절

소리의 세기는 전압 변화로 조절할 수 있다. 인디케이터는 전류 소비량이 많지 않기 때문에 트리머를 볼륨 조절 용도로 사용할 수 있다. 다른 방식으로는 로터리 스위치를 고정 저항과 함께 사용해 미리 정해둔 볼륨을 선택하게 할 수 있다.

그러나 대다수 인디케이터에서 전압 변화가 소리 출력에 미치는 영향은 상대적으로 적은 편이다 ([그림 28-4] 참조).

선 연결

인디케이터는 DC 전압을 사용해야 한다. 인디케이터에는 트랜지스터가 포함되어 있기 때문에 전원 공급기의 극성은 매우 중요하다. 인디케이터의 단자가 도선 형태이면 빨간색 도선을, 핀 형태면 길이가 긴 핀을 전원 공급기 양의 단자에 연결해야 한다.

주의 사항

인디케이터에서 발생할 수 있는 문제는 트랜스듀서와 동일하다. 27장의 294쪽 '주의 사항' 섹션을 참조한다.

29장

헤드폰

본 백과사전에서 헤드폰headphone이라는 용어는 소리 재생을 목적으로 귀 내부 또는 귀 위로 착용하는 제품을 뜻한다(보청기hearing aid는 포함되지 않는다). 헤드폰은 쌍으로 사용되기 때문에 영어로 쓸 때는 항상 복수 형태로 표기한다.

헤드폰을 줄여 '폰'이라고 부르는 경우도 있는데, 본 백과사전에서는 이러한 용어는 사용하지 않는다.

모노 음향 재생에 사용되는 한 개짜리 이어폰earphone도 있지만 최근에는 거의 찾아보기 힘들며, 한 쌍의 이어폰earbud을 많이 사용한다.

본 백과사전은 소비자 제품보다는 전자부품에 더 중점을 두고 있기 때문에, 이 장에서는 완제품 헤드폰의 간단한 개요만 제공하며, 헤드폰 내부의 드라이버, 작동 원리, 소리 재생과 관련한 일반적인 주제를 좀 더 집중적으로 다룬다.

관련 부품

· 트랜스듀서(27장 참조)
· 스피커(30장 참조)

역할

헤드폰은 전기 신호의 변화를 압력파pressure wave로 변환하며, 이것이 사람 귀에서 소리로 들리게 된다. 헤드폰은 즐거움을 위한 음악 재생에 사용될 수 있으며, 통신상의 대화, 방송, 소리 녹음 등에도 사용된다.

　[그림 29-1]은 헤드폰을 표시하기 위한 기호다. 그중 왼쪽 그림은 단일 헤드폰 또는 이어폰의 기호다. 이 기호를 90도로 세우면 마이크로폰의 기호가 된다. 오른쪽 그림의 기호는 수십 년 동안 사용되고 있으며, 지금도 여전히 회로도에서 찾아볼

그림 29-1 단일 이어폰 또는 헤드폰(왼쪽)과 헤드폰 한 쌍(오른쪽)의 회로 기호.

수 있다.

작동 원리

소리의 기초

소리는 매질에서 압력파의 형태로 전파된다. 매

질은 대부분 공기지만 기체, 액체, 고체일 수도 있다. 전파 속도는 매질의 밀도와 기타 특성에 따라 변한다. 내이(內耳)의 솜털cilia이 압력파에 대응해 진동하고, 신경 자극이 뇌로 전달되면 이 자극을 소리로 해석하게 된다.

음파를 포함한 모든 유형의 파동 전파는 주파수(frequency의 f로 표시), 전파 속도(velocity의 v로 표시), 파장wavelength(그리스 알파벳 람다(λ)로 표시)의 3가지 물리량으로 설명된다.

이 세 물리량의 관계는 단순한 방정식으로 정의된다.

$$v = \lambda * f$$

속도velocity는 단위 시간당 거리(m/s)로 측정하며, 파장은 미터(m), 주파수는 헤르츠(Hz)로 측정한다. 1Hz는 1초 동안의 1주기를 뜻한다. 헤르츠라는 단위는 전자기파의 존재를 최초로 증명한 과학자인 하인리히 루돌프 헤르츠Heinrich Rudolf Hertz의 이름에서 따온 것이며, 실제 인물의 이름을 단위로 쓰기 때문에 Hz의 H는 항상 대문자로 표기한다. 1,000Hz는 1kHz로 표시한다(k는 소문자로 써야 한다).

인간의 귀는 20Hz에서 20kHz 사이의 소리를 감지할 수 있다. 그러나 15kHz 이상을 듣는 경우는 상대적으로 드물며, 나이가 들면 고주파수 소리를 듣는 능력은 자연스럽게 감퇴한다. 또한 시끄러운 소음에 장기간 노출되면 모든 주파수 대역에 대하여 민감성이 떨어진다.

자연 상태에서 발생하는 소리는 마이크로폰의 전압 변동으로 변환될 수 있다. 마이크로폰micro-phone은 센서sensor의 일종으로 분류해 본 백과사전의 3권에서 다룰 예정이다. 인공적인 소리는 발진기oscillator와 기타 전자회로의 전압 변동으로 생성될 수 있다. 어떠한 경우든 변동의 출력 범위는 양의 공급 전압에 따른 상한선과 전기적 접지(0V로 가정됨)로 인한 하한선 사이에서 결정된다. 또 다른 경우로는 변동 범위가 0V를 중심으로 값은 동일하고 위상은 반대인 전원 공급기의 양의 전압과 음의 전압 사이에서 정해질 수 있는데, 이 조건은 전기적으로는 불편할 수 있지만 소리를 더 직접적으로 재현한다. 그 이유는 음파는 주위 대기압을 중심으로 위아래로 변동하는데, 주위 대기압이 접지 상태와 유사하다고 간주할 수 있기 때문이다.

음파의 양의 파형 및 음의 파형에 관한 개념은 [그림 29-2]에서 설명하고 있다(이 그림은 원래 Make: More Electronics에 실린 것이다).

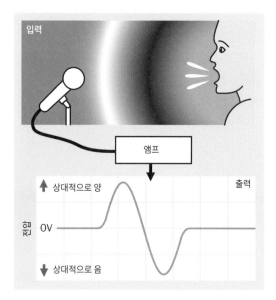

그림 29-2 높은 음압의 파형을 재현하기 위해 양의 전압과 음의 전압을 사용한 후, 더 낮은 음압의 골(trough)이 뒤따른다.

소리 증폭에 관한 내용은 7장 op-앰프op-amp를 참조한다.

헤드폰은 마이크로폰의 기능을 정확히 뒤집은 것으로 전기를 다시 공기 압력 파동으로 변환한다. 이 과정은 전자기적(전자석에 대응하여 진동판을 움직임) 또는 정전기적으로(대전된 두 전극 사이의 정전기력electrostatic force에 대응해 박막을 움직임) 일어난다.

다양한 유형

가동 코일형

진동판에 코일이 부착된 형태의 헤드폰은 오래도록 인기를 지속하고 있다. 이 유형의 헤드폰은 코일이 진동판diaphragm과 함께 움직이기 때문에, 가동 코일형 헤드폰moving-coil headphone이라 한다. 다른 말로 다이내믹 드라이버dynamic driver 또는 다이내믹 트랜스듀서dynamic transducer가 있다고도 하는데, '다이내믹'이라는 말은 코일의 움직임을 뜻한다.

가동 코일 개념은 [그림 29-3]에 나와 있다. 코일이 자석 안의 깊고 좁은 원통형 공간으로 밀려 들어간다. 자석은 헤드폰의 플라스틱 프레임에 붙어 있다. 진동판 가장자리는 유연한 테flexible rim로 지지된다. 코일을 통과하는 전류에 변화가 생기면 자기장이 변하면서 고정 자석이 만드는 자기장과 상호작용한다. 그 결과 진동판은 원통형 공간의 안쪽 또는 바깥쪽으로 움직인다. 대다수 라우드스피커도 이와 유사한 구조를 채택한다. 효율을 높이거나 제조 단가를 낮추거나 소리의 품질을 높이기 위한 세부적인 차이가 있을 수 있지만, 기본 원리는 모두 동일하다.

실제 헤드폰의 내부 부품은 [그림 29-4]에 나와 있다. 사진에서 보면 반경 약 2″(5cm)가량인 플라스틱 진동판이 보인다. 자석과 코일은 아래에 가려져 있다.

[그림 29-4]의 부품은 일반적으로 다음 페이지 [그림 29-5]와 같이 케이스에 싸여 있다. 이 제품은 귀에 닿는 부분에 부드러운 완충재가 결합되어 있다.

일부 디자인에서는 보다 균형 잡힌 주파수 응답frequency response을 달성하기 위해 각 헤드폰에

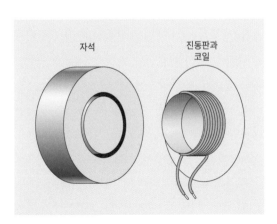

그림 29-3 가동 코일형 헤드폰의 기본 구조.

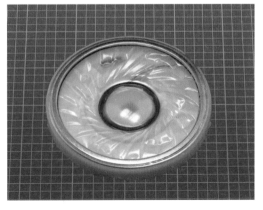

그림 29-4 헤드폰에서 꺼낸 소리 재생 부품.

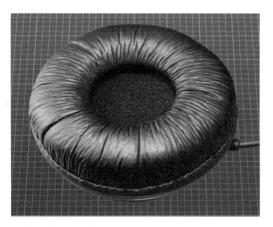

그림 29-5 [그림 29-4]의 소리 재생 부품은 일반적으로 이런 케이스에 싸여 있다.

두 개의 가동 코일 드라이버를 사용하기도 한다. 이때 두 개의 드라이버는 각각 낮은 주파수와 높은 주파수에 최적화되어 있다.

다음 섹션에서 설명하는 이어폰은 가동 코일 디자인을 소형화한 버전을 사용한다.

기타 유형

정전기 방식 헤드폰

정전기 방식 헤드폰electrostatic headphone은 전극 기능을 하는 2개의 그리드 사이에 얇고 평평한 진동판이 걸려 있는 형태다. 그리드 사이의 전위 변화가 진동판의 반대 위상 전압과 결합해 진동판을 진동시키면서 압력파를 생성한다. 이를 위해서는 100~1,000V 사이의 상대적으로 높은 전압이 필요한데, 이 전압은 헤드폰과 앰프 사이의 변환 유닛을 통해 공급된다. 정전기 방식 헤드폰은 왜곡이 적고 고주파 대역에 대한 응답이 훌륭하다고 알려져 있는데, 가격은 조금 비싸다.

일렉트릿 헤드폰

일렉트릿 헤드폰electret headphone은 정전기 방식 헤드폰과 원리는 비슷하지만, 얇은 진동판이 영구적으로 대전되어 있다는 점이 다르며 고전압도 필요하지 않다. 일렉트릿 헤드폰은 크기가 작고 저렴하지만 음질이 아주 뛰어난 편은 아니다.

밸런스드 아마추어 헤드폰

밸런스드 아마추어balanced armature 디자인은 흔히 약어로 BA라고 하는데, 축을 중심으로 회전하는 자석을 사용하는 디자인이다. 이 구조는 효율이 높고 진동판에 걸리는 스트레스를 줄여 준다고 알려져 있다. BA 드라이버는 초소형으로 제작이 가능해, 10mm×10mm×5mm 미만 크기의 밀봉 금속 케이스 안에 들어갈 수 있다. 이 유형은 보통 귓속형 이어폰in-ear earphone으로 사용된다. 귓속형 이어폰은 다음 섹션에서 다룬다.

외관 디자인

타원 덮개형 헤드폰

타원 덮개형circumaural 또는 어라운드 이어around-ear 헤드폰은 크기가 크고 부드러운 패드를 이용해 귀를 완전히 덮으면서 외부 소음을 차단한다. 이어 패드가 크기 때문에 헤드폰 전체가 크고 무거워, 편안히 착용할 수 있도록 헤드밴드를 잘 디자인해야 한다. 귀 위에 얹히는 스타일인 Supra-aural, 온 이어on-ear, 오버 이어over-ear 헤드폰은 크기가 더 작고 가벼운데, 귀를 완전히 덮는 대신 귀 위에 놓는 스타일이다. 이 제품은 주위 잡음을 배제하지 못하며, 타원 덮개형에 비해 베이스 응답 성능이 떨어질 수 있다.

오픈 백 헤드폰

오픈 백open-back 헤드폰은 '투명한 사운드acousti-cally transparent'를 재현한다고 알려져 있으며, 일부 음향기기 마니아 사이에서는 스피커speaker처럼 외부 케이스가 개방되어 있어, 보다 자연스러운 소리를 재생한다고 선호의 대상이 되고 있다. 그러나 당연히 외부 잡음이 유입되며, 동시에 헤드폰에서 재생한 소리가 방 안의 다른 사람에게도 들리게 된다. 밀폐형closed-back 헤드폰은 소리가 밖으로 새지 않고 주위 잡음을 보다 완벽하게 차단한다.

이어폰

이어폰earbud은 한 쌍의 소형 스피커처럼, 귀 안쪽을 향하면서 귀 바깥에 위치한다. 이어폰은 잘 고정되지 않으며 주위 소음에 대한 차단성이 아주 낮다. 애플 사의 아이팟iPod이 출시된 이후 이어폰의 사용이 보편화되었다. [그림 29-6]은 이어폰 중한 쪽의 플라스틱 커버를 제거한 모습이다.

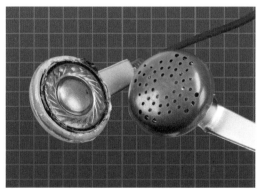

그림 29-6 이어폰 중 한쪽의 커버를 제거해 소리 재생 부품을 보여 주고 있다. 일반 크기 헤드폰의 진동판과 구조가 유사하다.

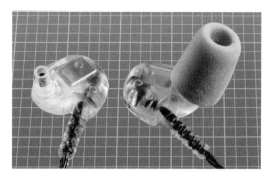

그림 29-7 귓속형 이어폰 1쌍. 분리 가능한 스펀지 플러그가 귀 외이도에 유연하게 맞는다. 왼쪽 이어폰은 플러그가 제거된 상태다.

귓속형 이어폰

귓속형in-ear 이어폰은 귀 외이도에 삽입하도록 설계되었으며, 귀마개처럼 귀에 꼭 맞는 부드러운 고무 마개를 사용한다. 고무 마개는 위생과 사용에 따라 탄성이 떨어지는 문제로 인해 교체할 수 있는 형태로 되어 있다. 이 마개는 외부 소음을 대부분 차단하고, 이어폰 드라이버와 고막 사이 공기 틈을 최소화해 높은 품질의 소리를 재생한다.

귓속형 이어폰은 귓속형 모니터in-ear moni-tor(IEM), 커널형 이어폰, 이어폰, 커널 폰 등의 명칭으로도 불린다. [그림 29-7]은 귓속형 이어폰 사진인데, 한 쪽은 스펀지 마개가 제거되었다. 왼쪽의 사각형 은색 물체에는 트랜스듀서가 들어 있어 음압을 만들어 낸다.

잡음 제거 헤드폰

잡음 제거noise-cancelling 헤드폰은 보세Bose 사가 대중화한 제품인데, 내장 마이크로폰이 외부 잡음을 모니터링한 후 반대 위상의 소리를 만들어 잡음을 상쇄한다. 이 제품은 제트 엔진 비행기처럼 배경 잡음이 일정한 경향을 띠는 장소에서 특히 효과적이다.

그림 29-8 이어폰이 한 개만 있는 외줄형 빈티지 이어폰. 광석 라디오 청취에 적합하다.

그 밖에도 1개 또는 2개의 헤드폰으로 구성된 헤드셋headset에서 사용자의 입까지 닿는 마이크로폰이 추가된 제품도 있다.

이어폰이 1개만 있는 외줄형 제품은 구식이긴 하지만 특수 물자 공급업체에서 구할 수 있다. 이 제품은 임피던스가 높아 광석 라디오crystal-set radio에서 사용하기에 적합하다.

부품값

세기

음압의 단위는 데시벨이다. 가중 데시벨과 비가중 데시벨에 관한 설명과 논의는 트랜스듀서transducer 장 290쪽의 '음압' 섹션을 참조한다.

주파수 응답

주파수에 대한 음압 그래프는 헤드폰의 주파수 응답frequency response을 보여 준다. 귀의 외이도가 소

리에 특색을 가미하고 어떤 주파수는 증폭하지만 어떤 주파수는 차단하기 때문에, 의미 있는 음압을 측정하는 것은 상당한 도전 과제다. 고막에서 측정하는 것이 가장 이상적이지만 이는 현실적으로 가능하지 않다. 따라서 품질이 좋은 고급 헤드폰은 인체 머리 모형에 외이도를 제작해 그 안에서 소리를 측정, 평가한다.

최고급 500달러짜리 오디오 제품과 1달러 미만의 부품 형태로 판매되는 트랜스듀서를 비교하면, 주파수 응답에서 차이를 보인다([그림 29-9] 참조). 헤드폰에서는 인간의 귀가 상대적으로 둔감한 영역인 베이스 대역의 응답이 좋지 않은 경향이 있는데, 젠하이저Sennheiser 헤드폰은 낮은 주파수 대역에서도 부드럽게 응답해 증가 곡선을 보이면서 베이스 대역을 보상해 준다. 높은 주파수 대

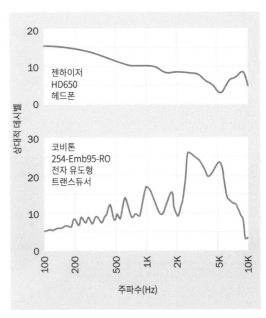

그림 29-9 1달러짜리 오디오 경보용 전자 유도형 트랜스듀서와 소리 재생용 500달러짜리 헤드폰의 주파수 응답 비교. 위 그래프는 *headroom.com*의 리뷰에서 발췌한 것이며, 아래 그래프는 제조업체의 데이터시트에서 인용한 것이다.

역에서의 변동도 5dB 내외다.

코비톤Kobitone 사 제품은 이와 대조적으로 3kHz와 4kHz 사이의 범위를 강조한다. 그 이유는 트랜스듀서의 일차적 역할이 사람의 귀에 잘 들리는 경고음을 만드는 것으로, 이 주파수 대역이 인간의 청력이 가장 민감한 대역이기 때문이다. 낮은 주파수 대역의 응답은 차츰 작아진다(그러나 압전 트랜스듀서의 주파수 응답에 비해서는 월등히 좋은 편이다. 압전 트랜스듀서는 낮은 대역에서 응답이 일반적으로 40~50dB가량 떨어진다). 낮은 주파수 대역에서 코비톤 제품의 출력은 실제로 이 부품의 반경이 9mm밖에 되지 않는다는 사실을 감안하면 상당히 훌륭하다. 정격 전류와 전압은 각각 60mA, 5VAC이다.

오디오 재생 장치 제조사 중에서는 주파수 응답 곡선을 공개하는 것을 꺼리면서, 그 대신 제품의 주파수 응답 범위가 100Hz~20kHz라는 식으로 밝히는 곳도 있다. 그러나 이 같은 내용은 음압 범위가 동반되지 않으면 거의 의미가 없다. 예를 들어 주파수 응답이 ±5dB 내에서 일정하다고 하면 이는 수용할 만하지만, ±20dB이 되면 받아들일 수 없는 수준의 품질이다. 고음역 또는 저음역의 재생 능력은 소리가 거의 들리지 않는다면 쓸모가 없다.

왜곡

오디오 기기의 총고조파 왜곡률total harmonic distortion(THD)은 단일 주파수에 불요 고조파spurious harmonics가 추가되는 경향을 측정한다. 헤드폰이 순수한 1kHz 사인파형을 재생하는 경우, 헤드폰 내부에서는 여기에 더하여 원치 않는 3kHz의 소리가 생성되는데 이는 잡음이 된다. 이 현상은 진동판이 진동하는 기계적 행동으로 인해 자연적으로 발생하며, 사람의 귀는 이러한 왜곡 음을 탁음이나 찢어지는 소리로 인식한다. 사각파는 이론적으로 기본 주파수의 홀수 배가 되는 모든 주파수에서 고조파를 생성하며, 이로 인해 소리는 극도로 왜곡된다.

우수한 성능의 오디오 기기에서는 THD가 1% 미만이다.

임피던스

헤드폰의 전기적 임피던스는 헤드폰을 구동하는 앰프의 출력 규격과 맞아야 한다는 점에서 의미가 있다.

주의 사항

오버드라이브

헤드폰은 오버드라이브로 인해 손상될 수 있다. 낮은 주파수가 높은 주파수와 같은 에너지를 전달하기 위해서는 진동판의 거대한 편위 운동excursion이 필요하기 때문에, 높은 볼륨에서 베이스 대역을 재생하면 손상되기 쉽다.

난청

인간의 청력은 장기간에 걸쳐 헤드폰으로 높은 볼륨의 소리를 듣다 보면 손상될 수 있다. 허용 가능한 음압의 제한에 대해 논란이 이어지고 있다.

임피던스 매칭 오류

헤드폰의 임피던스가 이를 구동하는 앰프 출력과

매칭되지 않으면, 왜곡 또는 편향된 주파수 응답 skewed frequency response을 일으킬 수 있다. 이를 미스 매칭mismatching 또는 부정합이라고 한다.

부정확한 연결

대다수 제품에서 헤드폰은 공통 접지를 공유한다. 일반적인 3레이어 잭 플러그가 표준화되어 있는 반면, 임의로 도선을 연결하는 수리용 제품이나 연장선은 주의 깊게 테스트해야 한다. 도선의 연결이 부정확하면 예상하지 못한 결과를 낳을 수 있다.

30장

스피커

스피커speaker라는 용어는 라우드스피커loudspeaker의 줄인 말이다. 라우드스피커라는 용어는 현재는 사용하는 경우가 매우 드물며, 일부 카탈로그에서는 검색 용어로 인식하지 않는다. 본 백과사전에서는 라우드스피커보다는 스피커라는 용어를 사용함으로써 현재 사용되는 용어의 추세를 반영한다.

보통 완전히 조립된 완제품을 '스피커'라고 하지만, 하나 이상의 개별 소자로 구성된 부품도 스피커의 개념에 속한다. 이러한 모호함을 해소하기 위해 부품 형태의 제품은 드라이버라고 따로 지칭하는 것이 도움이 될 수도 있겠지만, 이미 '드라이버'라는 명칭으로 불리는 부품이 존재하기 때문에 오히려 더 모호해질 수 있다. 스피커의 의미를 정확히 파악할 수 있는 유일한 방법은 그 단어가 사용되는 맥락을 살펴보는 것뿐이다.

이 장에서 말하는 스피커는 음향 재생 장치이며, 크기와 출력이 더 크고 주파수 응답 특성에서 선형성을 띠는 특징에서 일반적인 전자 유도형 트랜스듀서와 구분한다. 트랜스듀서transducer는 경보음 등 소음을 만들어 내는 장치a noise-creating device로, 기기 상태를 사용자에게 알리는 용도로 사용된다. 그러나 스피커의 일부는 소형화되어 휴대용 기기에서 경보 장치처럼 사용되면서 트랜스듀서와 역할이 중복되고 있다.

본 백과사전은 소비자 제품보다는 전자부품에 더 중점을 두고 있기 때문에, 이 장에서는 완제품 스피커에 대해서는 간단한 개요만 제공하며, 스피커 내부의 드라이버, 작동 원리, 소리 재생의 일반 주제에 대한 내용을 좀 더 집중적으로 다룬다.

관련 부품

- 헤드폰(29장 참조)
- 트랜스듀서(27장 참조)

역할

스피커speaker는 전기 신호의 변동을 압력파pressure wave로 변환하고, 이는 사람의 귀에 소리로서 감지된다. 스피커는 유흥의 목적으로 사용될 수 있으며, 사람의 말소리나 구분되는 소리 형태로 정보를 제공할 수도 있다(예: 휴대전화 소형 스피커에서 울리는 전화벨 소리).

다음 페이지 [그림 30-1]은 국제적으로 인정되는 스피커의 회로 기호다.

그림 30-1 스피커를 표현하는 단 하나의 회로 기호가 바로 이것이다.

작동 원리

소리 및 소리 재생과 관련된 기본 개념 및 관련 용어는 앞장 301쪽의 '소리의 기초'를 참조한다.

구조

스피커에는 진동판diaphragm 또는 콘cone이 들어 있으며, 여기에 코일이 부착되어 있다. 코일을 통과하는 전류의 변화가 영구 자석과 상호작용하게 되고, 스피커에는 전류에 비례하는 압력파가 발생한다. 이 구조는 개념적으로 볼 때 [그림 29-3]의 헤드폰과 유사하다. 가장 주요한 차이는 스피커는 평평한 진동판이 아니라 2″(5cm) 이상의 원뿔형 구조(콘)를 이용한다는 점이다. 원뿔 구조는 더 견고하면서 지향성 소리를 만들어 낸다.

[그림 30-2]는 크기 2″(5cm), 정격 출력 0.25W에 63Ω 코일이 부착된 스피커다. 왼쪽은 원형 그대로이고, 오른쪽은 콘을 제거했다. 콘의 목 부분은 대개 스피커 자석의 원형 홈에 삽입된다. 오른

그림 30-3 반경 4″(10cm)의 콘이 부착된 스피커의 뒷면. 위쪽으로 튀어나온 둥근 원통형 물체가 자석이다. 이 스피커의 정격 출력은 4W, 임피던스는 8Ω이다.

쪽 사진에서 유도성 코일이 감긴 콘의 목 부분이 드러나 있다.

[그림 30-3]은 반경 4″(10.1cm) 콘이 들어 있는 스피커를 뒤쪽에서 찍은 사진이다.

표면 장착형 소형 스피커를 앞쪽과 뒤쪽에서 찍은 사진이 [그림 30-4]와 [그림 30-5]에 나와 있다. 모토로라Motorola 사 제품으로 반경은 0.4″

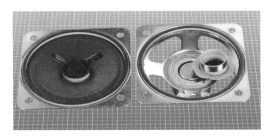

그림 30-2 왼쪽은 2″(5cm) 스피커. 오른쪽 사진에서 콘이 제거되어 자석이 드러나 있고, 그 안에 원형 홈이 있다. 콘의 목 부분은 원래 원형 홈 안에 미끄러져 들어가는데 사진에서는 제거되어 있다.

그림 30-4 표면 장착형 소형 스피커의 전면. 반경은 0.4″(1cm)가 되지 않는다.

그림 30-5 [그림 30-4] 스피커의 뒷면.

(1cm) 정도다. 정격 출력은 50mW이다.

[그림 30-6]은 휴대전화에 들어가는 스피커다. 29장의 [그림 29-6]에서 본 이어폰용 드라이버와 디자인이 매우 유사하다는 것을 알 수 있다.

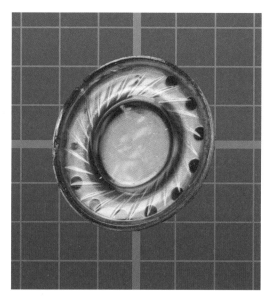

그림 30-6 반경 0.5"(1.3cm), 두께 0.13"(0.33cm) 정도의 소형 스피커. 휴대전화용으로 제작되었다. 임피던스는 150Ω이다.

과거에는 스피커 콘을 거칠고 섬유질이 많은 종이로 제작했다. 현대식 콘은 플라스틱으로 제조하는 경우가 많고, 특히 소형 제품은 거의 대부분 플라스틱이다.

다중 드라이버

일반적으로 반경이 큰 스피커 콘이 작은 콘보다 높은 볼륨에서 베이스 음을 재현할 때 더 효과적이다. 그러나 크기가 크면 관성으로 인해 높은 주파수 대역에서 진동하는 능력이 떨어진다.

이 문제를 해결하기 위해 대형 스피커와 소형 스피커를 하나의 인클로저enclosure 안에 넣어 스피커를 제작한다. 코일과 커패시터를 이용한 크로스오버 네트워크crossover network를 이용해, 낮은 주파수가 작은 스피커로 전달되는 것을 막고 높은 주파수가 큰 스피커로 전달되는 것을 막는다. [그림 30-7]에서 이러한 기본 원리를 간단한 회로도로 보여 주고 있다.

크로스오버 네트워크는 스피커의 특성을 매칭하기 위해 '튜닝' 과정을 거쳐야 하는데, 두 스피커

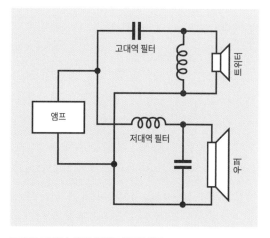

그림 30-7 크로스오버 네트워크의 기본 원리

에서 조합한 음압이 넓은 주파수 대역에서 상대적으로 일정해야 하기 때문에, 실제 네트워크에는 보통 다른 부품들이 추가된다.

앰프의 오디오 출력은 교류 전류로 구성되기 때문에 유극 커패시터polarized capacitor는 사용될 수 없다. 일반적으로는 폴리에스테르 커패시터가 사용된다.

크로스오버 네트워크에 들어가는 소형 스피커는 트위터tweeter, 대형 스피커는 우퍼woofer라고 한다. 이 명칭은 즉흥적으로 지어졌지만 여전히 계속 사용되고 있다.

두 개 이상의 스피커가 하나의 인클로저에 결합되는 경우도 있으며, 그 밖에도 다양한 구성들이 존재한다.

공기 구멍

스피커는 콘 앞쪽뿐만 아니라 뒤쪽에서도 음압을 방출한다. 앞면과 뒷면에서 방사되는 파동의 위상이 서로 반대이기 때문에, 이 두 파동은 상쇄되는 경향이 있다.

소형 스피커의 경우, 이 문제는 단순히 뒷면의 케이스 단면을 밀봉하면 해결된다. 대형 스피커의 경우에는 전면에 공기 구멍vent 즉 리플렉스 포트reflex port를 만들면 더 효율적인 인클로저enclosure를 제작할 수 있다. 스피커 뒷면에서 발생하는 압력파는 인클로저 내부에서 충분한 거리를 움직이며 위상이 바뀌고, 포트를 통해 빠져나올 시점에서는 스피커 전면에서 발생한 낮은 주파수의 압력파와 거의 같은 위상이 된다. 다만 뒷면에서 발생한 파동은 전면의 파동보다 파장 하나만큼 지연된다.

이러한 디자인을 베이스 리플렉스 인클로저bass-reflex enclosure라고 하고, 1960년대 들어 앰프의 출력이 점점 더 커지게 되었을 즈음 하이파이 오디오에서는 거의 표준처럼 사용되었다. 이 무렵 매사추세츠 기업인 어쿠스틱 리서치Acoustic Research 사에서 밀폐형closed-box 스피커 인클로저 제품 라인을 출시했다. 앰프가 채널당 100W의 출력을 낼 수 있게 되자 리플렉스 포트 없이도 좋은 소리를 재현할 수 있게 되었고, 따라서 베이스 리플렉스 디자인이 채택했던 개방형 구조 대신 밀폐형 구조가 가능하게 되었다.

어쿠스틱 리서치는 자신들의 디자인 개념에 '에어 서스펜션air suspension'이라는 이름을 붙였다. 밀폐된 공간의 공기가 쿠션처럼 작용하면서 스피커의 편위 운동excursion을 제한하는 것을 방지하기 때문이다. 이 구조는 현재 밀폐형 스피커closed-box speaker로 불리고 있다. 일부 오디오 마니아들은 이 디자인이 베이스 리플렉스형 디자인보다 훨씬 더 우수하다고 주장하는데, 그 이유 중에는 리플렉스 포트형 디자인은 한 파장만큼 지연 시간lag time이 따르기 때문이다. 그러나 소리 재생의 다른 수많은 측면들과 마찬가지로 이 논란은 결론이 나지 않고 있다.

공명

스피커의 인클로저는 자체 공진 주파수resonant frequency를 갖는 경향이 있다. 이 공진 주파수는 스피커에서 재생하는 최저 주파수보다 낮아야 한다. 그렇지 않으면 공명이 일어나 특정 주파수가 다른 주파수보다 더 강조되는 현상이 일어나고, 주파수 응답에서 원치 않는 피크가 발생할 수 있다.

고품질 스피커가 무거운 이유는 이 공진 주파수의 소리를 줄이기 위해서다. 현대식 틸Thiel 스피커를 예로 들면, 전면 패널로 사용하는 파티클 보드의 두께가 2″(5cm)에 달한다. 그러나 무거운 인클로저는 운반에 많은 비용이 들고 집 안에서 배치할 때도 불편하다.

이 문제를 해결하기 위해 트위터와 우퍼를 별도의 케이스에 장착할 수 있다. 트위터용 인클로저는 아주 작고 가벼워 선반 위에 둘 수 있고, 무거운 우퍼용 인클로저는 바닥에 둘 수 있다. 인간의 감각은 낮은 주파수의 소리가 들려오는 위치를 잘 찾지 못하므로 우퍼는 방 안 어느 곳에 두어도 무방하다. 실제로 하나의 스피커로도 스테레오 채널을 구현할 수 있다.

이 구조는 컴퓨터용 스피커의 기본형이 되고 있다. 또한 홈시어터 시스템에서도 사용하는데, 이때 우퍼는 매우 낮은 주파수 재생이 가능한 서브우퍼로 작동한다.

소형 스피커

전자회로에서 오디오 출력이 있고 회로 기판과 소형 스피커가 같은 인클로저에 들어가도록 설계할 경우, 상자의 크기와 재질이 음질에 중대한 영향을 미치게 된다. 단순 전자음 재생용 스피커에 얇은 활엽수재로 만든 상자를 사용하면, 듣기 좋은 낭랑한 소리가 날 것이다. 이와 대조적으로 금속성 상자는 양철 부딪치는 소리가 난다. ABS 같은 플라스틱 재질로 제작한 상자는 상대적으로 중성이지만, 상자의 두께를 어느 정도 두껍게 만들어야 한다(0.25″(0.6cm)가 바람직하다).

다양한 유형

정전기 스피커

정전기 스피커의 원리는 정전기 방식 헤드폰과 동일하다. 앞뒤로 놓인 두 개의 그리드 사이에 대전된 박막이 팽팽히 펼쳐져 있다. 그리드는 전극 역할을 한다. 박막이 매우 가벼워 즉시 반응하며, 표면적이 넓어 소리가 확산되기 때문에 수많은 오디오 마니아들이 선호한다. 그러나 정전기 스피커를 구동하기 위해서는 고전압이 필요하며 가격도 비싸다.

앰프 내장형 스피커

자체 구동 회로가 내장된 스피커를 앰프 내장형 스피커powered speakers라고 한다. 이 제품은 앰프가 없는 데스크톱 컴퓨터와 함께 광범위하게 사용된다. 앰프 내장형 스피커를 활용하면 다목적 크로스오버 네트워크를 꾸밀 수 있다.

서브우퍼는 자체 앰프가 있어 차단 주파수cut-off frequency를 제어할 수 있다. 차단 주파수를 넘어서면 스피커는 소리를 재생하지 않는다. 회로에 오버드라이브를 방지하는 보호 기능을 추가할 수 있다.

무선 스피커

스테레오 리시버와 스피커 사이를 무선으로 연결하면, 케이블을 사용할 필요가 없다. 그러나 스피커 자체는 전원이 필요하기 때문에 전원에 연결하는 전선이 있어야 한다.

노트북 컴퓨터 같은 제품에서 사용할 수 있는 소형 스피커의 필요성은 제품 개발에서 창의적인 디자인을 촉진했다. [그림 30-8]의 스피커는 각 변의 길이가 1″(2.54cm)인 정사각형 모양인데, 이 디자인은 전통적인 원형 스피커보다 소형 제품을 포함하기가 더 쉽다. [그림 30-9]는 [그림 30-8]의 스피커 내부이며, 유도성 코일이 사각형 플라스틱 진동판에 부착된 것을 볼 수 있다.

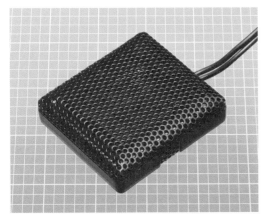

그림 30-8 각 변의 길이가 1″(2.54cm)인 스피커. 소형 전자제품에서 사용하기에 적합하다.

그림 30-9 [그림 30-8]의 스피커를 분해한 것. 유도성 코일이 사각형 진동판에 부착되어 있다.

오디오 시스템 스피커의 일반적인 임피던스impedance는 8Ω이다. 소형 스피커의 임피던스는 이보다 더 높을 수 있다. TTL 타입 555 타이머와 같이 출력이 제한된 장치로 스피커를 구동할 때는 임피던스가 높은 편이 더 유용하다.

미국에서는 원형 스피커의 반경을 흔히 인치 단위로 표시한다. 일반용 스피커 중에서 12″(30.5cm)보다 큰 스피커는 드물다. 소형 스피커는 낮은 주파수 대역의 응답이 제한되어 있기 때문에 4″(10.2cm) 스피커 정도도 작게 느껴지지만, 휴대용 전자제품에서는 이보다 더 작은 스피커들도 많이 사용된다.

회로 기판 표면에 장착할 수 있는 소형 스피커의 경우 낮은 주파수 대역의 응답은 상당히 조악하다. [그림 30-10]의 그래프는 제조업체에서 제공한 데이터로 그린 것이다.

스피커의 정격 출력은 와트(W)로 표기하며, RMSroot-mean-square 기준이다.

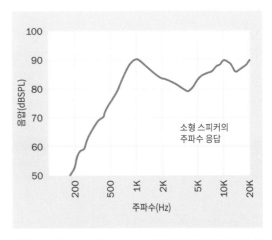

그림 30-10 15mm x 15mm x 5mm 사이즈 스피커의 주파수 응답. 크기가 작고 인클로저가 없기 때문에 낮은 주파수 대역에서 응답이 거의 무시할 정도의 수준이다.

스피커의 감도sensitivity는 스피커가 1W 입력에 대해 일정한 단일음을 재생할 때, 1미터 떨어진 곳에서 데시벨로 측정한다. 가정용 일반 스피커의 규격은 85~95dB 정도이다.

효율은 소리의 출력을 입력된 전력으로 나눈 값이다. 1% 정도가 일반적이다.

주의 사항

손상

헤드폰과 마찬가지로, 스피커에서 가장 흔히 발생하는 문제는 오버드라이브로 인한 손상이다. 낮은 주파수에서 높은 주파수와 같은 에너지를 전달하기 위해서는 스피커 콘의 거대한 편위 운동excursion이 필요하기 때문에, 베이스 음을 큰 소리로 재생할 경우 콘에 치명적인 영향을 미친다. 반면 앰프에서 왜곡이 발생하면(이 역시 과도한 오버드라이브가 원인일 수 있다), 왜곡으로 인해 발생하는 고조파가 고주파수 스피커에 손상을 입힐 수 있다.

자기장

2″(5cm) 이하의 소형 스피커에도 자석이 포함되어 있으며, 이 자석은 스피커 근처에 있는 다른 부품, 특히 리드 스위치reed switch나 홀 효과Hall-effect 스위치 역할을 하는 센서에 문제를 일으킬 수 있다. 간섭 원a source of interference을 제거하기 위해 최초 회로 테스트는 스피커를 최대한 멀리 두고 시행해야 한다.

진동

스피커의 낮은 주파수 진동으로 인해 납땜 이음solder joint이 스트레스를 받게 된다. 헐거워진 부품들이 덜거덕거리게 되며, 볼트로 고정된 부품은 볼트가 풀리게 된다. 스피커 자체도 헐거워질 수 있다. 볼트와 너트를 고정하기 전에 록 타이트Loc-Tite 같은 접착제를 발라야 한다.

찾아보기

internal sensors 49~50

internal series resistor 247

intrinsic layer, optocoupler 50

invalid number 162

inversion, logic gates 112~113

inverter 50, 111, 113, 139

inverting input 54, 67

ionization 217

isolation transformers 48

J

jam loaded 161

jam-type flip-flop 132

jam-type parallel data input 151

jitter 59

JK flip-flop 137~138, 141

K

keyboard, polling 155

L

ladder 78

lamp lenses 207

laser 233~240

laser diode 234~236

latch 131, 137

latch function 57

latched comparator 62

latching current 10, 30~31

latching relay 12

LCD(액정 디스플레이) 187~200, 244, 266, 285

leakage current 185

LED(generic) 41, 187, 196, 204, 265, 281

LED area lighting(발광 다이오드 조명 장치) 37, 225, 229, 255~264, 265

LED display(발광 다이오드 디스플레이) 175, 265~276

LED indicator(발광 다이오드 인디케이터) 241~253, 257, 265

lens 215

level shifter 61

light wires 281

light-emitting capacitor 282

light-emitting diode(LED 참고)

linear relationship 66

linear taper 80

linearity versus saturation 56

liquid-crystal display(LCD 참고)

logarithmic taper 80

logic chip 167

logic gate 111~130, 132, 153, 169

logic state 111, 131

logic, positive 112

logic, transistor-transistor 91, 116

logic-output optocoupler 50

loudspeaker 107, 287, 303, 309

low logic state 111

low-current LEDs 249

low-pass filter 71~72

Lower State Transition Voltage (LSTV) 58

lumen(lm) 209, 230, 256, 263

lumens per watt 210, 230

luminescence 226, 282

luminous flux 209, 230, 244, 256

lux 209

M

magnetic ballast 264

maintaining voltage 217

maser 233

master-slave flip-flop 139~140, 141

mean spherical candlepower(MSCP) 207, 210

metal-oxide semiconductor fieledef-fect transistor(MOSFET 참고)

metastability, in flip-flops 145

microcontroller 44, 77

microphone 302

millicandelas(mc) 210, 219, 245

miniature speakers 313

mismatching 307~308

mixed-signal device 77

MOD 159

mode select pins 151

modulo/modulus 159

modulus-16 counter 161

monostable multivibrator(timer도 참고)

monostable timer 89, 91, 99, 101

MOSFET(metal-oxide semiconductor field-effect transistor) 39, 91

motion detector, passive infrared 248

motor, AC 21

moving coil headphones 303~304

MSCP(mean spherical candlepower 참고)

multicolor LED 244

multiple bar display 270, 275

multiple series LED 252

multiple-stage counter 163

multiplexer 43, 168, 176, 179~186

multiplexing 198, 249, 272~273, 279

MUX(multiplexer 참고)

N

NAND gate(NAND-based SR flipflop 도 참고) 52, 112, 113, 117, 120, 121, 123, 125, 126, 132, 133, 150, 154, 162

NAND-based SR flip-flop 132~135, 141

nanometer 230, 246

pushbutton 85, 92

pushbutton protocol 81

Q

quad digital potentiometer 79

quadrants 29~30

quartz crystal 157, 163

R

race condition 136

radiant flux 209

radiant luminous efficacy(LER) 210, 219, 245, 260

radiant luminous efficiency(LFR) 210

radiation, black body 203

rail-to-rail values 56

rapid-start ballast 228

rated voltage 297

Rayleigh scattering 239

RC network 90

rectifier 10

reference voltage 90

reflective display(LCD(액정 디스플레이) 참고)

reflective LCD 189

reflective primaries 195

reflex port 312

regenerative device 10

register 147

relaxation oscillator 23, 61, 72

remainder 159

reset pin 90

reset state 134

resistor array 271

resolution 58

resonant cavity 234

response time, comparator 56

restricted combination 137

retriggering, timer 89

RGB LCD monitors 196

RGB primaries 195

rheostat mode 84

ring counter 147, 157, 161

ringing 136

ripple counter 131, 161, 177

rising voltage 58

rising-edge triggered shift register 149

rope light 281, 284~285

rotary(rotational) encoder 85, 167

rotary switch 179

S

saturation versus linearity 56

SCR(silicon-controlled rectifier) 9~19, 21, 27, 41, 48

screw-in lamps 208

SCS(silicon-controlled switch 참고)

segments 277

self-drive transducer circuit 293

sensitivity 315

sensor 49, 50, 287, 302

serial peripheral interface(SPI 참고)

serial-in, parallel-out(SIPO) shift register 150, 151

serial-in, serial-out(SISO) shift register 151

serial-parallel coverter 131, 150

series resistor 243

series resistor value 251

settling time 178, 186

setup time 152

seven-segment decoder 175

seven-segment displays 267, 271~272

seven-segment numeral 266

shift register 82, 131, 147~156, 157, 175

shortened modulus 161

sidac 24

silicon-controlled rectifier(SCR 참고)

silicon-controlled switch(SCS) 9, 21, 27

simple encoder 170

single counter 163

single light bar 270~271

single power source 72~73

single-inline package(SIP) 42

single-input gates 113

sink current 58

SIPO(serial-in, parallel-out(SIPO) shift register 참고)

siren 297

SISO(serial-in, serial-out(SISO) shift register 참고)

sixteen-segment driver chip 273

slew rate at unity gain 69

snubber 45

snubber network 36

snubberless triac 36

solid-state analog switch 43

solid-state relay(SSR)(optocoupler도 참고) 9, 21, 27, 39~46, 47, 50, 252

sound pressure level 290

sound reproduction device 287, 309

sound sources(audio alerts, reproducers 참고)

spatial coherence 236

spatial distribution 213

speaker 287, 309~315

spectral lines 204

SPI(serial peripheral interface) 80

spontaneous emission 234

SPST switch 39

sputtering 221